U0192715

BLUE BOOK

智 库 成 果 出 版 与 传 播 平 台

测绘地理信息蓝皮书
BLUE BOOK OF CHINA'S SURVEYING &
MAPPING & GEOINFORMATION

测绘地理信息"两支撑 一提升"
研究报告（2022）

REPORT ON SURVEYING & MAPPING AND GEOINFORMATION "TWO SUPPORT AND
ONE PROMOTION" (2022)

主　　编 / 刘国洪

副 主 编 / 陈常松

执行主编 / 马振福　乔朝飞

社会科学文献出版社
SOCIAL SCIENCES ACADEMIC PRESS (CHINA)

图书在版编目(CIP)数据

测绘地理信息"两支撑 一提升"研究报告. 2022 /
刘国洪主编. -- 北京：社会科学文献出版社, 2023.9
（测绘地理信息蓝皮书）
ISBN 978-7-5228-1943-3

Ⅰ.①测…　Ⅱ.①刘…　Ⅲ.①测绘－地理信息系统－
研究报告　Ⅳ.①P208

中国国家版本馆CIP数据核字（2023）第106218号

测绘地理信息蓝皮书

测绘地理信息"两支撑 一提升"研究报告（2022）

主　　　编 / 刘国洪
副 主 编 / 陈常松
执行主编 / 马振福　乔朝飞

出 版 人 / 冀祥德
责任编辑 / 黄金平
文稿编辑 / 赵亚汝
责任印制 / 王京美

出　　　版 / 社会科学文献出版社·政法传媒分社（010）59367126
　　　　　　地址：北京市北三环中路甲29号院华龙大厦　邮编：100029
　　　　　　网址：www.ssap.com.cn
发　　　行 / 社会科学文献出版社（010）59367028
印　　　装 / 三河市东方印刷有限公司

规　　　格 / 开　本：787mm×1092mm　1/16
　　　　　　印　张：30.25　字　数：455 千字
版　　　次 / 2023年9月第1版　2023年9月第1次印刷
书　　　号 / ISBN 978-7-5228-1943-3
定　　　价 / 218.00元

读者服务电话：4008918866

编委会名单

主　　编　刘国洪

副 主 编　陈常松

执 行 主 编　马振福　乔朝飞

策　　划　自然资源部测绘发展研究中心

编 辑 组　常燕卿　贾宗仁　张　月　周　夏

主要编撰者简介

刘国洪　自然资源部副部长、党组成员，博士。

陈常松　自然资源部测绘发展研究中心主任，博士，研究员，享受国务院政府特殊津贴。多年负责测绘地理信息发展规划计划管理及重大项目工作，主持多项测绘地理信息软科学研究项目，编著多本图书，现任中国测绘学会发展战略委员会主任委员。

马振福　自然资源部测绘发展研究中心副主任，高级工程师。

乔朝飞　自然资源部测绘发展研究中心应用与服务研究室主任，博士，研究员。负责2010~2022年测绘地理信息蓝皮书的组织编纂工作，主持和参与多项测绘地理信息软科学研究项目，参与编著多本图书，中国矿业大学（北京）硕士专业学位研究生校外导师。

前 言

准确把握测绘地理信息"两支撑 一提升"新定位
扎实做好"十四五"测绘地理信息工作

刘国洪[*]

认真履行《测绘法》赋予职责，扎实做好"十四五"测绘地理信息工作，是自然资源部贯彻落实党中央精神、履行自然资源管理"两统一"职责、推动新时期测绘地理信息事业实现高质量发展的重要任务。在当前测绘地理信息技术环境、体制环境、需求环境发生重大变化的情况下，推动测绘地理信息事业实现高质量发展，就是要坚持测绘地理信息事业"支撑经济社会发展、服务各行业需求，支撑自然资源管理、服务生态文明建设，不断提升测绘地理信息工作能力和水平"（即"两支撑 一提升"）这一新定位，研究新情况、解决新问题、明确新思路、实施新举措。

"两支撑 一提升"新定位是自然资源部经过多年探索、几次调整后而最终形成的对测绘地理信息事业发展新阶段特征的新认识、新理念和新举措，是中央关于"创新、协调、绿色、开放、共享"新发展理念在测绘地理信息领域的具体体现。2019 年 2 月 25 日，自然资源部首次组织召开全国国土测绘工作座谈会，明确提出测绘地理信息工作要"围绕自然资源'两统一'，兼顾社会化公共服务"。[①] 2020 年 10 月 30 日，自然资源部召开全国国土测绘工作会议，对这一思路进行了进一步完善，明确测绘地理信息工作要"支撑自然资源管理、服务生态文明建设，支撑各行业需求、

---

* 刘国洪，自然资源部副部长、党组成员，博士。
① 李卓聪：《2019 年全国国土测绘工作座谈会召开 自然资源部将启动"十四五"基础测绘规划编制》，《资源导刊》2019 年第 3 期。

服务经济社会发展"。① 在 2021 年召开的全国地理信息管理工作会议上，王广华部长又进一步提出测绘地理信息工作要"支撑经济社会发展、服务各行业需求，支撑自然资源管理、服务生态文明建设，不断提升测绘地理信息工作能力和水平"（即"两支撑 一提升"）。②"两支撑 一提升"是新时期作为测绘地理信息行业管理部门的自然资源部，经过深入研究和广泛讨论所形成的业界共识，是指导新阶段测绘地理信息事业发展的重要原则，是各级自然资源部门和广大测绘地理信息单位做好相关工作、推动事业发展的基本遵循。

一 支撑经济社会发展、服务各行业需求

测绘地理信息工作自其诞生之日起，就将为经济社会发展提供保障服务作为其基本职责。《测绘法》明确规定"测绘事业是经济建设、国防建设、社会发展的基础性事业"，测绘事业要"为经济建设、国防建设、社会发展和生态保护服务"。据此，测绘事业"十一五"规划将其表述为"围绕中心、服务大局，为经济社会发展提供有力的测绘保障"③；"十二五"规划和"十三五"规划又将其表述为"服务大局、服务社会、服务民生"④。进入"十四五"，自然资源部作为新的测绘地理信息行业主管部门，进一步明确测绘地理信息工作"两支撑 一提升"新定位，在做好自然资源管理相关支撑工作的同时，为经济社会发展提供高质量的保障服务。

---

① 《2020 年全国国土测绘工作会议在京召开》，自然资源部网站，https://www.mnr.gov.cn/dt/ywbb/202011/t20201103_2581681.html。

② 《2021 年全国地理信息管理工作会议召开》，中央人民政府网站，http://www.gov.cn/xinwen/2021-08/02/content_5628951.htm。

③ 鹿心社：《在 2006 年全国测绘局长会议上的讲话》，载国家测绘局办公室编《国家测绘局文件汇编（2005-2006）》，测绘出版社，2008。

④ 《国家测绘地理信息局局长徐德明在全国测绘地理信息局长会议上的讲话》，载国家测绘地理信息局编《中国测绘地理信息年鉴（2012）》，测绘出版社，2012；《国家发展和改革委员会 国家测绘地理信息局关于印发〈测绘地理信息事业"十三五"规划〉的通知》，载国家测绘地理信息局编《中国测绘地理信息年鉴（2017）》，测绘出版社，2017。

"支撑经济社会发展、服务各行业需求"是对落实《测绘法》相关规定的具体回应，是对历年来测绘地理信息保障服务功能定位的继承和发展。作为"两支撑 一提升"中的第一个"支撑"，其要求就是坚持问题导向、需求导向，坚持守正创新和系统性思维，将应用服务作为谋划事业发展的一切工作的出发点和落脚点。当前测绘地理信息事业进入新的发展阶段，面临新的发展形势，"支撑经济社会发展、服务各行业需求"就是要适应世界百年未有之大变局进入加速演变期、中美经贸及科技加速"脱钩"以及俄乌冲突加速演进等形势，立足中央关于加快形成对外开放新格局、构建人类命运共同体等战略部署，放眼全球，精心谋划，发挥市场的决定性作用并正确发挥政府的作用，有计划、分步骤尽快完成全球范围内地理信息资源建设工作，建立起相应的更新、维护、管理和服务制度。尤其要适应"一带一路"建设等要求，精心谋划并加速推进相关工作。同时，进一步强化与联合国等国际组织的合作，不断强化测绘地理信息领域的国际合作。就是要适应国家和军队新一轮的机构改革，抓住改革所带来的新机遇，迎接新挑战，进一步强化测绘地理信息事业与经济社会发展各项事业之间的业务对接，按照陆海统筹、军地统筹的要求，进一步加强基础测绘工作，大力推进新型基础测绘和实景三维中国建设工作，着力探索地理信息公共服务新模式，着力深挖测绘地理信息在经济建设、国防建设、社会发展和生态保护各方面的应用潜力，大力提升地理信息公共服务质量。就是要适应技术不断变革的形势和"创新、协调、绿色、开放、共享"新发展理念的要求，围绕中央关于促进经济社会高质量发展和数字中国、数字经济建设等战略部署，加快推进地理信息产业发展，不断推动地理信息技术创新、服务创新、业态创新，大力推进测绘地理信息服务与平台经济、智能网联汽车、北斗应用等的跨界融合，不断深化地理信息产业在促进经济社会发展方面的应用。就是要适应中央关于全面深化改革的部署要求，按照《测绘法》相关规定，统筹测绘地理信息行业发展和管理创新，不断完善测绘资质管理、测绘信用管理、测绘成果管理、地理信息安全管理等政策，健全运行机制，在不断促进测绘地理信息事业发展的同时，切实保障国家安全。

二 支撑自然资源管理、服务生态文明建设

"支撑自然资源管理、服务生态文明建设"是"两支撑 一提升"中的第二个"支撑",是机构改革后自然资源部作为测绘地理信息行业主管部门,基于中央对自然资源部履职尽责部署要求而对全行业提出的新的工作要求。《自然资源部职能配置、内设机构和人员编制规定》第三条要求"自然资源部贯彻落实党中央关于自然资源工作的方针政策和决策部署",在第三条第十四款明确了自然资源部要"负责测绘地理信息管理工作"。①测绘地理信息事业据此成为自然资源工作全局的组成部分,在履行《测绘法》相关规定为经济社会发展各领域提供保障服务的同时,作为相对独立的业务板块,发挥好对自然资源管理各项业务,例如自然资源调查监测、确权登记、资产管理以及国土空间规划、用途管制等的技术支撑作用,在此基础上进一步为生态文明建设各项业务提供保障服务。

第一,为自然资源管理各项业务和国土空间治理各项举措提供统一的空间定义。一是统一空间位置定义。落实《测绘法》关于"国家设立和采用全国统一的大地基准、高程基准、深度基准和重力基准""国家建立全国统一的大地坐标系统、平面坐标系统、高程系统、地心坐标系统和重力测量系统,确定国家大地测量等级和精度以及国家基本比例尺地图的系列和基本精度"等相关规定,从技术逻辑、行政逻辑、法律逻辑等多个角度尽责维护全国测绘基准和测绘系统的权威性、唯一性,以此为根本依据,通过建立测绘系统和制定技术标准等手段,形成对国土空间的全域定位服务能力,从而形成自然资源管理和国土空间治理统一空间位置定义系统。同时,在目前自然资源部提出对土地、规划等事项实行"带位置下达"要求的基础上,不断规范对调查监测、确权登记、国土空间的治理等各项业务的空间位置测定和表达管理,确保各类自然资源管理和国土空间治理相关数据符合统一空间位置定义

---

① 《自然资源部职能配置、内设机构和人员编制规定》,中央人民政府网站,http://www.gov.cn/xinwen/2018-09/11/content_5320987.htm。

的基本要求。二是统一空间定位框架。《测绘法》要求各级政府"建立、更新基础地理信息系统",同时要求经济社会各领域"建立地理信息系统,应当采用符合国家标准的基础地理信息数据"。《测绘法》做出这一规定的主要原因是,要发挥基础地理信息数据库作为国土空间定位框架,权威性定义国土空间中地理事物或者地理现象之间相互空间关系的作用。测绘地理信息服务中的"底图"概念、"底座"概念无不是反映了基础地理信息数据库对空间关系的权威性表达这一功能。美国联邦政府从20世纪就开始致力于地理空间框架数据建设,也表达了同样的理念。在自然资源管理和国土空间治理工作中,发挥基础地理信息数据库对国土空间的定位框架作用,一方面,要适应新技术、新需求、新形势,不断完善基础地理信息数据库。目前,自然资源部在继续组织对存量基础地理信息数据库进行维护更新并提供服务的同时,正着力推进实景三维中国建设和新型基础测绘等工作,其目的就是要适应自然资源管理和国土空间治理精细化、立体化等的要求,将存量基础地理信息数据库所具备的国土空间二维平面定位框架功能,扩充为国土空间三维立体定位框架功能,并进一步提高其应用便捷性。另一方面,要进一步加强自然资源领域的业务整合,在智慧国土建设、自然资源信息化等工作,尤其是国土空间基础信息平台建设和应用工作中,合理规划基础地理信息数据库的常态化应用,保证各级国土空间基础信息平台在空间定位框架方面的一致性和权威性。

第二,为自然资源管理各项业务和国土空间治理各项举措提供统一的空间表达系统。自然资源管理和国土空间治理不但涉及国家经济建设和生态保护等宏大命题,而且涉及广大人民群众的财产安全及利益。随着市场在经济发展中日益充分发挥其决定性作用,与自然资源管理和国土空间治理相关联的人民群众财产权问题势必会更加成为广大人民群众的核心关切。自然资源管理和国土空间治理的精准化由此就显得更为重要和迫切。这一精准化要求不仅包括精准摸清的底数、明晰的权属界定、公平的市场交易规则以及更加科学的国土空间规划和管制措施等,而且包括科学、严谨、直观的语言表达。地图作为自然资源管理工作中应用最广泛的语言,早已脱离了纯粹意义上的

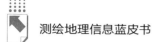

技术产品范畴，其数学基础、画法、版式、符号等均附有人民财产安全及利益的意义，其规范性使用和对其实施统一管理也因此显得更加重要。即使在当前计算机可视化技术飞速发展、地理空间可视化产品和技术层出不穷的背景下，地图作为自然资源管理决策工作和人民群众之间的沟通媒介的作用在很长时间内也不会发生变化，作为人民群众与自然资源相关的财产表征的意义同样也不会变化。因此针对当前地图运用中存在的许多问题，例如标准化程度不高、不规范、多头管理等，需要从提高自然资源管理和国土空间治理精准化水平的角度，深入研究对其实行统一管理，进一步提高其应用中的规范性的具体措施和办法。

第三，为自然资源管理各项业务和国土空间治理各项举措提供数据支撑和技术支持。当前，测绘地理信息技术已经演变为航空航天遥感、卫星定位、地面调查监测等技术与现代信息技术跨界融合应用所形成的新型应用技术。随着中央提出的数字中国、数字政府、数字经济等战略部署落地实施，以及自然资源领域信息化、智能化的不断发展，测绘地理信息技术已经成为自然资源工作不可或缺的重要支撑手段，贯穿自然资源管理和国土空间治理各个环节、各项业务。尤其是作为重要基础性工作的自然资源、自然生态以及自然资产的调查监测业务更是须臾离不开这一技术的支持。同时，与自然资源管理相关的界线测绘，例如不动产登记测绘、地籍测绘、规划测绘等本身就是测绘地理信息工作，需要持续推进技术上的不断创新和升级。机构改革完成后，随着业务的不断整合，拥有长期技术积淀的测绘地理信息技术单位已经广泛参与自然资源相关工作。根据有关统计资料，截至 2021 年底，测绘地理信息技术单位共有 15402 家，从业人员 41.1 万人，其中，事业单位 1928家，企业单位 13474 家，技术人员 23.5 万人。[①]这些单位拥有充足的技术储备、丰富的实践经验、高水平的人才以及"热爱祖国、忠诚事业、艰苦奋斗、无私奉献"的测绘精神，再加上近 3 年内通过深入参与自然资源管理相关技术工作，进一步优化了单位的知识结构、业务结构等，在拥有雄厚测绘地理信

---

①　自然资源部：《2021 年测绘地理信息统计年报》，2022。

息业务支撑能力的基础上，又基本具备了从事自然资源管理相关技术工作的专业能力，其已由过去的测绘地理信息专业单位成功转型为兼顾测绘地理信息工作和自然资源管理相关技术工作的复合型技术单位。自然资源管理技术支撑工作有了机制化、制度化的保障。

三 不断提升测绘地理信息工作能力和水平

落实《测绘法》的相关要求，达成"支撑经济社会发展"和"支撑自然资源管理"的愿景，"不断提升测绘地理信息工作能力和水平"是前提和关键。"十四五"期间，要以推动测绘地理信息事业高质量发展为目标，坚持陆海统筹、发展与安全统筹、政府与市场统筹、军用与民用统筹和系统性推进的原则，做深做实需求分析，全面推进测绘地理信息工作能力上台阶。

（一）着力提升公益性测绘地理信息业务能力

一方面，面向新时期数字中国、乡村振兴等国家重大战略以及自然资源管理等方面的重大需求，在持续完善现有基础测绘体系的同时，以新型基础测绘体系建设、实景三维中国建设、智慧城市时空大数据平台建设等为切入点，推进基础测绘转型升级；以重新定义基础测绘产品模式为切入点，推动基础测绘技术体系、生产组织体系、政策标准体系转型升级。按照"统筹规划、分级投入、分步实施"的要求，协同推进国家层面、省级层面、城市层面实景三维数据资源建设，加快推进实景三维中国建设。国家、省级、城市三级发力，推动智慧城市、智慧省区、智慧中国时空大数据平台建设。

另一方面，面向我国推动构建人类命运共同体、建设更高水平开放型经济新体制、推动共建"一带一路"高质量发展、积极参与全球治理等的需要，科学规划全球地理信息资源开发建设，加快其业务化、制度化进程，积极支持全球地理信息知识与创新中心在全球地理信息协调和发展中发挥作用，充分利用自主卫星导航、卫星遥感资源等，开展全球性地理空间定位坐标参考框架建设和应用、地球系统科学研究和咨询等，推动制订并实施全球性资源环境调查监测行动计划、全球地理信息公共数据集建设计划等。

同时，持续完善基础地理信息公共服务政策，加快公众版测绘成果、公众版实景三维产品的开发。综合运用新技术、新理念、新模式，深度融合在线地图服务、目录服务、标准地图服务，统筹推进"天地图"数据资源更新手段、服务形式、基础设施转型升级，不断提升测绘地理信息公共服务质量和水平。

（二）着力提升地理信息产业业务能力

从构筑国家竞争新优势的战略高度出发，不断完善产业布局、优化发展环境、明确产业重点，推动我国地理信息产业向全球产业链价值链高端迈进。围绕完善和畅通产业链条，支持航空航天遥感、卫星导航定位与位置服务、高精度地图生产、测绘装备制造、地理信息软件研发等相关大企业成长为具有比较优势和国际竞争力的龙头企业，支持"专精特新"中小企业与大企业建立稳定合作关系。以推进政府数据开放、探索高精度地图应用、实行包容审慎监管、推动地理信息服务国际化、充分发挥行业协会作用等为重点，健全产业发展保障体系。

（三）着力提升测绘地理信息基础理论和技术自主创新能力

适应技术跨界、业务融合等要求，加强测绘地理信息基础研究和应用基础研究，推动高校相关学科体系优化设置。加快研制国产惯性导航系统、三维激光扫描仪和万米级多波束测深仪等高精尖装备，进一步开发 GNSS 解算软件、遥感影像智能处理软件、航空摄影建模软件、激光点云数据处理软件、地理信息系统基础软件等。着力研究快速地图制图、快速三维建模、自动化审图、互联网地图抓取、地理信息变化自动发现、地理信息大数据分析等技术。加强智能化测绘技术体系顶层设计。推进测绘地理信息领域国家级创新平台创建。支持建设若干由测绘地理信息科技领军企业牵头的跨领域、大协作、高强度创新基地。

（四）着力提升人才培养能力

依托国家级人才计划和自然资源部人才培养工程，加快培养高层次创新型科技人才和科技创新团队。围绕测绘地理信息事业发展需要，加强自然资源领域复合型人才的培养和使用。强化市县级专业技术人才队伍建设和青年科技人才队伍建设。持续推动测绘地理信息工程教育专业认证，引导测绘地理信息类高等院校推进产教融合，提高人才培养质量。继续开展测绘地理信息职业技能竞赛，完善测绘地理信息职业分类等制度。发挥行业学会、协会作用，搭建企业人才参加国内外学习培训和交流的平台，鼓励其直接参与行业重大决策和重大项目，着力培养具有国际视野、现代管理能力和企业家精神的企业经营管理人才队伍。

（五）着力提升技术标准创新能力

加快推进新型基础测绘、海洋测绘、地下水下测绘、实景三维中国建设应用、公众版测绘成果开发等方面技术标准以及无人机航测系统、激光雷达等新型测量装备生产测试标准研制。加快推进与智能汽车、位置服务等业态相关的众源测绘、智能汽车基础地图以及北斗应用等方面的标准建设。围绕保障人民生命安全，推动高精度地图、工程测量、测绘安全生产、地质灾害监测、重大基础设施变形监测等标准纳入强制性国家标准。围绕保障人民财产安全，推动自然资源管理各项业务相关测绘地理信息标准纳入强制性国家标准。继续深化技术标准国际交流与合作，推动标准互认，在积极采用国际标准的同时，支持我国相关组织提出国际标准提案，积极参与制定国际标准。

（六）着力提升测绘行业和地理信息管理能力

针对测绘活动的新形态、新特点，完善行业管理政策和机制，创新管理理念、模式和手段，构建事前事中事后全链条监管体系。优化卫星导航定位基准站备案管理、全国地图内容审查信息化、互联网地图监管、地理信息安全综合监管等政策。以安全应用为核心，以测绘成果管理为重点，健全地理信息安全分类管理制度，建立测绘成果和地理信息分类管理的政策和技术体系，推动涉密地理信息分级保护和敏感地理信息等级保护，完善相应安全管理制度。建立全业务流程安全保障体系，强化安全技术能力，完善监管工作机制，推动行业安全发展。

2022 年 11 月

摘　要

自然资源部组建成立后，测绘地理信息工作成为自然资源工作的重要组成部分。新时期，测绘地理信息工作的新定位是"两支撑 一提升"，即"支撑经济社会发展、服务各行业需求，支撑自然资源管理、服务生态文明建设，不断提升测绘地理信息工作能力和水平"。为了探讨测绘地理信息工作如何坚持新定位，实现高质量发展，自然资源部测绘发展研究中心组织编纂第十三本测绘地理信息蓝皮书——《测绘地理信息"两支撑 一提升"研究报告（2022）》。本书邀请测绘地理信息行业的有关领导、专家和企业家撰文，梳理总结测绘地理信息事业发展现状，分析测绘地理信息工作新定位的深刻内涵，探讨推动测绘地理信息事业高质量发展的举措。

本书包括总报告和专题报告两部分内容。总报告分析了"两支撑 一提升"的内涵，研判了"两支撑 一提升"提出的必要性，提出了实现"两支撑 一提升"的具体政策建议。专题报告由支撑经济社会发展篇、支撑自然资源管理篇和能力提升篇组成，从不同领域和角度分析了如何坚持"两支撑 一提升"定位，实现测绘地理信息事业高质量发展。本书反映了2022年测绘地理信息行业关注的重点和热点，视野宽阔、观点新颖、内容丰富、数据翔实，具有一定的指导性和可读性。

本书的出版得到了广州南方测绘科技股份有限公司的大力支持。

关键词：测绘地理信息　"两支撑 一提升"　自然资源管理

目 录 ⭘

Ⅰ 总报告

Ⅱ 支撑经济社会发展篇

Ⅲ　支撑自然资源管理篇

皮书数据库阅读**使用指南**

总 报 告

General Report

B.1
测绘地理信息"两支撑 一提升"
研究报告

马振福　乔朝飞　常燕卿　张月　贾宗仁　周夏*

摘　要： 自然资源部成立后，测绘地理信息工作融入自然资源工作大局。新时期，测绘地理信息工作的新定位是"两支撑 一提升"，即"支撑经济社会发展、服务各行业需求，支撑自然资源管理、服务生态文明建设，不断提升测绘地理信息工作能力和水平"。本报告分析了"两支撑 一提升"的具体内涵，梳理总结了"两支撑 一提

* 马振福，自然资源部测绘发展研究中心副主任，高级工程师；乔朝飞，自然资源部测绘发展研究中心处长、研究员，博士；常燕卿，自然资源部测绘发展研究中心研究员；张月，自然资源部测绘发展研究中心副研究员；贾宗仁，自然资源部测绘发展研究中心副研究员；周夏，自然资源部测绘发展研究中心助理研究员。

升"提出的必要性，就如何在新时期做到"两支撑 一提升"进行了深入的分析和研究。

关键词： 测绘地理信息 "两支撑 一提升" 自然资源管理

一 什么是"两支撑 一提升"

2018 年自然资源部成立后，测绘地理信息工作成为自然资源工作的重要组成部分。此后，测绘地理信息工作一直在探索在自然资源工作中的准确定位。在 2021 年召开的全国地理信息管理工作会议上，时任自然资源部副部长王广华指出，"自然资源部的组建，标志着测绘地理信息工作进入一个新的历史时期和发展阶段。我们必须深刻领会党中央关于机构改革的意图，切实提高政治站位，准确把握新时期测绘地理信息工作的定位，就是要支撑经济社会发展、服务各行业需求，支撑自然资源管理、服务生态文明建设，不断提升测绘地理信息工作能力和水平，使支撑和保障更加有力有效。其中，'两支撑'是部'三定'规定和《测绘法》等法律法规赋予的根本职责，'一提升'是履行好职责的根本保障"。[①]

从上述讲话中可以看出，"两支撑 一提升"的基本内涵是：测绘地理信息工作按照《测绘法》等法律法规的要求，继续履行为经济社会发展提供支撑和保障的职责，此为第一个"支撑"；与此同时，测绘地理信息工作作为自然资源工作业务链条上的一环，还要为自然资源其他业务提供内部支撑，重点服务生态文明建设，此为第二个"支撑"；为达到上述"两支撑"的目的，需要提升测绘地理信息工作自身能力和水平，此为"一提升"。"两支撑 一提升"是一个统一体，其中"两支撑"是《测绘法》等法律法规和自然资源部"三定"规定赋予测绘地理信息工作的根本职责，"一提升"是履行好职责的根本保障。

---

① 自然资源部办公厅:《自然资源部办公厅关于印发王广华副部长在 2021 年全国地理信息管理工作会议上讲话的通知》(自然资办函〔2021〕1452 号)，2021（内部文件）。

（一）支撑经济社会发展、服务各行业需求

测绘地理信息工作是国民经济各行业中一项重要的基础性工作。2017 年新修订的《测绘法》第一条明确规定，测绘事业为经济建设、国防建设、社会发展和生态保护服务。长期以来，测绘地理信息工作为国民经济各行业和国防建设提供了有力、有效的服务保障，满足了各行各业对地理信息数据和测绘技术的需求。

自然资源部成立后，测绘地理信息工作首先仍然要按照《测绘法》的规定，围绕经济社会发展和国防建设做好支撑保障，服务各行各业的需求。这是测绘地理信息工作的传统业务，也是优势所在。组建自然资源部后，服务经济社会发展仍然是测绘地理信息工作第一位的任务，要保持定力，不断加强。[①]同时，新形势下，测绘地理信息工作支撑经济社会发展具有了新的内涵，主要表现在以下两点。

一是新的定位。2018 年国务院机构改革前，测绘地理信息工作是一项单独的业务工作。机构改革后，测绘地理信息工作作为自然资源工作的一部分，支撑经济社会发展和国防建设。

1956 年，国家测绘总局成立，负责领导、管理全国测绘事业。1958 年，国家测绘总局由地质部代管，其职责范围不变。经过"文革"期间的停顿，1973 年国家测绘总局重建。1982 年，中央国家机关实行机构改革，国家测绘总局并入城乡建设环境保护部，改称国家测绘局。[②]1988 年，国家测绘局变为由建设部归口管理。1998 年国务院机构改革，国家测绘局归口国土资源部管理。[③]2018 年以前，无论是独立的部门，还是归口于其他部门管理，测绘地理信息工作一直保持着相对独立的地位。

2018 年国务院机构改革后，测绘地理信息工作完全融入自然资源工作，

---

① 自然资源部办公厅：《自然资源部办公厅关于印发王广华副部长在 2021 年全国地理信息管理工作会议上讲话的通知》（自然资办函［2021］1452 号），2021（内部文件）。

② 《当代中国》丛书编辑部编辑《当代中国的测绘事业》，中国社会科学出版社，1987。

③ 本书编写组：《改革开放铸就测绘事业辉煌（1978—2008）》，测绘出版社，2008。

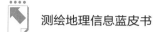

独立的管理部门不再存在。自然资源部内部只保留国土测绘司和地理信息管理司 2 个与测绘地理信息工作直接相关的司。从原来的相对独立的业务工作，到如今的融入自然资源工作，测绘地理信息工作支撑经济社会发展、服务各行业需求有了新的工作定位。

二是新的思路。测绘地理信息工作融入自然资源工作后，支撑经济社会发展要和原国家测绘地理信息局时代不同，要有全新的思路。

测绘地理信息工作融入自然资源工作后，原有的一些管理模式、业务工作将不可避免地发生改变。例如，在数据管理方面，测绘成果和基础地理信息成果应纳入统一的管理框架中，这些数据和成果应和自然资源信息一起进行统一管理。再比如，在原国家测绘地理信息局时代，地理国情监测是一项重要的业务工作，机构改革后，为保持调查监测工作的一致性，地理国情监测应融入自然资源调查监测工作全局，而不再作为一项单独的业务工作。

（二）支撑自然资源管理、服务生态文明建设

这个"支撑"是包含在第一个"支撑"里面的，两个"支撑"的地位是不对等的。党的十八大以来，我国按照"五位一体"总体布局，适应生态文明建设的新要求，把过去放在经济社会发展中的生态文明建设突出出来，作为一个重要的支撑内容。测绘地理信息工作在支撑整个经济社会发展的大格局下，也要重点突出服务生态文明建设。支撑经济社会发展全局是测绘地理信息工作职责的全部，而支撑自然资源管理只是其中的一项职责。

与支撑经济社会发展不同，这里的"支撑"不是第三方性质的服务或保障的概念，而是强调测绘地理信息工作和自然资源工作是一个整体，前者是后者整个业务链条中起基础性、支撑性作用的工作，是从过去的外部支撑变为内部工作。[①]

总体来说，测绘地理信息支撑自然资源管理主要表现在以下两个方面。

一是技术和专业队伍支撑。当前，国土空间规划、耕地保护、矿产资源

---

① 自然资源部办公厅：《自然资源部办公厅关于印发王广华副部长在 2021 年全国地理信息管理工作会议上讲话的通知》（自然资办函〔2021〕1452 号），2021（内部文件）。

管理、海洋管理等自然资源管理相关领域对管理的精细化、智能化的要求越来越高，测绘地理信息技术在其中的作用越来越凸显。与此对应，各类测绘专业队伍在支撑自然资源管理中的作用越来越重要。

二是统一空间定位。当前，自然资源工作有关业务中，空间定位尚未统一。为此，需要发挥测绘在统一空间定位方面的作用。自然资源各业务领域的测绘成果，需要经过严格的审查，检验其是否符合统一的空间定位。从这个角度讲，测绘地理信息工作负有统一监督管理自然资源系统测绘成果质量的行政职责。

（三）不断提升测绘地理信息工作能力和水平

"一提升"有两个层面，一个是管理层面，另一个是技术层面。

在管理层面，就是要不断加强和改进测绘地理信息管理工作，在体制机制、政策法规、公共服务等方面，更好适应测绘地理信息领域的新变化、新要求，同时更有效地开展测绘地理信息监管工作。

在技术层面，就是要不断提升测绘地理信息技术水平。自然资源部的优势体现在技术上，很大程度体现在测绘地理信息技术上。当前，我国测绘地理信息技术有了长足的发展，但与经济社会发展要求、与自然资源"两统一"职责履行要求，还有较大的差距，需要有针对性地开展研究攻关，不断提升技术水平，更好提供支撑和保障。

二 "两支撑 一提升"提出的必要性

（一）机构改革后测绘地理信息工作成为自然资源工作的组成部分

测绘是经济社会发展和国防建设的一项基础性工作。从1956年国家设立国家测绘总局到2018年机构改革前，测绘地理信息工作具有独立业务、独立职责、独立人财物等资源配置权，形成了较为完善的业务体系，测绘地理信息工作为经济社会发展和国防建设各个领域提供了有力的服务支撑。党和国家高度重视测绘地理信息工作，党和国家领导人多次做出重要指示。

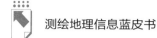

2018 年自然资源部组建成立后，测绘地理信息工作成为与其他自然资源工作并列的一项业务。《自然资源部职能配置、内设机构和人员编制规定》第三条第十四款明确规定，自然资源部的职责之一是"负责测绘地理信息管理工作"。①

新时期，测绘地理信息工作必须以新的理念融入自然资源大格局，融入生态文明建设。目前国土空间规划、耕地保护、矿产资源管理、海洋管理等相关领域，对管理的精细化、智能化要求越来越高，需要测绘地理信息工作主动融入、加快整合，充分发挥基础保障作用。

（二）从"两支撑 两服务"到"两支撑 一提升"

2018 年机构改革后，测绘地理信息工作刚刚融入自然资源工作，业界对测绘地理信息工作的定位仍然存在模糊认识，亟须对新时期测绘地理信息工作的定位进行科学合理的界定。2020 年 10 月召开的全国国土测绘工作会议，是 2018 年自然资源部组建成立后首次召开的全国性测绘地理信息工作会议。在这次会议上，时任自然资源部副部长王广华在讲话中指出，必须准确把握新时期测绘地理信息工作"两支撑 两服务"的根本定位，即"支撑自然资源管理、服务生态文明建设；支撑各行业需求、服务经济社会发展"，在落实"两支撑 两服务"中实现自身的改革发展。② 在阐述"支撑自然资源管理，服务生态文明建设"定位时，王广华指出，测绘地理信息工作作为自然资源工作的重要组成部分，要以全新的理念融入自然资源大格局、融入生态文明建设，实现新担当、新作为。王广华强调，"支撑各行业需求，服务经济社会发展"是测绘地理信息工作的传统业务，也是测绘地理信息工作的优势，这一块不能丢，要保持定力。

全国国土测绘工作会议召开约一年后，在 2021 年 7 月召开的全国地理信

---

① 《自然资源部职能配置、内设机构和人员编制规定》，自然资源部网站，http://www.mnr.gov.cn/jg/sdfa/201809/t20180912_2188298.html。

② 自然资源部办公厅：《自然资源部办公厅关于印发王广华副部长在 2020 年全国国土测绘工作会议上讲话的通知》（自然资办函［2020］1976 号），2020（内部文件）。

息管理工作会议上，时任自然资源部副部长王广华在讲话中提出了测绘地理信息工作"两支撑 一提升"的新定位。在阐明"支撑经济社会发展、服务各行业需求"时，王广华指出，自然资源部就是测绘地理信息行业的主管部门，测绘地理信息工作有责任、有义务继续服务和保障各行各业的发展。针对这个支撑，面向社会，主要通过政策引导、监督管理、提供公共服务，促进地理信息产业发展，满足各方面对测绘地理信息的需求；面向党政机关，主要通过提供基础测绘成果和技术支持，为政府管理决策提供保障服务。在阐明"支撑自然资源管理、服务生态文明建设"时，王广华指出，相对于支撑经济社会发展，支撑自然资源管理是测绘地理信息需要着力加强的工作。王广华指出，"不断提升测绘地理信息工作能力和水平"有两个层面，一个是管理层面，就是要不断加强和改进测绘地理信息管理工作，同时更有效地开展测绘地理信息监管工作；另一个是技术层面，就是要不断提升测绘地理信息技术水平。

（三）"两支撑"发展现状

1. 支撑经济社会发展

2018年以来，测绘地理信息工作针对经济社会发展的各类需求，在重大工程项目/基础设施建设、便民服务、卫生医疗、城市治理、乡村振兴、文物保护等方面，继续发挥重要作用，成为全社会不可或缺的信息资源服务。

（1）重大工程项目/基础设施建设方面

测绘地理信息技术与数据被广泛应用于重大工程项目建设、基础设施建设等实施过程中，为其提供高精度、多方位的可靠保障。

在保障重大工程项目建设方面，为保障2022年北京冬奥会比赛顺利进行，北京市测绘设计研究院利用无人机实现山区1:500地形图测绘[①]；国家测绘工程技术研究中心对接历史森林火灾数据、现有森林防火资源状况，建立森林火灾监测预警应急保障平台，平台集成三维地理信息、北斗定位、异构

---

① 《这场载入史册的冰雪盛会，镌刻着鲜亮的自然资源印记》，百度百家号"北京规划自然资源"，https://baijiahao.baidu.com/s?id=1724809553698489093&wfr=spider&for=pc。

网络通信融合等技术，提供森林防火监测数据采集以及应急保障定位服务、基础数据与建设内容成果数据一体化集成，支持森林火灾应急指挥系统、冬奥赛事保障业务系统的集成调用[①]。

在保障基础设施建设方面，上海市自然资源卫星应用技术中心基于最新的遥感正射影像（DOM）与数字表面模型（DSM），对上海市轨道交通18条线路760多公里的安全保护区范围进行了自动变化监测，以确保市内轨道交通的安全。[②]重庆测绘院为重庆江北国际机场T3B航站楼和第四跑道工程提供了高精度的GPS控制和二等水准成果，为航站楼和跑道施工图设计及后期全面施工提供依据。[③]山东省青岛市勘察测绘研究院为青岛市轨道交通工程提供勘测服务，采用自动化监测设备进行隧道变形监测，为智慧地铁建设提供了强有力的技术支撑。[④]湖南省长沙市长沙县自然资源局在长沙机场改扩建工程项目立项选址中，一方面通过多源数据叠加，尽可能地避免和最大限度地减少占用永久性基本农田和前期规划调整成本；另一方面在项目用地报批方面，利用已有的基础测绘成果，根据实际土地利用现状对变化进行更新，形成极具现势性的地形数据，大大缩减了项目用地报批的时间成本和测绘成本。[⑤]

（2）便民服务方面

近年来，地理信息已成为社会大众用户进行位置查询、交通出行、定位导航的重要信息，渗透在社会大众的衣食住行、医疗、教育、文娱等日常生活的细节中，应用越来越广泛。

"天地图·湖南"根据长沙市教育部门发布的公办小学范围划片方案，运用地理信息技术绘制超3000个矢量图形，呈现长沙市公办小学学区范围及具

① 《国家测绘工程技术研究中心助力"科技冬奥"，建设森林火灾应急保障平台》，网易网，https://www.163.com/dy/article/GVSP69SK0514GCU0.html。
② 《遥感技术助力上海轨道交通安全监测》，自然资源部网站，https://www.mnr.gov.cn/dt/ch/202109/t20210917_2681177.html。
③ 《重庆测绘院完成重庆江北国际机场T3B航站楼及第四跑道工程控制网测量工作》，腾讯网，https://new.qq.com/rain/a/20201209A0A2VO00。
④ 《城市轨道上的"夜行者"》，自然资源部网站，https://www.mnr.gov.cn/dt/ch/202103/t20210312_2617047.html。
⑤ 《智慧化、服务化，深挖测绘地理信息社会价值》，百度百家号"星沙时报"，https://baijiahao.baidu.com/s?id=1704499944209402053&wfr=spider&for=pc。

体覆盖楼盘，为公众提供便捷、直观的空间参考。[①]"天地图·山东"实现了无居民海岛使用审批、招拍挂出让业务和海岛使用权登记、注销、变更等业务的网络化办理，提高了办事效率。[②]

（3）医疗卫生方面

新冠疫情防控三年来，测绘地理信息工作充分发挥高精度、高时效性等优势，在疫情防控中起到了重要作用。

广州市规划和自然资源局搭建了疫情防控系统，集成疫情地图、医疗资源分布、疫情服务、疫情分析等功能，可覆盖市、区、街道，通过病例定位、重点场所标注、高清地图输出打印等高效实用功能，对病例地址、流调轨迹、防控管理网格等疫情专题数据进行精准定位上图。[③]浙江绍兴采取无人机航拍和外业测绘互相配合的方式，于1小时内精细测量了某区块的1∶500地形图并获取正射遥感影像，因地制宜制作防疫行动作战图、疫情防控"清零行动"作战图及具有楼栋号的社区影像图等，为村社防疫物资送达及入户核酸检测提供精准空间位置。[④]江西省南昌市自然资源和规划局基于最新的高精度卫星影像，编制了全市疫情分布图和21幅新建区、经开区（病例多发区）疫情防控用图，并依托南昌市地理信息公共服务平台开发了南昌市疫情分布系统，实现了全市疫情可视化展示和定位。[⑤]

（4）城市治理方面

在新技术支撑下，测绘地理信息全方位融入现代城市管理各个领域，城市治理信息化智慧化正在成为地理信息数据及其服务的重要应用领域。

---

① 《天地图·湖南推出便民专题服务：绘制2022年长沙市内六区公办小学学区图》，自然资源部网站，https://www.mnr.gov.cn/dt/ch/202205/t20220506_2735437.html。

② 《山东省数字海域工程海岛使用项目管理系统》，天地图·山东省地理信息公共服务平台网站，http://www.sdmap.gov.cn/page/TypicalAppDetail.html?id=e480cb6c-0a71-4831-8f2a-3b20d8492cb8。

③ 《落实方舱医院与隔离场所选址，为广州抗疫贡献规划和自然资源力量》，百度百家号"广州日报"，https://baijiahao.baidu.com/s?id=1750392290230834446&wfr=spider&for=pc。

④ 《浙江绍兴：测绘地理信息技术支撑疫情精准智控》，自然资源部网站，https://www.mnr.gov.cn/dt/ch/202201/t20220105_2716605.html。

⑤ 《江西南昌：地理信息支撑疫情可视化展示》，自然资源部网站，https://www.mnr.gov.cn/dt/ch/202204/t20220414_2733334.html。

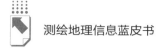
上海市测绘院构建统一空间数据底座，映射城市有机生命体中所产生的多方面数据，形成全要素底图；充分利用"多测合一"机制、各类新型测绘成果，以及新型技术，服务于街镇精细化治理。[①]浙江省嘉兴市自然资源和规划局在基础地理信息数据的基础上，建设完成基础地理实体、自然资源实体、影像实体和实景三维（实体）等新型基础测绘产品，以实体为单位和索引，将各类数据融合，建成"一库多能、智能服务"的二三维一体化时空数据库，作为服务自然资源和规划全业务链和城市公共管理多领域的空间基底。[②]广东省中山市自然资源局探索利用实景三维数字底座，针对城市内涝区域，通过路面淹没情况分析，及时发布预警信息。[③]

（5）乡村振兴方面

遥感、卫星定位、地理信息系统等测绘地理信息技术在新农村建设、精准扶贫等方面起到了积极作用，为农村村镇规划、基础设施建设、农业发展、防灾减灾、农田管理等提供技术支撑，为乡村振兴提供测绘保障。

江苏省测绘信息中心为淮安市涟水县建设了全省首家基于地理信息技术的脱贫攻坚可视化应用平台，通过低收入人口分布图、帮扶热力图、二三维一体化建模等大数据可视化技术，将"扶持谁、谁来扶、怎么扶"等关键问题清晰直观地展现出来。[④]宁夏回族自治区自然资源厅为银川市"三区一县"合村并居试点项目、全自治区116个成建制移民村村庄规划编制提供高精度底图，利用1∶2000数字线划图数据、雷达点云数据，建立27个试点村乡村实景三维框架模型。[⑤]海南测绘地理信息局将最新高分辨率航摄影像图用于县土地卫片违法图斑查处、"两违"图斑查处、城市风貌管控、项目落地选址

① 《上海：测绘地理信息服务街镇精细化治理》，自然资源部网站，https://www.mnr.gov.cn/dt/ch/202203/t20220311_2730441.html。

② 《浙江省嘉兴市实景三维中国建设纪略数字底座助力"码上智治"》，百度百家号"潇湘晨报"，https://baijiahao.baidu.com/s?id=1736870390251129886&wfr=spider&for=pc。

③ 《广东中山：市镇同绘三维空间底图｜走向实景三维》，搜狐网，https://it.sohu.com/a/563866352_121106875。

④ 《测"精"绘"准"助力江苏扶贫》，澎湃网，https://www.thepaper.cn/newsDetail_forward_7487214。

⑤ 《视角｜宁夏全域实景地形场景乡村框架模型已完成》，澎湃网，https://www.thepaper.cn/newsDetail_forward_17406915。

等。① 贵州省自然资源厅利用遥感影像助力乡村振兴,摸清乡村产业"家底",助推农业产业发展,"量身定制"专题地图满足乡村振兴多样化地理信息产品需求,拓展新型基础测绘服务乡村振兴新模式。② 青海省地理空间和自然资源大数据中心依托"天地图·青海",搭建了三个重点帮扶村的精准扶贫地理信息系统,初步实现了扶贫对象的精确识别、精确帮扶、精确管理。③ 广西壮族自治区自然资源厅近年来持续开展行政村"一村一图"测绘服务。④

（6）文物保护方面

近年来,测绘地理信息在考古挖掘与文物保护修缮等工作中起到积极作用,通过无人机倾斜摄影测量、近景摄影测量、三维激光扫描技术、高光谱技术等,结合网络系统、纳米技术、生物模拟技术等多技术的综合应用,以数字化多媒体形式,对文物的历史、现状、布局、装饰、尺寸等进行记录、保存与展示。

陕西省文物测绘工程技术中心采用三维地面扫描等技术,获取文物精细点云数据,制作两种形式的立面图、剖面图和平面图。⑤ 重庆测绘院采用三维激光扫描技术、无人机倾斜摄影技术、全景摄影技术等高新测绘技术对历史建筑进行测绘建档。⑥ "天地图·泉州"完成了与泉州市住房和城乡建设局城乡建筑风貌系统的对接共享,形成了建筑风貌专题,在一张图上集中展示了全市 1300 多个历史建筑风貌。⑦

---

① 《海南测绘地理信息局:三维实景数据助力琼中县数字乡村建设》,自然资源部网站, https://www.mnr.gov.cn/dt/ch/202205/t20220527_2737617.html。

② 《贵州测绘地理信息支撑服务乡村振兴》,自然资源部网站,https://www.mnr.gov.cn/dt/ch/202201/t20220113_2717364.html。

③ 《青海:测绘地理信息技术助力脱贫攻坚》,澎湃网,https://www.thepaper.cn/newsDetail_forward_7329421。

④ 《广西已为 1500 个行政村编制"一村一图" 2023 年将覆盖 3000 多个行政村》,新华网, http://www.gx.xinhuanet.com/2022-04/13/c_1128557160.htm。

⑤ 《"测绘+文物"传承秦汉文明》,自然资源部网站,https://www.mnr.gov.cn/dt/ch/202206/t20220614_2739047.html。

⑥ 《在历史建筑测绘中留住巴渝乡愁》,自然资源部网站,https://www.mnr.gov.cn/dt/ch/202206/t20220614_2739044.html。

⑦ 《"天地图·泉州"上线建筑风貌专题》,自然资源部网站,https://www.mnr.gov.cn/dt/ch/202112/t20211222_2715389.html。

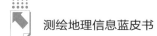

2. 支撑自然资源管理

（1）支撑调查监测工作

测绘队伍是自然资源调查监测的主要支撑力量。如西藏"三调"工作由陕西、黑龙江、四川及重庆的1000多名测绘队员共同完成，同时利用GIS技术实现全过程信息化管理，运用大数据技术建设西藏"三调"三维数据管理平台，助力西藏"三调"工作高质量完成。[①] 除了支撑"三调"工作外，众多测绘队伍以及测绘地理信息技术对污染源普查、地下管网调查、地质调查、应急监测等重大工程的保障支撑作用也进一步彰显。

测绘地理信息技术有效助力自然资源调查监测工作的开展。依托光学、高光谱、雷达等在轨陆地卫星协同组网观测，我国已构建起山水林田湖草全要素、全天候、全天时、全尺度，质量、数量、生态三位一体的卫星遥感监测体系。[②] 山西、青海等省份对主要河流自然资源调查项目采用无人船测量系统，协同无人机航摄测量系统，填补了水下地形测量技术的空白[③]；江苏省将无人机测绘技术引入海域调查，为海洋资源环境调查监测、海洋预警监测、海域海岛和疑点疑区、海洋执法等工作提供技术支持[④]；海南省利用全岛机载激光雷达数据生产的数字高程模型形成全岛坡度分级矢量成果，更新完善该省耕地坡度数据[⑤]；青海省通过定位观测—移动调查—遥感监测协同的高寒草地动态监测技术、高寒草地多源异构数据高效融合与集成管理技术等，完成青海省草地资源清查和动态监测工作，服务于三江源生态保护与建设工程[⑥]。

---

① 杨宏山：《发挥测绘技术优势 服务自然资源管理》，《中国自然资源报》2020年6月12日，测绘版。

② 《自然资源卫星遥感应用开新局育新机》，自然资源部网站，http://www.mnr.gov.cn/dt/ch/202009/t20200921_2559041.html。

③ 《山西：无人船测量系统调查河流资源》，自然资源部网站，http://www.mnr.gov.cn/dt/ch/202006/t20200603_2522329.html。

④ 《江苏海洋遥感调查监测启动》，自然资源部网站，http://www.mnr.gov.cn/dt/ch/202007/t20200730_2535041.html。

⑤ 《海南省第三次国土调查坡度分级图制作工作顺利完成》，自然资源部网站，http://www.mnr.gov.cn/dt/ch/202006/t20200628_2529684.html。

⑥ 《三大技术盯守青海草地家底》，自然资源部网站，http://www.mnr.gov.cn/dt/ch/202008/t20200825_2544264.html。

（2）支撑生态保护修复工作

各地测绘地理信息队伍将测绘地理信息技术与生态修复需求融合。河北省以卫星遥感、地理信息、移动 GIS、"互联网＋"等先进技术为依托，自主研发省国土空间生态修复项目监测监管"一张图"平台，实现矿山修复治理、土地复垦、海洋生态修复、全域土地综合整治工作统一管理和监督。[①] 内蒙古开展黄河流域内蒙古段沿黄经济带生态遥感监测，以高分辨率卫星遥感影像叠加数字高程模型为底图，为沿黄经济带规划决策、项目建设提供基础图件，展示水体与土壤的分布及时序变化、黄河流域生态恢复情况，尤其是依托测绘技术开展历史追溯与后期连续监测，服务黄河流域生态保护和高质量发展。[②] 湖南省依托测绘地理信息大数据，利用卫星遥感技术（RS）、全球定位技术（GPS）和地理信息系统（GIS）建了生态绿心地区总体规划实施监控评估系统，全面掌握了长株潭绿心地区的生态本底、资源家底环境状况。[③]

测绘科技以及地理信息大数据还为生态政绩考核工作提供强力支撑。黑龙江、广东、湖南、海南等省份持续推进测绘与审计部门间的合作，运用地理国情监测成果、卫星遥感及地理信息技术，协助审计部门建立全省各类自然资源资产"本底数据库"，形成山水林田湖草海审计"一张图"，摸清审查地区自然资源资产的数量、结构、分布、质量等情况，以及政府部门间协调机制、资源共享、耕地保护、流域综合整治等政策的执行情况，高效确定审计重点和疑点，服务于地方领导干部自然资源资产离任审计工作。[④]

（3）支撑国土空间规划管控工作

测绘地理信息工作贯穿于国土空间规划编制、实施、评估以及修订全过

---

① 《河北水勘院自主研发国土空间生态修复监管"一张图"》，自然资源部网站，http://www.mnr.gov.cn/dt/ch/202203/t20220307_2729948.html。

② 《内蒙古：基础测绘助力黄河流域生态保护》，自然资源部网站，http://www.mnr.gov.cn/dt/ch/202007/t20200703_2530880.html。

③ 《看湖南省测绘地理信息工作如何融入发展大局——测自然底图 绘服务蓝图》，自然资源部网站，http://www.mnr.gov.cn/dt/ch/202010/t20201009_2563490.html。

④ 《聚焦测绘地理信息服务"两统一"职责履行——融入自然资源管理 绘就壮美经纬画卷》，自然资源部网站，http://www.mnr.gov.cn/dt/ywbb/202008/t20200828_2544815.html；《测绘地理信息大数据：生态政绩考核的利器》，自然资源部网站，http://www.mnr.gov.cn/dt/ch/202006/t20200623_2528782.html。

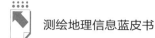

程。编制规划首先要统一空间定位基准；规划设计前期，测绘地理信息提供基础底图数据作为规划基础，空间分析与辅助决策是地理信息系统技术的基本功能，运用地理信息系统技术可以科学开展资源承载能力和国土空间开发适宜性评价以及精准划定"三区三线"地理边界；在规划实施过程中，卫星遥感技术可以对实施效果进行监管和评价等，保证国土空间规划与用途管制信息化建设的顺利开展。湖南、重庆等地基于基础测绘数据资源叠加交通、水利、基础设施等行业数据，构建联动更新和数据共享机制，摸清全域资源真实家底，形成区域现状"一张图"，为自然资源管理绘好"底板"，高质量服务国土空间规划等工作。[①]

（4）支撑自然资源督察执法工作

新型测绘地理信息技术已深入融入自然资源督察工作当中，构建了即时监测、现状变化快速调查、综合业务监管三大技术体系。国家自然资源督察成都局和四川测绘地理信息局发挥技术优势，建立健全保障督察业务工作的信息化平台。[②]黑龙江、陕西、浙江等地测绘地理信息部门持续推进督察信息化平台和数字系统建设。自然资源常态化遥感监测为督察提供多维、定制化的影像和信息支撑。福建省煤田地质局测绘院基于卫星遥感影像底图构建 GIS 卫片执法内外一体化处理系统，巩固"两违"综合治理专项行动成果。[③]陕西测绘地理信息部门探索利用遥感智能化监测技术为秦岭"五乱"问题整治检查提供技术支持，实现对侵占河道耕地、虚增基本农田、非法采集矿产、森林损毁及违法开发占用等图斑的定位及动态监管，大幅提高督察效率和执法力度。

（5）支撑权益管理工作

黑龙江自然资源权益调查监测院立足前期自然资源调查监测工作和丰富

① 《湖南基础测绘为自然资源管理绘好底板——明年启用一比一万、一比五百地形图作为工作底图》，自然资源部网站，http://www.mnr.gov.cn/dt/ch/202008/t20200824_2544008.html；《重庆市"十三五"基础测绘数据资源建设项目成果发布》，自然资源部网站，http://www.mnr.gov.cn/dt/ch/202008/t20200813_2541813.html。
② 《成都督察局与四川测绘局战略合作提升督察效能综述——夯实测绘基础支撑 助力督察科技创新》，自然资源部网站，http://www.mnr.gov.cn/dt/dc/202006/t20200610_2525719.html。
③ 《GIS 卫片执法数据处理技术应用效果突出》，自然资源部网站，http://www.mnr.gov.cn/dt/ch/202009/t20200904_2545941.html。

的数据资源基础,不断推动卫星遥感技术与权益调查监测整合发展,形成了调查监测、权籍调查、资产核算、权益监测管理的全链条机制。①

（6）支撑防灾减灾

我国是世界上自然灾害最为严重的国家之一,精准高效的防灾、减灾离不开测绘技术和地理信息数据的支撑,这也是测绘地理信息工作的重要职责。发挥地理信息和遥感技术优势,推动人工智能、卫星通信、时空大数据等高新技术在地理信息应急保障中的融合应用,"平战结合"将应急响应能力有机融入常态业务中,为安全生产、应急指挥、抢险救援、恢复重建等工作提供有力的测绘地理信息应急保障和技术支撑。在国家层面,通过国家应急测绘保障能力建设项目的实施,在境内陆地范围内具备国家重特大突发事件 2 小时至 4 小时提供指挥用图、6 小时内获取现场高清遥感图像、8 小时到达现场、12 小时内提供第一批现场应急测绘成果、灾后每日不少于 2 次卫星观测和信息获取的能力,已基本能够满足应对国家级突发事件和防灾减灾等工作的需要。② 在地方层面,在灾害监测预警方面,湖北省探索合成孔径雷达干涉测量技术（InSAR）、机载激光雷达（LiDAR）、高分三号 SAR 影像等快速获取、实时处理、及时应用的技术方法,为洪涝、地质灾害监测提供技术保障③;山东省地表形变监测项目采用 PS-SAR 技术对重点形变区域进行监测并对成因及沉降趋势进行分析④。

（四）测绘地理信息支撑能力建设现状

1. 测绘地理信息行业监管现状

近年来,我国测绘地理信息行业监管法规政策不断健全,行业治理能力

---

① 《"天眼"巡查守护山川林草——黑龙江省自然资源厅推动卫星技术与权益调查监测整合发展,助力自然资源权益全链条管理》,自然资源部网站,http://www.mnr.gov.cn/dt/ch/202006/t20200609_2525604.html。

② 徐红:《应急测绘:装备设施和保障能力双双跃上新高度》,《中国测绘》2021 年第 8 期。

③ 《湖北测绘高新技术服务地灾监测》,自然资源部网站,http://www.mnr.gov.cn/dt/ch/202008/t20200828_2544835.html。

④ 《山东推进地表形变监测》,自然资源部网站,http://www.mnr.gov.cn/dt/ch/202006/t20200616_2527584.html。

持续提升。覆盖测绘资质、信用、质量、成果、地图和地理信息安全等方面的监管体系已基本形成，基本实现了对测绘活动业务链条的全覆盖。测绘市场监督检查、地图市场检查和互联网地图监督、涉密测绘成果保密检查、测绘成果质量监督检查依法有序开展，"问题地图"专项整治行动取得成效，地理信息安全防控体系初步建立。

在资质管理方面，《测绘资质管理办法》和《测绘资质分类分级标准》修订印发，测绘地理信息领域改革取得重要进展：压减了测绘资质等级类别，下放了资质审批权限，合理降低了准入门槛，压减了审批时限和材料，大力推行测绘资质电子证书。

在信用管理方面，《测绘地理信息行业信用管理办法》和《测绘地理信息行业信用指标体系》出台，广西、福建、四川、黑龙江等9省区出台了测绘地理信息信用管理相关政策文件，全国测绘地理信息行业信用管理平台启用。多个省份将信用信息征集作为信用管理的主要工作内容，其中黑龙江、河南、河北、湖南等将信用管理与"双随机、一公开"进行挂钩；江苏建立了相关评价标准开展测绘地理信息行业信用等级评价。

在质量管理方面，建立了重大测绘项目"两级检查、一级验收"制度，形成了一整套由质量制度、质量标准、过程质量监督、成果质量检验、最终成果质量复核组成的质量管控体系，测绘质检组织体系已成规模。

在成果管理方面，测绘成果汇交稳步推进，测绘成果目录汇交系统接入全国一体化政务服务平台，实现了测绘成果汇交"跨省通办"。涉密基础测绘成果、非涉密测绘地理信息成果提供使用制度不断健全，依法严格落实执行涉密基础测绘成果提供使用审批管理制度。全国地理信息资源目录服务系统改版升级，支撑国省两级涉密基础测绘成果提供申请与测绘成果目录查询服务的业务协同。

在地图管理方面，地图审核事权配置、审核程序持续优化，三级地图审核机制建设全面推进，地图审核效率进一步提高，持续推进地图审核"双随机、一公开"检查。"问题地图"专项整治行动取得实效，持续开展"问题地图"跟踪核查。构建全方位、立体化的国家版图意识宣传教育平台，组织宣传教育活动近万次。

在地理信息安全管理方面,《测绘地理信息管理工作国家秘密范围的规定》修订出台,制度化推进涉密基础测绘成果使用检查,督导开展互联网地图涉军涉密信息清查整顿,排查整改部分单位失泄密隐患和部分网站违法违规开展地理信息服务问题。全面推动地理信息安全防控技术研发和应用,组织完成自动驾驶地图保密插件适用安全性测试及论证,推进数字水印及地理信息安全控制技术应用,组织研发互联网地图监管系统和数据管控、溯源追踪、重要数据监控等平台,推动国产密码在地理信息领域应用,将地理信息系统软件纳入国家基础性软件管理范围。积极分析研判国内外地理信息服务安全问题,开展 ADAS 高级辅助驾驶地图、手机端车道级导航、车机版互联网地图等应用的安全评估。

2. 测绘地理信息科技创新现状

近年来,我国测绘地理信息科技创新水平不断提高,关键技术、核心装备自主可控能力大幅提升。

我国自主卫星遥感对地观测系统建设快速发展,技术水平已跃居世界前列。"资源""海洋""高分"等公益性卫星不断完善,"北京""吉林""珠海""高景"等商业性小卫星快速发展,空间分辨率等性能指标媲美国际先进水平。"北斗三号"卫星导航定位系统建设完成并对全球提供服务,打破了国外同类系统的长期垄断,实现了空间基准自主可控。

国产化测绘地理信息相关关键软件产品和技术装备研发实现跨越式发展,无人机航空摄影系统、航空遥感相机、GNSS 参考站、高精度全站仪、地理信息系统软件等方面的一些重要产品已经可与国际一流产品并肩,并在亚洲、非洲、拉丁美洲的众多国家占领市场。

(五)测绘地理信息工作目前存在的主要问题

1. 国土基础测绘尚不能精细化全覆盖

1:1 万比例尺基础地理信息尚未实现对陆地国土全覆盖。1:500 和 1:2000 比例尺基础地理信息严重缺乏,难以适应国土空间规划、数字乡村建设、智

慧乡村建设等需要。边疆边境地区高精度基础地理信息数据覆盖不足。海洋地理信息资源比较匮乏，陆海测绘统筹远未实现。基础测绘产品较为单一，难以适应多样化、个性化需求。数据三维化、实体化程度不够，难以对真实客观世界进行精准表达，无法参与空间分析与决策。

2. 支撑全球地理信息资源建设能力不足

境外测绘和全球地理信息服务业务能力尚未形成。各类市场主体国际业务拓展困难重重，在打破西方发达国家的先发优势，形成全球竞争能力方面还需继续努力。全球地理信息资源建设仍处于项目推进阶段，缺乏制度性安排。全球地理信息公共产品供给不足，与构建人类命运共同体的要求相去甚远。全球测绘进展不能满足发展需求。

3. 服务社会发展存在短板

服务能力不能很好地满足实际需要。公众版测绘成果品种单一、数量少、更新缓慢，难以满足智能时代知识服务对测绘地理信息的新需求；网络化服务水平不高。测绘成果数据保密与社会化应用之间的矛盾长期未得到很好解决，大量测绘成果由于保密原因被"深锁闺中"，地理信息数据共享机制不完善。

4. 支撑自然资源管理能力不足

自然资源管理各项业务均要在统一的时空定位技术框架内开展，对国土空间进行标准化定义是自然资源管理的一项重要基础性工作。目前，陆海测绘基准并未统一，一些重大工程项目建设需要的不同，以及获取地理信息数据存在需求和方式的差异性，造成测绘基准不统一，与地理位置有关的数据并未完全实现采用国家法定的 2000 坐标系和 1985 国家高程基准。

5. 科技自主创新能力不高

关键技术、核心装备自主化程度还不高。惯性导航、三维激光扫描、深海测绘等相关高精尖装备仍是短板，国外测绘技术装备占据我国高端市场的局面没有改变。测绘地理信息技术与云计算、大数据、物联网、人工智能等现代信息技术跨界融合不够，地理信息服务全球化拓展不够。

6. 行业治理能力不高

一是法规政策不够健全。一系列与行业监管相关的法规、政策出台时间久，很多条款内容已不适应当前工作形势。测绘行业信用管理的法治基础薄弱，尚未建立管理制度和细则。二是手段方式亟待变革。一方面，目前测绘行业监管重心仍在事前审批，事中事后监管的制度安排与手段方式严重不足，以信用为核心的新型行业监管体系尚未建立；另一方面，监管手段多数面向传统测绘项目、成果，难以适应新技术条件下的监管要求。此外，测绘资质、地图、地理信息安全等各个监管领域相互之间各成体系、条块分割、缺乏协同，导致监管效率低和行政相对人负担重。三是技术与创新能力不足。利用大数据、人工智能等新技术赋能行业监管的能力严重不足。四是监管力量严重不足。除质量管理已形成较为完整的国省两级监管队伍外，其他行业监管均存在监管职能与监管力量不匹配的情形，基层监管力量尤为薄弱。

三 怎样做到"两支撑 一提升"

新的时期，测绘地理信息工作要坚持以习近平新时代中国特色社会主义思想为指引，牢记服务宗旨，按照"两支撑 一提升"的新定位，切实履行好各项职责。

（一）夯实公益性测绘

1. 加强新型基础测绘建设

完善国家测绘基准体系。推进测绘基准技术现代化，构建新一代全球大地基准观测网，打造新一代全球测绘基准产品，实现从参心到地心、从区域到全球、从静止到动态、从二维到三维、从低精度到高精度、从现势性差到实时服务的转变。

加大基础地理信息资源供给。拓展基础地理信息覆盖范围，获取和更新边境、内陆水体和地下空间区域的基础地理信息数据，从而实现对陆海国土空间的完整表达。

优化基础地理信息数据库。统一基础地理信息数据库体系结构，在现有数据库基础上，结合边疆测绘、海洋测绘、实景三维中国建设、国家基础航空摄影等的预期成果，对数据库的模型与结构进行优化设计。

加快推进大比例尺数据库建设。在东部发达地区，统筹省市力量加强1∶2000及以上高精度地理信息获取，实现1∶2000基础地理信息对陆地国土有效覆盖。在中西部地区，在加快推进1∶1万数据全覆盖基础上，加强城市、城镇1∶2000及以上高精度地理信息获取。

加快探索构建新型基础测绘体系。创新产品模式，在基础地理实体数据库建设、实景三维数据建设、时空大数据平台建设等方面进行积极探索。构建新型基础测绘支撑体系，构建新的基础测绘技术体系和工艺流程，重构专业测绘队伍组织模式，调整基于比例尺的基础测绘分级管理模式，构建新型基础测绘分级管理制度以及相应的规划计划管理制度。

2. 加快推进实景三维中国建设

实景三维中国建设主要包括五大建设任务。[①] 一是地形级实景三维建设。在国家和地方层面，按照不同格网和分辨率分别完成数字高程模型、数字表面模型、数字正射影像、基础地理实体数据制作，并按期进行更新。二是城市级实景三维建设。三是部件级实景三维建设。四是物联感知数据接入与融合。五是在线系统与支撑环境建设。

3. 积极推进全球地理信息资源建设

建设全球地理信息资源。根据构建人类命运共同体需求，依托全球高分辨率遥感卫星，有计划、分步骤开展高精度地理信息获取工作。开展我国第二岛链及相关海域高精度地理信息获取工作。将高精度地理信息与人口、资源环境等数据结合，建立相关区域资源环境数据库，提高我国对全球自然资

---

① 《自然资源部办公厅关于全面推进实景三维中国建设的通知》，自然资源部网站，http://gi.mnr.gov.cn/202202/t20220225_2729401.html；《自然资源部办公厅关于印发〈实景三维中国建设技术大纲（2021版）〉的通知》，自然资源部网站，http://gi.mnr.gov.cn/202108/t20210816_2676831.html。

源发展形势的把控能力。

提供全球测绘地理信息公共服务产品。加快落实联合国全球地理信息知识与创新中心建设，建立全球坐标系统，牵头建设全球基本地理数据集，继续为全球提供更高分类精度的 30 米全球地表覆盖数据等公共服务产品。积极参与并逐渐引领国际测绘地理信息标准化制定工作。推动"天地图"国际化发展，深化全球地理信息资源应用，支持我国政府、企业"走出去"，提供面向全球的地理信息公共服务。

完善全球地理信息资源建设制度和业务体系。推动稳定的全球地理信息资源建设投入机制建立。建立市场力量参与全球地理信息资源建设的机制和制度。加快高精度全球地理信息获取、智能处理等相关核心技术攻关和技术装备体系建设。进一步发挥联合国全球地理信息知识与创新中心的作用，加强培训和交流。进一步发挥对外合作交流、对外援助计划在全球地理信息资源建设中的作用，加快我国对全球地理信息资源的获取，助推企业"走出去"。

4. 坚持陆海统筹发展海洋测绘

开展海洋测绘基准建设。构建卫星定位基准站网、长期验潮站网、钻井平台 / 海面 GNSS 浮标、海底控制网等多层次海洋大地测量观测网络，构建面向信息化测绘的海洋测绘基准体系。以陆海统筹为原则，以新型陆海一体化立体测绘技术为支撑，开展我国海岸带地区和 10 米水深以浅区域 1∶1 万全要素测绘工作。完成全国海岛礁测绘地理信息获取工作，建立由海岛礁变化监测节点构成的国家海岛礁变化监测平台。建设我国陆海一体的海岸带基础地理信息动态数据库。

构建和完善海洋测绘标准体系和计量体系。梳理国内外现有海洋测绘标准，研究制定我国海洋测绘标准体系建设的内容，修订完善海洋测绘标准体系框架。开展海洋测绘常用仪器设备的计量关键技术研究。

建立陆海协调的海洋测绘队伍建设和管理体制。建立专业化海洋测绘队伍，满足海洋测绘和地理信息更新工作需要。建立地方测绘主管部门与海区海洋测绘监督管理部门相协调的管理体制。

（二）推动地理信息社会化应用

以推进基础地理信息公共服务发展为抓手，以进一步扩大地理信息公共服务范围、深化应用为目标，以公众版地图开发和服务为重点，加快对地理信息资源的整合，形成地理信息公共服务统一管理、统一调度、统筹服务的新工作格局。

1. 强化基础测绘成果应用

进一步明确基础测绘成果作为国家国土空间基础框架，为国土空间确立统一度量、定义和表达系统的根本定位，以满足行业发展对位置定义和国土空间度量系统的最基本需求为重点，根据不同用户不同的需求特点，细化应用场景，有针对性地提供差别化的服务。继续做好测绘成果目录系统的维护更新和对外发布工作，及时将最新的测绘成果目录在"天地图"和"全国地理信息资源目录服务系统"上向社会发布，及时了解不同用户对基础测绘成果的访问和使用情况，动态调整基础测绘成果种类和内容。依托国家地理信息公共服务平台"天地图"，建立部门间测绘成果和基础地理信息共建共享技术系统，努力实现测绘成果各主要要素数据的交换和共享。

2. 推进地理信息资源公共产品化

针对我国长期以来一套测绘成果既服务于国防建设，又用于解决经济社会发展所带来的应用与保密之间的突出矛盾的问题，将公众版测绘成果开发作为基础地理信息资源公共产品化的主要手段，通过完善政策制度、突破关键技术，并统筹考虑存量和增量，建立公众版测绘成果生产服务的长效机制和相应制度。以现有国家基本地图系列和基础地理信息数据库为基础，结合自然资源、调查监测等其他相关数据，有计划地分批对现有基础地理信息数据进行脱敏、脱密，开发出可供经济社会各领域公开使用的公众版数据，从而在保障国家安全的前提下，最大可能地促进基础地理信息的应用，充分释放其对经济社会发展的潜在价值。在此基础上，通过对现有基础测绘生产工艺流程进行改造，逐步形成基础地理信息数据统一获取和处理，分公开和涉密两个版本开发应用产品及服务的新的生产服务流程。

进一步加大对基础地理信息和自然资源信息的整合力度，推出新型自然资源信息公共产品。针对自然资源信息采集处理过程面向业务管理需求而非公共服务目标，从而导致在向社会公开信息的过程中有可能引起保密风险和隐私泄露风险的问题，抓紧推进自然资源信息公共产品化工作，去除自然资源信息中的保密和隐私信息，针对自然资源的不同类别，分别建立不同的自然资源信息公共产品模式，以及相应的生产服务制度，形成自然资源信息常态化公共服务能力。针对经济社会发展和国防需求，着力研究开发新的地理信息公共产品，与时俱进地构建适应新形势需要的地理信息公共服务格局。推动供给创造和需求引领，研发融合自然资源各类要素的、精细的多专题地理信息公共产品，以及海洋、全球、高分辨率影像、三维等地理信息公共产品。

3. 改进地理信息公共服务方式

打造新一代地理信息公共服务平台。适应技术发展和用户需求，推动"天地图"转型升级，构建数据丰富、覆盖广泛、更新及时、功能全面、高度一体化的新一代地理信息公共服务平台。一是优化服务格局，形成以互联网服务为主体、与国家电子政务外网及内网相互促进的新服务格局；二是完善总体架构，深化地理信息公共服务平台国家、省、市（县）级节点一体化建设，进一步提升全国分布式节点在线协同服务能力，建立适应各级节点本地化应用需求的服务模式；三是丰富数据体系，充分挖掘各级自然资源部门地理信息公共服务数据资源，持续完善以数据融合为基础的国家、省、市（县）统一在线数据资源体系；四是健全更新机制，推进实现更新从融合共享向实时发布转变，实现从一年一版更新向一年两版、重要数据实时更新转变，从侧重单一时相服务向多时相服务转变，从侧重专业队伍更新向全民参与数据更新转变，多措并举提升公共服务数据的时效性；五是优化服务功能，实现从侧重单一在线地图服务向综合地理信息服务转变，从侧重二维数据服务向二三维数据服务并重转变，从侧重地图底图服务向时空大数据智能地理信息服务转变；六是提高地图智能化服务水平，开发"问题地图"智能检测系统，提供"问题地图"在线智能检测服务，维护国家版图权威。

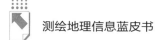

加强自然资源卫星遥感云服务平台建设及应用。面向自然资源管理及相关行业部门对国产高分辨率卫星遥感数据应用的需求，完善自然资源卫星遥感云服务平台，建立自然资源遥感监测监管模式并实现业务化运行。提供国内外各类卫星遥感数据的共享和自然资源监测等综合服务。面向政府、行业、产业和大众提供具有统一基准影像的标准化和专业化服务。

（三）加强对自然资源管理的支撑

1. 统一空间定位和表达方式

一是归口管理空间定位服务。第一，加强对自然资源管理各项业务使用测绘基准和坐标系的管理。统一将2000国家大地坐标系（CGCS2000坐标系）数据成果作为各项业务审批与监管的标准化入口及出口。第二，开展对相关业务使用统一坐标系的清查工作。检查各业务组成部门数据资料是否使用国家要求的CGCS2000坐标系，对已经完成转换的资料检查是否存在转换误差等问题。第三，强化对自然资源系统连续运行参考站（CORS站）的管理。建立国家、省级共享机制，形成全国自然资源系统上下联通、相互共享的CORS站服务网，向社会免费提供相关服务。

二是推动形成统一的空间关系定义。结合自然资源管理相关工作的需要，从数据库体系结构、数据要素、覆盖范围、数据产品等方面，对现有国家基础地理信息数据库进行改造升级，逐步构建覆盖陆海国土、全球范围的统一的新型国家基础地理信息数据库，使之成为我国定义空间、描述空间的法定和权威标准。统一自然资源管理各专题数据库的结构和标准，更好地实现基础地理信息数据与专题数据之间的有机衔接。

2. 加强对自然资源管理全业务链条的支撑

一是加强对自然资源调查监测的技术支撑。整合自然资源部门的卫星遥感资源，加强航空航天遥感影像统筹，发展航空遥感系统。强化市县级自然资源调查监测技术支撑能力，重点发展物联网、无人机等技术。二是加强对自然资源大数据治理和应用的支撑。推进土地、地质、矿产、海洋等数据资源的整合和自然资源大数据中心建设，推进自然资源管理应用系统与大数据管理服务功能的整合，形成集数据管理应用于一体的业务支撑能力。三是加强对自然资源质量控制的技术支撑。依托现有测绘地理信息质量控制体系，统筹兼顾各类业务需要，建立和完善自然资源业务质量控制体系和工作机制。

（四）加强测绘地理信息行业监管

1. 建立以信用为核心的测绘行业新型监管机制

加快修订《测绘地理信息行业信用管理办法》《测绘地理信息行业信用指标体系》等相关制度。完善信用信息采集机制，加强与各级行业协会、学会的密切合作，鼓励测绘资质单位主动申报有关信用信息。建立健全测绘地理信息信用评价体系，将评价体系纳入各类监管中，使之相互协调、配合。完善失信惩戒制度，加强对违规失信的单位和人员的惩戒。加强跨部门协作，扩大信用信息的有效应用范围。

2. 着力提升行业监管能力

一是推动测绘资质管理制度改革落地，针对测绘活动的新形态、新特点，不断创新测绘资质管理的理念、模式和手段，构建事前事中事后全链条监管体系。健全涵盖事前事中事后全过程的外国组织或者个人来华测绘的管理体系。进一步深化"多测合一"改革。

二是按照三级地图审核、四级地图监管要求，做好地图审核事权下放工作，建立地图监管清单化管理制度，完善地图市场跨部门、跨地域协同监管机制。

三是推进测绘作业证办理、建立相对独立平面坐标系统审批、测绘成果目录汇交等事项的"跨省通办"。

四是强化以"两级检查、一级验收"制度为核心的综合质量监管，加强对项目设计、生产过程的质量管理，加强对自然资源调查监测、确权登记、国土空间规划和生态修复的测绘质量支撑，完善测绘单位质量管理体系考核标准，建立国、省、市、县多级质量联动监管机制，形成质量监管合力。

五是以安全应用为核心，健全地理信息安全分类分级管理制度，建立地理信息安全事件预警机制，制定应急处理预案。构建国省两级地理信息安全

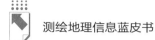

防控体系，开展互联网地理信息常态化风险监测和地理信息采集、传输、存储、服务等软硬件安全检测，建立地理信息安全重点热点问题常态化风险分析机制；开展针对地理信息安全重点领域、对象和产品的日常检查与专项检查。

3. 推动测绘行业监管技术创新

一是构建以测绘行业信用信息平台为核心的综合监管平台。推动已有信用监管平台与国家企业信用信息公示系统和全国信用信息共享平台互联互通，实现与其他有关部门公共信用数据的即时共享。

二是提升测绘成果管理信息化水平。整合全国地理信息资源目录服务系统、涉密基础测绘成果在线审批系统等。探索电子政务网条件下测绘成果在线分发提供。建设完善全国测绘成果汇交、目录发布和提供使用在线一体化管理服务系统，实现测绘成果在线汇集、在线发布目录、在线申请和在线分发提供服务。完善测绘地理信息业务档案数字化管理系统。

三是提升地图监管技术水平、地图内容审查信息化水平。对互联网地图监管系统进行升级，提升系统对互联网"问题地图"的识别和推送能力。开展针对新兴互联网媒体渠道"问题地图"、智能网联汽车高精度地图监管技术的研究。

四是加强质量管控和提升质检技术水平。开展测绘工程、产品与服务质量基础理论与质检关键技术研究。针对新型基础测绘产品要求，研究适应各类测绘工程、产品、服务的质量要求与评价技术，以及适应测绘质检大数据快速获取的装备系统，研发"空天地海网"五位一体的质检数据快速获取与处理装备。建设 1+1+1+N（1 个智能化质检云平台 +1 个大数据支撑库 +1 个质量信息服务平台 +N 类成果的专业质检软件）智能化质检云平台。

五是加快建设地理信息安全防控与监管技术体系。按照不同级别地理信息保护需求，组织开展地理信息安全技术研发和认定。推动区块链、密码技术、安全许可和控制技术的应用和推广。开展检测鉴定、风险评估、内容监管、监督检查、监测预警等相关地理信息安全监管支撑工具的研发工作。面向智能汽车、城市管理等对地理信息安全应用的需求，研发保密处理技术。

提升卫星导航定位基准站（网）的数据安全保障能力。建立地理信息安全防控推荐性技术和产品目录。

（五）加强科技创新和人才队伍建设

1. 加强测绘地理信息科技创新

推动基础理论创新。瞄准世界前沿，围绕自然资源重大科学问题，开展地理空间认知基础理论研究。以支撑全球测绘、国土测绘工作为重点，开展关键技术攻关。加强物联网、人工智能等技术在测绘地理信息领域的应用，开展立体化观测、天空地一体化多维动态感知与评价、空天大数据知识服务等关键技术攻关。加强地理信息保密处理技术和安全控制技术研究。充分发挥测绘地理信息新型智库的引领性作用，进一步强化发展战略研究。

突破"卡脖子"技术。加快研制国产惯性导航系统、三维激光扫描仪和万米级多波束测深仪等高精尖装备，进一步开发 GNSS 解算软件、遥感影像智能处理软件、航空摄影建模软件、激光点云数据处理软件、地理信息系统基础软件等。着力研究快速地图制图、快速三维建模、自动化审图、互联网地图抓取、地理信息变化自动发现等技术。

推动我国自主重力卫星研制，填补我国重力卫星领域空白。加快推进以北斗卫星导航系统为核心的国家综合定位导航授时系统（PNT 系统）建设，提升国家时空信息服务能力和国家安全保障能力。加快推进我国自主的优于 0.5 米高分辨率的商业遥感卫星和 1 米分辨率 C 频段多极化合成孔径雷达（SAR）成像卫星星座建设。加快推进我国自主的高清视频卫星组网的建设进程和应用。

构建政府企业相互配合的一体化科技创新体系，进一步支持和加强测绘地理信息产业链纵向和横向合作，健全以政府为重要引导、企业为主导、高校为重要支撑、产业关键技术攻关为中心任务的测绘地理信息融合创新机制，促进各类科研资源的有效集聚，加快推进测绘地理信息领域产学研用一体化，建成与创新型国家相适应的测绘地理信息科技创新体系。

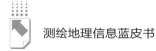

2. 加强测绘地理信息人才队伍建设

准确把握测绘地理信息"两支撑 一提升"的工作定位，优化调整专业队伍结构，打造满足自然资源管理业务需要和全球测绘、国土测绘等任务实施需要的基础测绘队伍，加强海洋测绘专业队伍建设。依托国家级人才计划和自然资源部人才培养工程，有计划地发现、培养、激励一批在自然资源和地理信息领域重大基础研究、技术研发和重大工程实施等方面创新能力强、业绩突出的高层次人才。积极开展国际交流合作，通过培养、引进、交流等措施，拓宽人才全球视野、提升战略思维。紧跟科技发展前沿技术，建立长效学习机制，推行继续教育制度，同时强化与高校、科研机构、高新技术企业的合作，打造高层次复合型人才队伍和创新型、交叉型、互补型科研团队。

面向适应技术跨界、业务融合等新要求，推动高校相关专业和学科体系优化设置，培养跨学科复合型人才。及时更新和编写满足自然资源管理需求以及服务地理信息发展的教材，增加人工智能、大数据分析、资源环境科学等与行业发展或前沿信息技术紧密结合的课程，推进测绘科技创新、基础理论研究与自然资源学科等的交叉融合，探索"综合培养—专业应用—创新发展"的贯通式人才培养和使用路径，为自然资源管理提供人才和专业支撑。

大胆起用青年科技人才，依托重大科研项目、重大工程支持鼓励优秀青年人才承担攻关任务，积极培养锻炼青年人才，拓宽专业技术人才及青年的科技成长渠道，加大年轻干部培养力度，增加战略储备。同时打造良好的科技创新生态，鼓励成果转化，将创新收益和贡献与收入分配、职称职级挂钩，激发人才积极性和创造性，充分释放科技创新潜能。

支撑经济社会发展篇

Supporting Economic and Social Development

B.2
构建测绘地理信息事业新发展格局

——全面推进实景三维中国建设

武文忠 *

摘　要： 全面推进实景三维中国建设是贯彻落实党的二十大精神，深化测绘地理信息供给侧结构性改革，推动测绘地理信息工作高质量发展的重要举措。本报告明确了实景三维中国的基本内涵、建设目标及组织实施方式，从顶层设计、工程化生产、成果应用等方面梳理了建设情况，并对后续工作进行了思考与展望。

关键词： 测绘地理信息　实景三维中国　高质量发展

---

* 武文忠，自然资源部总规划师。

一　引言

党的二十大报告提出，要"把实施扩大内需战略同深化供给侧结构性改革有机结合起来"。这是党中央基于国内外发展环境变化和新时代新征程中国共产党的使命任务提出的重大战略举措，对于今后一个时期有效发挥大国经济优势、加快构建新发展格局、推动高质量发展、全面建设社会主义现代化国家，具有重要意义。

党的二十大报告同时指出，"高质量发展是全面建设社会主义现代化国家的首要任务"，高质量发展任务的内容之一是"加快建设制造强国、质量强国、航天强国、交通强国、网络强国、数字中国"，"加快发展数字经济"。数字中国、数字经济、数字政府的核心是"数字"，即"数据"；数据中最基础的部分是描述空间的数据，即"时空数据"，制作和提供"时空数据""时空信息"是测绘系统的主责主业。

过去一段时间，受技术、手段、存储和运算能力的限制，我们只能基于二维平面对客观世界进行表达。新时期，激光雷达、倾斜摄影及移动测量等测绘技术发展迅速，并与云计算、物联网及人工智能等新兴技术深度融合，测绘技术体系发展全面、强劲，具备了基于三维技术对现实世界进行描述和管理的条件。与此同时，随着社会经济的不断发展，特别是测绘工作全面融入自然资源管理体系后，经济社会发展和生态文明建设对基础测绘成果提出了新需求：一是实体化；二是三维化；三是语义化；四是全空间。

全面推进实景三维中国建设是贯彻落实党的二十大精神，立足新发展阶段、贯彻新发展理念、构建新发展格局，深化测绘地理信息供给侧结构性改革，推动测绘地理信息工作高质量发展的重要举措。

二　目标与路径

（一）基本内涵

实景三维作为真实、立体、时序化反映人类生产、生活和生态空间的时空信息，是国家重要的新型基础设施，通过"人机兼容、物联感知、泛在服务"实现数字空间与现实空间的实时关联互通，为数字中国提供统一的空间定位框架和分析基础，是数字政府、数字经济重要的战略性数据资源和生产要素。

实景三维按照表达内容和层级分为地形级、城市级和部件级实景三维。地形级实景三维聚焦宏观层面，重点是实现对生态空间的数字映射，是城市级和部件级实景三维的承载基础，主要由数字高程模型（DEM）/数字表面模型（DSM）与数字正射影像（DOM）/真正射影像（TDOM）经实体化，并融合实时感知数据构成。城市级实景三维聚焦中观层面，重点是实现对生产和生活空间的数字映射，主要由倾斜摄影三维模型、激光点云、纹理等数据经实体化，并融合实时感知数据构成。部件级实景三维聚焦微观层面，满足专业化、个性化需求，是对城市级实景三维的分解和细化表达。

（二）建设目标

到 2025 年，5 米格网的地形级实景三维实现对全国陆地及主要岛屿覆盖，5 厘米分辨率的城市级实景三维初步实现对地级以上城市覆盖，国家和省市县多级实景三维在线与离线相结合的服务系统初步建成，地级以上城市初步形成数字空间与现实空间实时关联互通能力，为数字中国、数字政府和数字经济提供三维空间定位框架和分析基础，50% 以上的政府决策、生产调度和生活规划可通过线上实景三维空间完成。

到 2035 年，优于 2 米格网的地形级实景三维实现对全国陆地及主要岛屿必要覆盖，优于 5 厘米分辨率的城市级实景三维实现对地级以上城市和有条件的县级城市覆盖，国家和省市县多级实景三维在线系统实现泛在服务，地级以上城市和有条件的县级城市实现数字空间与现实空间实时关联互通，服务数字中国、数字政府和数字经济的能力进一步增强，80% 以上的政府决策、生产调度和生活规划可通过线上实景三维空间完成。

（三）组织实施方式

坚持系统观念，强化顶层设计，构建技术体系，创新管理机制，形成统

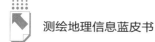

一设计和分级建设相结合、国家和省市县协同实施的"全国一盘棋"格局。

坚持"只测一次，多级复用"的原则，在高精度实景三维数据覆盖区域，只基于已有成果整合，不重复生产，在非覆盖区域进行新测生产。

自然资源部负责制定总体设计和管理机制，统筹指导协同实施。中国测绘科学研究院负责技术攻关、技术支持和标准体系建设。国家基础地理信息中心负责总体实施方案编制、组织实施和技术协调。国家测绘产品质量检验测试中心负责成果质量检验方案编制。自然资源部国土卫星遥感应用中心，自然资源部重庆测绘院，陕西、黑龙江（省）、四川、海南测绘地理信息局，负责国家层面建设任务。省级自然资源主管部门（陕西、黑龙江、四川、海南由四省测绘地理信息局）负责本地实施方案编制，组织本地建设任务的协同实施。

三　建设情况

（一）顶层设计

出台《自然资源部办公厅关于全面推进实景三维中国建设的通知》（自然资办发〔2022〕7号），对实景三维中国建设进行政策性部署。

编制《实景三维中国建设技术大纲（2021版）》《实景三维中国建设总体实施方案（2022—2025年）》等，明确实景三维中国建设的时间表、路线图和责任人，指导全国性建设。

构建技术与标准体系框架（涵盖总体设计类、采集处理类、建库管理类、平台服务类、质量控制类），开展框架内31项技术文件编制，涉及基础地理实体空间身份编码、全空间数据立体获取、存量数据转换生产基础地理实体数据、基础地理实体语义化技术、实景三维共享发布技术等核心技术，为工程化生产提供坚实的技术保障。

（二）工程化生产

地形级实景三维建设方面，实现新一代数字高程模型（DEM）对陆地国土全覆盖，分辨率由25米提至10米，现势性由2010年提至2019年。

城市级实景三维建设方面，多地在建成区生产 5~10 厘米分辨率倾斜摄影三维模型和地下管网数据，同时接入物联网感知设备数据，支撑城市规划、建设、服务和管理。统筹开展城市三维模型快速构建。

（三）成果应用

实景三维中国通过调整现有供给结构、提高产品和服务质量、增强供给对需求变化的适应性和灵活性，满足有效需求和潜在需求，实现供需匹配和动态均衡。

第一，提供时空底座。相关成果接至国土空间基础信息平台，作为自然资源三维立体"一张图"、自然资源三维立体时空数据库基底，提供统一的空间定位框架。第二，形成分析基础。基于实景三维数据"真实性"，客观检核第三次全国国土调查中各方申报数据的真实性；基于实景三维数据"实时性"，提取国土变更调查年度变化图斑，为摸清底数提供基础性保障。第三，形成推演平台。成果真实、立体、时序化反映人类生产、生活和生态空间，为空间规划编制、方案论证、科学评估等提供时空决策面板，是国土空间开发、保护以及相关管理的重要支撑。第四，构建时空关联。北京、上海、武汉等地基于实景三维数据关联多源结构化、非结构化数据，融合人、物、车、事件等经济社会数据，建设智慧时空信息云平台，全方位表达高精度二三维一体地理信息空间，支撑政务服务一网通办、城市治理"一网统管"、智能化交通管理、超大城市治理能力现代化建设等。

四 思考与展望

（一）培育应用生态

选择类安卓式的开放式服务模式，围绕需求聚拢产品与服务，整合政策及智库资源，构建由工具集市、数据集市、应用集市、案例集市、开源社区和孵化创新 6 部分组成的应用生态系统。工具集市方面，针对日常应用构建"小、快、灵"工具集市，鼓励发布试用版、免费学习版软件工具；围绕部门

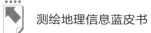
应用打造一系列"高、精、专"三维软件应用解决方案，提高数据、信息、知识保障能力。数据集市方面，通过公益性、商业性、开源数据，满足统一标准下的实景三维数据需求。应用集市方面，打造多元化、立体式应用场景，支撑多层面、多角度、多方向应用服务。案例集市方面，建立案例模板，发挥优秀、实用、高质量案例的应用生态构建带头作用。开源社区方面，构建软件和数据开源社区，提高技术共享开发能力，支持众源生产和共享服务。孵化创新方面，发挥行业协会企业孵化、专家智库、信息发布、交流组织优势，创新应用方式，构建实景三维产学研一体化协同和创新孵化体系。

（二）与新型基础测绘、时空大数据平台衔接

新型基础测绘、实景三维中国、时空大数据平台三者是相互关联、相互依存的上、中、下游关系。新型基础测绘是以重新定义基础测绘产品模式为核心和突破口，带动技术体系、生产组织体系和政策标准体系全面转型升级的基础测绘，是对基础测绘全流程、全方位、各环节的整体能力提升，是时空信息基础设施建设与服务标准体系框架构建的基础。实景三维中国是对人类生产、生活和生态空间进行真实、立体、时序化反映和表达的数字空间，是我国国土空间在数字世界的真实映射，是为数字中国提供统一的空间定位框架和分析基础，构建时空信息的数据基础。时空大数据平台是提供各类时空信息服务的基础性、开放式技术系统，重在面向自然资源管理和城市高质量发展，解决好应用问题，是构建基础测绘的服务基础。新型基础测绘是构建实景三维中国的能力支撑；实景三维中国是新型基础测绘的标准化产品之一，同时是时空大数据平台的基础时空数据集；时空大数据平台是实景三维中国的服务窗口。

（三）制度体系构建

实景三维中国建设将深刻影响和改变测绘成果的产品模式、生产方式、服务方式等，也势必会带动现有的测绘组织管理机制进行适应性调整，完成转型升级。在实景三维中国建设过程中，要根据新型基础测绘性质和定位，

开展试点区域基础测绘管理体制机制创新研究，在分级管理、成果汇交、组织实施、机构设置等多个方面形成测绘地理信息法律规范体系修订意见与建议，以制度体系革新进一步强化基础测绘对经济社会高质量发展的保障作用。

未来 5 年是全面推进实景三维中国建设的关键时期，任务虽艰，希望在前。"道虽迩，不行不至；事虽小，不为不成。"测绘地理信息供给侧结构性改革在构建测绘地理信息事业新发展格局中起关键作用，重在落实。全面推进实景三维中国建设要聚焦、聚神、聚力抓落实，做到紧之又紧、细之又细、实之又实，解决供需矛盾问题，推动测绘地理信息事业高质量发展。

B.3
新阶段我国地理信息产业发展进程及对策

李维森*

摘　要： 本报告从需求牵引、体制改革、政策引导、创新驱动等方面简要总结了我国地理信息产业的发展历程，从产业规模、产业结构、产业基础、创新成果等方面梳理了地理信息产业的发展现状，阐述了"十四五"规划、数字经济大潮、科技创新及国际市场等因素带来的产业发展机遇，剖析了地理信息产业面临的制约高质量发展的主要问题，并从数字经济、市场环境、数据开放、自主创新、国际市场等方面提出促进产业高质量发展的思路和建议。

关键词： 地理信息产业　高质量发展　产业环境　数字经济

一　引言

我国地理信息产业经过几十年的发展，已形成以高新技术服务业、软件业和高技术制造业为主导的发展格局，作为战略性新兴产业，其已成为数字经济的重要组成部分和核心产业之一，对经济社会发展、生态文明建设、国防安全都发挥着重要作用。近年来我国地理信息产业呈现以互联网、大数据为基础的信息化多业共生、融合发展的特点，与云计算、物联网、

---

* 李维森，博士，教授级高级工程师，中国地理信息产业协会会长。

人工智能等现代技术相互赋能、并驾齐驱发展，极大提升和扩展了地理信息技术能力和服务领域，催生出大量新服务、新业态、新模式，市场主体活力、产业竞争能力、内生发展动力、经济增长拉动力都得到激发，产业快速发展。

以习近平同志为核心的党中央做出"十四五"时期我国将进入新发展阶段的重大战略判断，为我国地理信息产业谋划新发展提供了根本遵循。新发展阶段是内外发展环境深刻变化的新阶段，更是高质量发展、全面应对世界大变局的新阶段。地理信息产业应当准确把握新发展阶段，贯彻新发展理念，充分考虑当前产业发展所面临的问题和机遇，构建地理信息产业新发展格局，在促进经济社会高质量发展的同时，实现地理信息产业自身的高质量发展。本报告简要总结了我国地理信息产业的发展历程，梳理了地理信息产业的发展现状，分析了地理信息产业面临的制约其高质量发展的主要问题，针对这些问题并结合发展机遇，从数字经济、市场环境、数据开放、自主创新、国际市场、兼并重组、协会作用等方面提出了促进产业高质量发展的思路和建议。

二　我国地理信息产业发展历程与现状

我国地理信息产业经过几十年的发展，从无到有、从小到大、从弱到强，不断成长。以下四个方面的因素发挥了重要作用。一是国家需求牵引，产业逐步走向市场化。早期，从军用到民用、从计划到市场，国家基础测绘工作、各部门相关重大工程，为产业发展提供了机遇。随着经济社会的发展，需求更加丰富多样，地理信息产业市场化程度也越来越高，规模不断扩大。二是在体制改革的背景下，民营经济茁壮成长，大量成立的私营企业与集体企业、国有企业共同形成市场主体，推动产业快速发展。三是在产业政策指导下，方向明确，路线图清晰。从规范市场发展，到明确产业的重要性，从促进产业发展的国家政策，到确立产业定位的法律法规，党和国家及行业主管部门不断引领产业发展。四是在科技创新的驱动下，

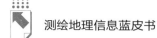
产业服务领域不断拓展。从国家科技攻关，到高校和科研机构的科研成果转化以及企业的自主创新，科技创新不断驱动产业从供给侧丰富产品和服务，拓展应用的广度和深度，并不断催生新业态、新模式，不断拓宽产业边界，丰富产业内涵，推动产业做大做强，在各个领域发挥更大作用。

十多年来，我国地理信息产业保持高速发展，总产值近10年的复合增长率为17.5%。[①]2020年以来，我国地理信息产业努力克服疫情和外部复杂环境的影响，取得了较好成绩。当前，我国地理信息产业已从高速发展转向高质量发展。2021年，我国地理信息产业产值达7524亿元，同比增长9.2%。截至2021年末，从业单位超过16.4万家，同比增长18.5%；从业人员近400万人。[②]大型企业"头部效应"继续扩大，中小企业呈现较强活力，民营经济表现突出，上市挂牌企业引领作用显著，境外市场多元布局不断拓展。地理信息产业百强企业2021年营收总额同比增长15.5%。[③]北斗系统性能不断提升，基准站网全方位覆盖，遥感卫星资源更加丰富，商业遥感卫星发展势头迅猛，公共服务平台资源更加丰富，商业化位置服务发展迅速，新型基础测绘试点加速推进，地理信息教育蓬勃发展。地理信息科技成果竞相涌现，标准体系不断完善，团体标准制定速度加快，企业研发投入大幅增长，创新能力不断增强。在2020年度国家科学技术进步奖中，有6项地理信息科技成果获奖。

三　我国地理信息产业发展机遇

（一）"十四五"规划浓墨重彩，产业发展前景广阔

在国家和地方的"十四五"规划中，大量国家战略、重大工程为地理

① 中国地理信息产业协会编著《中国地理信息产业发展报告（2022）》，测绘出版社，2022，第2页。
② 中国地理信息产业协会编著《中国地理信息产业发展报告（2022）》，测绘出版社，2022，第2页。
③ 中国地理信息产业协会编著《中国地理信息产业发展报告（2022）》，测绘出版社，2022，第3页。

信息技术提供了巨大的应用市场。在《国民经济和社会发展第十四个五年规划和2035年远景目标纲要》中，共有9章对地理信息技术及其应用提出了明确的要求。31个省区市、新疆生产建设兵团的"十四五"规划中，均明确提及地理信息技术及相关应用。北京、河北、广西、海南、湖北等地方的"十四五"规划中，明确提出要发展壮大地理信息产业，加快遥感、北斗、卫星导航的发展，打造国家综合示范区等。

自然资源部作为地理信息产业的行业主管部门，明确"十四五"时期地理信息管理工作将紧紧围绕"两支撑 一提升"工作定位，全面强化地理信息监管，深入推进地理信息服务，促进地理信息产业发展。2022年2月，自然资源部印发《关于全面推进实景三维中国建设的通知》，明确了实景三维中国建设的目标、任务及分工等。实景三维中国建设是传统基础测绘业务的转型升级，将给地理信息产业带来新的市场机会，推动地理信息产业规模扩大和快速发展，大大提升地理信息产业在数字中国、数字经济、智慧城市建设中的基础性作用。

（二）深度融入数字经济，产业发展潜力不断提升

当前，数字经济发展速度之快前所未有，正推动生产方式、生活方式和治理方式深刻变革。《"十四五"数字经济发展规划》提出，到2025年，数字经济迈向全面扩展期，数字经济核心产业增加值占GDP比重达到10%。[①]据国家统计局发布的《数字经济及其核心产业统计分类（2021）》，地理遥感信息服务、遥感测绘服务等属于数字经济核心产业。数字经济的应用场景离不开地理信息及其技术作为重要支撑。地理信息产业已经成为数字经济的重要组成部分，是数字经济最抢眼的核心产业之一，在数字经济发展的大潮中发挥关键性作用。

我国数字政府建设、数字中国建设、新型基础设施建设等从需求侧推动

[①] 《国务院关于印发"十四五"数字经济发展规划的通知》，中央人民政府网站，http://www.gov.cn/zhengce/zhengceku/2022-01/12/content_5667817.htm。

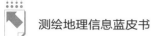

地理信息产业高质量发展。地理信息及其相关技术应用在加快数字政府建设、提高政府管理效能的过程中，将发挥重要的支撑性作用。

（三）与现代科技深度融合，创新驱动力持续增强

科技创新已成为地理信息产业高质量发展的第一动力。人工智能、大数据、云计算、虚拟现实、移动互联网等现代科技与地理信息技术不断融合、相互赋能，持续推动产业数字化转型与数字产业化发展，为地理信息技术与应用服务变革带来新的机遇，催生更大市场。在新技术的赋能下，地理信息产品形式不断发生新变化，并催生新应用、新业态。

实景三维中国建设为各类地理信息技术带来了更为广阔的应用空间和庞大的市场。如二三维一体化、动态环境建模、实时动作捕捉、快速渲染处理等技术作为实景三维中国建设的核心技术，都需要强大的 GIS 基础平台作为支撑。大量的三维数据生产、加工，为测绘地理信息数据生产服务等相关企业提供了市场空间。

（四）各国加大建设投入，国际市场潜力巨大

当前，世界主要国家均高度重视地理信息产业，纷纷出台战略规划，加大对导航卫星、遥感卫星等的投入力度，加快建设进度，采取各种举措，促进地理信息技术应用与产业发展。近年来，美国联邦政府出台《2021 年联邦数据战略行动计划》，明确将地理信息作为国家重要战略资产进行资产投资组合配置，英国政府出台《2020—2025 年英国地理信息战略》，提出确保位置数据安全利用、提升位置数据可用性、确保位置数据技术创新等战略任务，德国、日本、印度等国也出台了相关的政策措施。

2021 年 4 月，联合国发布了《联合国地理信息战略（2021）》，明确了通过地理信息服务支持联合国秘书处执行任务的愿景、任务目标和发展方向。该战略将通过联合国层面的示范效应，有力促进地理信息与各领域数据和业务融合，推动地理信息技术和服务应用普及。

据印度地理信息媒体与通信集团估算，2021 年全球地理信息市场规模达

3950 亿美元,较 2020 年增长 8.2%。[①] 预计到 2025 年,将达到 6810 亿美元。[②] 该机构预测,2025 年全球地理信息市场规模增速还将加快。

四　我国地理信息产业发展面临的主要问题

我国地理信息产业经过几十年的发展,在国民经济社会各领域发挥着越来越重要的作用。但在发展的过程中也出现了一些问题,有些问题长期难以解决,并存在一定的积累效应。以下几个问题是推进地理信息产业高质量发展须重点思考和解决的。

(一)数据开放共享不足,企业面临多重数据困境

地理信息数据资源是产业的核心资源。多年来,国家和地方政府在基础测绘、卫星遥感、智慧城市、重大工程等方面,产生了海量地理信息数据资源,在各行业和政府部门中得到了广泛应用。但我国公共地理信息及相关数据资源仍存在开放共享不足的问题。一方面,数据生产或管理部门的管理条块分割,共建共享机制不完善;另一方面,业界普遍反映目前数据保密制度及脱密技术与社会和产业的迫切需求不相适应。此外,数据及数据处理软件的标准规范不统一、共享平台的缺乏,也影响地理信息数据资源的开放共享和应用。

(二)产学研深度融合不够,创新体系亟待完善

多年来,我国测绘地理信息等相关领域的科研实力在不断增强,科研成果不断涌现,测绘地理信息相关专业教育蓬勃发展。测绘地理信息相关科研成果屡屡获得国家级、省部级科技奖,但科研成果转化率还比较低的问题仍

---

① 中国地理信息产业协会编著《中国地理信息产业发展报告(2022)》,测绘出版社,2022,第 120 页。

② "Global Geospatial Industry Forecasted to Be a \$1.44 Trillion Market by 2030", Geospatial World, https://www.geospatialworld.net/news/global-geospatial-industry-forecasted-to-be-a-1-44-trillion-market-by-2030/.

然突出。重要原因之一是产学研融合创新机制不健全。科研院所、高校的科研更注重发文章、评奖，科研团队往往倾向基于研究成果去承担项目，主动找企业合作的不多，产业化意愿较低。而地理信息企业创新能力还不足，很难投入人员、资金进行创新研发。由于缺乏产学研融合创新、协同发展的有效机制，我国在测绘地理信息领域的科研优势尚未充分转化为产业优势。

（三）拖欠款问题严峻，严重影响企业生存发展

在中国地理信息产业协会多年来的大量调研中，地理信息企业反映最多的问题就是拖欠款。2019 年，中国地理信息产业协会针对农村土地承包经营权确权登记颁证工作中存在的项目拖欠账款问题开展专题调研，来自全国 22 个省区市的 176 家企事业单位共上报存在拖欠账款情况的农经权确权登记项目 2712 个，拖欠款总金额达 33.8 亿元。① 2022 年 3 月，中国地理信息产业协会开展"关于地理信息企业发展中面临主要问题"的调研，全国各地 236 家企业存在拖欠账款总计达 147.4 亿元。② 拖欠款问题已成为影响地理信息企业生存、制约地理信息企业发展的重大问题。

（四）同质低价竞争严重，产业结构亟待优化

我国地理信息产业从业单位 90% 以上为中小企业，大量中小企业存在同质化竞争严重、技术和应用创新不足的问题，部分企业重视规模化、专业化，而缺乏核心技术。同质化竞争往往促使企业采取低价策略。通过行业管理、协会行业自律等，业内低价竞争问题已经有所好转，而近年的疫情使这一问题又有卷土重来的苗头。此外，一些地区地方保护现象严重、部分行业领域市场开放不足、体制内的企事业单位与民营企业不合理竞争等市场环境问题，也影响了企业的创新发展，使企业难以做大做强。

---

① 中国地理信息产业协会：《关于农村土地承包经营权确权登记颁证工作中存在问题的调研报告》，2019（内部报告）。
② 中国地理信息产业协会编著《中国地理信息产业发展报告（2022）》，测绘出版社，2022，第 27 页。

（五）"走出去"面临困境，国际市场亟待开拓

经过多年探索，各地理信息企业已不同程度开拓国际市场，但整体国际市场份额还非常低。在地理信息产业百强企业中，有国际业务营收的不足20家。近年来，一些国家和地区贸易保护主义抬头，逆全球化思潮兴起，导致中国企业开拓海外市场成本和难度越来越大。部分发达国家动用各种手段阻碍中国公司的全球化进程，使我国地理信息企业开拓国际市场频频受阻，面临多重困境。

五　我国地理信息产业高质量发展的思路和建议

我国地理信息产业在经过多年高速发展后，面临的内外部环境发生了深刻变化，面临多重挑战，但长期向好的发展趋势没有变，也迎来了新的发展机遇。

（一）融入数字经济，深化服务领域

融入数字经济是地理信息产业高质量发展的重大机遇。数字经济正推动生产方式、生活方式和治理方式深刻变革，数字化转型已成为大势所趋，产业数字化、数字产业化都为地理信息产业高质量发展带来重大机遇。业界普遍认识到，地理信息数据资源是数字经济的重要生产要素，地理信息产业是数字经济的重要组成部分。在产业数字化方面，应发挥地理信息及其技术独特的专业优势，推动传统产业转型升级，全面实现产业各业务环节、各方面的数字化，并不断扩大服务的行业和领域。在数字产业化方面，要不断提升创新能力，加强核心技术攻关，提升产业的供给能力，加快探索新应用新服务，培育新业态新模式，全面推进各技术领域的产业化进程。

当前，我国正在全面推进实景三维中国建设。实景三维中国建设将打造数字中国建设的统一时空基底，为数字孪生、城市信息模型（CIM）等应用提供统一的数字空间底座，并鼓励社会力量积极参与建设。这为地理信息企业

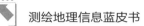
带来了重大发展机遇，将推动产业规模扩大和产业快速发展。地理信息企业不仅要提供专业的地理信息数字底座、技术底板、业务底图，还要提供丰富多样的个性化、定制化、专业化服务，在更多行业实现从可视化走向分析决策、规划设计、智能控制的服务跃迁。

（二）优化市场环境，壮大产业发展

优化市场环境是地理信息产业高质量发展的制度保障。市场环境是产业发展的阳光、空气和土壤，好的市场环境能够为市场主体提供最适宜其成长的外部条件，促进企业"开花结果"。相关部门应持续完善政策法规、优化行业管理、破除制度障碍，为产业发展提供良好环境和制度保障。减少政府对资源的直接配置行为，合理降低准入门槛，强化事中事后监管。打造和完善市场化、法治化、国际化营商环境。及时调整不适宜的相关制度，对地理信息新业态、新模式、新服务，实行包容审慎、先行先试原则，积极培育市场，拓展产业发展空间。对各类市场主体一视同仁，破除地方保护、区域和行业壁垒，进一步规范不当市场竞争和市场干预行为，加快建设高效规范、公平竞争、充分开放的全国统一大市场。针对恶性竞争、恶意低价中标等问题，既要加强制度建设，予以规范，又要强化行业自律，推动信用体系建设和管理应用。

（三）促进数据开放，提升服务能力

促进数据开放是地理信息产业高质量发展的生产要素保障。数据资源是地理信息产业发展的源泉，既包括地理信息数据资源，也包括各行业各领域的数据资源，既包括公共数据资源，也包括市场化商业化的数据资源。应加快研究数据科学定密制度和保密数据的处理技术，促进数据资源开发利用。从中国地理信息产业协会的调研中可知，各种遥感数据、地理信息数据已在政府部门、事业单位中共享使用，且已形成较为科学合理的机制。但企业，特别是民营企业，在数据使用方面还存在很多限制和不便。有关部门应尽快采取有效措施，激活数据资源的市场潜力，释放新兴市场空间，引导企业基

于数据资源进行技术创新、应用创新，广泛开拓应用场景，促进各行业的数据深度融合应用。

（四）加强自主创新，加快国产替代

自主创新是地理信息产业高质量发展的安全保障。地理信息产业为构建"双循环"新发展格局做贡献，需要具备更高效的市场反应能力，能根据市场需求的变化迅速做出调整，其中加快自主创新是关键。经过多年发展，我国地理信息产业在关键技术、核心装备自主可控能力上有了较大提升。"关键领域坚持自主可控"既是维护国家地理信息安全的需要，也是保障产业链供应链安全的需要。我国地理信息软硬件技术起步较晚，由于过去对国外软硬件的依赖，以及受使用习惯、迁移成本等限制，当前仍有部分单位的关键基础设施、重要领域信息系统沿用非自主可控的软硬件，给信息安全带来潜在隐患。因此有必要在各行业各部门的关键领域、关键设施、关键系统方面加快推进安全可控的国产地理信息软硬件替代工作。

加强自主创新，需要多方共同努力。一方面，企业要重视创新、重视人才，要善于和敢于充分利用资本市场，加大创新投入，积极运用人工智能、大数据、物联网、5G等新技术进行融合创新。另一方面，政府要聚合各方力量、协调各种资源，建立良好机制，推动对短板和弱项的联合攻关，支持企业加大研发投入，努力实现核心技术和底层技术自主可控。目前中国地理信息产业协会正在开展地理信息产业产学研融合创新基地建设工作，旨在凝聚创新资源、推动技术融合创新，促进核心技术研究、创新产品研发、科技成果转移转化、创新应用示范推广。

（五）开拓国际市场，调整战略方向

开拓国际市场是地理信息产业高质量发展的必由之路。经过多年的努力，我国地理信息领域竞争力较强的软硬件产品已在欧洲、美洲等市场有了一席之地。但近年来，部分发达国家对我国地理信息产品进行限制，国内企业在欧美市场的业务出现缩减。面对当前复杂的国际形势，我国地理信息企业既

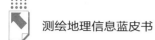
要看到面临的困难，又要善于捕捉新的机遇。2022 年 2 月，俄乌冲突爆发，有关国家的科技公司、软件公司等纷纷对俄罗斯"断供"，包括俄罗斯在内的部分国家为避免被西方发达国家"卡脖子"，对地理信息软硬件等产品有了替代需求，原来发达国家企业长期垄断市场的局面出现被打破的契机。我国地理信息企业应抓住这一契机，调整战略方向和市场重点，做到"观察欧美市场动向，稳定东南亚等亚洲市场，积极开拓俄罗斯、拉美等新兴市场，挺进非洲市场"，不断提升中国地理信息品牌在国际市场上的影响力。政府部门和社会组织应大力支持地理信息企业加强国际交流与合作，支持企业和相关单位参与国际标准制定，面向国际市场宣传中国产业、中国企业、中国品牌，推动我国地理信息软件硬件产品与服务"走出去"。

（六）鼓励兼并重组，优化资源配置

龙头企业是地理信息产业高质量发展的牵引示范企业。鼓励企业兼并重组，具有多方面的重要意义。一是优化产业结构，解决低水平重复建设问题，缓解中小企业同质化竞争，促进产业链各环节均衡发展，通过提高产业的集中度、促进产业的集群化和规模化来推动产业发展；二是培育大型企业和龙头企业，使得优势企业集聚技术、品牌、人才等优质资源做大做强，通过龙头企业提升产业的国际竞争力；三是促进大中小企业融通发展，优化生产要素等资源配置，提高龙头企业的主导力，帮助中小企业走"专精特新"之路，促进产业全面协调发展。支持和鼓励地理信息企业跨区域、跨所有制的兼并重组。政府部门、产业协会可以通过政策引领、机制建设、平台打造等来引导、鼓励和支持企业兼并重组，推动形成协同、高效、融合、顺畅的大中小企业融通创新发展生态。

（七）发挥协会作用，践行使命担当

产业协会是地理信息产业高质量发展的重要支撑。社会组织是国家治理体系和治理能力现代化的有机组成部分，是社会治理的重要主体。党的二十大报告提出，要完善社会治理体系，健全共建共治共享的社会治理制度，提

升社会治理效能。"十四五"规划提出，要积极引导社会力量参与基层治理，发挥群团组织和社会组织在社会治理中的作用，构建基层社会治理新格局。促进产业高质量发展，是产业协会在新时代的使命担当。产业协会具有扎根产业、贴近企业、凝聚合力的独特优势，是优化市场资源配置不可或缺的重要力量，在引领产业发展、优化营商环境、制定行业政策、开展行业自律、优化产业结构、深化企业改革、制定团体标准、维护企业权益、提供公共服务等方面都可以发挥重要作用。政府部门要在对社会组织的培育扶持、服务管理等方面创新方式，促进产业协会实现高质量发展，与产业协会形成强大合力促进地理信息产业高质量发展。中国地理信息产业协会将以壮大产业、服务企业为首要任务，牢固树立服务意识，以服务求发展，以创新促发展，推动产业全面高质量发展，在践行使命担当中彰显时代价值。

B.4
中国大地测量观测系统与大地测量基准建设

党亚民 *

摘　要： 随着空间技术和计算机技术的发展，大地测量技术在过去50年发生了巨大变化。以全球导航卫星系统（GNSS）、卫星激光测距（SLR）、甚长基线干涉测量（VLBI）等空间大地测量技术和超导重力、量子重力、遥感、光学原子钟等大地测量新技术为引领，大地测量观测能力和观测精度都得到显著提升。21世纪初，国际大地测量协会（IAG）建立了全球大地测量观测系统（GGOS），极大拓展了大地测量的技术应用。大地测量技术和基础设施不仅用于构建和维护地球参考框架，而且在更广泛的领域为经济社会和全球变化提供服务。近年来，一些国家和地区也都在积极构建区域或国家大地测量观测系统。本报告系统介绍了全球大地测量观测系统和我国大地测量的发展现状，结合中国国情，提出了中国大地测量观测系统构建与大地测量基准建设的建议。

关键词： 中国大地测量观测系统　大地测量基准　全球大地测量观测系统地球参考框架

* 党亚民，国际欧亚科学院院士，博士生导师，中国测绘科学研究院首席研究员、大地测量与地球动力学研究所所长，研究方向为大地测量基准与卫星精密定位。

大地测量学是一门测量和描绘地球表面的科学。要测量和描绘地球表面，首先需要一个参考，即大地测量基准。这个参考通常由参考点、参考线和参考面组成，参考点通常选地球质心（坐标原点），参考线包括地球自转轴等地球参考系统三维坐标轴，参考面则包括地球参考椭球面和大地水准面。这些参考点、线、面的定义和实现，就是我们熟知的大地测量基准。有了大地测量基准，我们就可以据此开展地球空间的位置测量，描绘地球表面及其变化。

自 20 世纪后期以来，空间大地测量快速发展，有力推动了全球大地测量基础设施的建设和观测数据的快速积累，但不同来源大地测量数据的精度和量纲不一致，导致这些数据在描述地球表面及其变化时可能会产生矛盾。全球大地测量观测系统（Global Geodetic Observing System，GGOS）由此应运而生。GGOS 作为全球大地测量的重要基础设施，经过近 20 年的发展，已成为 IAG 最重要的一个"旗舰"品牌。

GGOS 所涉及的全球大地观测基础设施和技术方法，一方面可以提升大地测量描述地球形态和监测地球变化的能力，另一方面为大地测量产品服务社会和大众带来了前所未有的机遇和挑战。同样地，基于 GGOS 丰富的数据，结合对地球变化的精细化分析成果，可以有效提升全球大地测量基准的精度和可靠性。

一　全球大地测量观测系统

GGOS 理念诞生于 20 世纪 90 年代末，1999 年在英国伯明翰举行的 IAG 科学大会，提议将 GGOS 作为 IAG 的第一个协会项目。2003 年在日本札幌举行的 IAG 科学大会上，GGOS 项目正式启动。

需要指出的是，GGOS 项目不同于一般大地测量工程项目，它既是一个长期的专业项目，又是一个组织机构，不断发布各类大地测量产品（包括大地测量基准），服务全球变化监测和大地测量技术进步。

（一）GGOS和IAG技术服务组织

GGOS是大地测量技术发展的产物。在过去数十年里，大地测量观测数据获取、处理呈现全球化趋势，使得建立各类大地测量技术服务组织成为一种需求。为此，IAG先后建立了包括GNSS、SLR、VLBI以及超导重力、大地水准面等技术的服务组织，IAG技术服务组织（机构）主要包括国际地球模型中心（ICGEM）、国际GNSS服务组织（IGS）、国际重力局（BGI）、国际地球动力学和地球潮汐服务组织（IGETS）、国际DORIS服务组织（IDS）、国际地球自转和参考系统服务组织（IERS）、国际大地水准面服务组织（ISG）、国际重力场服务组织（IGFS）、国际激光测距服务组织（ILRS）、平均海平面永久服务组织（PSMSL）、国际测地与天体测量VLBI服务组织（IVS）。这些大地测量技术服务组织主要基于该组织的观测技术手段，组织国际间大地测量观测工作，共享数据资源，并开展数据处理和数据分析，为科学研究和社会应用提供各种大地测量成果。这些IAG技术服务组织奠定了GGOS的技术基础。

（二）GGOS大地测量综合观测技术

经过GGOS二十多年的不懈努力，IAG全球大地测量观测基础设施和观测能力得到全方位提升。目前，GGOS定义了一个由地球表面（陆地和海洋）、天空和太空不同传感器和仪器组成的"大地测量工具箱"，它们共同构成一个大型、综合和立体化观测地球的巨型"大地测量仪器"，用于在广泛的空间和时间尺度上监测地球系统。目前GGOS主要的观测类型有如下几个：VLBI对银河系外天体（类星体）的微波观测；激光测距，包括LEO卫星、GNSS卫星和月球的激光测距；GNSS观测，包括地面和LEO卫星等；遥感卫星，对地球表面（陆地、冰、冰川、海洋等）的雷达和光学观测；卫星间距离测量(k波段、激光干涉测量等)；卫星重力测量，利用LEO卫星上的传感器测量重力加速度和梯度；地面和航空重力测量，利用地面或近地传感器进行绝对和相对重力测量；潮位测量。近年来，GGOS又增加了如下一些新的观测类型：GNSS反射测量，GNSS无线电掩星测量；空间和地面的量子重力测量；光学原子钟重力位差测量。

随着大地测量技术的发展，大地测量观测不再只是人们印象中的地面水准测量、重力测量和 GNSS 观测，而是空天地海立体化多层次的观测体系，呈现全球化、多样化和高精度的特点。经过 GGOS 二十多年的梳理和整合，大地测量也不再只是为地图测绘提供控制的大地控制网测量，而是在建立高精度大地测量基准的基础上，深入地球变化监测、国土空间规划、防灾减灾以及社会经济生活的各个方面。

二 基于 GGOS 的大地测量基准构建

传统大地测量耗费大量人力、物力和财力，才能在一定区域（国家或地区）建立一个区域大地测量基准，主要功能是为地图测绘、大型工程控制测量、区域形变监测等提供服务。

20 世纪末以来，空间大地测量技术快速发展，建立全球统一的坐标参考框架成为可能，全球导航卫星系统（GNSS）、甚长基线干涉测量（VLBI）、卫星激光测距（SLR）、多普勒无线电定轨定位系统（DORIS）等空间大地测量技术成为建立全球或区域坐标参考框架不可或缺的重要观测技术。基于全球大地测量观测系统，综合各种大地测量技术手段，可以构建全球统一的高精度地心坐标参考框架和全球高程基准。

（一）地球参考框架

国际地球参考框架（ITRF），是目前应用最广、精度最高的全球地心坐标参考框架。它综合 SLR、VLBI、GNSS 和 DORIS 等空间大地测量技术，利用不同技术手段各自的优势，确保了参考框架的高精度和一致性。其中卫星激光测距可以很好地解决地球质心，即坐标原点问题；甚长基线干涉测量可以解决尺度问题；全球导航卫星系统则可以解决参考框架站点的全球分布问题。总之，基于全球大地测量观测系统，通过各种空间大地测量技术的有效组合，发挥各种技术的特点和优势，可极大提升全球地心坐标参考框架的精度和可用性。

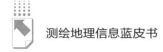

（二）全球高程基准

随着全球导航卫星系统（GNSS）、卫星测高、GRACE 和 GOCE 重力卫星技术的发展，以及全球大地测量观测系统长期观测数据的积累，全球平均海平面、地球重力场模型的精度和空间分辨率逐步提升，使得建立统一的全球高程基准成为可能。2015 年，国际大地测量协会（IAG）发布了关于国际高程参考系统（IHRS）定义和实现的决议，并在 2019 年的相关决议中提出了建立国际高程参考框架（IHRF）的远景目标。

在全球范围建立统一的国际高程参考框架并提供应用服务，一个可行的方案是设立全球均匀分布、长期稳定、可持续运行的 IHRF 核心站，在局部区域布设国家加密站，全球核心站与国家加密站共同构成 IHRF 参考站网络。全球核心站是国际高程参考框架的基础，国家加密站是区域高程参考框架与国际高程参考框架的接口，其站点数量、空间分布可根据不同区域的具体情况和需求适当调整。国际高程参考框架的建设和推广应用是一个长期的过程，也是 GGOS 的一个长期核心任务。

三　中国大地测量发展现状

长期以来，我国大地测量在测绘行业主管部门领导下，开展了许多卓有成效的工作，取得了许多重要成果。尤其在过去 20 年里，在基础设施建设方面，取得了显著成效。以 GNSS 基准站建设为例，我国从 1992 年开始建设卫星导航定位基准站，2006 年之后，GNSS 基准站建设与应用进入快速发展期。据自然资源部统计，我国已建成基准站 1 万多座。

（一）国家大地测量基础设施建设

1. 陆态网络

1997 年，由中国地震局、国家测绘局等部门联合承建的"中国地壳运动观测网络"重大项目启动，开创了国家现代大地测量基础设施建设的先河。

2006 年，"中国大陆构造环境监测网络"工程启动，中国大陆构造环境监测网络以 GNSS 观测为主，辅以 VLBI、SLR 等空间技术，并结合精密重力和水准测量等多种技术手段，建成了由 260 个连续观测站点和 2000 个不定期观测站点构成的、覆盖中国大陆的高精度、高时空分辨率的观测网络。

2. 2000 国家大地控制网

2000 国家 GPS 大地网、与该网联合平差后的全国天文大地网和 2000 国家重力基本网统称为"2000 国家大地控制网"。该网是新中国成立以来我国大地测量最重要的科学工程项目，包括国家高精度 GPS A、B 级网，全国 GPS 一、二级网，中国地壳运动观测网三个大型大地测量观测网。通过联合处理将三个观测网归于一个坐标参考框架，可满足现代测量技术对地心坐标的需求，同时为建立我国新一代地心坐标系统打下了坚实的基础。

3. 国家现代测绘基准体系基础设施建设一期工程

2000 国家大地控制网主要是基于 GPS 技术实现国家大地测量基准的提升，完成我国大地控制网的整合。2012 年 6 月，国家测绘地理信息局承担的国家现代测绘基准体系基础设施建设一期工程（简称"基准一期工程"）启动，在全国范围建成 360 座全球卫星导航定位连续运行基准站，其中新建 150 座、改造利用 60 座、直接利用 150 座。工程建成了由 4500 点组成的卫星大地控制网。工程还全面开展了国家重力基准点和国家现代高程控制网建设。

（二）国家行业部门和地方测绘部门大地测量基础设施建设

过去 20 年里，在"基准一期工程"等国家工程基础上，全国 30 个省区市共计建设了约 2500 个省级卫星导航定位基准站。在此期间，许多省市地方测绘部门还开展了 GNSS 控制网（B 级点和 C 级点）、水准网、重力测量等观测，完成了地方省市新一代大地测量基础设施的建设。

近年来，许多行业部门结合自身业务，积极开展 GNSS 基准站基础设施建设，其中以国家电网、中国移动建设成果最为突出。截至 2020 年底，国家电网建成由 1200 座基准站（北斗基准站）构成的网络。近年来，中国移动依托现有全国站址优势，建立了一个覆盖全国、由 4400 个 CORS 站点构成的北斗基准站网。除此之外，气象、电力等行业以及一些企业地方部门也都开展了广泛的 GNSS 基准站网建设。显而易见，尽管各行业部门的 GNSS 基准站网发展快速，但各行业、各 GNSS 基准站网建设缺乏全国性规划，无序重复建设严重。而且这些 GNSS 基准站数据及其应用缺乏严格的管理，给国家位置安全带来了巨大隐患。

四 中国大地测量观测系统（CGOS）构建

（一）中国大地测量观测系统构建的紧迫性

近年来，随着全球导航卫星系统广泛应用和国际地球参考框架的推广，建立大地测量基准参考框架的门槛降低。从技术手段来说，任何团体和个人都可以简单利用 GNSS 技术建立全国或者区域坐标参考框架。依据《测绘法》，这些坐标参考框架未经批准是不允许对外提供的。但近年来，我国许多行业部门和企业，却以推广北斗卫星导航系统应用的名义，在 GNSS 基准站建设上遍地开花，并提供各类毫米级、厘米级、亚米级高精度定位服务。纵观全球各国和地区（如美国、日本、欧洲和澳大利亚等），这种现象都极为罕见，必然会给国家位置安全带来隐患，也引起了国内相关行业有识之士和知名学者的广泛关注和担忧。

综上所述，由于各类大地测量观测最初都是以构建大地测量基准、精准确定地球空间位置为目标，所以国家有关部门有职责和义务尽快统筹和管理好国家各个行业部门和相关企业的大地测量观测基础设施和观测数据，参照全球大地测量观测系统的模式，构建中国大地测量观测系统（China Geodetic Observing System，CGOS），严格管理各类大地测量观测数据，同时按照国家相关法规，为国家各个行业部门和相关企业提供大地测量基准和各类科学研究与大众应用服务。

（二）中国大地测量观测系统构建的思考

进入 21 世纪以来，国家各个行业部门根据本部门需要，先后开展了多个大地测量相关的专项工程，积累了大量的大地测量基础设施和数据。近年来，随着北斗应用的快速推进，许多行业部门，以及企业单位涌入大地测量GNSS基准站建设。国家迫切需要对遍布各领域的大地测量基础设施和数据应用进行规范，厘清职责，提供统一和便利的大地测量基准产品和综合应用服务。

1. 中国大地测量基础设施整合

对于国家行业部门大地测量基础设施，明确这些行业部门大地测量基础设施的用途和界限，并将符合国家大地测量基准标准规程的基础设施，纳入国家大地测量基准体系，其他基础设施也可进入国家大地测量基础数据库，实现共享和社会化服务。具体操作如下：对符合国家大地测量基准建设要求的基础设施，自然资源部、国家发展和改革委员会与相关行业部门签订相关协议，明确这些基础设施维护的职责义务；对于不符合国家大地测量基准建设要求的基础设施，应明确这些基础设施在行业部门的用途，不能扩展用途，或以任何形式提供测绘基准服务；行业部门大地测量基础设施，如果想和其他部门或企业合作，扩展用途，需经行业测绘主管部门审查批准；鼓励行业部门大地测量基础设施的各类观测数据，归口到中国大地测量观测系统中，开展共享服务。

对于地方部门、科研机构和企业单位等的大地测量基础设施，要明确这些大地测量基础设施的用途和界限，并将符合国家大地测量基准标准规程的基础设施，纳入国家大地测量基准体系，其他基础设施也可进入国家大地测量基础数据库，实现共享和社会化服务。具体操作如下：对符合国家大地测量基准建设要求的基础设施，自然资源部与地方部门、科研机构和企业单位签订相关协议，明确这些基础设施维护的职责义务；对于不符合国家大地测量基准建设要求的基础设施，应明确这些基础设施的用途，不能扩展用途，或以任何形式提供测绘基准服务；鼓励地方部门、科研机构和企业单位等为中国大地测量观测系统提供各类大地测量数据，开展共享服务。

大地测量基础设施类型包括传统地面大地测量观测基础设施（水准、重力、验潮站等）和现代空间大地测量地面基础设施（GNSS、VLBI、SLR等）。

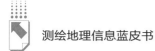

2. 中国大地测量观测系统观测类型和产品

CGOS 大地测量观测主要包括 GNSS、VLBI、SLR 连续运行观测；卫星重力、航空重力、海洋重力和地面重力观测；航空（无人机）和卫星遥感地表监测；潮位测量；其他大地测量观测。

与传统大地测量只提供测图控制服务不同，CGOS 除了提供测绘基准产品，还提供更为广泛的地球变化监测和导航定位应用服务产品，主要有：①参考框架产品，主要包括坐标参考框架、高程参考框架、天球参考框架、重力参考框架等；②几何观测产品，主要包括地表形变模型、海洋地形模型、海平面变化、数字高程模型、冰盖和冰川变化、测站位置和变化等；③重力场相关产品，主要包括全球重力场模型、时变重力场、地面重力数据、区域/局部大地水准面模型、高程系统；④定位应用产品，主要包括 GNSS 卫星轨道和钟差、电离层、对流层等大气产品。

3. 中国大地测量观测系统基础数据库建设

在国家测绘行业部门大地测量数据库基础上，鼓励各个行业部门、地方部门、科研机构和企业单位等获取各类大地测量数据，对各类数据按用途分类，提升国家大地测量基础观测数据的共享能力。按照国家相关法律规定，以及行业部门、地方部门、科研机构和企业单位等的职责，开展大地测量基础数据共享服务。

4. 国家大地测量服务平台

参照国际大地测量技术服务组织的模式，按照国家相关法律规定，建立国家大地测量公共产品服务平台和数据共享服务平台。测绘行业主管部门和相关部门合作，在国家全面广泛的大地测量基础数据基础上，开展大地测量专用服务平台共建。

五　基于 CGOS 的国家大地测量基准建设思考

我国测绘基准长期以来的主要目标是为测绘行业提供测图控制服务，忽略了为其他行业部门和国民经济社会发展提供坐标参考框架，从而导致坐标参考框架更新缓慢，对于重力基准和高程基准的更新也没有给予足够重视，导致我国坐标参考框架、重力基准和高程基准更新维护与国际大地测量基准技术发展脱节，无法满足其他行业部门和国民经济社会发展的广泛应用和服务需求。

长期影响大地测量坐标参考框架维持的一个突出问题是，地图产品希望坐标参考框架尽量"不变"，但客观上，地球表面的这些基准点一直在变，有些区域变化还很大，而国家其他行业和北斗系统也非常需要这种高精度动态参考框架。因此，国家迫切需要统筹全球和国内大地测量基础设施，构建两类大地测量坐标参考框架：第一类是以地图测绘为目的的国家坐标参考框架；第二类是用于科学研究、监测地球变化的国家动态坐标参考框架。同时对国家地心坐标参考框架和国家动态地心坐标参考框架进行常态化监测，一旦监测认定国家地心坐标参考框架已对国家测图成果产生重大影响，则适时启动国家地心坐标参考框架更新项目，确保国家地心坐标成果的现势性。

实际上，我国以及世界各国建立的国家地心坐标参考框架，都是在国际地球参考框架（ITRF）基础上，利用 GNSS 技术构建一个区域性坐标参考框架"加密网"。构建新型的完全自主的国家地心坐标参考框架，则需要参照国际地球参考框架的技术构建模式，整合全球和中国各类大地测量观测的资源。

近年来，随着北斗卫星导航系统在各个行业的快速应用，我国大地测量基础设施建设遍地"撒网"。从某种意义上说，我国大地测量基础设施在全球处于领先水平，但各个行业部门缺少协调和规划，无序发展，造成了巨大浪费，尤其是我国对这些大地测量基础设施的整合、规范和综合应用，仍存在较大问题。或者说，整合全国大地测量基础设施，形成国家大地测量观测"一张立体大网"、国家大地测量数据"一个大库"、国家大地测量应用服务"综合服务平台"，已经成为国家测绘地理信息主管部门的一项十分迫切的重大职责任务。

基于 CGOS 构建国家大地测量基准，核心任务不再是大地测量基础设施的建设，而是整合国家各个行业和相关机构的基础设施，全面提升大地测量基准构建的"软实力"（即大地测量基准运维的数据整合和数据应用体系平台），开展高精度大地测量产品研发，提高大地测量产品的应用服务能力，使国家现有的大地测量基础设施"硬平台"发挥更大效益，更好地服务于国家经济和社会各领域的发展。

需要特别指出的是，大地测量基础设施和成果涉及国家位置安全，国家必须采取有效措施，对大地测量基础设施和观测数据进行管理、监管和整合，这也是中国国家体制优势一个重要体现。构建中国大地测量观测系统，可以更好地规范国家大地测量产品，提升国家测绘基准体系的运维能力，有效管理大地测量各类成果，在维护国家位置安全的基础上，确保大地测量数据和成果质量更好、应用更方便，为国家安全和国民经济社会发展做出更大贡献。

参考文献

陈俊勇、党亚民、张鹏：《建设我国现代化测绘基准体系的思考》，《测绘通报》2009 年第 7 期。

陈俊勇、杨元喜、王敏等：《2000 国家大地控制网的构建和它的技术进步》，《测绘学报》2007 年第 1 期。

成英燕、党亚民、秘金钟等：《CGCS2000 框架维持方法分析》，《武汉大学学报》（信息科学版）2017 年第 4 期。

党亚民、陈俊勇：《GGOS 和大地测量技术进展》，《测绘科学》2006 年第 1 期。

党亚民、陈俊勇：《国际大地测量参考框架技术进展》，《测绘科学》2008 年第 1 期。

党亚民、蒋涛、陈俊勇：《全球高程基准研究进展》，《武汉大学学报》（信息科学版）2022 年第 10 期。

刘经南、刘晖、邹蓉等：《建立全国 CORS 更新国家地心动态参考框架的几点思考》，《武汉大学学报》（信息科学版）2009 年第 11 期。

牛之俊、马宗晋、陈鑫连等：《中国地壳运动观测网络》，《大地测量与地球动力学》2002 年第 3 期。

杨元喜:《2000 中国大地坐标系》,《科学通报》2009 年第 16 期。

张鹏、武军郦、孙占义:《国家测绘基准体系基础设施建设》,《测绘通报》2015 年第 10 期。

B.5
新时期国家基础时空信息数据库建设

摘　要： 基础时空信息数据库是国家时空信息基础设施的重要组成部分，是数字政府、数字经济重要的战略性数据资源。本报告梳理了国家基础时空信息数据库的建设现状，分析了新时期国家基础时空信息数据库的应用需求，提出了未来的发展方向，并探讨了具体的建设举措，可为后续国家基础时空信息数据库建设与发展提供参考。

关键词： 时空信息数据库　基础地理信息　新型基础测绘

一　引言

基础时空信息数据库是国家时空信息基础设施的重要组成部分，是支撑各行业发展的时空基准，是我国经济建设、社会发展、国防建设、生态保护等工作的重要战略信息资源，已成为重要的新型基础设施。[1]

历经 20 余年的建设，国家基础时空信息数据库经过了初始建设、全面更

---

* 刘建军，国家基础地理信息中心数据库部主任，正高级工程师；王东华，国家基础地理信息中心总工程师，教授级高级工程师。

① 刘先林：《为社会进步服务的测绘高新技术》，《测绘科学》2019 年第 6 期；李德仁、眭海刚、倪梓轩等：《论天空地一体化灾损监测评估》，《中国减灾》2022 年第 5 期；李德仁、龚健雅、邵振峰：《从数字地球到智慧地球》，《武汉大学学报》（信息科学版）2010年第 2 期；龚健雅、郝哲：《信息化时代新型测绘地理信息技术的发展》，《中国测绘》2019 年第 7 期；王东华、刘建军：《国家基础地理信息数据库动态更新总体技术》，《测绘学报》2015 年第 7 期。

新、动态更新等发展阶段,至"十二五"末已全面建成覆盖全国的三个尺度(1∶5万、1∶25万、1∶100万)、四种类型(正射影像数据、地形要素数据、数字高程模型数据、地形图制图数据)的国家基础时空信息数据库产品体系,并实现持续动态和联动更新,每年更新一次、发布一版,整体现势性达到一年,居于国际同等大国前列。①

当前,国家大力推动数字化发展,促进数字中国、数字社会、数字政府建设,驱动生产、生活和生态治理方式全面深入变革,这对国家基础时空信息产品提出了更高的要求。② 一方面,从支撑自然资源部"两支撑 一提升"履责来讲,基础测绘成果要与自然资源调查监测成果有机融合,以更好地支撑自然资源管理、服务生态文明建设;另一方面,从服务各行业应用、支撑社会经济发展来讲,应紧密结合基础测绘转型升级与实景三维发展方向,更好发挥时空信息数据库的空间定位框架和分析基础作用,以赋能各领域智慧化发展,支撑数字中国建设。

物联网、人工智能、数据挖掘、大数据治理等新兴技术的快速发展与广泛应用,为地理信息采集、管理、更新以及服务等提供了更加自动化、智能化的技术手段,也为推动基础时空信息数据内容不断丰富、现势性不断提升、产品体系更加好用、服务模式更加灵活等提供了强有力的技术基础,必将推动新一代国家基础时空信息数据库转型升级和创新发展。③

二 新时期国家基础时空信息数据库应用需求分析

新时期,我国面临经济转型升级和高质量发展的战略目标,大力发展数

---

① 王东华、刘建军:《国家基础地理信息数据库动态更新总体技术》,《测绘学报》2015年第7期;王东华、刘建军等编著《国家基础地理信息数据库动态更新工程技术》,测绘出版社,2018,第1页;刘建军:《国家基础地理信息数据库建设与更新》,《测绘通报》2015年第10期;王东华、刘建军、张元杰等:《国家基础地理信息数据库升级改造的思考》,《地理信息世界》2018年第2期。
② 刘先林:《移动互联时代的GIS》,《遥感信息》2017年第1期。
③ 刘先林:《移动互联时代的GIS》,《遥感信息》2017年第1期;刘建军、陈军、张俊等:《智能化时代下的地理信息动态监测》,《武汉大学学报》(信息科学版)2019年第1期。

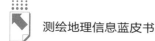
字化经济是重要战略举措。我国数字经济转向深化应用、规范发展、普惠共享的新阶段，需要国家基础时空信息更好发挥时空基准作用，进一步与各行业应用有机融合，赋能各领域智慧化发展与升级，这对国家基础时空信息数据库的内容丰富度、现势鲜活度、产品易用性、服务灵活性等提出了更高的要求。

（一）迫切需要大幅融合专题信息的综合性时空信息产品

传统基础时空信息以 4D 产品为核心，以国家基本比例尺地形图上的地物地貌要素为主要内容，这导致产品模式比较单一、数据内容也不够丰富，同时还存在一定的制图综合取舍，难以直接支撑具体业务应用，一般只是作为底图来使用。然而，各领域用户对时空信息的需求已不满足于基础性地理信息，迫切需要使用大幅融合自然资源、空间规划、生态环境等各类专题数据以及社会、经济、人文等大量综合数据的综合性时空信息产品，以更好地直接支撑具体的业务场景。

（二）迫切需要更新更加及时的鲜活性时空信息产品

目前，虽然国家基础时空信息数据库每年更新一次、发布一版，整体现势性已达到一年以内，居于国际同等大国前列，但是与我国经济快速发展的应用需求相比，仍存在一定差距。现实世界的时空特征变化是实时的、偶发的，现阶段的定期更新机制难以及时反映地理对象的演变特征，而各领域用户对时空信息现势性的要求越来越高，如耕地保护至少需要按季度反映用地变化、应急救灾则需要即时反映灾区情况等，均迫切需要更新更加及时的时空信息产品。

（三）迫切需要时空表达更加真实直观的场景化时空信息产品

目前，基础地理信息产品主要是以点线面要素形式对真实世界进行抽象化表达，时空表达不够真实直观，需要用户具备一定的专业知识。另外，时空表达主要停留在二维平面，缺乏精细三维信息，难以满足三维场景应用需求。元宇宙、数字孪生等新兴生态的兴起,数字政府、数字生活、数字经济等的深入建设,必将推动基础时空信息产品在更广泛的非专业用户中使用,广大用户迫切需要三维化、真实化和场景化的低门槛时空信息产品,以更直观地理解真实世界格局特征,更好地对接各领域应用场景。

(四)迫切需要在线可定制的平台化时空信息产品

目前,基础时空信息产品服务通常以提供离线数据为主,导致用户需要具备一定地理信息专业知识和专业性应用软件,对时空信息数据产品进行专业化处理后才能将其有效应用于具体业务中,无法便捷、高效地支撑业务应用。随着时空信息基础设施在不同业务部门中广泛应用,时空信息在线服务已成为必然趋势,不同专业用户需求不同,迫切需要围绕具体应用场景,定制符合业务逻辑的、大众易用的时空信息应用平台,直接服务具体业务,打通产品应用的最后一公里。

(五)迫切需要兼顾安全保密与公众应用的分级时空信息产品

目前,大部分时空信息数据由于涉密无法向公众公开,在很大程度上限制了基础测绘产品的广泛推广应用。在新时期国家不断提升公共服务数字化水平的大环境下,各地智慧城市、智慧社区、智慧出行、智慧生活等建设必将推动时空信息产品更广泛地融入大众生活中,公众需要触手可及的时空信息服务,而这会带来数据安全问题,因此迫切需要兼顾安全保密与公众应用的分级时空信息产品,在产品大众化应用的同时确保信息安全。

三 新时期国家基础时空信息数据库发展方向

国家基础时空信息数据库的发展,应首先明确新时期总体站位,紧密围绕新型基础测绘转型升级方向,结合实景三维中国建设发展机遇,在现阶段建设成果的基础上,不断升级数据模型、丰富数据内容、拓展服务方式、创

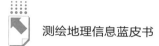

新更新技术、优化建设模式，建设新一代国家基础时空信息数据库，更好支撑经济社会发展与自然资源管理。

（一）数据模型上，由二维要素数据向三维实景对象数据转型

以二维要素化产品为核心的基础时空信息数据库，难以很好地支撑各业务部门的多元化应用。未来应大力推动三维实景数据库建设，对传统 4D 产品进行升级拓展，形成以地形三维数据为基础、以基础地理实体数据为核心的国家级三维实景数据库，并依据地方各级数据库建设粒度内容，扩充城市级、部件级三维模型数据库，建立三维化、实体化、场景化的时空信息数据库。

（二）数据内容上，由基础性地理信息数据库向综合性时空信息数据库拓展

现阶段基础时空信息数据库着重关注基础性、通用性的时空信息，内容相对单一，难以直接满足各种应用需要。未来应综合考虑各业务部门时空数据应用需求，在基础性时空信息数据产品基础上，以地理实体为媒介，广泛融合自然资源、空间规划、生态管理等各领域专题数据，逐步挂接社会、经济、人文等时空大数据，不断扩充数据内容，建成综合性时空信息数据库，形成各行业应用统一的、综合的时空基准。

（三）服务方式上，由离线数据提供转变为在线数据服务和专业信息服务

现阶段基础时空信息产品以提供离线数据为主，导致数据产品应用存在一定门槛且难以很好地对接具体的业务应用场景。未来应围绕各业务部门应用需要，设计涵盖时空数据、时空信息和时空知识的不同层次产品，以满足用户数据应用、空间分析以及决策支持等不同层级的应用需要。同时，通过开发标准化产品服务接口，搭建时空信息服务平台，协同部内业务系统和部外行业系统，支撑各部门专业应用需要。

（四）更新方式上，由定期动态更新向应需及时更新转变

现阶段时空信息数据库虽然每年更新一次、发布一版，但依然与应用要求存在一定差距。未来应对现有更新技术模式进行创新升级，基于"互联网+"理念，推动更新任务实时化、内业处理集中化、外业调绘常驻化、数据传输网络化、任务调度协同化等技术模式与工作模式的转型升级，构建内外业协同采编的数据库更新模式，实现全国范围时空信息的应需及时更新，对一般性基础时空信息每年更新一次，社会经济活跃时空信息半年更新一次，耕地、生态等重要时空信息每季度更新一次，灾害易发区与污染监测区等重点专题时空信息在关键时段内实时监测与即时更新。①

（五）建设模式上，由项目驱动的单项建设转变为行政统筹的协同建设

时空信息数据库建设是覆盖地方各级、涉及多类部门的综合性工作，传统的项目驱动的建设模式难以高效率、高质量推动整个数据库建设工作。应加强国家层面的统筹规划，积极推动资料共享、生产协同、一测多用，纵向上实现国家、省、市、县各级时空信息数据库的协同建设，横向上实现与自然资源调查监测、交通运输环境监测、土壤普查、行政边界勘界等各业务部门工作的共享衔接，构建纵向联动、横向协同、统一高效的新型建设模式。

四 新时期国家基础时空信息数据库建设若干举措建议

针对上述发展方向，国家基础时空信息数据库建设应着力优化数据库分级建设内容、升级时空数据库模型、丰富时空数据库内容以及产品体系、提

---

① 李德仁、眭海刚、倪梓轩等：《论天空地一体化灾损监测评估》，《中国减灾》2022年第5期；刘建军、吴晨琛、杨眉等：《对基础地理信息应需及时更新的思考》，《地理信息世界》2016年第2期。

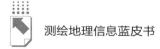

升数据库服务能力，建成内容综合化、时效鲜活化、表达场景化、产品体系化、服务在线化的新一代国家基础时空信息数据库。

（一）优化数据库分级建设内容

1. 优化数据库分级建设内容

针对国家经济发展新业态和自然资源管理新需求，对现阶段基础测绘分级管理制度和基础数据库分级建设内容进行优化调整，各级的管理职责和建设内容相应下沉细化，国家级负责建设 1∶1 万 ~1∶2.5 万精度级的数据库、省级负责建设 1∶2000 精度级的数据库、市县级负责建设 1∶500 精度级的数据库。1∶1 万 ~1∶2.5 万精度级数据库（高山及荒漠地区为 1∶2.5 万）全国覆盖，1∶2000、1∶500 精度级数据库覆盖区域可根据不同地区的经济实力和应用需求动态确定。

2. 建立多级数据库联动更新模式

加强国家层面对各级基础测绘工作的统筹规划，基于统一的工作机制、技术要求和共享流程，实现国省市各级数据库的共建共享、协同更新、一测多用。各级数据库建设应符合基本的技术要求，在此基础上可根据本地需求进行扩展。同一区域有更大尺度数据库成果时，上一级数据库不再重复测绘，仅通过上行共享整合实现协同更新。对于没有更大尺度数据库成果的区域，上一级数据库测绘更新后，及时下行共享提供给下一级数据库使用。

（二）升级时空数据库模型

1. 实体对象模型升级

将面向存储和制图的点、线、面要素模型升级为面向分析和应用的实体对象模型，并借助语义化技术实现地物空间信息、属性信息、时态信息的实体化存储，同时提供不同粒度地理实体动态组合、聚合和专题信息实时挂接等功能，从而实现复合实体转换重组以及多源数据有机融合，更好为时空分析与业务应用提供数据支撑。

2. 三维立体模型升级

将二维平面模型升级为三维立体模型，以二维地理实体为基础，通过三维时空动态匹配与自动挂接，自动提取传统三维地形数据的高程信息，并有机融合基于激光扫描、倾斜摄影、三维重建等构建的真三维模型数据，实现二维模型的三维化拓展，以更符合现实世界认知习惯的方式为用户提供全空间场景化时空信息产品。

3. 动态时序模型升级

将静态版本模型升级为动态时序模型，以地理实体为载体，以基元版本数据为基础，依照时序记录几何、属性、相互关系等信息的增加、删除或修改变化及相应时态信息，并以增量形式存储于基元版本数据中，实现对地理现象的产生、演变、消亡等动态时序变化信息的全周期存储、管理与表达。

（三）丰富时空数据库内容

1. 纵向上融合地方各级基础地理信息和实景三维数据

融合省市县各级基础测绘建设成果，借助专用涉密网络，通过统一的数据管理与调度接口，实现各级基础地理信息、实景三维数据的跨级调用与动态融合，丰富国家基础时空信息数据库的数据内容。

2. 横向上融合自然资源等各类专题数据

统筹基础测绘和自然资源调查监测等工作，既要加强工作衔接和成果共享，又要避免重复。遥感影像处理、地理实体测绘、DEM 数据更新、实景三维数据生产，应由基础测绘负责完成，并共享给自然资源调查监测等工作使用。自然资源调查监测等工作，应在充分利用基础测绘成果的基础上，重点调查监测土地、矿产、森林、草原、湿地、水、海域海岛等自然资源的分布、范围、面积、权属等核心内容，以及数量、质量、结构、生态等专业信息。

3. 逐步集成社会、经济、人文类综合时空数据

针对不同领域需要，集成社会、经济、人文等综合性时空信息数据，并通过实体语义挂接，逐步接入监控视频、无人机影像、手机信令等物联网感

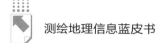

知数据，进一步丰富数据库内容，实现与基础测绘数据、专题时空数据的彼此衔接、深度集成、协同应用。

（四）丰富时空数据库产品体系

1. 研发涉密版、内部版和公众版的分级产品

根据不同涉密敏感等级和不同应用需求，科学划分并自动处理，形成面向政府和军队部门、社会机构、公众用户的涉密版、内部版和公众版数据库，设计各级产品的相应内容，自动化形成分级产品，满足各级用户使用需求。

2. 研发面向不同专业部门的分类产品

在综合性地理信息时空数据库基础上，面向各类专业应用场景，科学划分不同的专题数据库和相应内容，自动化派生交通、水利、农业、住建、民政等不同专业部门的定制化数据库产品，更好满足不同类型用户的应用需求。

（五）提升数据库服务能力

1. 数据库平台国产化改造

当前国际形势复杂多变，国家安全风险日益严峻，作为国家战略信息资源，基础时空信息数据库的国产化改造迫在眉睫，应以国产化的硬件、操作系统、数据库产品、地理信息软件为基础，构建自主可控的时空数据库和应用服务系统，避免"卡脖子"风险，整体提升国家时空信息基础设施的安全性。

2. 在线应用服务能力提升

大力发展时空大数据治理、场景化表达、网络化服务、业务化应用等方面的技术，建立面向应用需求的智能化、定制化产品服务模式，提升地理时空大数据的在线化、信息化、知识化服务能力，更好地为自然资源管理和经济社会发展提供支撑。

五 结语

2022年1月，国务院印发《"十四五"数字经济发展规划》，要求积极

稳妥推进空间信息基础设施演进升级，作为数字经济发展的战略信息资源与重要基础设施，国家基础时空信息数据库在新时期的建设，应当紧密围绕新型基础测绘转型方向和实景三维中国建设发展机遇，瞄准时空信息的内容综合化、时效鲜活化、表达场景化、产品体系化、服务在线化等方向不断升级，进一步提升时空信息基础设施的综合服务能力，更好发挥其空间定位框架和分析基础作用，使其更好地服务社会经济发展与自然资源管理。

B.6
新一代地理信息公共服务平台天地图建设

黄蔚　赵勇　张红平*

摘　要： 地理信息公共服务平台天地图促进了政府地理信息资源的开放共享，释放了基础地理信息资源的潜在巨大价值，在推动地理信息开发应用、满足社会各界对于公共地理信息资源的迫切需求等方面发挥了重要作用，已经成为我国重要的信息基础设施。本报告通过进一步深化认识地理信息公共服务，分析了建设数字政府与发展数字经济对于地理信息公共服务的新需求，阐述了新一代地理信息公共服务平台天地图建设的思路与任务。

关键词： 天地图　公共服务　地理信息公共服务平台

一　天地图建设与发展现状

地理信息公共服务平台天地图是县级以上自然资源主管部门向社会提供各类在线地理信息公共服务、推动地理信息数据开放共享的政府网站。[①] 其建设初衷是适应信息化特别是网络技术的快速发展、转变传统测绘地理信息服务方式、推动基础地理信息资源的开放共享、全面提升信息化条件下测绘地理信息公共服务能力，具备基础性、公益性、权威性的特点。天地图由国家

---

　*　黄蔚，国家基础地理信息中心正高级工程师；赵勇，国家基础地理信息中心副主任、正高级工程师；张红平，国家基础地理信息中心高级工程师。

　①　《自然资源部办公厅关于印发〈地理信息公共服务平台管理办法〉的通知》，自然资源部网站，http://gi.mnr.gov.cn/202101/t20210115_2598400.html。

级节点、省级节点、市级节点和县级节点构成，实行一体化建设模式，由自然资源部统筹全国各地自然资源部门按照统一技术要求建设。天地图融合多要素矢量数据、多分辨率遥感影像数据、地形数据、地名地址及兴趣点等数据，构建了能够满足多样化应用需求的在线服务数据资源体系，形成了基础地图、地名检索、地理编码、路径规划、要素服务、数据可视化等开放服务，并为用户提供丰富的二次开发资源，具备一站式在线地理信息服务能力。天地图上的地理信息不仅覆盖城市区域，依托我国基础测绘资源，还实现了城乡无差别的普适化全面覆盖，其影像服务目前在国内在线影像服务中覆盖范围最广、更新频率最快。

近年来，各级自然资源主管部门大力推进地理信息公共服务平台建设和应用，成效显著，且主要体现在以下四个方面：一是改变测绘地理信息服务方式，由提供离线数据转变为在线服务，提高了服务效率；二是促进各级基础地理信息数据共享，在分级管理体制下打通共享渠道，实现了"一站式"服务；三是推动地理信息资源开放共享，引导社会开发利用，促进了地理信息社会化应用；四是扩大国内地理信息服务供给，提升自主可控能力，促使用户摆脱对国外地理信息服务的依赖，维护了国家地理信息安全。目前，天地图已成为我国重要的信息基础设施，在支撑经济社会发展与自然资源管理方面发挥了重要的基础性作用，应用范围涵盖生态环境、公共安全、科研教育、交通运输、水利、农业、民政、气象、地震、住建等领域。

"十四五"期间，国家大力推进数字经济、数字社会、数字政府建设，对地理信息公共服务数据内容、更新频率、服务方式等提出了更高要求，构建新一代地理信息公共服务平台，推动天地图全面转型升级已经成为必然。

二　对地理信息公共服务的再认识

（一）以"公共性"认识地理信息公共服务

对于"公共服务"而言，概念、范围、供给主体、行动逻辑和功能定位等是其基本问题。三种认识取向，即物品特性视角、价值属性视角和供给主体视角，分别从公共服务的消费特征、公共服务的目的与意义、公共服务的责任落实来阐释公共服务的概念。三种视角的公共服务概念界定都蕴含着公共服务的"公共性"，是对"公共性"的不同角度的解读。可见，"公共性"是公共服务的核心价值，主要体现在服务对象的公共性、服务目的的公共性以及消费特性的公共性三个方面。[①]

因此，理论上应从地理信息公共服务的"公共性"特质强化对其的认识。与"公共服务"一样，地理信息公共服务的对象是全体公民（包括自然人与法人），地理信息公共服务需要满足公共需求和维护公共利益，具有非排他性、非竞争性的消费特性。因此，在国家治理现代化情境中（包括数字政府、数字经济等），"公共性"应该成为地理信息公共服务的概念内核，应以"公共性"为核心特质来界定其服务内涵，从而更好地确定地理信息公共服务的内容和供给方式，促进地理信息公共服务良性发展，满足经济社会各方面需求。

（二）地理信息公共服务的运行逻辑

国内外实践证明，政府作为公共服务的主要供给主体，更能保障公共服务的"公共性"。同公共服务一样，地理信息公共服务也需要以政府为主的公共部门从满足公共需求的角度去谋划思考，且具备强政策属性。数字政府的建设、数字经济和数字社会的快速发展，对充足的、高质量的地理信息公共服务的需求日益迫切。因此，地理信息公共服务平台天地图功能的升级和优化，不能仅停留在对需求进行回应的层次，而是要做到对公共需求的主动发现和引领，提前布局地理信息公共服务的基础设施和制度安排，将公共需求的预测置于地理信息公共服务供给之前，提高公共服务的响应能力。特别是在支撑数字经济发展与促进地理信息产业发展方面，要进一步加强基础地理信息资源的共享，并逐步带动自然资源领域更多具备公共属性的专题地理信息资源开放，从而更好地满足社会各界对于统一、

---

① 夏志强、付亚南:《公共服务的"基本问题"论争》,《社会科学研究》2021 年第 6 期。

标准、规范的公共地理信息服务资源的迫切需求，同时为更多中小微企业开发满足不同用户个性化需求的应用创造共享开放的平台，充分释放政府地理信息资源的潜在价值与巨大红利。但在实践中，要充分考虑资源和财政投入能力的有限性，从体现地理信息公共服务的公平价值出发，合理确定地理信息公共服务内容。

三 新发展阶段对地理信息公共服务的需求

（一）产业发展对于地理信息公共服务资源的需求十分强劲

据天地图后台日志统计，截至 2022 年 6 月，地理信息公共服务平台天地图的日均地图访问量超过 8 亿次，累计注册开发用户超过 78 万个，支撑应用近 70 万个。通过召开座谈会等方式，与各类用户特别是与调用天地图服务次数较多的小微企业进行沟通，了解到产业发展对于地理信息服务的需求十分旺盛，特别是对基础性地理信息资源，包括政区、地名、交通、高分辨率影像、多时相影像等，这些需求可以归纳为三个方面：一是在服务开放性方面，要完全开放，不能绑定某个平台，还需要兼容其他地图数据源，天地图提供了标准的地图服务接口，第三方软件仅修改少量代码即可实现接入；二是在数据覆盖方面，多分辨率影像、地名、交通等地理信息要素数据要实现无城乡与发达和落后地区差别，数据要保持持续更新，越快越好；三是在商业成本方面，天地图面向所有开发者均免费提供服务，用户进行商业应用也无须授权收费。开放、共享的地理信息公共资源是产业发展的基础，但目前天地图出网带宽在工作日期间使用率达到满负荷，不得不采取用户分类限流的策略保障平台正常运行，目前的供给与需求间的矛盾仍然十分突出。

（二）数字政府建设及数字经济发展需要进一步推动政府地理信息数据开放

数据本身没有价值，数据的价值通过数据与创新思路、数据处理或服务供给等因素组合而呈现，即通过数据服务来实现数据价值，其增值发生在数据再利用的价值链上，如果没有数据开放，则不会发生这些增值过程。[①] 随着我国数字化与信息化的加速发展，国家及地方政府部门积累了大量数据或信息资源，这些资源已经成为重要的生产要素。但在目前的数字政府与数字经济建设实践中，数据共享的不充分不完善，仍然是制约数字政府发挥全方位系统性重塑性变革作用的突出短板[②]，从而导致数据资源开发利用效率低下，难以发挥其在国家治理体系与治理能力现代化中作为重要生产要素的关键作用。因此，必须推动政府数据共享与开放，加强政府数据治理，进一步提升政府数据的公共价值和效益。地理信息作为关键基础性数据资源，具备以空间位置关联各类政府数据的能力，可以为政府数据开放提供更加高效的技术手段，因此，加强政府地理信息数据共享与开放对数字政府建设及数字经济发展而言是一项基础性工作。

（三）地理信息智能化服务趋势明显

"十二五"至"十三五"时期，地理信息公共服务平台以提供 OGC 标准的 WMTS、WMS、WFS 等静态数据服务为主。"十四五"时期，随着空间信息技术的发展，地理信息服务需要从二维向三维、从静态向动态转变，拓展智能化服务模式，需要构建智能化综合地理信息公共服务体系，逐步实现用户需求智能感知、多源数据智能集成、节点业务智能协同、应用服务智能推送，满足不同用户不同场景的多样化与深层次应用需求。地理信息公共服务平台智能化需要重点解决以下问题。一是地理信息公共服务平台用户画像构建与智能感知。结合用户身份信息、访问行为日志、评论反馈等，构建标准用户标签系统，研究基于行为感知的用户画像技术，实现用户画像的高效构建，有效支撑推荐模型、策略引擎的优化升级。二是基于 Web 的大规模三维可视化，研究大规模数字高程模型、倾斜摄影模型、城市建筑模型等三维模型的可视化技术，构建适应网络化高效传输与渲染的大规模场景模型切片和

① 徐坤：《浅论推进政府地理信息数据开放和治理》，《测绘与空间地理信息》2021 年第 S1 期。

② 《〈"十四五"国家信息化规划〉专家谈：加强数字政府建设 以数字化助力治理现代化》，国家互联网信息办公室网站，http://www.cac.gov.cn/2022-01/21/c_1644368223524535.htm。

压缩算法,实现三维场景的高保真表达和高性能可视。三是自然资源与地理分析模型共享服务。面向多源异构自然资源与地理分析模型,形成模型的标准化封装、共享、云原生部署方法,设计分析模型与计算资源的动态匹配策略,实现模型的共享服务与应用[①],以开发时空变化趋势分析、关联规则分析、空间分布格局分析、时空聚类分析等空间分析模型为基础,逐步形成各类时空大数据共享计算与空间分析能力。

四 新一代地理信息公共服务平台天地图建设的思路与任务

(一)新一代地理信息公共服务平台天地图的建设思路

围绕新时期测绘地理信息"两支撑 一提升"的工作定位,突出推动政府地理信息资源开放共享,综合运用新理念、新模式、新技术,推动新一代地理信息公共服务平台由单一地理信息服务向综合地理信息服务转型,从数据资源、更新效率、服务功能、运行支撑等方面进行升级,形成与经济社会发展相适应的地理信息公共服务能力,更好地服务于经济建设、社会发展和生态文明建设。

(二)新一代地理信息公共服务平台天地图的总体架构

新一代地理信息公共服务平台天地图由国家、省、市、县四级节点构成。有别于"十二五"时期主要采用国家、省、市三级服务聚合与"十三五"时期采用数据融合的方式,"十四五"时期建设新一代地理信息公共服务平台天地图要实现集约一体化与数据更新在线化,依托统一的云基础设施支撑体系形成全国高度协同的地理信息公共服务体系。新一代地理信息公共服务平台天地图节点间的关系如图1所示,各级节点通过在线更新系统实现数据的联动更新,通过统一门户实现地理信息服务协同。

---

① 张丰源:《地理分析模型的服务化共享与复用方法研究》,博士学位论文,南京师范大学,2021。

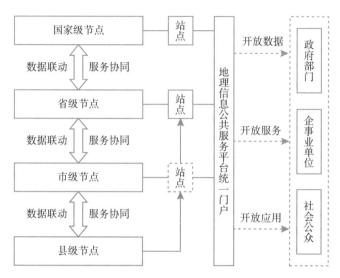

图 1　地理信息公共服务平台天地图节点关系

（三）新一代地理信息公共服务平台天地图的主要建设任务

1. 公共服务数据资源体系建设

在纵向层面，进一步推动国家级、省级、市级、县级多尺度基础地理信息数据的深度融合，特别是面向社会公共需求的交通、居民地、水系、政区、植被等要素，持续提升数据精细度、丰富度和时效性；进一步丰富遥感影像资源，充分利用国产高分辨率卫星遥感技术，提升数据处理效率，加强数据质量控制；围绕更好地满足地名地址公共服务应用需求，各级节点在现有公共服务地名地址数据成果基础上，进一步提升地名地址标准化程度，完善公共服务地名地址库。在横向层面，着力分析海洋、土地、森林、草原、湿地、水、地质、矿产、空间规划等自然资源领域具备公共服务属性并适合公开发布的专题地理信息的类别与内容，通过服务聚合、数据融合等方式实现有效集成与发布，建立自然资源领域专题地理信息公开发布审查、更新机制，推动建设山水林田湖草等自然资源专题数据图层，扩展自然资源大架构下的地理信息公共服务数据内容。

此外，还需要积极对接民政、公安、工商等政府部门，实现跨部门地理信息数据的互通共享、有效衔接。联合导航电子地图、快递物流等企业开展道路交通、地名地址等数据的更新维护工作。其目的是进一步推进建立政府部门间、政企间地理信息数据共享制度，推进政府间、政企间数据对接，明确数据对接范围、对接内容、对接方式及对接要求，促进政府与政府、政府与企业间数据流通，激活多方地理信息数据潜在巨大价值，统筹规划政务地理信息数据资源和社会地理信息数据资源，加快地理信息公共服务领域数据共享。

2. 全流程数据在线更新技术体系建设

依托云计算、大数据、人工智能等信息技术，采用"专业测绘＋众包更新"的理念，全面建成地理信息公共服务基础数据汇聚、共享、整合、发布的全流程在线更新技术体系，实现数据从离线定期更新向在线准实时更新的跨越式发展，大幅度缩短数据获取到发布的周期，提升地理信息公共服务数据的时效性。开发基于数据驱动的智能更新技术，完善跨层级、跨部门批量矢量、影像数据汇交功能，强化批量汇交管理与网络安全防护能力。扩展数据更新情报挖掘、网格化更新任务分发与管理、多源数据接入管理、全要素在线编辑、基于规则的自动质量检测、基于工作流的数据审核、增量数据入库更新等功能。开发基于高分辨影像的要素自动提取服务，实现地理信息要素变化快速发现与在线更新技术系统的集成。开发在线更新移动 App，全面实现地理信息公共服务基础数据的全流程在线协同维护与更新，支持百万级用户同时进行更新操作。

与此同时，围绕在线服务数据的高效协同管理与发布应用需求，按照数据更新维护本地化原则，基于统一规则与标准建立"1+31"分布式在线协同更新数据库集群，国家级节点建立 1 个全国主库，31 个省级节点建立分库，分库增量更新数据及时汇聚到全国主库，实现数据浏览、数据查询、统计分析、数据权限、数据监控、数据审计、数据提取、数据统计等功能，强化数据安全保障能力，实现基于统一服务中心的各类在线服务数据的分级维护、

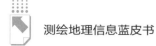

统一管理，为在线服务数据的快速发布与共享应用提供支撑。

3. 全国一体化协同服务体系建设

面向自然资源管理及数字经济发展应用需求，优化地理信息公共服务平台统一门户信息架构，加强平台门户的规范化、标准化建设，综合集成有关测绘地理信息的特色服务。推动新一代地理信息公共服务平台智能化发展，不断推动地理信息服务应用程序接口（API）迭代升级，全面支持从栅格到矢量、从二维到三维、从静态到动态的地理信息应用开发。开发地理信息数据与行业专题数据、社会经济数据、各类计算分析模型的融合集成技术，开发时空变化趋势分析、关联规则分析、空间分布格局分析、时空聚类分析等模块，形成各类时空大数据共享计算与空间分析服务、可视化服务能力。着力构建知识化、智能化综合地理信息公共服务体系，逐步实现用户需求智能感知、多源数据智能集成、节点业务智能协同、应用服务智能推送，满足不同用户不同场景的多样化与深层次应用需求。适应移动互联网发展趋势，加强统筹，通过开发移动应用程序（App）、移动端门户网站、小程序等方式，推进地理信息公共服务向移动端延伸，为用户提供更加便捷高效的服务。采用集约化建设模式，提升移动端服务能力，提高"掌上"地理信息公共服务水平。

统筹整合现有各省节点基础设施资源，以共建共享、互联互通、集约高效、安全可控为导向，建立以面向应用为中心的全国一体化云基础设施，包括统一的计算资源、存储资源、容器资源、网络资源、安全防护资源等，增强地理信息公共服务云基础设施支撑能力，形成集约创新的地理信息公共服务基础设施体系，避免出现低水平重复建设和新的基础设施孤岛问题。

五 结语

地理信息公共服务平台天地图已经成为我国迄今为止最大的由政府主导建设的互联网地理信息公共资源共享平台。进入新发展阶段，更好地满足各类用户对于可开放能共享的公共地理信息资源的迫切需求，天地图建设还面临许多新的挑战，下一步的工作主要有以下几个：一是要着力形成布局合理、动态协同的云服务支撑体系，建立数据资源管理、变化信息识别、快速融合更新、在线协同发布的一体化、智能化技术体系，提高高强度访问承载能力以及对各类深度应用的业务化支撑能力；二是要强化政府地理信息数据资源共享集成与整合利用能力，聚合地理空间位置相关的公共数据与服务资源，建立以数据集中为主、兼顾分布式管理的地理空间大数据资源体系，形成数据采集汇聚、存储管理、空间化整合、大数据融合、协同更新的技术支撑能力；三是进一步加强平台运行的安全防护，开发高适配立体化安全防御技术，形成高效网络安全防护能力，显著提升地理信息公共服务平台的安全水平；四是建立健全地理信息公共服务应用的有关技术标准规范、管理办法和长效运行机制，更好地支撑国家、省、市、县多级时空信息共享服务，有效提升我国地理空间信息共享服务能力。

B.7
运用时空大数据平台支撑数字孪生建设

王 华　何丽华　张雁怡*

摘　要： 本报告深入分析了社会信息化对测绘信息化的引领作用，以及测绘信息化在社会信息化中所起的关键支撑作用，从服务的角度总结了测绘地理信息行业信息化的发展历程。以数字孪生城市建设应用为例，综合分析了当前数字孪生发展的状况，提出以时空大数据平台为核心，构建并完善新型基础测绘体系，提高测绘地理信息工作的信息化水平，高质量服务于数字孪生建设。

关键词： 数字孪生　数字孪生城市　时空大数据平台　新型基础测绘

随着社会信息化的不断发展，数字孪生已经成为人们生产、生活的重要智能工具，为现实世界高效管理和治理提供了有效支撑。数字孪生的广泛应用对信息化测绘体系提出了新的要求，同时，测绘地理信息及相关技术已成为数字孪生的重要组成部分，对数字孪生的空间管理与空间分析能力发挥着基础支撑作用，决定着数字孪生的建设成效。但是，我国信息化测绘体系现状与数字孪生建设提出的要求仍存在一定差距。本报告以数字孪生城市建设应用为例，深入分析测绘信息化发展中存在的不足，研究探讨时空大数据平台作为数据中台在数字孪生城市建设中所发挥的作用，旨在为提高测绘地理信息工作信息化水平提供路径。

---

* 王华，湖北省自然资源厅国土测绘处处长，正高级工程师；何丽华，湖北省地理国情监测中心，正高级工程师；张雁怡，湖北省航测遥感院工程师。

一　信息化引领时空大数据平台发展

20世纪70年代，我国著名的科学家王之卓院士主张用数字地图来真实刻画物理世界，站在信息化的前沿，在教学中率先提出数字地球的概念，为以数字化形式研究地球开辟了道路，催生了数字孪生，同时也为我国测绘信息化发展明确了方向。测绘行业始终顺应社会信息化发展，在数字地球战略构想的引领下，由传统测绘向数字化转型，陆续开展了基础地理信息数据库建设、数字城市地理空间框架建设、"天地图"建设、地理国情监测、时空大数据平台建设等工作。其中，数字城市地理空间框架经过多年的建设，取得了显著成绩，目前正在向时空大数据平台方向转型升级。

（一）数字城市地理空间框架建设

20世纪末，计算机技术推动测绘"3S"技术发展，以纸质地图为主的传统测绘成果开始向数字化形式转变。随着测绘信息化的发展，各地开始构建数字城市地理空间框架。测绘地理信息部门在数字城市地理空间框架的建设过程中，建立了包含数据管理和数据共享的公共服务平台，开发了基础的应用模块，向外提供地图服务和简单的应用服务。

数字城市地理空间框架统一了空间基准，实现了基础地理信息数据初步共享，为城市信息化提供了统一的空间基准和丰富、可视化的基础地理信息数据，也为基础地理信息数据深层次应用服务奠定了基础。

数字城市地理空间框架虽然解决了与城市信息化基础设施相关的部分问题，但信息丰富程度不高、各行业信息共享困难、"数据孤岛"、空间数据与属性数据之间缺乏关联等问题仍然存在。数字城市地理空间框架自身也存在数据处理能力不强、数据更新不及时、缺乏时空关联与挖掘分析能力、应用服务能力较低等问题。

（二）数字城市地理空间框架向时空大数据平台转型升级

随着社会信息化进程的加快，互联网技术与测绘技术不断发展，数字城市地理空间框架开始升级为时空大数据平台（初期称为智慧城市时空大数据平台），以服务城市为主开展建设试点工作。时空大数据平台以基础地理信息数据为核心，融合各行业公共专题数据，扩充时空大数据。在数字城市地理空间框架原有功能的基础上，时空大数据平台增加了数据融合、挖掘分析等处理功能，探索了地理信息全要素概念，强化了时空数据动静态信息管理和共享能力，创新性开发了服务组装、按需出图、个性化应用系统定制的服务模式。

时空大数据平台从最初的空间基准升级为时空基准，数据融合功能改善了多源异构数据不统一、不关联导致的数据碎片化、"数据孤岛"等问题，实现了空间数据与非空间数据的有效融合，丰富地理信息数据属性信息的同时赋予了非空间数据可视性、时空属性。挖掘分析功能有效提取了空间数据资源的价值，实现了数据到信息服务的有效转变。服务模式的升级，拓宽了平台的应用范围，提升了平台的服务能力。

大数据时代下，新型信息通信技术快速发展，并与测绘地理信息技术深度融合，社会各领域对测绘地理信息的需求越来越高，原有的时空大数据平台存在的问题日益凸显。一方面，传统测绘数据分尺度按要素抽象表达，机器难以理解，时空大数据空间分析能力不足，统一存储其他行业专题数据的方式未能考虑数据的鲜活性和权威性。另一方面，平台想通过自身的数据和能力，代替其他行业应用系统去解决各行业信息化存在的问题的服务方式不够科学，作为测绘信息化平台，其知识体系和平台能力具有局限性。此外，各行业应用系统之间仍彼此独立、缺乏联系，信息共享困难的问题依然存在。

（三）时空大数据平台在发展中不断完善

在信息化进程中，人们逐渐意识到，测绘地理信息工作的核心作用在于具备时空属性的数据及强大的数据处理能力，时空大数据平台开始回归数据本身，聚焦数据处理能力，在原有的应用系统服务基础上，逐渐增强面向各行业应用系统提供一站式数据服务的能力，服务范围从城区范围向城乡全域拓展。

传统的测绘成果向易融合、机器易理解、丰富多样的新型基础测绘成果转型升级，时空大数据平台以新型基础测绘成果为基础，改善了多源数据的汇聚融合效果，在使时空大数据标准化、可视化的同时，增强了空间分析能力。专题共享数据基于"权威数据由权威部门负责"的原则，实行分布式管理，通过共享实现逻辑集中应用，形成科学的平台数据管理体系。时空大数据平台不断发展的知识体系和改进的数据分析、模型构建、预测推演等功能，实现了数据到知识的转变，提升了应用服务的智能化水平，为各行业领域提供更加精准、科学、智能的决策支持。从数据共享到数据功能一体化共享，时空大数据平台为各行业应用系统提供了丰富的数据和一站式的数据服务，包括强大的数据处理、分析等能力，通过交换共享建立了各行业应用系统之间的联系，进一步改善了数据共享困难的问题，同时也提高了应用系统的运转效率。时空大数据平台通过安全认证、权限管理、动态监控、日志分析等手段，为信息安全提供了充分的保障。

二　时空大数据平台是数字孪生城市建设的重要时空基础设施

（一）数字孪生城市是城市高效治理的工具

数字孪生是指利用传感器更新、运行历史等数据，集成多学科、多物理量、多尺度、多概率的仿真过程，在虚拟空间中完成映射，从而刻画与模拟相对应的实体的全生命周期过程。数字孪生城市是多种数字孪生在城市范围内的集中体现，指在信息空间孪生出一个与现实世界相映射的虚拟世界，通过对虚拟世界的仿真、推演和优化来实现真实世界城市管理的智能化与智慧化，为城市建设管理提供科学的决策支撑，是城市高效治理的工具。

（二）我国数字孪生城市建设历程

近些年，与数字孪生相关的应用研究层出不穷，且已经出现在我国智慧城市的总体规划中。2018 年雄安新区率先提出数字孪生城市的建设思路，通过建设 BIM 管理平台，初步实现城市精细化管控。上海、南京、舟山、重庆等地纷纷以数字孪生城市为导向推进智慧城市建设。各领域也随信息化发展不断升级改造自身应用系统，尝试用诸如孪生水利、孪生工厂、孪生交通等单点化数字孪生应用系统建设数字孪生城市。

在各领域建设数字孪生城市过程中，信息无法有效共享制约着数字孪生效能的发挥。各领域应用系统彼此独立所形成的数据壁垒让单个应用系统无法具有全面、权威的数据，数据问题从根本上制约着数字孪生效能的发挥。单一数据的空间关系较弱，无法形成完整的地理时空场景，缺乏空间分析能力，难以满足数字孪生城市建设对人、实体、环境及过程一体化耦合表达的需求。部分信息化应用系统的数据治理能力不强，缺乏挖掘分析能力，导致数据质量、价值得不到有效保障，影响了孪生城市数据驱动治理的效能。《国民经济和社会发展第十四个五年规划和 2035 年远景目标纲要》明确提出建设数字孪生城市的发展目标后，数字孪生城市建设逐步从单点、局部应用向整体、全域应用扩展，对丰富、完整、可视的时空地理场景的需求越来越迫切，对数据共享和处理能力的要求越来越高。

随着数字孪生技术的深入应用，人们逐渐认识到，需要将有公共需求的数据和相关的数据处理能力统一起来，形成数字孪生建设的数据中台，以实现数据有效管理、共享与应用，打破各行业和部门信息壁垒，进而支撑数字孪生城市建设。

数据中台的概念最初由阿里巴巴集团提出，它是一个集数据收集、管理、计算、加工、应用于一体，向前端应用提供一站式数据服务及全生命周期管理的工具。数字孪生的数据中台需要打通各行业系统之间的数据共享渠道，打破"数据孤岛"，实现多源数据有效汇聚、高效处理、科学存储、灵活应用，为应用系统提供完整、多维、好用的时空数据和时空地理场景，实现城市场景的有效孪生。数据中台需要具备包含空间分析在内的数据挖掘能力，结合应用系统的专题知识为数字孪生科学决策分析提供有效支撑。数据中台具有数据共享和数据加工处理能力，能够根据数字孪生应用系统的业务需求，提供数据资源的一站式服务，提高数字孪生中各应用系统的运转效能，支撑数字孪生城市高质量应用服务。

（三）时空大数据平台是数字孪生城市建设所需的数据中台

时空大数据平台具备地理时空场景和强大的空间分析能力，能够满足数字孪生城市建设的核心需求。地理信息框架数据是各类城市数据有效融合的基础，时空大数据平台以地理信息框架数据为核心，汇聚融合城市多源数据，为数字孪生城市建设提供统一的时空基准和多角度、全方位、可分析的地理时空场景，支撑应用系统在数字空间内多维展示各类实体的静态、动态和关系信息，实现城市全要素可视化表达。地理时空场景有助于直观、清晰地了解城市各要素之间的关系，为数字孪生城市基于空间分析实现智能决策分析提供重要支撑。

时空大数据平台通过向应用系统提供数据服务和功能服务，与各行业应用系统共同实现某些专题方面的数字孪生。数字孪生城市建设所需的数据中台，能够满足数字孪生城市建设的数据和功能方面的需求（见图1）。时空大数据平台融合处理中心具备高效的数据采集、治理、融合等功能，通过采集和共享交换实现多源数据的汇聚，遵循统一的原则、规范、标准对数据进行清洗、处理和融合，赋予数据唯一标识，在融合中实现数据信息的补充、修正，提高其精准性，形成地上地下、二维三维、历史现状、基础专题等多源数据基于"一张图"的关联与科学管理。时空大数据平台拥有精准、鲜活、权威、完整、可视、安全的时空大数据资源，能够有效满足不同应用系统对不同时空数据的需求。挖掘分析中心具备数据分析、模型构建、预测推演等功能，对接应用系统自身的知识库，基于地理时空场景向应用系统提供空间分析等数据挖掘功能，以全局视角厘清城市复杂事物的内在联系以及未来发展趋势，与各应用系统共同实现具有智能决策分析的数字孪生能力。共享交

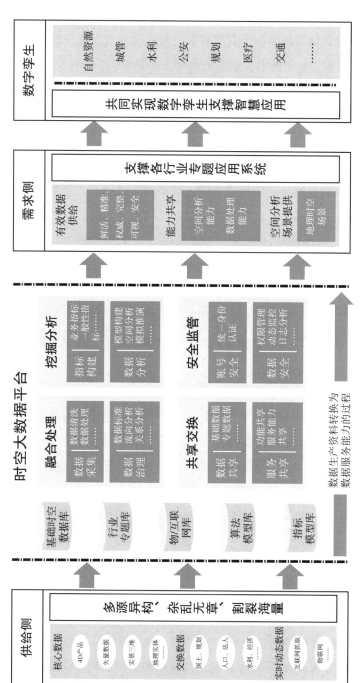

图 1 时空大数据平台发挥中台作用支撑数字孪生城市建设

换中心具备数据服务接口和功能服务接口，为信息交换共享与协同应用提供载体，可视化展示平台的数据资源，向应用系统无障碍共享数据处理能力，解决部分行业应用系统数据处理、挖掘分析等能力欠缺的问题，支撑数字孪生中各应用系统高效运转。

三　在实践中迭代改进时空大数据平台

自2019年开始，自然资源部在湖北武汉、咸宁、荆门等地陆续开展了新型基础测绘和时空大数据平台建设试点工作，湖北省紧紧把握"十四五"期间数字驱动城市治理能力现代化的发展契机，以支撑数字孪生城市建设应用为示范进行了深入的探索实践，总结经验并逐步在全省范围内铺开。

（一）时空大数据平台有效支撑应用系统发挥作用

湖北省试点的时空大数据平台（以下简称"平台"），以服务国土空间规划"一张图"实施监督信息系统（以下简称"规划'一张图'系统"）为契机，充分挖掘"平台"对数字孪生城市建设的基础支撑作用，围绕国土空间规划编制、实施、监督全流程，向规划"一张图"系统提供数据和共性技术支撑服务。

"平台"通过数据处理工具和共享交换能力，向规划"一张图"系统提供精准、全面、详细的数据服务。规划"一张图"系统的自身数据以"平台"的基础地理信息数据为统一时空基准，在"平台"内部进行时空化、标准化处理，筛选出表示现实世界同一实体的其他数据进行关联匹配，并自动挂接至地理实体中，使条目类的规划数据空间可视化。规划"一张图"系统通过"平台"数据服务中心，调用"平台"中与规划相关的各类数据，并与自身数据进行融合，叠加至实景三维中，形成多维动态可视的、具有空间分析能力的、格式统一的国土空间规划"一张图"。同时，规划"一张图"系统中经"平台"处理后的数据也会回流至"平台"数据库中，共享至其他应

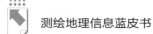

用系统。

"平台"中的实景三维、地理实体等基础地理信息数据为国土空间规划工作提供了三维可视、具有空间分析能力的地理时空场景，提高了规划工作的科学性。高性能的数据处理、地理空间分析等技术实现了原始数据到成果的直接应用，在提升规划"一张图"系统分析评价效率的同时，辅助规划"一张图"系统实现科学决策分析。规划"一张图"系统结合规划编制的实际需求，通过"平台"调用满足规划需求的各类专题数据，基于地理时空场景进行全面、科学的空间分析，同时结合根据"平台"基础性指标模型对城市公共信息进行定量分析的结果，基于自身知识指标库进行指标计算，融入地理时空场景中，可视化展示指标计算结果，辅助规划编制，对违反国土空间规划中的开发保护要求的情况、突破约束性指标风险的情况等进行及时预警，支撑部门落实监督主体责任。

此外，用户还可通过在线工具在"平台"内直接使用"平台"数据和功能完成业务，也可根据需求集中"平台"通用、关键的技术定制个性化工具或应用系统。"平台"在试点地区已成功服务城管、住建、水利等多个政府部门，对接支撑智慧城管、"智慧长江"水源地视频监控系统等多个行业应用系统。"平台"通过直接服务和支撑行业应用系统，促进各行业数字孪生建设目标的实现，有效支撑了数字孪生城市的建设。

（二）进一步完善时空大数据平台

数字孪生的不断发展，对时空大数据平台建设提出了新的要求。在实践中平台有力支撑了不同行业的应用系统，但仍需进一步完善。现阶段存在的主要问题是：对平台发展的认识不够清晰，仍着力突出平台面向各行业的直接应用；以新型基础测绘产品为核心的时空大数据体系仍需进一步完善，基础地理信息数据在部分地区仍存在基准不统一、覆盖不全、现势性差等问题；地理实体、实景三维所涉及的相关技术标准尚未统一，且当前实景三维建设忽略了以往各项工程建设中已有的模型三维成果，造成了部分资源的浪费。

1. 明确时空大数据平台的定位

时空大数据平台所拥有的基础地理信息数据和数据共享、数据处理、空间分析、信息挖掘等技术，是平台有效发挥基础时空设施作用的关键。我们应清晰地认识到，平台只依靠本身无法满足所有行业的应用需求。平台作为重要的时空基础设施，需不断提升其作为数据中台的服务能力，支撑各行业应用系统，高质量服务数字孪生城市建设。

2. 完善时空大数据体系

基础地理信息数据是时空大数据平台的核心组成部分，要加快基础测绘转型升级，完善时空大数据体系。加快建设统一的现代测绘基准，促进数据有效衔接和无缝共享，保障数据精准性。不断丰富数据成果形式和内容，提高基础地理信息数据覆盖率。融合最新信息技术，推动图形要素实体化、语义化、结构化、二三维一体化。将以往工程建设中已有的模型三维成果纳入实景三维建设，在丰富实景三维的同时减少财政资金浪费。完善生产组织体系，加快数据采集和更新速度，保障数据鲜活性。推动"多测合一"成果有效共享，将工程项目竣工验收阶段的测绘成果用于基础地理信息数据的更新，丰富基础地理信息数据，强化联动更新机制，实现数据更新的良性循环。完善顶层设计，加强与各部门之间的沟通，建立可推广、统一的技术体系和政策标准体系，促进时空大数据平台高质量发展。

3. 强化时空大数据平台支撑能力

以算法为核心，重点提升时空大数据平台的数据处理、挖掘分析和安全监管能力，不断完善知识体系，提高平台智能化服务水平。深入分析多源数据的结构特点，改进算法，提高数据处理能力，如点云数据、互联网抓取数据、物联网实时数据的快速去冗余化等。提升多源异构数据汇聚融合速度，尤其是加快实景三维与模型三维互融互通，互联网、物联网数据与基础地理信息数据融合，实现数据自动化、实时空间化处理。利用人工智能技术不断提升遥感影像自动解译、变化检测、空间分析、模型测算等数据分析挖掘能力，建设完善分析评价内容和指标体系、知识体系、数学模型体系，深入挖掘数据内在信息，提高智能决策分析的科学性。融合新一代计算机技术、通

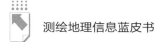
信设施，通过专线传输、专网流动等方式，在保障数据精准性的同时实现数据共享应用和安全保密等。

四　总结与展望

数字孪生为智慧城市发展注入了源源不断的动力，并逐渐形成以数据中台为支撑的数字孪生城市建设模式。时空大数据平台在测绘信息化的进程中顺应社会信息化发展趋势，通过提供数据和功能服务，在数字孪生城市建设中发挥了基础支撑作用，数据中台作用逐步凸显。未来，各行业应用系统的数据及功能更专业化、轻量化，以云架构搭建数字孪生城市，实现各应用系统彼此之间数据与功能无障碍共享，成为数字孪生城市高质量建设的必然选择。同时，基于人工智能的科学决策分析是数字孪生城市建设不可或缺的能力，也是城市高质量发展的核心。自然资源部门应加强与其他部门的联系，以基础地理信息为纽带，共同完成时空化、可视化、精细化的各专题综合监测工作，挖掘彼此之间的内在关系，构建全域分类指标体系和分析评价体系，建立科学完备的知识库，进而实现数字孪生城市的科学决策分析，进一步提高党和政府决策的科学性和民主性，为实现城市高效管理、促进城市高质量发展、推动国家治理体系和治理能力现代化提供有力支撑。

参考文献

陈述彭、励惠国：《全数字化方法与遥感应用——祝贺王之卓教授80寿辰》，《环境遥感》1989年第4期。

顾建祥、杨必胜、董震等：《面向数字孪生城市的智能化全息测绘》，《测绘通报》2020年第6期。

金靖：《浅析数字城市地理空间框架建设存在的若干问题》，《城市勘测》2012

年第 1 期。

李德江、储鼎、费小睿：《实景三维模型与街景数据融合地理场景构建技术应用》，《测绘与空间地理信息》2022 年第 S1 期。

马照亭、刘勇、沈建明等：《智慧城市时空大数据平台建设的问题思考》，《测绘科学》2019 年第 6 期。

宁津生、王正涛：《从测绘学向地理空间信息学演变历程》，《测绘学报》2017 年第 10 期。

邱儒琼、王波：《智慧城市地理空间框架建设与快速应用模式探讨》，《中国科技成果》2015 年第 11 期。

陶飞、刘蔚然、刘检华等：《数字孪生及其应用探索》，《计算机集成制造系统》2018 年第 1 期。

万碧玉：《应用场景驱动下的数字孪生城市》，《中国建设信息化》2020 年第 13 期。

王华、陈晓茜、祁信舒：《关于数字城市建设模式的探讨》，《地理空间信息》2011 年第 2 期。

王华、陈晓茜、祁信舒：《试论数字城市地理空间框架在城市规划中的应用》，《地理空间信息》2010 年第 2 期。

王华、李雪梅、史琼芳等：《地理国情构建与监测》，载库热西·买合苏提主编《面向新时代的地理国情监测研究报告》，社会科学文献出版社，2018。

王华、李雪梅、谢威：《湖北省基础测绘的创新研究与探索实践》，载库热西·买合苏提主编《面向新时代的地理国情监测研究报告》，社会科学文献出版社，2018。

王之卓：《从测绘学到 Geomatics》，《武汉测绘科技大学学报》1998 年第 4 期。

王之卓：《遥感与地球的全球性观测》，《环境遥感》1994 年第 3 期。

张新长、李少英、周启鸣等：《建设数字孪生城市的逻辑与创新思考》，《测绘科学》2021 年第 3 期。

White G., Zink A., Codecá L. et al., "A Digital Twin Smart City for Citizen Feedback," *Cities* 110（2021）:1-11.

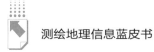
Lin H., Chen M., Lu G., "Virtual Geographic Environment: A Workspace for Computer: Aided Geographic Experiments," *Annals of the Association of American Geographers* 103 (2013): 465-482.

面向"强国"建设的地理信息战略需求分析[*]

阮于洲[**]

摘　要： 本报告面向地理信息强国建设目标要求，分析了地理信息的时代价值；以经济建设、社会发展、国防和军队建设、生态文明建设、外交和参与全球治理等为切入点，分析总结了新时期地理信息需求的特点；分析了国际地理信息发展态势，总结其主要特点；梳理了我国从地理信息"大国"到"强国"的差距；总结提出面向"强国"建设的地理信息战略需求。

关键词： 地理信息强国　地理信息技术　地理信息产业

一　引言

"强国"建设是时代主题。党的十九大擘画了"两步走"建设社会主义现代化强国的宏伟蓝图。《中共中央关于制定国民经济和社会发展第十四个五年规划和二〇三五年远景目标的建议》部署了多项强国建设。地理信息是基础性、战略性信息资源，随着以卫星遥感、卫星定位、5G 等为代表的信息化重

---

* 项目支持：中国工程院重大咨询研究项目"地理信息强国发展战略研究"（项目编号：2019-ZD-16）课题 1"地理信息战略需求与发展趋势研究"。

** 阮于洲，自然资源部测绘发展研究中心处长、研究员。

大基础设施不断完善，谋划推动地理信息强国建设既具备基础条件，也面临迫切需求。

建设地理信息强国，首要的是把握其战略需求。基于地理信息基础性、战略性、应用性、技术性等特点，建设地理信息强国的战略需求取决于两个方面，一是在"强国"建设时代背景下，地理信息的"基础性、战略性"作用体现在何处，亦即新时期经济社会发展对地理信息的现实需求；二是如何在地理信息技术、地理信息产业等的国际竞争中形成总体比较优势。

基于此，本报告从"强国"建设的要求和背景出发，对新时期地理信息发展面临的主要需求及其特点进行总结，对国际地理信息发展的态势进行分析，梳理我国地理信息从"大国"到"强国"的差距。在此基础上，提出地理信息强国建设的战略需求，以对地理信息相关管理决策提供借鉴。

二　地理信息的时代价值

把握地理信息的时代价值，尤其是明确其在高质量发展、数字中国建设、国防和军队现代化建设、构建人类命运共同体等国家重大战略任务中的作用，才能把握地理信息战略需求的关键。

地理信息是高质量发展的基础支撑。高质量发展是贯穿"十四五"时期乃至更长时期的逻辑主线。习近平总书记指出，"高质量发展不只是一个经济要求，而是对经济社会发展方方面面的总要求"，"不是一时一事的要求，而是必须长期坚持的要求"。①高质量发展，归根结底是要从"有没有"走向"好不好"的问题。高质量发展的整体性、空间性、连续性特征，为地理信息发挥基础支撑作用提供了广阔空间，成为高质量发展政策制定、动态监测、效果评价等的基本依据。

---

① 习近平：《论把握新发展阶段、贯彻新发展理念、构建新发展格局》，中央文献出版社，2021，第533页。

地理信息是数字中国的奠基石和顶梁柱。地理信息作为现实空间的数字化映射，是数字中国的基础框架，是流通优化、组织重构、效率提升、价值再造、生态构建的基础，是实现数字政府、数字社会、数字产业的条件，是全面提升社会治理数字化水平的重中之重、关键所在。而与云计算、物联网、大数据等技术的融合，使得地理信息服务效能倍增，日益成为新型基础设施的重要构成，由过去的"背景"进一步成为"舞台"，为形形色色数字化建设赋能。

地理信息是世界一流军队核心战斗力的重要组成。为实现到2035年基本实现国防和军队现代化、到21世纪中叶全面建成世界一流军队的战略目标，以"坚决捍卫国家主权、安全、发展利益"为己任的军队将更多关注我国及周边、全球热点地区，遂行战略威慑、远洋护航、海洋维权、精确打击等行动成为军队重要任务。信息化极大地改变了传统战争的形态，尤其是描述战场时空特点的地理信息已然成为军队的"千里眼""顺风耳"，成为军队的核心战斗力要素。加快全球陆海高精度地理信息资源建设，并尽快在军队列装，直接关系到我国建设世界一流军队能够走多快、走多远的问题。

地理信息是参与全球治理体系改革的底气。广泛深入地参与全球治理，推动构建新型国际关系和人类命运共同体，是我国对世界的庄严承诺，也是建设社会主义现代化国家的题中之义。地理信息资源建设作为我国深入、动态了解和掌握世情变化的基础工作，日益显现其巨大价值。地理信息掌握得越充分，对国情世情才越了解，才能在国际上"沉得住气""找得对路"，才能在百年未有之大变局中掌握主动权。

地理信息是赢得全球科技竞争主动权的战略抓手。世界顶级会计师事务所普华永道提出的业务影响和商业价值最大的八项核心技术（人工智能、增强现实、区块链、无人机、物联网、机器人、虚拟现实、3D打印），都与地理信息联系密切，地理信息技术成为全球科技竞争的重点方向之一。在我国把创新摆在现代化建设全局中的核心地位的背景下，在2035年进入创新型国家前列战略目标的引领下，加快地理信息技术自立自强并逐步实现全球引领，

有助于我国在全球科技竞争中占据有利位置，在全球新一轮科技革命和产业变革中牢牢掌握主动权。

三 新时期地理信息需求特点

以经济建设、社会发展、国防和军队建设、生态文明建设、外交和参与全球治理五个方面为切入点，由粗到细层层分析地理信息需求，可保障需求分析结果科学可靠。依据分析结果，构建"时空信息、定位导航服务新型基础设施"是我国地理信息强国建设的总需求。

地理信息应用需求。①精细化。当前智慧城市、智慧乡村等精细化管理、精准治理对高精度定位数据、遥感数据和地理信息数据提出迫切需求。②动态化。对地观测系统的不断完善、众源数据获取技术的不断成熟，对动态化地理信息获取和应用提出需求。③全球化。坚定不移扩大对外开放、推动构建人类命运共同体、维护我国海外利益对推进全球地理信息应用、及时洞悉全球资源环境变化提出明确要求。④陆海统筹。加快破解海陆统筹难题、建设海洋强国等，对陆海统筹的地理信息提出迫切需求。⑤实景三维。推进数字中国建设、自然资源和国土空间治理现代化等，对加快产品形式变革，分层次构建实体化、三维化、语义化的实景三维中国提出强烈需求。

地理信息技术需求。①自主创新。将自主创新作为第一动力，努力实现地理信息领域科技自立自强和全球引领。②智能化。适应地理信息精细化、动态化、全球化等应用需求，加快与大数据、人工智能等现代信息技术融合，提升地理信息服务的智能化水平。

地理信息政策需求。①安全发展。按照总体国家安全观要求，统筹地理信息发展与安全，在确保安全的前提下，强化地理信息服务国防能力建设，为安全发展提供支撑。②协同发展。围绕形成地理信息领域发展新格局，建立健全地理信息行业统一管理制度和治理体系，形成政府和市场相互协同的业务体系。

四 国际地理信息发展态势

透过美国等主要国家地理信息发展相关战略、规划、政策，以及主要跨国地理信息企业全球业务情况和规划布局，能够洞悉国际地理信息发展的基本态势。

跨界融合成为国际大趋势。人工智能、大数据、5G 等技术仍将前所未有地渗透地理信息领域，地理信息产业链条逐渐延长。新技术赋能下，地理信息的价值显著增加。地理信息向数据获取智能化、服务平台化、应用个性化的方向变革。地理信息成为国际竞争的重要领域。

西方技术全球垄断态势继续维持。在位置服务、航空航天遥感服务、测绘地理信息技术装备和平台软件、地图和高精度地理信息服务等方面，美国等发达国家依托先发优势，形成并持续保持全球领先技术优势，在部分产品的供给方面形成绝对垄断。

卫星遥感观测能力快速发展。全球卫星遥感向"三多"（多传感器、多平台、多角度）、"四高"（高空间分辨率、高光谱分辨率、高时间分辨率、高辐射分辨率）的方向发展。全球卫星遥感产业呈现以小卫星群为主体、商业卫星遥感计划不断增多的格局。传统龙头企业和初创公司竞争激烈。

地理信息数据服务持续创新。谷歌地图拥有较高更新频率、开放丰富的地图 API 接口，用户超 10 亿。OpenStreetMap 通过志愿者制图方式绘制了海量快速更新的地图。WikiMapia 利用网络爬虫捕捉网络数据。英国军械测量局的 OS MasterMap 建立了覆盖全部要素的地理实体数据库，每个要素背后都有自己独特的"身份证"。瑞典 Mapillary 公司通过众包的方式提供了智能版的"谷歌街景"。

高精度地图成为核心竞争领域。互联网巨头、传统图商和车企三方竞相角逐高精度地图市场，通过出资并购等方式进行布局。Google、Uber 等互联网服务公司，TomTom、Here、Zenrin 等地理信息企业，特斯拉、奥迪、戴姆勒等传统汽车厂商纷纷涉足无人驾驶汽车领域。自动驾驶汽车对动态物体辨别、车道级导航定位、决策规划、场景感知的强烈需求推动了高精度地图的科技创新。

亚太地区成为地理信息新兴市场。根据地理空间世界论坛发布的《世界地理信息产业发展报告（2021年）》，全球地理信息发展指数排名前25的国家有7个来自亚太地区，亚太地区有望成为世界最大的地理信息市场。我国作为亚太地区地理信息发展龙头，有望打破西方长期占据主导地位的格局。

五　从地理信息大国到强国的差距

从基础设施、技术水平、产品服务到产业规模、从业企业和人数等，我国是公认的地理信息大国。与国际先进水平、我国经济社会发展的需求相比，我国迈向真正的地理信息"强国"还需要爬坡过坎。

第一，地理信息技术。在重力测量、地面三维激光扫描、推扫式航空摄影装备方面处于空白。磁力仪、浅地层剖面仪和中深水多波束测深仪等水下地理信息获取装备依赖进口。国产便携式地下管线探测仪器、高精度导航定位芯片、高精度机器人全站仪与国际先进水平存在较大差距。

第二，地理信息产业。①缺少全球领军型企业。谷歌、海克斯康、拓普康、天宝等几乎就是当前地理信息强企的代名词和符号化标签。而我国在地理信息领域尚未有一家与前述跨国企业相匹敌的企业。②产业竞争力总体较弱。我国自主产品在亚洲、非洲、拉丁美洲仅占领中低端市场，对发达国家市场的渗透尚未真正突破，反映出我国在全球产业链价值链中的总体地位不高。

第三，地理信息资源。相对需求而言，现有地理信息资源尚存在较大缺口。全国1:1万基础地理信息尚未实现必要覆盖，尤其是西部地区缺口较大。市县1:500、1:2000高精度地理信息数据严重不足，对广大农村的覆盖近乎空白。全球地理信息获取远远不够，相关业务体系、制度体系建设尚未起步。基础地理信息数据三维化、实体化程度不够。

第四，地理信息管理。随着地理信息获取和应用相关活动主体日益多元化、行为日益隐蔽化和复杂化，以及地理信息表现形式不断多样化，地理信息相关管理制度急需调整。地理信息获取和应用统筹协调不够，数据孤岛和数据壁垒仍然存在，层级、行业壁垒森严，亟须从机制和政策上创新。

六 地理信息强国建设的战略需求

综上，面向"强国"建设的地理信息战略需求体现在以下几点。

第一，着眼点：构建业务新格局。这既是国家战略要求，也是地理信息强国建设的需要。①打通地理信息服务中政府部门与市场主体、公共服务与市场服务之间的堵点。按照"有效市场、有为政府"要求，明确政府和市场在数据资源、业务内容和运行机制上的分工关系，建立健全统一的地图、标准、质量、安全管理制度和业务治理体系，提升业务链条的完整性、有效性。②为企业出海参与国际业务分工创造条件。通过政策支持、搭建平台等方式，支持发展基础相对较好、具备发展潜力的领军企业率先国际化、全球化发展，逐步向产业链价值链高端迈进，打造和巩固我国地理信息产业的优势。

第二，核心：推动科技自立自强。适应地理信息服务新需求，需要实现技术自主可控和全球引领。①完善基础设施。加快以北斗卫星导航系统为核心的国家综合定位导航授时系统（PNT系统）建设，加快优于0.5米高分辨率商业遥感卫星、1米分辨率C频段多极化合成孔径雷达卫星、高清视频卫星建设，提升地理信息应用的基础设施水平。②加快突破"卡脖子"技术。系统梳理当前地理信息生产服务中的技术短板，加强攻关。加快智能化技术体系的设计和构建，推动整体技术升级换代。

第三，关键：迈向产业链价值链高端。①完善发展布局。支持相关大企业发展成具有比较优势和国际竞争力的龙头企业，支持中小企业通过与大企业建立稳定合作关系融通发展，发挥区域优势打造若干产业集聚区。②突出发展重点。支持发展基础相对较好、具备进一步发展潜力的高端装备制造、

卫星遥感应用、卫星导航和位置服务、高精地图等专业领域的领军企业率先国际化、全球化发展。③优化营商环境。大力推进地理信息数据公开,探索高精度地图面向智能网联汽车开放使用,对地理信息新服务、新业态、新模式实行包容审慎监管,支持企业利用国际合作交流机制和平台。

第四,重点:优化地理信息战略布局。①精细表达。以我国边疆地区1:1万地理信息空白区以及边疆外围一定范围为重点,强化边疆地区地理信息资源建设。全面推进我国陆地国土更高精度地理信息资源建设,有计划推进海洋国土高精度水深以及海底地形地貌产品覆盖。②动态更新。综合运用各种地理信息观测网络和各类专业地理信息数据,构建地理信息动态更新技术系统、工作机制。③陆海统筹。建设陆海一体测绘基准体系、标准体系、数据体系、服务平台。④全球覆盖。发挥现代技术的优势,有计划有步骤地开展全球地理信息资源建设。

第五,要求:统筹发展和安全。①建立测绘成果和地理信息分类管理的政策和技术体系。划分涉密、敏感、公开三种地理信息类别,推动涉密地理信息分级保护管理,推动敏感地理信息等级保护管理,完善和落实各项地理信息安全管理制度。②积极服务国家安全。从"建设世界一流军队"的要求出发,开展我军主要战略方向、海外战略通道、"一带一路"沿线、海外军事基地、国际热点地区高精度数据获取。

第六,保障:优化调整管理政策。①规范地理信息活动管理。将众包地理信息获取,智能汽车信息采集,以及快递、外卖、通信等行业主体涉及的地理信息采集活动纳入管理范围,建立健全统一协调、务实管用的管理规则。②规范地理信息数据管理。完善数据保管、处理、公开、出版、展示、跨境流动、交易等制度。③优化和丰富管理工具。针对地理信息及其获取、处理和应用新特点,优化资质管理、地图审查、信用管理等管理工具,实现事前事中事后全链条监管。④构建更加有效的地理信息协调机制。由自然资源部门牵头,建立相关协调机制,及时获取相关部门地理信息需求和服务反馈信息,在技术标准、相关政策、国土空间定义等方面进行协调。

参考文献

《中共中央关于制定国民经济和社会发展第十四个五年规划和二〇三五年远景目标的建议》，中央人民政府网站，http://www.gov.cn/zhengce/2020-11/03/content_5556991.htm。

《关于加强信息资源开发利用工作的若干意见》，豆丁网，https://www.docin.com/p-110738759.html。

熊伟、孙威、马萌萌等：《我国测绘地理信息领域科技与产业的自主创新发展》，载中国地理信息产业协会编著《中国地理信息产业发展报告（2021）》，测绘出版社，2021。

薛超、陈熙：《国际地理信息产业发展报告（2021）》，载中国地理信息产业协会编著《中国地理信息产业发展报告（2021）》，测绘出版社，2021。

B.9
国家安全视角下我国地理信息安全观的形成发展

贾宗仁　王晨阳[*]

摘　要： 地理信息关系到国家主权、安全和利益，国家安全观的变革，对于地理信息安全的认知与实践产生了深刻影响。本报告基于国家安全视角，回顾地理信息安全的早期认知，系统梳理地理信息安全观的形成过程，并结合国家安全的最新理论成果，分析新时代地理信息安全观的概念内涵及内在要求，从而为新时代维护地理信息安全提供工作思路。

关键词： 国家安全　地理信息安全　新时代

　　国家安全是指国家政权、主权、统一和领土完整、人民福祉、经济社会可持续发展和国家其他重大利益相对处于没有危险和不受内外威胁的状态，以及保障持续安全状态的能力。[①]党的十八大以来，中国共产党立足历史新方位，创造性地提出总体国家安全观，构建了国家安全战略体系，并在思想、理论、实践中不断发展创新。地理信息是指与地球表面空间位置直接或间接相关的事物或现象的信息[②]，是人类活动产生的最普遍信息之一。作为重要的

---

*　贾宗仁，自然资源部测绘发展研究中心副研究员；王晨阳，自然资源部测绘发展研究中心助理研究员。
① 《中华人民共和国国家安全法》，法律出版社，2015。
② 地理信息系统名词审定委员会编《地理信息系统名词》（第二版），科学出版社，2012。

基础性、战略性资源，地理信息关系到国家主权、安全和利益，在政治、经济、军事、科技和其他非传统领域国家安全中发挥着重要作用。国家安全观的变革创新，对于地理信息安全的认知与实践产生了深刻影响。基于国家安全视角，回顾地理信息安全观的演变历程，可以更好地理解新时代地理信息安全观的科学内涵，从而为新时代应对地理信息安全问题提供思路。

一　地理信息安全的早期认知

"地理信息安全"最早在文献中出现是在 2007 年 3 月。在此之前，以地图为主要表现形式的地理信息就与国家安全密切相关，因此形成了对于地理信息安全的朴素认知。

（一）新中国成立前对地理信息安全的认知

从历史上看，地图是地理信息的主要表现形式，是人类对地理世界具象、形象与抽象认知的重要工具，包括古希腊地图、中世纪地图、伊斯兰地图以及我国的鱼鳞图等均是人类观察、感知地理空间的产物。我国古代经历了两千多年的封建社会，维护君权与维护国家安全高度统一，其中"富国强兵"是维护国家安全的前提条件。[1]"富国"的核心在于粮食安全，例如我国古代编制鱼鳞图册，对方位、地形地貌进行标注，作为农耕开垦、赋役征收的重要依据之一。"强兵"意味着军事安全，古代军事斗争高度依赖地形地貌，《孙子兵法》指出"夫地形者，兵之助也"，地图能够直接影响战争的走向。鉴于地图的重要性，古代对于地理信息安全的认知表现为将其作为国之机要。例如，秦始皇统一六国后收缴各国地图，密藏于丞相府，建立了国家制图和藏图制度。同时，古代高度重视地图情报的搜集，例如唐朝十分注重收集邻国或藩属国的地图情报，使臣、将领、巡边官员均主动将自己的见闻绘成地图。[2]

进入工业革命以来，测绘科技发展突飞猛进，平板绘图仪、经纬仪等高

---

[1]　赵明旸:《总体国家安全观与中国古代国家安全思想》,《西部学刊》2020 年第 2 期。
[2]　徐永清:《地图简史》,商务印书馆,2019。

精度测绘仪器，三角测量技术、高斯、墨卡托等投影方法相继出现，地图的精准性和内容的丰富性大大提升。西方资本主义国家出于殖民统治、掠夺资源的客观要求，需要更为精确详细、更大比例尺的地图。尤其是在近代战争中，地图的重要性更为突出，绘制地图成为战争准备的重要内容。而近代中国饱受西方列强欺凌，山河破碎、主权沦丧，国家安全几乎荡然无存，与此同时，地形地貌以及经济命脉、军事设施等地理信息被他人完全掌握，国之机要示之于人。例如，日本在发动侵华战争前，就已经对大半个中国进行了测绘。

新中国成立前，中国共产党经历了土地革命战争、抗日战争和解放战争，彻底结束了旧中国半殖民地半封建社会的历史。反帝反封建的纲领和诉求，体现了中国对于国家安全的朴素追求。此时，对地理信息安全的认知主要是将其与军事安全紧密联系，属于非常传统的国家安全观认知范畴。[①]

（二）新中国成立早期对地理信息安全的认知

新中国成立之初，我国经历了农业、手工业和资本主义工商业的社会主义改造，开启了社会主义建设的新征程。在这个历史阶段，国家安全最核心的，对内是巩固国家政权，提高社会生产力；对外是实现国家主权完全独立，坚决反对殖民主义、霸权主义和强权政治。

早期我国基础测绘十分薄弱，全国没有统一的测绘基准和技术标准，实测地形图覆盖范围不到陆地国土的1/3，海洋国土测绘几乎处于空白状态。为解决该问题，中央军委于1950年3月决定组建军委作战部测绘局（简称军委测绘局），1954年改称中国人民解放军总参谋部测绘局。[②] 为推动经济建设，1956年国务院批准设立国家测绘总局，成立了国家和地方测绘部门，随后1969年、1973年国家测绘总局经历了短暂撤销与重建。因此，新中国成立初期我国测绘工作属于军事工作，测绘成果主要应用于军事领域，为经济建设提供的测绘成果大多来自军事测绘工作，管理制度、技术标准等仍然沿用军

---

① 刘跃进：《非传统的总体国家安全观》，《国际安全研究》2014年第6期。

② 《当代中国》丛书编辑部编辑《当代中国的测绘事业》，中国社会科学出版社，1987。

事测绘所制定的制度、标准执行。新中国早期对于地理信息安全的认知，仍然是与军事安全高度关联，测绘基准、地形图等测绘成果是国防、战备的重要保障。

二　地理信息安全观的形成

改革开放之后，中国共产党的工作逐渐从以阶级斗争为纲转移到以经济建设为中心上来。国家安全的核心，对内主要是以坚持社会主义制度为前提，实现经济发展和确保经济安全，同时坚持四项基本原则和确保政治安全；对外主要是全面发展同世界各国的友好关系，提出并践行互信、互利、平等、协作的新安全观，为改革开放和社会主义现代化建设创造良好的外部环境。随着经济发展驶入快车道，军地测绘部门分别建立了标准体系和坐标系统，地方测绘部门力量迅速增强，并开展基础地理信息数据库建设，向军队有关部门提供及时可靠的基础地理信息服务。与此同时，进入信息化时代后，地理信息的表现形式、应用范围、服务方式发生了较大变化，其基础性、战略性作用越发突出，成为我国实施发展规划、进行宏观管理、建设生态文明的数字基底，同时关系国家主权、安全和利益的内涵也在不断发展。

（一）地理信息安全概念的萌芽

《测绘事业发展第十个五年计划纲要》提及"重要地理信息关系到国家的主权、立场和安全"。2002 年施行的《测绘法》在总则中提出"保障测绘事业为国家经济建设、国防建设和社会发展服务"，并在"外国人来华测绘""国际坐标系的采用"条款中提到"不得危害国家安全"，在测绘成果一章中要求"测绘成果保管单位应当采取措施保障测绘成果的完整和安全""保证地图质量，维护国家主权、安全和利益"。《测绘事业发展第十一个五年规划纲要》将"安全保障"列为全国基础测绘工作的方针，同时提出"加快信息安全与保密标准的研究和制修订"，"在切实维护国家安全的前提下，鼓励和支持有条件的测绘企事业单位走出去"。2006 年颁布的《测绘成果管理条

例》首次在立法目的中强调了"维护国家安全",同时规定了"汇交、保管、公布、利用、销毁测绘成果应当遵守有关保密法律、法规的规定,采取必要的保密措施,保障测绘成果的安全"。

2007年,国务院印发的《关于加强测绘工作的意见》首次系统性地阐述了测绘工作与国家安全的关系——"测绘工作涉及国家秘密,地图体现国家主权和政治主张,全面提高测绘在国家安全战略中的保障能力,确保涉密测绘成果安全,维护国家版图尊严和地图的严肃性,对于维护国家主权、安全和利益至关重要"。同时,意见将坚持保障安全作为测绘工作的基本原则,提出了加快信息安全保密关键技术攻关、完善测绘成果安全保障体系、强化测绘成果安全防范意识等要求。

这一时期,测绘工作处于模拟测绘向数字化测绘的转型期,仍然以计划方式为主导,测绘市场规模较小,地理信息产业刚刚兴起,公共服务水平较低。此时,对于地理信息安全的认知,仍然围绕解决传统安全问题,以国防军事安全为主,为政治、外交等方面提供安全保障,重点面向测绘系统内部和有限的测绘市场,形成了以保密管理为核心,包含地图管理、成果管理和涉外测绘管理的管理体系框架雏形。围绕这一框架,出台了《外国的组织或者个人来华测绘管理暂行办法》《测绘管理工作国家秘密范围的规定》《国家涉密基础测绘成果资料提供使用审批程序规定》《国家测绘局关于加强涉密测绘成果管理工作的通知》等一系列规范性文件。

(二)地理信息安全概念的形成

"地理信息安全"首次出现是在2007年3月印发的《国家测绘局关于加快推进测绘信息化发展的若干意见》中,意见提出要"高度重视信息安全工作……以促进地理信息安全、应用和产业发展的和谐为目标……进一步研究建立适用有效的地理信息安全等级保护制度,强化网络环境下保守国家秘密的政策手段,完善信息安全保障体系"。该文件也是首次将地理信息安全与非传统安全领域的信息安全和网络安全联系起来。《测绘地理信息发展"十二五"总体规划纲要》提出,要"科学调整地理信息保密政策,健全地理信息安全监管机制，创新地理信息安全保密措施和监管手段"。2011年，国家测绘局更名为国家测绘地理信息局后，"地理信息安全"在政策文件中越来越多被提及，"地理信息安全管理/监管"作为主线贯穿测绘各项工作中。2014年，《国务院办公厅关于促进地理信息产业发展的意见》首次明确提出地理信息安全同时涉及传统安全问题和非传统安全问题——"地理信息关系到国家主权、安全和利益，在维护政治、经济、军事、科技和其他非传统领域国家安全中发挥重要作用"。

这一时期，随着信息技术和计算机网络技术的飞速发展，测绘工作在数字化基础上逐渐向信息化转变，地理信息产业进入加速发展期，测绘市场规模迅速扩大。地理信息安全面临传统安全问题与非传统安全问题交织的局面。以保密管理为例，信息化的推进改变了涉密地理信息的存在状态及其流转方式。同时，地理信息产业的快速发展使得地理信息安全关注的焦点转向测绘系统内部管理和测绘市场监管并重。

（三）党的十八大以后的地理信息安全观

2014年4月，习近平总书记在主持召开中央国家安全委员会第一次会议时，首次提出总体国家安全观，并首次系统提出国家安全体系。总体国家安全观的提出，大大拓展了对于地理信息安全的认知，丰富了地理信息安全的内涵和外延。

《测绘地理信息事业"十三五"规划》在形势分析中指出，"总体国家安全观赋予测绘地理信息新使命……需要进一步加强海洋、边境地区乃至全球的地理信息资源开发建设。加强测绘地理信息统一监管，强化地理信息安全体系建设，提高公民的安全保密意识和国家版图意识"。同时，《测绘地理信息事业"十三五"规划》首次将维护国家安全纳入测绘事业总体发展思路，首次将地理信息安全作为能力建设的重要内容，要求"增强安全防护能力"，提出建设互联网地理信息安全监管平台和互联网地图监管中心、加强卫星导航定位基准站建设和运行的安全管理、加强关键网络基础设施和重要信息系统安全保障等具体任务。2017年新修订的《测绘法》将维护国家地理信息安

全作为贯穿始终的立法宗旨，在外国人来华测绘、卫星导航基准站建设和运行维护、测绘资质管理、测绘成果应用、测绘成果保密管理、地图管理、地理信息产业发展等多个方面强调地理信息安全，并提出政府部门应建立地理信息安全管理制度和技术防控体系，加强对地理信息安全的监督管理，政府部门和市场主体应加强涉密地理信息管理、知识产权和个人信息保护。

《测绘地理信息事业"十三五"规划》和新《测绘法》有关地理信息安全的论述和规定，形成了较为全面、系统的"地理信息安全观"，既从推进全球地理信息资源开发建设方面体现了对于外部安全的重视，又从测绘成果保密管理、来华测绘管理等方面体现了对于内部安全的重视；既从地图管理、重要地理信息审核与发布等方面体现了对于国家主权和政治主张的重视，又从知识产权和个人信息保护等方面体现了对保护公民隐私权的重视；既从保障军事、国防建设等方面体现了对于传统安全的重视，又从信息安全、网络安全等方面体现了对于非传统安全的重视；既重视测绘成果社会化应用和地理信息产业发展问题，又重视涉密地理信息保密问题和技术装备的安全问题；既要求政府部门加强地理信息安全监管和技术防控，又要求市场主体落实地理信息安全保密要求。

三　新时代地理信息安全观

（一）概念内涵

从狭义上看，地理信息安全是指"地理信息"本身的安全，属于数据安全、信息安全范畴。由于地理信息是信息的类型之一，数据是地理信息的表达方式之一，综合相关法律法规和权威机构对于"数据安全""信息安全"的解释，地理信息安全可被定义为"采取必要的措施，确保地理信息在采集、加工、传输、使用、存储等各环节被有效保护和合法利用，未经授权不被访问、使用、披露、中断、修改或破坏，并具备保障持续安全状态的能力，使得地理信息权利人的合法权益不受侵犯"。

但从地理信息安全的形成与发展来看，广义上，地理信息安全是一个系统性问题，不能单纯从信息安全角度来考量，而是要从测绘地理信息工作的各方面全过程来系统性理解和把握。国家安全与地理信息安全两者之间是"全局"与"一域"、目的与手段、体系与保障的关系。

因此，新时代地理信息安全观的内涵体现在以下几个方面。第一，从保障政治安全、国土安全、军事安全角度，一方面要推动测绘地理信息领域军民融合发展，加强地理空间情报能力建设，提高战时地方测绘力量动员能力，满足国防建设需求；另一方面必须强化测绘地理信息保密管理工作，牢守安全底线，避免门户洞开，将国家秘密示之于人。第二，从科技安全角度，必须牢牢掌握测绘地理信息科技发展的自主权，尽快摆脱测绘地理信息领域关键技术受制于人的局面。第三，从保障海外利益安全角度，要提高全球地理信息资源建设能力。第四，从网络安全角度，要促进地理信息数据开发利用，保障网络、数据安全，一方面维护地理信息数据主权，反对数据霸权，避免成为数据附庸国；另一方面保护个人、组织的合法权益，尤其是加强个人信息保护。第五，从经济和社会安全角度，要加强地理信息公共服务，促进地理信息产业高质量发展，融入新发展格局。第六，从维护国家版图尊严角度，要加强地图管理、强化国家版图意识。

（二）内在要求

进入新时代以来，面对错综复杂的国内外安全形势，总体国家安全观也在不断深化发展，国家安全体系拓展至"16种安全"。党的十九届五中全会首次把"统筹发展和安全"纳入"十四五"时期我国经济社会发展的指导思想。习近平总书记在党的二十大报告中强调"推进国家安全体系和能力现代化"，并提出"健全国家安全体系""增强维护国家安全能力""提高公共安全治理水平""完善社会治理体系"等重要任务。[①] 贯彻党的二十大精神，落实"推进国家安全体系和能力现代化"要求，新时代维护地理信息安全工作，应

---

① 习近平：《高举中国特色社会主义伟大旗帜　为全面建设社会主义现代化国家而团结奋斗——在中国共产党第二十次全国代表大会上的报告》，人民出版社，2022，第52、53、54页。

遵循以下原则。

一是坚持发展和安全并重。《习近平谈治国理政》第四卷阐述了"统筹发展和安全"的核心要义，即"实现高质量发展和高水平安全的良性互动，既通过发展提升国家安全实力，又深入推进国家安全思路、体制、手段创新，营造有利于经济社会发展的安全环境"。[①] 因此，地理信息安全的核心思想应从"安全保障"转向"安全发展"，发展和安全是测绘地理信息工作中必须同时坚持的，两者不可偏废。围绕测绘地理信息工作"支撑经济社会发展、支撑自然资源管理"的定位，努力提升测绘地理信息工作的能力和水平，通过高质量发展提升维护地理信息安全能力，同时在发展中更多考虑影响地理信息安全的因素，将安全发展的思想贯穿测绘地理信息工作的各领域、全过程。

二是坚持以人民为中心。习近平总书记曾说："国家安全工作归根结底是保障人民利益，要坚持国家安全一切为了人民、一切依靠人民，为群众安居乐业提供坚强保障。"[②] 只有站稳人民立场、把握人民愿望、尊重人民创造、集中人民智慧，才能给人民带来更有保障、更可持续的安全感，才能筑牢国家安全的人民防线。地理信息安全管理工作，要坚持以人民安全为宗旨，在任何时候都不能忽视社会公众的诉求、侵害人民的利益，要为社会公众提供更好、更便利的地理信息公共服务。

三是坚持系统观念。当前国内外环境错综复杂，一系列变数和定数、风险和机遇、有利和不利因素交织。安全形势并不是一成不变的，而是处于持续变化和发展中，不存在绝对的安全，但存在相对的安全，通常只有安全价值大于经济社会效益，保护才是合理的。因此，必须将坚持系统观念作为维护地理信息安全工作的基础思想和工作方法，不能畸轻畸重、不能以偏概全，要准确把握国内外地理信息技术、服务、产业发展走向，做好地理信息安全管理工作的战略性、前瞻性谋划，动态把握发展和安全的价值平衡。

同时，新时代地理信息安全管理工作，必须确立如下工作思路。

一是树立底线思维。明确测绘地理信息工作中的国家安全红线，将安

---

① 《习近平谈治国理政》第四卷，外文出版社，2022，第390页。
② 《习近平谈治国理政》第二卷，外文出版社，2017，第382页。

全红线划出来，并围绕安全红线做出相应的制度安排，不断完善政策法规和技术标准，完善监管体系和工作机制，构建技术防控体系，全方位守住安全底线。

二是增强风险意识。过去地理信息安全管理工作长期处于"发现问题、处理问题"的被动局面，面对新时代的各类风险挑战，地理信息安全管理工作必须从被动"遇见"转向主动"预见"，主动做好风险评估、防控、应急等工作准备，建立地理信息安全风险监测预警体系和应急处置机制，从管理措施、技术手段上，下好先手棋、打好主动仗，有效防范化解各类风险。

三是推行包容审慎监管。当前，测绘地理信息正在迈向信息化、智能化，相关新技术、新应用、新业态不断涌现，这些新技术既代表着未来的发展趋势，也会给现有安全管理带来冲击，既不能一味地放任其野蛮生长，也不能因为安全风险而将其一竿子限制到底，要支持有效监管、风险可控下的先试先行，通过不断试错、不断优化探索出最优解。

四　结语

维护地理信息安全，必须立足中华民族伟大复兴战略全局和世界百年未有之大变局，坚持党对地理信息安全管理工作的集中统一领导，加强统筹协调，把维护地理信息安全同"两支撑"放在一起谋划、部署，把防范化解地理信息安全风险摆在突出位置，不断提升地理信息安全管理工作能力和水平。

支撑自然资源管理篇

Supporting Natural Resources Management

B.10

自然资源三维立体时空数据库设计与实现

苗前军　张炳智　何超英　刘建军　刘剑炜　赵伟　王鹏　王硕[*]

摘　要： 构建自然资源三维立体时空数据库，是加强自然资源统一调查监测评价工作、健全自然资源监管体制的重要内容。本报告梳理了自然资源三维立体时空数据库建设的背景和意义，分析了数据库设计的总体原则、技术路线和数据库架构，以及数据库实现效果等内容，为形成自然资源调查监测一张底版、一套数据，保障国土空间基础信息平台良好运行提供借鉴。

---

* 苗前军，博士，自然资源部自然资源调查监测司司长；张炳智，自然资源部自然资源调查监测司副司长；何超英，博士，自然资源部自然资源调查监测司处长；刘建军，国家基础地理信息中心数据库部处长，正高级工程师；刘剑炜，国家基础地理信息中心数据库部副处长，高级工程师；赵伟，自然资源部自然资源调查监测司一级调研员；王鹏，自然资源部自然资源调查监测司四级调研员；王硕，自然资源部测绘发展研究中心助理研究员。

关键词: 自然资源 三维立体 时空数据库

一 背景和意义

长期以来，因为技术手段、管理体制等，自然资源管理一直使用二维数据库，各类自然资源相互独立，不同自然资源在平面上存在交叉、重叠的情况。2018 年，党和国家机构改革赋予自然资源部统一行使全民所有自然资源资产所有者职责、统一行使所有国土空间用途管制和生态保护修复职责，新形势下自然资源管理目标和管理理念发生了重大调整和改变，二维数据库已经难以适应自然资源立体化综合管理的现实需求。这就要求建立立体化的自然资源三维数据库。

与传统的二维平面空间数据库相比，自然资源三维立体时空数据库最大的优势是实现了土地、矿产、森林、草原、湿地、水、海域海岛等各类自然资源调查监测成果的三维立体管理。一方面，三维立体时空数据库以实景三维中国成果为空间框架，实现二维调查监测成果的三维表达，同时随着技术手段更新，实现调查监测成果由二维向三维转化；另一方面，对各类自然资源进行分层分类，通过科学组织地球表面及地表以下各类自然资源体，实现自然资源体在立体空间的有序分布和完整表达。三维立体时空数据库解决了以往自然资源要素在水平面上的交叉、重叠问题，直观体现了山水林田湖草是一个生命共同体的系统理念，同时结合时间序列数据和管理数据，客观反映自然资源产生、发育、演化和利用的全过程，科学预测自然资源发展的趋势和动向，为耕地保护、国土空间规划、生态保护修复等提供了基础数据支持。

自然资源部党组高度重视自然资源三维立体时空数据库的建设工作。2021 年 2 月，自然资源部办公厅印发《自然资源三维立体时空数据库建设总体方案》，对三维立体时空数据库建设进行总体部署和安排，提出建设"一主九分"的自然资源三维立体时空数据库及管理系统，实现各类调查监测成果

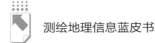
在中央一级的立体化统一管理，形成一张底版、一套数据，保障国土空间基础信息平台的良好运行，服务自然资源部各项管理职责的履行。该方案还提出推动地方各级数据库建设，支持自然资源调查监测成果在横向上联通、在纵向上贯通，满足地方政府管理需要和公众对数据的需求。

二　数据库设计

（一）总体原则

1. 统一设计、分工建设

针对自然资源各类调查监测数据立体化统一管理的需要，依据统一的总体架构、工作规划和标准规范，对标国际先进水平，并考虑未来发展需要，制定自然资源三维立体时空数据模型和数据库的设计方案，明确数据内容、结构、质量要求等，分工开展国家级主分数据库、地方各级数据库建设工作。

2. 业务导向、一体建模

以服务国土空间规划和自然资源管理业务为导向，基于山水林田湖草是一个生命共同体的系统理念，创新集成实体表达、时空演变、地球空间网格和业务关系等多种建模方法，构建一体化的自然资源三维立体时空数据模型，实现土地、矿产、森林、草原、湿地、水、海域海岛等各类自然资源在空间、时间、语义、管理、服务等方面统一表达与应用。

3. 物理分散、逻辑一致

自然资源三维立体时空数据库基于分布式数据库技术，在物理上分散在各数据库建设单位，依托涉密网络进行集成与整合，形成逻辑一致的数据库模式，实现各类自然资源调查监测数据成果的实时应用，以及适时更新。

4. 科学实施、稳步推进

针对不同类型自然资源调查监测数据特点，制定差异化的数据集成策略。根据各自然资源调查监测数据库建设进度，成熟一个、集成一个、共享一个，及时整合集成各类自然资源调查监测数据（库），稳步推进自然资源三维立体时空数据库建设工作。

5. 立体管理、支撑应用

自然资源三维立体时空数据库管理系统充分利用云存储、三维高效浏览展示等先进技术，提高海量二三维信息的存储访问和快速处理效率，更好地保障数据库的高效运行。同时，数据库管理系统以大数据挖掘、云计算等技术手段，满足自然资源调查监测成果的统计、分析和评价等工作需要，为服务国土空间规划和自然资源管理业务等提供技术支撑。

（二）技术路线

1. 创新集成实体表达、时空演变、地球空间网格、业务关系等多种建模方法，设计构建自然资源三维立体时空数据模型

针对自然资源在空间、时间、语义、管理、服务等方面的一体化表达的新需求，设计构建全要素、全空间的自然资源三维立体时空数据模型，实现管理对象由单一专题自然要素转变为山水林田湖草全要素；表达方式由单一空间表达转变为地上地下一体、陆海统筹的全空间表达；管理理念由单一静态版本管理转变为全生命周期管理；业务模式由单一的业务驱动转换为综合业务的分析评价。模型采用地表覆盖层、地表基质层、地下资源层、管理层的立体分层架构，混合应用了实体表达模型、时空演变模型、地球空间网格模型、业务关系模型多种建模方法（见图1）。

2. 采用"模型重构、结构重组、关联融合"的方式，融合各类自然资源数据

按照统一的数据库内容体系，采用一体化的自然资源三维立体时空数据模型，对多类型、多尺度、多粒度、多时态的自然资源调查监测数据进行模型重构和结构重组，构建全新的自然资源实体。基于设计的地球空间网格编码规则，利用自动化空间编码软件，对实体统一进行空间编码，同时对实体进行时间赋值、空间分层等整合处理，并基于空间语义建立实体与"三调"底版的空间关联，基于实体语义建立业务逻辑关联，最终融合形成更好地服

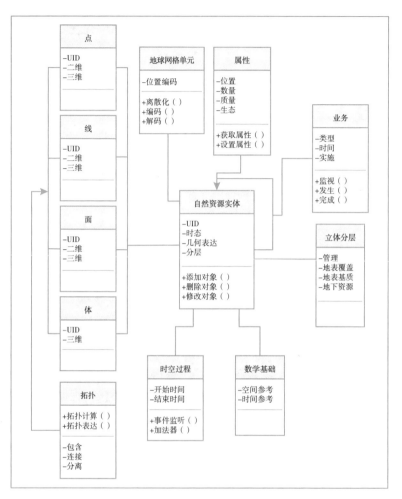

图 1　自然资源三维立体时空数据模型

务于自然资源综合管理业务需要的数据库。

3. 基于通用三维服务接口标准，结合矢量瓦片和影像实时发布技术，通过服务聚合，实现海量多源异构数据的集成与共享服务

针对自然资源数据共享服务的需求，统一设计各类数据的服务接口。对三维自然资源实体数据，采用通用三维服务接口标准发布服务；对二维自然资源实体数据，采用主流矢量瓦片标准发布服务；对调查监测影像数据，综

合运用动态免切片和静态切片的方式发布服务。在网络链路连通情况下，通过服务聚合方式，实现国家级主数据库与分数据库、国家级数据库与地方级数据库的"物理分散、逻辑集成"。

4. 依托国产自主可控的三维平台，研发构建数据库管理系统

优先采用国产自主可控三维系统平台，基于"架构统一、业务协同、信息联动"的总体框架，按照应用层、服务层、数据层和设施层的系统逻辑结构，以二三维实体可视化和管理为手段，运用分布式数据库技术，构建由在线应用系统、专业管理系统、运维监管系统和服务发布系统组成的自然资源三维立体时空数据库管理系统（见图2）。

（三）数据库架构

自然资源三维立体时空数据库由国家级主数据库和九个分库，以及地方各级数据库共同构成。数据库总体架构如图3所示。

国家级主数据库按照国土空间规划和自然资源管理需求，基于统一的三维空间基底，集成各调查监测分库，物理迁移和集成部分核心数据成果。国家级主数据库负责全国自然资源调查监测数据成果的建库管理工作，同时负责连接各调查监测分库，实现各类调查监测数据的集成应用。

国家级分数据库由土地资源、森林资源、草原资源、湿地资源、水资源、海洋资源、地表基质、地下资源和自然资源监测等九个分库组成。各分数据库分别负责各类自然资源调查监测数据的建库管理及应用工作，同时分别实现与分库专题相关自然资源调查监测历史数据的整合集成。

地方数据库由省、市、县三级数据库构成，分别由省、市、县各级自然资源主管部门，按照自身自然资源业务管理的需要，基于统一的三维空间框架，采用统一的自然资源三维立体时空数据模型，整合集成各类自然资源调查监测数据，构建地方级自然资源三维立体时空数据库。未来，随着国土空间基础信息平台中网络基础设施的建设发展，国家级数据库与地方各级数据库可以基于网络，按照统一的数据服务接口，实现互联互通，最终建成全国一体化的自然资源三维立体时空数据库。

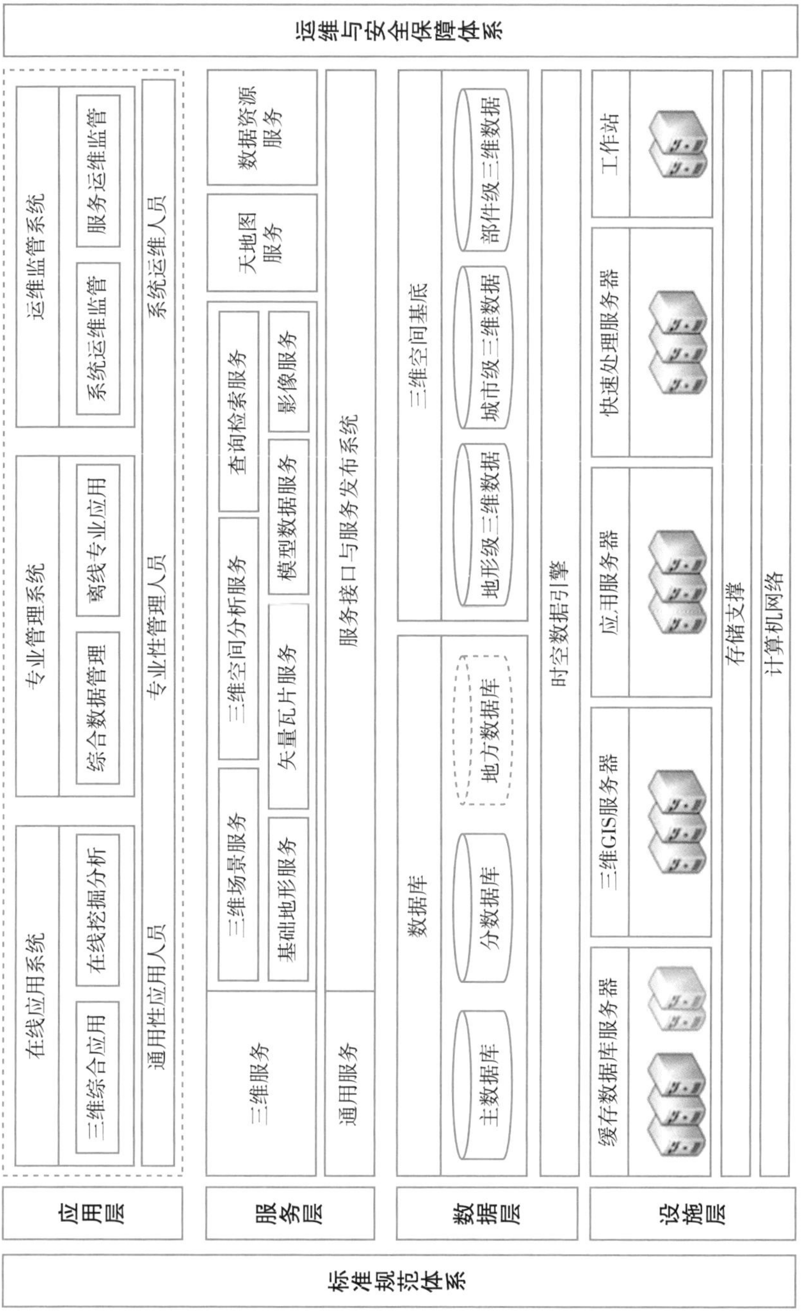

图 2　数据库管理系统逻辑结构

应用层	在线应用系统		专业管理系统		运维监管系统	
	三维综合应用	在线挖掘分析	综合数据管理	离线专业应用	系统运维监管	服务运维监管
	通用性应用人员		专业性管理人员		系统运维人员	

服务层	三维服务	基础地形服务	三维场景服务	矢量瓦片服务	三维空间分析服务	模型数据服务	查询检索服务	影像服务	天地图服务	数据资源服务
	通用服务									

服务接口与服务发布系统

数据层	数据库	主数据库	分数据库	地方数据库	时空数据引擎	三维空间基底	地形级三维数据	城市级三维数据	部件级三维数据

设施层	缓存数据库服务器	三维GIS服务器	应用服务器	快速处理服务器	工作站
				存储支撑	
				计算机网络	

标准规范体系

运维与安全保障体系

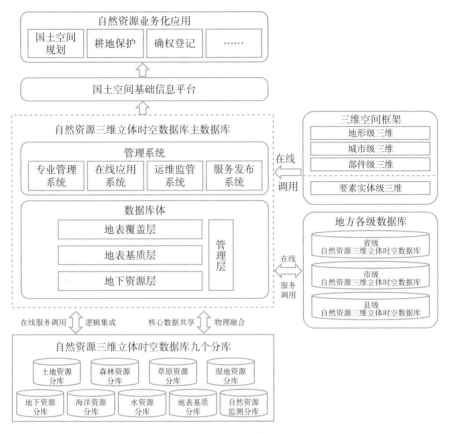

图 3　数据库总体架构

三　主数据库实现

（一）主数据库内容体系

依据数据库设计路线，主数据库以第三次全国国土调查成果为底版，采用地表覆盖层、地表基质层、地下资源层和管理层四层架构，融合土地、森林、草原、湿地、水、海域海岛以及地下矿产等各类自然资源调查监测数据。

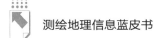

1. 地表覆盖层

地表覆盖层由土地、森林、草原、湿地、地表水、海洋、监测等数据构成。其中，土地资源数据由土地地类图斑与耕地分类单元组成；森林资源数据由森林分布图斑、森林样地和样木等数据组成；草原资源数据由草原分布图斑、草原样地和样方等数据组成；湿地资源数据由湿地分布图斑数据构成；地表水资源数据由常水位水体分布、丰水期水位覆盖与枯水期水位覆盖等数据组成；海洋资源数据由海岸线、海域、海岛数据组成；监测数据由耕地监测、水资源监测、林草资源监测、人工构筑物监测、用海监测、用岛监测、滨海湿地监测、沿海滩涂监测等数据组成。

2. 地表基质层

地表基质层由岩石基质分布、砾质基质分布、土质基质分布、泥质基质分布等数据组成。其中，岩石基质分布数据包含分类、岩性、产状、成因类型、坚硬程度、风化程度等信息；砾质基质分布数据包含分类、成因类型、砾石成分、砾石含量、砂含量等信息；土质基质分布数据包含分类、成因类型、污染情况、侵蚀类型、侵蚀程度等信息；泥质基质分布数据包含分类、成因类型、污染情况、渗透性等信息。

3. 地下资源层

地下资源层由地质特征及地下资源赋存环境和固体矿产资源分布、油气矿产资源分布、其他矿产资源分布等数据组成。其中，地质特征及地下资源赋存环境数据层是物理迁移地下资源调查成果中相应数据；固体矿产资源分布、油气矿产资源分布、其他矿产资源分布数据层是物理迁移矿产资源国情调查成果中相应数据。

4. 管理层

管理层由综合管理、专题管理、辅助管理等三类管理数据构成。其中，综合管理数据由行政区区划、行政区界线、村级调查区、村级调查区界线、永久基本农田图斑、城镇开发边界、生态保护红线等数据组成；专题管理数据由饮用水源地、地下空间开发利用规划、地质灾害分布、海洋生态空间、海洋开发利用空间等数据组成；辅助管理数据由国家公园、自然保护区、森林公园、风景名胜区、地质公园、世界自然遗产、世界自然与文化双遗产、湿地公园、水产种质资源保护区、其他类型禁止开发区、流域区、坡度、坡向、人口、农牧分界、自然地域单元数据，以及降水、日照与积温等气候数据组成。

（二）主数据库管理系统

主数据库管理系统用于主数据库的建立、操作和管理维护，提供统一规范的数据和操作服务接口，实现自然资源调查监测数据的一体化存储管理、浏览查询、统计分析与成果应用。主数据库管理系统包括服务发布、在线应用、专业管理及运维监管等子系统，系统功能构成如图4所示。

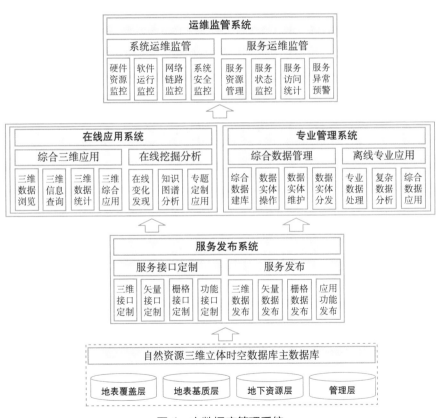

图4　主数据库管理系统

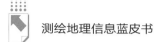

1. 服务发布系统

服务发布系统针对自然资源三维立体时空数据库的物理分散、逻辑统一、在线应用的建设需求，基于统一的服务接口规范，通过集群化、并行化等高性能计算策略，实现对海量数据资源的实体访问与高效发布，为数据库管理各子系统提供服务支撑。系统由服务接口定制和服务发布两个功能板块组成。其中，服务接口定制包括三维数据服务接口定制、栅格数据服务接口定制、矢量数据服务接口定制、功能接口定制等功能模块；服务发布包括三维数据服务发布、栅格数据服务发布、矢量数据服务发布、应用功能服务发布等功能模块。

2. 在线应用系统

在线应用系统针对自然资源三维立体时空数据的基础性和通用性应用需求，采用 B/S 设计结构，轻量化设计，通过高效率服务调度与轻量化在线访问，提供海量自然资源时空数据在三维立体下的一体化表达与应用能力。系统由综合三维应用和在线挖掘分析两个功能板块组成。其中，综合三维应用包括三维数据浏览、三维信息查询、三维数据统计和三维综合应用等功能模块；在线挖掘分析包括在线变化发现、知识图谱分析、专题定制应用等功能模块。

3. 专业管理系统

专业管理系统针对自然资源三维立体时空数据的复杂性和专业性应用需求，采用 C/S 设计结构，通过实体级和跨多个分数据库的数据访问与调度操作，提供全面的自然资源数据实体管理与复杂分析能力。系统由综合数据管理和离线专业应用两个功能板块组成。其中，综合数据管理包括综合数据建库、数据实体操作、数据实体维护、数据实体分发等功能模块；离线专业应用包括专业数据处理、复杂数据分析、综合数据应用等功能模块。

4. 运维监管系统

运维监管系统针对自然资源三维立体时空数据库的分布式存储、在线化调用、数据体量大、安全要求高等特点，采用 B/S 设计结构，通过全链条运行监测与多层次权限管理，提供稳定高效的数据库系统运维和监管能力。系统由系统运维监管和服务运维监管两个功能板块组成。其中，系统运维监管包括硬件资源监控、软件运行监控、网络链路监控、系统安全监控等功能模块；服务运维监管包括服务资源管理、服务状态监控、服务访问统计、服务异常预警等功能模块。

（三）实现成效与初步应用

1. 实现成效

基于自然资源三维立体时空数据模型，按照主数据库内容体系，主数据库初步融合了土地、森林、草原、水、湿地、海洋等自然资源专题数据。

数据库地表覆盖层融合重构了第三次全国国土调查、2020 年国土变更调查、局部区域林草生态综合监测、2009~2012 年土地利用调查、森林资源清查、2018 年林地"一张图"、2010 年草原普查、第五次全国荒漠化和沙化监测、水利普查、长江宜宾上游通航河道水下地形、江苏主要湖泊水下地形、第二次湿地资源调查、海底地形、海岸线、2015~2021 年地理国情监测等专题数据；数据库地表基质层融合重构了全国土壤数据、地下水监测站点数据等专题数据；数据库地下资源层融合重构了局部矿体精细三维模型数据；数据库管理层融合了 2017 年和 2019 年永久基本农田数、2005~2018 年城乡建设用地增减挂钩数据、1997~2017 年土地整治数据、自然地理单元数据。数据库融合重构的自然资源专题数据量达到了 50TB。

2. 初步应用

按照边建设边应用的原则，主数据库目前已在履行自然资源"两统一"职责中发挥了重要作用，为国土三调、地质灾害防治、自然资源调查监测、耕地保护、自然资源资产清查、国土空间规划、土地整治等提供支撑服务。

在服务国土三调方面，利用数据库的多源数据，开展了"三调"工作中的河道耕地和湖区耕地套合统计、耕地坡度调查成果国家级核查工作；在服务地质灾害防治方面，开发了三维地形服务通用性访问插件，为中国地质环境监测院地质灾害三维平台系统提供三维地形调用服务；在服务自然资源调查监测方面，利用三维立体时空数据库，开展了黄河流域的滩区

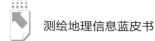
范围确定、多种地理单元采集、新增疑似人工湖识别，以及察汗淖尔等湖泊变化分析、图牧吉等自然保护区地表覆盖变化分析、巴丹吉林等沙漠范围分析、山东等地温室大棚变化分析；在服务耕地保护方面，针对耕地保护日常监督需求，对5种违规占用耕地情况开展了指标设计与耕地利用变化情况监测试验；在服务自然资源资产清查方面，针对自然资源资产负债表编制需求，对全国生态系统服务价值进行核算试点；在服务国土空间规划方面，针对全国国土空间规划纲要编制需求，对全国陆域生态系统宏观结构变化特征进行分析；在服务土地整治方面，对土地整治项目测试样点项目范围内的地表覆盖状况进行统计分析，以掌握整治项目范围内的土地利用情况。

四 结语

随着相关自然资源调查监测工作的逐步推进，自然资源部将持续对数据库数据内容、数据模型等进行补充细化，统一技术标准规范，大力推动科技创新，推进主（分）数据库集成、国家与地方数据库连通，完善自然资源三维立体时空数据库及其管理系统，筑牢信息安全防线，尽快开展调查监测数据成果的社会化应用，形成一整套满足部内业务管理、部门间应用、社会公众需求的自然资源调查监测数据服务支撑体系，为国土空间规划和自然资源管理提供高效服务支撑。

B.11

测绘质量管理支撑自然资源全链条管理的对策

张继贤　张　鹤　韩文立　陈俊余　王丽华 *

摘　要： 自然资源管理是经济社会高质量发展的重要组成部分。自然资源管理离不开自然资源调查、监测、评价、勘测、修复等系列工程，以及产品和服务的支撑，而测绘工作已成为自然资源管理全链条中的重要环节。其中，质量是根本，质量管控是保证各项成果全面真实准确的重要手段。本报告在分析测绘质量管理发展现状及面临的问题与挑战的基础上，提出支撑自然资源全链条管理的测绘质量管理体系的构建思路、主要内容和构建路径，为系统全面地开展测绘质量管理体系建设提供指导，为自然资源事业高质量发展提供支撑。

关键词： 测绘　质量管理　自然资源　全链条管理

一　背景形势与发展现状

（一）背景形势

1. 以习近平同志为核心的党中央高度重视高质量发展

中共中央、国务院 2017 年印发《关于开展质量提升行动的指导意见》，指出提高供给质量是供给侧结构性改革的主攻方向，全面提高产品和服务质

---

* 张继贤，自然资源部国土测绘司司长，研究员；张鹤，国家测绘产品质量检验测试中心处长，正高级工程师；韩文立，国家测绘产品质量检验测试中心副处长，正高级工程师；陈俊余，自然资源部国土测绘司处长；王丽华，自然资源部国土测绘司三级调研员。

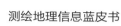

量是提升供给体系的中心任务。党的十九大报告指出，我国经济已由高速增长阶段转向高质量发展阶段，必须坚持质量第一、效益优先。《国民经济和社会发展第十四个五年规划和 2035 年远景目标纲要》指出，经济社会发展要以推动高质量发展为主题，推动质量变革、效率变革、动力变革，在质量效益明显提升的基础上实现经济持续健康发展。

2. 自然资源管理是经济社会高质量发展的重要组成部分

生态文明建设是关系中华民族永续发展的千年大计。2018 年自然资源部的组建，为促进我国经济社会高质量发展提供了重要保证，充分体现了自然资源管理是国家治理体系与治理能力现代化的重要组成部分。自然资源管理离不开自然资源调查、监测、评价、勘测、修复等系列工程，以及产品和服务的支撑，其中质量是根本，质量管控是保证各项成果全面真实准确的重要手段。自然资源管理的高质量发展，需要建立科学合理的质量监督管理与质量检查验收制度，构建系统高效的质量管控体系，确立层次分明的质量职责定位，形成全面的质量治理体系。

3. 自然资源管理的高质量发展需要测绘质量管理提供支撑服务

在自然资源治理体系下，测绘工作已成为自然资源全链条管理中的重要环节，测绘工作的定位已转变为"支撑经济社会发展、服务各行业需求，支撑自然资源管理、服务生态文明建设，不断提升测绘地理信息工作能力和水平"，即"两支撑 一提升"。测绘工作要围绕自然资源调查监测、国土空间规划管控、生态保护修复等业务，为自然资源管理摸清家底，提供统一底板，为各项决策提供数据和空间分析支持。测绘成果质量对于测绘地理信息的支撑保障能力至关重要。实现自然资源管理的智能化、精细化，应加快形成质量管理制度体系、标准体系、技术体系和人才队伍，不断提升质量管理水平与支撑保障能力。

4. 新一轮技术变革为测绘质量管理提供了机遇

技术变革是高质量发展的核心动力。随着科技的快速发展，质量管理的环境和基础、内涵和外延都发生了深刻的变化，质量管理的理念、方法和模式也相应变革。在新一轮技术变革的推动下，测绘质量管理及质检技术要充分利用人工智能、云计算、物联网、大数据等新一代信息技术的发展成果，改进质量技术体系、质量管理流程，不断提高管理效率，提升服务水平，推动建设自然资源管理高质量发展体系，为经济社会协调发展提供优良的质量服务。

（二）测绘质量管理发展现状

1. 测绘领域已形成比较完整的质量管理体系

经过几十年的建设发展，测绘领域已形成较完善的质量管理制度体系、标准体系、技术体系、组织机构和人才队伍，支撑测绘地理信息技术进步和事业发展，具有可复制、可推广的特性。《测绘法》《测绘地理信息质量管理办法》《测绘生产质量管理规定》《测绘成果质量监督抽查管理办法》等对质量工作做出了明确规定。测绘地理信息质量检验标准体系涵盖质量管理、质量要求、质量评价、质检技术、质量检测（测试、鉴定）5 大类标准，已发布国家、行业和地方标准 60 余项，为测绘质量检验提供了依据。信息化测绘质检技术体系，突破了系列自动化质检关键技术，建立了多元异构的质检支撑数据库，研发了信息化质检平台和质量信息管理服务系统。当前我国测绘地理信息质量检验机构包括一个国家级中心和 30 个省级质检机构，为测绘行业监管、重大测绘工程和社会化技术服务提供全面质量保障。测绘质量管理与检验队伍中拥有青年科技创新人才，也有经验丰富的国家级技术能手、专家，形成了科技领军人才、中高级专业技术人才、青年技术人员组成的质检人才梯队。

2. 测绘质检在自然资源管理中发挥重要作用

测绘质检在服务政府依法监管、服务自然资源业务、服务重大测绘工程等方面已发挥重要作用。在测绘地理信息行业质量监管、地理信息安全监管、资质管理、信用管理等工作中，测绘质检按照"双随机、一公开"的要求组织开展了测绘成果质量监督抽查、测绘资质单位质量管理体系建设运行情况检查、导航电子地图产品质量测评等工作，在维护国家地理信息安全、加强行业管理、保障成果质量等方面发挥了重要作用。围绕生态文明建设、区域协调发展、乡村振兴等国家战略，测绘质检积极承担第三次全国国土调查、国土变更调查与动态监测、城市规划核验、不动产登记、灾后重建等相关成果质量验收工作，提供可靠的质检支撑。围绕测绘地理信息公益性服务体系建设，测绘质检开展了各类基础测绘成果的质量检验工作，承担了全球地理信息资源建设与维护更新、实景三维中国建设、地理国情普查与监测等重大测绘工程的质量管控和成果质量把关任务。

（三）测绘质量管理面临的问题和挑战

1. 测绘质量管理供给体系急需重构

一是测绘质量管理供给体系设计十分重要，但重大问题和政策研究不充分。尽管近几年测绘质量提升行动成效显著，但是，当前国内外发展形势发生很大变化，测绘质量管理的对象和需求都相应改变。很多新老问题和矛盾交织在一起，测绘质量管理的结构性供需不平衡、供给体系不完善、有效供给不充足等问题仍然突出，而且表现形式与以往有所不同。因此急需在战略规划层面加强研究，改进理念、理清思路，通过顶层设计把质量放在更加突出的位置，加快构建大测绘质量管理的新工作格局，充分发挥测绘质量管理的重要价值和作用。二是测绘质量管理制度机制建设不到位，面向自然资源"两统一"的质量管理制度体系尚未建立。尚未形成由自然资源法、自然资源专项条例、质量管理办法和细则构成的法规体系；尚未形成覆盖全过程、全要素和分级分类的过程质量控制和质量检查制度；尚未形成具有授权资质的质检机构对成果质量检验的制度；尚未形成过程质量监督抽查和最终成果复核制度。

2. 测绘质量管理供给能力有待提高

一是产品形式多样化，但质量检验评价发展不充分。传统测绘产品的质量检验评价已相对成熟，但对新型基础测绘、三维数据、街景地图、车道级导航等多元化产品，以及网络化云服务、统计分析等非测量手段实施的测绘产品的质量检验评价还不充分。二是工程类型多元化，但质量管控模式发展不充分。传统测绘工程的质量管控建立了两级检查一级验收、过程质量抽查、成果质量复核、质量监督等完整的质量控制体系，但对于自然资源调查监测、国土空间规划等多元化工程，多采用监理、核查、评审等方式，应探索更为有效的质量管控模式，合理设置质量控制流程、节点、指标，保障工程质量。三是服务对象多元化，但质量保障服务供给不充分。传统测绘质量服务对象为测绘产品、工程，但面向自然资源山水林田湖草生命共同体与经济社会协调发展，质检保障服务供给尚不充分。

3. 测绘质量管理协同创新发展能力不足

一是测绘质检技术有待创新。测绘质检要充分利用人工智能、云计算、物联网、大数据等新一代信息技术成果，改进质检技术流程与手段，不断提高质检效率、提升质检能力。二是测绘质量标准整体水平有待提升。测绘质量标准存在标龄长或缺位、标准内容中定义和指标不一致等问题，要建立适应自然资源管理的质量标准体系，推动质量标准变革，加快完善面向自然资源新成果的质量标准。三是测绘质量管理协同联动水平有待提升。尚未形成以国家级质检中心为龙头，通过联合质检开展跨区域重大工程质量把关和服务工作的机制，尚未实现质检技术、装备、人员的协同创新以及共建共享机制。

二　构建支撑自然资源全链条管理的测绘质量管理体系

（一）总体思路

以习近平新时代中国特色社会主义思想为指导，深入贯彻习近平经济思想、习近平生态文明思想和习近平总书记关于自然资源管理的重要指示批示精神，贯彻落实党中央决策部署，以推动高质量发展为主题，准确把握新时代测绘地理信息"两支撑 一提升"工作定位，坚持质量第一、效益优先，深入实施质量提升行动，加强质量管理供给体系顶层设计，提高质量管理供给能力，推动质检技术协同创新发展，建立与自然资源高质量发展相适应的测绘质量管理体系，构建科学完备的自然资源管理全业务链质量管理制度体系，

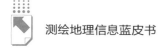
健全协调顺畅的质检协同工作机制，研建具有自主知识产权的中高端质检技术装备体系，打造规模化且具有影响力的质检人才梯队，形成测绘"大市场、大质量、大监管"的新格局，全面提升质量管理水平，为经济社会发展和自然资源"两统一"职责履行提供坚强有力的质量保障。

（二）完善基础测绘质检体系

1. 提升测绘基准体系质检保障能力

面向新一代国家测绘基准体系建设对质量控制的需求，完善现代大地测量观测、计算、处理分析与综合服务类成果的质量检查内容与评价方法，创新质量检查技术，全面提升面向新一代国家大地坐标基准、高程基准、重力基准以及深度基准建设成果与服务的质检技术综合保障能力，促进新一代国家测绘基准体系质量提升。

2. 拓展全陆海国土测绘质检保障范围

面向覆盖陆地国土、海洋国土、边疆地区、地下空间、内陆水体的全陆海测绘质检保障需要，针对陆海一体化、精细化、动态化、协同化的成果特点，拓展全陆海国土测绘质检保障范围，形成生产过程质量控制方式方法、成果质量检查与评价的系列技术标准，升级成果质量检验技术装备与系统，为全陆海国土测绘相关工程、成果质量控制与检验提供技术支撑，促进成果应用效益提升。

3. 加强实景三维中国建设质检保障

面向实景三维中国建设工程实体化、语义化、时序化成果的质量控制与检验需求，完善地形级、城市级、部件级涉及的多类型多尺度产品质量评价体系，提升质检技术与装备，满足实景三维中国建设成果为国、省、市自然资源管理部门提供服务的质量保障要求。

4. 加强全球地理信息资源建设质检保障

面向自然资源部及军方全球地理信息资源建设与维护更新需求，充分利用众源地理信息、大数据、人工智能等新一代信息技术，依托全球可利用可共享的空天地多源航空航天影像数据和公共地理信息产品数据，研究稀少、无控制和难以到达区域地理信息的质检方法和定量遥感信息验证方法，完善全球地理信息资源建设与维护更新成果质检标准，全面提升质检保障能力。

5. 探索新型基础测绘质检技术

围绕新型基础测绘全球覆盖、海陆兼顾、联动更新、按需服务、开放共享的建设思路，在质量管控制度与措施、检验理论与标准、检验技术与方法、质检设施与环境等方面形成质检保障；并以新型基础测绘为契机，同步完善地理实体的质检保障体系。

6. 强化测绘地理信息质量监督支撑

贯彻《国务院办公厅关于推广随机抽查规范事中事后监管的通知》的文件精神，落实"双随机、一公开"要求，更好服务行业管理，包括测绘资质单位质量管理体系抽查、测绘地理信息产品质量抽检、地理信息公共服务安全监管等，建立全国统一的测绘地理信息产品和服务监督抽查系统与质量信息共享平台，推动自然资源时空信息质量提升。

（三）提升自然资源时空信息质量支撑效能

1. 自然资源调查监测质量管控体系

落实《自然资源调查监测质量管理导则》要求，制定质量管理细则。推进调查监测质量管控技术创新，攻关以知识图谱、深度学习、多源遥感动态监测为支撑的调查监测质量监控、验证与评价等关键技术，创新"互联网＋质量"模式，设计调查监测全要素、精细化、实时化质检解决方案，构建"空基－天基－地基－网络"调查监测质量验证知识获取平台和质检大数据支撑库。系统开展调查监测质量标准研究，研制质量评价标准，以及过程质量巡查、质量检查验收、质量监督抽查等技术规程，为基础调查、专项调查、监测、分析评价等质量控制提供基本遵循。积极完成国土利用全要素变化遥感监测、全国地理国情监测、重要专项调查等成果质量检查验收与抽查评价任务。

2. 自然资源确权登记质检保障体系

推动构建以"加强过程管控、严格成果把关"为核心的自然资源确权登

记测绘工作质量控制机制，研制自然资源确权登记过程质量检查、成果质量验收系列标准，做好过程质量抽查，为成果质量检验与复核提供技术支撑，为形成归属清晰、权责明确、监管有效的自然资源资产产权制度提供质量保障。推动构建以"加强监管、强制检验"为核心的不动产统一登记测绘单位质量监管机制，完善相关测绘成果质量检验标准规范，做好不动产登记测绘单位质量监督抽查，为测绘成果强制检验提供技术支撑，为促进不动产登记测绘市场健康发展提供质量保障。

3. 国土空间规划测绘质量支撑体系

以保障国土空间规划质量为目标，针对空间规划基础数据坐标转换、"三区三线"空间分区数据，以及规划的实施监测、评价和预警体系中的测绘成果，建立测绘质量支撑体系。探索构建"国省联动、过程管控、终端把关"的质量控制组织实施机制。将全过程全要素质量管理、阶段成果分级质量检查、最终成果质量验收与年度规划监督、动态评估等有机结合，层层落实质量责任，层层把关成果质量，确保国土空间规划达到预期目标。利用测绘质检机构在系统测试评估、软件检测等方面的经验，开展国土空间规划相关系统软件的测评工作，助力信息化手段产出成果准确可靠。

4. 生态修复工程测绘质量服务体系

针对生态修复重大工程实施效果监测数据、生态保护红线的划定数据、生态修复区域的空间位置与分布范围数据，利用遥感技术与外业测量采集信息，对国土空间综合治理、土地整理复垦、矿山地质环境恢复治理、海岛修复等生态修复前后的地形、地貌、范围及面积等进行调查测绘与质量监测。构建国土空间生态修复工程测绘质量服务体系，攻克国土空间生态修复区地理信息数据测绘的质量管控技术，形成针对具体工程的质量指标，实现高精度高质量的测绘地理信息服务。构建生态修复动态监测质量服务体系，综合运用无人机多载荷快速获取技术、多源遥感数据融合处理技术、机器学习和人工智能技术等研究生态修复成果的质量检测和评价方法，建立生态修复动态监测成果的质量元素、指标体系、评价模型，为评估修复效果提供准确可靠的质量依据。

（四）为经济社会发展提供优质服务

1. 服务重大战略

顺应新时代国家经济社会高质量发展要求，主动为数字中国、智慧城市、区域协调发展、乡村振兴战略等国家重大战略实施提供优质的测绘技术服务。

2. 服务重大工程

围绕为实现我国治理体系和治理能力现代化目标所实施的重大工程和项目对质检技术的需求，重点针对实景三维、地理实体、海洋测绘、水下地形测绘、地下空间测绘等新产品、新服务，开展质检技术标准研究与社会化技术服务，切实把好工程项目质量关，全面提升测绘地理信息产品、工程和服务的质量供给能力，树立良好社会形象。

3. 服务地方发展

积极开展地方测绘地理信息工程质量服务，与支撑行业监管作用一起，形成对地理信息产业质量管服共举的良性循环，推动产业健康发展，为经济社会发展等提供测绘质量保障。

（五）为地理信息安全监管提供技术支撑

1. 研究安全检测和防控的方法与技术

基于我国基本国情，构建地理信息数据和服务的安全风险特性模型和指标体系，研究地理信息数据安全检测和评估技术方法，开发安全检测和评估系统，形成地理信息全要素数据安全检测和评估的覆盖。开展地理信息安全防控技术研发，提出技术认定检测的方法，重点包括数据脱密安全处理技术、数据及产品的跟踪与追溯技术、数据加密防控和权限控制技术、地理信息保密处理技术。

2. 支撑地理信息安全监管

开展公开版地理信息数据常态化安全检测和评估，跟踪互联网地理信息应用服务的数据安全风险发展。探索公众版测绘成果质量检验与精度评估。关注热点问题，提供地理信息安全应急检测保障。跟踪地理信息安全防控技术的发展，开展地理信息数据加密、地理信息数字水印、地理信息数据非线性偏转处理、地理信息数字指纹等地理信息安全防控技术的适用性和成熟度的检测认定活动，全面支持测绘地理信息安全监管。

三　支撑自然资源全链条管理的测绘质量管理体系构建路径

（一）推进自然资源管理质检治理现代化

1. 革新质量管理理念

结合经济社会发展和自然资源管理要求，跳出重生产轻质量、重数量轻品质的状态，树立新时代全面全程全员的质量观，引领从理念到目标、从思路到举措的全方位质量变革，把质量理念转化为质量行动。

2. 建立质检治理制度体系

建立由自然资源法律法规、条例、管理办法、细则等构成的质检治理制度体系，主要包括自然资源管理法和实施条例、自然资源调查监测条例和实施办法、自然资源质量管理办法、自然资源调查/监测/分析评价质量管控细则等。

3. 确立层次分明的质量职责

测绘质检是《测绘法》赋予的法定职责，要进一步针对自然资源管理部门、实施单位、质检机构确立层次分明的质量职责，落实质量责任。明确组织管理部门的过程质量监督抽查和最终成果复核职责，实施单位全过程、全要素、分级分类的过程质量控制和质量检查职责，明确质检机构在自然资源管理中的法定地位，确定具有授权资质的质检机构对成果进行质量检验检测的职责。

4. 推动质量管理模式变革

把自然资源数据质量监管摆在突出位置，大力推行"双随机、一公开"监管制度，加大监督检查力度，强化事中事后监管。建立定期动态的质量评级和信用发布机制，发动社会共治，强化质量信用监管，建立失信联合惩戒机制，让失信者一处违规、处处受限。

5. 形成统筹协调优势互补的协同机制

为满足新时代自然资源管理工作需求，测绘质检工作范围不断拓展、质检服务对象不断扩大，质检工作量大幅增加，要通过任务、技术、装备的多元化协同，以及国家和地方上下联动的队伍协作，打造分工明确优势互补的工作团队、构建质量管理协同机制，为自然资源管理提供强有力的质检服务。

（二）提升质检技术智能化自主化水平

1. 突破智能化质检技术

构建自然资源时空信息智能化质检技术体系。推动时空信息与人工智能、云计算、大数据等智能化技术相融合，研究基于质检大数据的三维、实时、海量数据真实性验证等共性技术，全面提升质检能力、效率与服务水平。针对新型基础测绘、全球地理信息资源建设、自然资源调查监测等成果特点和质量特征，研究多成果联合、大数据支撑、基于深度学习的质量检验与评价技术，实现质检的工程化应用与知识化质量信息服务。

2. 自主研发智能质检技术装备

研究无人机巡检系统等测绘质检大数据快速获取与处理的装备系统，建设 1+1+N（1 个智能化质检云平台 +1 个大数据支撑库 +N 类成果的专业质检软件）智能化质检云平台，支撑重大工程与重点工作成果的质量检验，提升质检效率。

3. 构建质检大数据支撑库

开展融合自然资源知识、地理知识、质量知识的立体化知识结构研究，构建集检查点数据、开源地理信息数据、专题数据和知识的处理、管理、存储、查询检索、服务等于一体的质检大数据支撑库，实现质检大数据的统一管理与快速服务。

4. 推进测绘质检标准建设

充分发挥标准的基础性与引领性作用，开展自然资源调查监测、国土空间规划、用途管制、生态保护修复等成果的质检标准研究，形成集全面质量

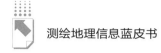

管理、科学质量评价、智能化质检于一体的系列标准，提升自然资源管理的精准性、一致性与协调性。本着急用先行原则，优先推动自然资源调查监测、新型基础测绘等质检标准的立项与发布实施。

（三）搭建开放合作的质检交流平台

1. 搭建跨业务领域的交流合作平台

加强与自然资源管理各业务领域的交流合作，积极参与国家及部级实验室和创新中心的科技项目，打通基础研究、工程技术研发、成果转化的全链条，构建产学研用相结合、高效协同的科技创新平台体系。

2. 搭建测绘质检交流平台

举办全国测绘地理信息质量研讨会和质检机构负责人交流会，充分发挥中国测绘学会、中国地理信息产业协会的平台作用，广泛联系紧密团结自然资源质量管理与质检技术专家，推动测绘质量管理工作科技创新成果、工作经验、管理模式的交流共享，促进全国测绘质量管理均衡发展。

3. 开展国际交流活动

不断拓宽对外交流的领域和渠道，积极争取和承担国际交流项目。积极参加国外技术培训，采取合作培养、协作研究等方式，培养一批国际化自然资源质检科技人才。鼓励科技人员在联合国、国际测绘地理信息组织中任职，大力支持科技人员参加国际学术交流，拓展国际视野，展示我国在自然资源质检技术领域的研究成果。

（四）打造业务精湛的复合型人才队伍

1. 突出领军型科技人才培养

建立多种形式的产学研战略联盟，通过共建科技创新平台、开展合作教育、共同实施重大项目等方式，培养科技人才和创新团队。在自然资源重点业务方向、重大工程项目和科技创新平台中根据需要设置首席专家岗位，更好地发挥科技人员在科技创新与成果转化中的作用。着力培养优秀科技人才，使其进入国家级和部级高层次科技创新人才队伍，打造高水平创新团队。

2. 强化专业技术人才支撑

以提高专业技术水平和创新能力为核心，进一步优化支撑自然资源全链条管理的测绘质检专业技术人才结构，打造一支高素质的专业技术人才队伍。进一步扩大专业技术人才队伍的培养规模，提高专业技术人才创新能力。构建完整的青年专业技术人才培养体系，努力形成优秀青年技术专家群体。根据自然资源质检工作实际需要，多渠道、多方式引进各类人才，做好专业技术人才储备工作。

B.12
构建新型基础测绘生产服务体系

徐开明 *

摘　要： 自然资源部党组对测绘地理信息工作提出了"两支撑 一提升"的总要求。面对改革发展大环境的变化，本报告分析了测绘地理信息工作面临的新形势，系统梳理了地理信息产业发展与政府测绘单位功能的变化，阐述了政府测绘地理信息工作在新形势下所具备的不可替代的功能，提出了对新形势下测绘地理信息工作战略布局的思考，以及需求导向下的新型基础测绘生产服务体系的构建内容。

关键词： 测绘地理信息　生态文明　地理空间大数据　新型基础测绘

党的十八大以来，政府测绘部门一直面临随着国家重大部署、信息化社会发展和科技进步带来的变化，推动事业转型升级的问题，特别是在机构改革后，行政职能有了较大的调整，如何正本清源、适应变化，在改革发展大势中明确方向、找准发力点进而推动事业创新发展，是需要深入思考和探索的课题。

一　测绘地理信息工作面临的新形势

测绘地理信息工作并入自然资源工作前后，外部环境发生了根本性变化，主要体现在以下几个方面。

---

*　徐开明，陕西测绘地理信息局局长、党组书记，博士，正高级工程师。

（一）生态文明建设大背景

2015 年，中共中央、国务院印发《生态文明体制改革总体方案》，方案分为 10 个部分，共 56 条，其中改革任务和举措 47 条，提出建立健全 8 项制度①，内容涉及多个部门。特别是在自然资源调查方面，提出对构成自然生态空间基本要素的资源数量、类别、边界、质量、空间分布情况进行精准调查、动态监测。评估评价是统筹山水林田湖草沙系统治理的前提，也是贯穿生态文明制度建设的一条主线。测绘部门可发挥专业技术优势，面向需求提供支撑。一是发挥测绘专业队伍的优势，承担资源调查和变化监测工作；二是利用地理信息的公共性、载体性，针对自然资源管理、环境治理、资产评估、绩效考评等任务，建立跨部门业务化公共平台。

（二）服务自然资源新职能

根据自然资源"两统一"职责，自然资源部设立了相关业务司局，履行新的职责。②自然资源部组建后，测绘地理信息工作的变化表现在以下几个方面：一是成为自然资源工作的有机组成部分，相关测绘单位新"三定"方案中增加了与自然资源管理有关的职能；二是与原国土部门、海洋部门相关的业务由部门间合作，转为内部分工；三是继续履行《测绘法》赋予的职能，做好公共服务。总体上可以理解为：由独立对外的专业部门变为"对内支撑、对外服务"的内设业务机构；测绘工作内容除了原基础测绘，新增加了国土测绘和海洋测绘，形成了"三合一"的自然资源大测绘工作。

（三）科技进步新成果

随着信息技术和空间技术的发展，传统测绘成功实现了向数字化测绘的

---

① 《中共中央 国务院印发〈生态文明体制改革总体方案〉》，中央人民政府网站，http://www.gov.cn/guowuyuan/2015-09/21/content_2936327.htm。

② 《陆昊在全国两会"部长通道"答记者问》，自然资源部网站，https://www.mnr.gov.cn/dt/ywbb/201903/t20190313_2398415.html。

过渡，目前测绘地理信息技术正在融合云计算、人工智能、虚拟现实等技术，在数据采集、数据处理、信息服务等方面不断创新。

综合目前的技术发展，需要重点关注多维空间一体化地理信息资源建设、多源异构平台数据获取综合处理、基于地理实体的三维地理信息服务等方面。近年来，业内专家多关注"人工智能""智慧城市""城市大脑""数字孪生"等与测绘地理信息技术融合的问题，有专家认为"高精度地图""地图大数据"代表测绘新的技术方向，也预示着测绘地理信息技术正朝着"共性技术"方向发展。

（四）信息服务新方式

信息化时代，制约传统测绘生产能力和地理信息服务效率提升的瓶颈问题逐一得到解决，为"泛在测绘"和无所不在的地理信息服务奠定了基础。新技术条件下地理信息服务具有"快、新、精、细、简"五个特征。[①] 快是指有问必答，实时响应；新是指动态更新，反映目标位置、形状的最新变化；精是指精确精准，为人工智能、室内和地下空间定位等业务提供高精度导航地图；细是指全面细化，从城市景观三维建模到部件测量，目标越来越细化，走向微观；简是指简洁明了，成果既可以是身临其境的三维虚拟现实，也可以是简化的图表。

二 地理信息产业发展与政府测绘单位功能变化

（一）从测绘市场到地理信息产业

20 世纪 90 年代末，进入数字化阶段，测绘技术转为以计算机为核心，集成航空航天遥感、卫星定位和地理信息系统（简称"3S"技术）的数字化测绘技术，产业链条不断延长，地理信息产业的概念随之产生。经过近 20 年的发展，由测绘市场衍生出的地理信息产业已经形成规模，民营企业崛起，

---

① 赵建东、李卓聪、孟婷：《立足新形势 履行新使命》，《中国自然资源报》2021 年 10 月 26 日，热点关注。

成为市场的主体，政府重大测绘工程面向市场开放。在地理信息服务方面，2011 年开始，地理信息服务更加大众化、普适化，成为信息服务业的有机组成部分。目前，国内各大网站都有自己的地图服务，相关的硬件制造、软件开发业务也陆续发展壮大。

从产业分类角度看，地理信息产业虽然具有一定的专业特性，但也完全符合信息产业特征，其产业链条包括软件开发、硬件制造、数据生产、应用系统开发、信息服务等环节，其中专业特征明显且政府测绘部门占有较大比重的业务只有测绘生产，如果从数据采集、信息处理来界定测绘生产业务，整个地理信息产业完全可以划归为信息产业。在国家统计局发布的《数字经济及其核心产业统计分类（2021）》中，"地理遥感信息及测绘地理信息服务（030407）"划归为"信息技术服务（0304）"子类，属于"数字技术应用业（03）"大类。

（二）去专业化——测绘地理信息技术发展的必然趋势

测绘地理信息技术在发展过程中不断吸收新的科技成果也意味着测绘逐渐失去专业特性，开始融入通用信息技术之中。

站在测绘技术角度，引进的计算机技术、网络技术特别是"3S"技术共同构建了新的数字化测绘技术体系。在传统测绘时代，需要经过多年训练才能培养出熟练的立体测图人员和地图编辑人员。在数字化阶段，大部分工作可以由计算机完成，专业作业员的培养周期大大缩减，很多作业员来自计算机相关专业的毕业生。

站在信息技术发展角度，计算机视觉技术取代了立体测图装备；卫星导航定位和航空航天遥感是空间信息技术的重要组成部分，分别代替了传统测绘的野外测量和成为采集空间地理要素数据的主要手段；卫星遥感技术最早用于地球资源调查；地理信息系统本质上是计算机信息管理系统。2004 年，Google Earth 的出现，使复杂、专业的地理信息系统技术转化为普通互联网用户也可以操控的工具软件。总之，通用信息技术和空间信息技术延伸并且开始替代传统测绘技术。

（三）政府测绘事业单位功能变化

地理信息产业发展要求市场进一步开放，随着改革深入推进，测绘资质审批程序简化，保密限制逐步减少，民营企业越来越壮大，某些行业测绘单位垄断市场的机会也随之减少。政府测绘事业单位包括一些国企既面临激烈的竞争，又存在管理效率低下、人员老化、技术手段落后、装备不实用、高端人才匮乏等问题，相对民营企业，"优势"在逐渐消失。目前新一轮事业单位改革已经启动，从事测绘地理信息业务的事业单位面临选择：变成企业公平参与市场竞争，或者成为"公益性"事业单位。目前，多个省份的测绘事业单位已经完成了转制工作。

三 政府测绘地理信息工作仍具有不可替代的功能

各级测绘部门，履行了相似的职责，体现了基础测绘工作的重要作用，形成了在经济社会发展和信息化工作中不可替代的优势。这种优势主要体现在以下几方面。

（一）丰富的数据资源

各级测绘部门积累了多年的测绘成果，包括各年代基本比例尺地形图、航空摄影资料、卫星遥感资料等，形成了较为系统、完整的地理信息数据资源生产、管理和分发服务体系，这些数据资源对经济社会发展和各级政府重大战略实施发挥了重要的保障作用。

（二）完善的生产组织

各级测绘部门在规模化测绘生产、地图产品开发、航空航天遥感数据处理方面，拥有严密的生产组织、技术管理和产品质量检验体系，在国家和地方一些重大测绘工程实施中充分展示了测绘部门的专业性。

（三）一流的专业队伍

测绘是高新技术加劳动密集型行业，测绘部门多年来培养了一大批训练有素、经验丰富、技术过硬的专业技术人员，能够承担各种复杂的测绘任务，近些年在国家和地方重大灾害应急测绘保障工作中表现出色。

（四）统一的基础设施

经过几十年的努力，测绘部门建成了全国统一的测绘基准，使得各地区、各部门的测绘工作能统一在一个坐标系统下。在全国范围内建立的卫星导航定位连续运行参考站系统（Continuously Operating Reference System，CORS），不仅提高了野外测量、各类资源调查的精度和作业效率，也为精准农业、现代物流、无人驾驶等新技术产业奠定了基础。

（五）地理信息公共服务

自测绘进入数字化时代，测绘部门就致力于推动数字测绘产品的应用，近 10 年来，通过建立地理信息公共服务平台，利用网络整合分散在各级测绘部门的地理信息资源，向政府部门、社会提供地理信息公共服务，最早实现了互联网＋地理信息服务，走在了各行各业信息化的前列。目前国家地理信息公共服务平台（天地图）已建成 1 个国家主节点和 31 个省级节点，以及300 多个市级节点[①]，实现了各级政府部门地理信息资源的互联互通，统一提供标准的地理信息服务。

四　对新形势下测绘地理信息工作战略布局的思考

机构改革为测绘地理信息事业发展带来了新的机遇和挑战。自然资源部四个测绘派出机构兼有所在省份测绘行政主管部门职能，履行"部省双责"，

---

① 陈常松、乔朝飞等：《新时代测绘地理信息研究报告》，载库热西·买合苏提主编《新时代测绘地理信息研究报告（2019）》，社会科学文献出版社，2020，第1~21页。

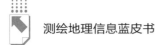

应该着力构建"内外兼顾、上下协同、横向互联、纵向贯通",以服务生态文明建设为己任的事业发展战略布局。[①]

（一）内外兼顾

对内支撑，对外服务。作为自然资源工作的有机组成部分，"对内"为自然资源系统各项业务的开展提供支持；同时要认真履行《测绘法》赋予的法定职能，"对外"为经济社会发展和生态文明建设提供服务保障。

（二）上下协同

测绘工作采取分级管理。各级测绘部门要分工协作，将自然资源部部署的重大工作与地方政府部署的工作结合起来，积极为地方经济社会发展做更大贡献，整合资源，形成合力，解决好各级测绘部门"上、下"一致性问题。

（三）横向互联

发挥测绘地理信息的"基础性、公共性、载体性"作用，以支撑各部门所承担的生态文明建设任务为主线，加强部门间横向合作，建设共性技术平台，建立资源及信息共享机制，解决长期以来"自我封闭"，脱离经济社会发展主战场的问题。

（四）纵向贯通

各级政府测绘主管部门负责所在区域对应尺度的地理信息资源建设工作。要建立全国地理信息一张图，首先要实现国家、省、市、县各级测绘部门的资源联通共享，以多级地理信息公共服务平台为载体，提升测绘公共产品供给能力和地理信息服务水平。

---

① 赵建东、李卓聪、孟婷：《立足新形势 履行新使命》，《中国自然资源报》2021年10月26日，热点关注。

（五）将服务生态文明建设作为测绘地理信息工作的"天职"

一方面，快速融入自然资源工作，实现与自然资源督察、土地卫片执法等业务深度融合，改进提高各类界线划定精度和变化监测效率。为自然资源调查、生态红线划定、空间规划、自然资源变化监测等提供服务。另一方面，为生态文明建设各项任务实施提供支撑保障，为林草、生态环境、农业农村、水利、审计等各部门开展的推进生态文明改革的专项工作提供科学依据，建立跨部门合作机制。

实践证明，生态文明建设是测绘地理信息单位发挥技术和资源优势，实现事业转型升级的新领域，特别是在应用层面，能够凝练催生新的生产服务业态。

五　以需求为导向，构建新型基础测绘生产服务体系

目前，自然资源部相关测绘业务主要由三个司承担，即国土测绘司、地理信息管理司和自然资源调查监测司，机构改革后的业务融合指的是系统内部测绘业务重组以及测绘与自然资源各业务司局建立有机合作关系，从履行职能、提供服务、形成业务化平台和建立工作机制方面实现融合，而不是局限于承担某个具体项目或工程。

首先，要实现自然资源部内部测绘业务的融合，即土地资源调查、海洋测绘与基础测绘工作重组，合并同类项，形成自然资源"大测绘"，并将此作为"新型基础测绘"建设内容。其次，要完成测绘生产体系改造，构建新型基础测绘生产服务体系，这是实现"两支撑　一提升"目标的前提，本报告重点谈这方面内容，即基础测绘生产体系改造和地理信息公共服务体系建设。

（一）基础测绘生产体系改造

测绘生产的目的是提供地理信息服务，服务的目的在于应用。长期以来，测绘部门将测绘生产与开展地理信息公共服务分成两项独立业务，生产只解

决地图制图和基础产品库的问题，产品不能直接用于地理信息公共服务平台，不仅效率低下，存在重叠与缝隙，而且严重影响了地理信息公共服务的效率和质量。因此，要从根本上解决测绘生产与地理信息公共服务脱节问题，建立以需求为导向，以提供测绘公共产品和地理信息公共服务为最终目标的生产体系。

1. 推进三项工作"协同"，实现"一测多用"

基础测绘、资源调查与变化监测三项生产型业务可谓"同根同源"，采用的测绘基准一致、数据源相同、工艺流程相似，成果形式相近，只是服务对象、作业周期和产品形式有所不同。如果在项目组织和技术标准上进行有机融合，协调好公共和重叠部分，实现同一区域基础测绘更新与资源调查工作同步、变化监测结果用于更新基础测绘与资源调查成果等，就可以大大提高工作效率，有效集约数据资源和人力资源，减少重复劳动，实现"一测多用"（见图1）。

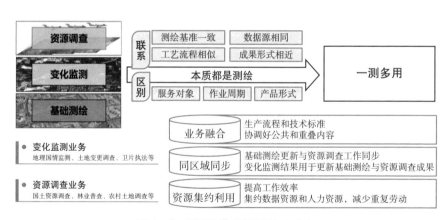

图 1 "一测多用"新测绘生产业态

2. 建立两个"直通"

生产直通服务，服务直通应用。[①]通过作业单元网格化、包干制，作业

---

① 赵建东、李卓聪、孟婷：《立足新形势 履行新使命》，《中国自然资源报》2021年10月26日，热点关注。

内容实体化、动态更新、按需组装，产品标准适应"图、库、平台"一体化等改造，建立贯通数据生产到信息服务再到专项应用的工作机制、技术流程和数据标准，打造"三位一体"的链条式测绘地理信息生产服务体系。

（二）建立地理空间大数据中心和公共服务平台

机构改革前，各级基础地理信息中心已经具备了测绘成果汇集、管理、建库和对外提供公共服务的能力，各级国土信息中心也建立了国土资源数据库和业务系统。应加强自然资源系统内部各类信息资源的整合与共享，形成自然资源与地理空间大数据，进而建立支撑自然资源"两统一"业务的公共服务平台，构建自然生态数字空间，为全方位服务生态文明建设奠定基础。

1. 地理空间大数据中心

地理空间数据已经成为信息化工作广泛使用的公共资源。建立实体大数据中心，可为测绘数据生产与地理信息服务提供其所需要的网络环境、计算和存储资源等基础设施。地理空间大数据中心对内是生产组织管理的枢纽，过程和成果数据流转的中心；对外通过平台向政府部门、公众用户等提供服务，连通上下级地理信息资源，汇集各部门专题地理空间数据（见图2）。

2. 公共服务平台

按照《测绘法》要求，测绘部门的对外服务内容可以概括为四项业务，即测绘成果提供和地理信息公共服务、测绘基准和卫星导航定位基准站服务、遥感影像统筹和公共产品提供、应急测绘保障。《中共中央关于制定国民经济和社会发展第十四个五年规划和二〇三五年远景目标的建议》中提出："扩大基础公共信息数据有序开放，建设国家数据统一共享开放平台。"[①] 公共平台是地理空间大数据中心对外服务的业务载体，包括地理信息公共服务平台、位置服务平台、测绘应急保障平台、遥感监测平台。

---

① 《中共中央关于制定国民经济和社会发展第十四个五年规划和二〇三五年远景目标的建议》，中央人民政府网站，http://www.gov.cn/zhengce/2020-11/03/content_5556991.htm。

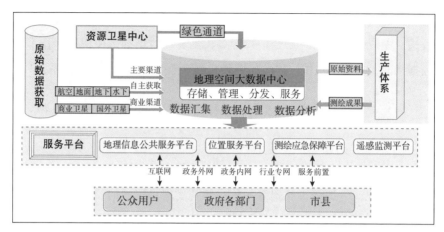

图2　地理空间大数据中心与公共服务平台

3. 自然资源与地理空间大数据

实现测绘业务与自然资源工作的有机融合,首先是数据资源的整合。国土资源调查、空间规划等数据本质上也是地理空间数据,来自自然资源不同业务部门,目前有条件对其进行整合,并相互验证,重新分类。应研究建设集基础性地理信息、自然资源调查数据、各类空间界线、空间规划以及动态监测数据等于一体的自然资源与地理空间大数据,条件成熟时,加入海洋测绘数据,彻底解决各类资源"统一底图、统一平台"的问题,为生态文明建设夯实统一的空间数据基底。

4. 自然资源管理综合业务运行系统

在四类平台建设基础上,倡导自然资源"两统一"职责履行的各业务司局及与地理信息关系密切的业务部门使用统一的自然资源与地理空间大数据,依托公共平台,建立既相对独立又共享资源的业务系统(见图3)。

地理空间大数据中心应作为服务生态文明建设的新型基础设施,尽早开展建设内容、技术标准、服务功能、更新机制等研究。

(三)打造支撑生态文明建设全流程公共平台

自然资源与地理空间数据是典型的基础公共数据,应针对生态文明建设

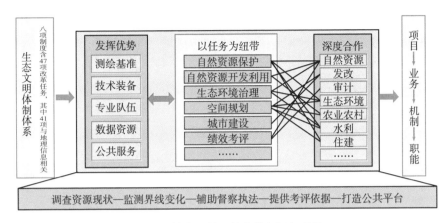

图 3　自然资源管理综合业务运行系统

对各部门的任务需求，建立跨部门信息共享机制和服务平台，主动提供自然资源公共数据服务（见图4）。

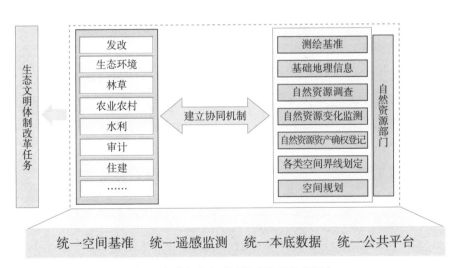

图 4　支撑生态文明建设全流程公共平台

第一，明确自然资源部门发布的测绘基准和基础地理信息、资源调查和各类保护地界线、空间规划等数据的权威性和唯一性；第二，向各部门提供

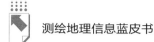
公共平台，支持其信息化建设，在平台基础上建立各自的业务系统；第三，不断叠加相关部门专题数据，协调专业调查成果之间的矛盾，实现跨部门地理空间数据的交换共享和集成服务，彻底解决"数出多门，相互矛盾"的问题。以"统一空间基准、统一遥感监测、统一本底数据、统一公共平台"支撑生态文明建设相关部门承担的任务实施。[①]

六 结语

测绘地理信息工作并入自然资源部后，更"有的放矢"，产品和服务有了具体服务目标。但测绘地理信息工作对"两统一"的支撑还不够，基础测绘产品和地理信息公共服务没有得到足够的重视，系统内外都存在重复建设等问题，反映出机构改革后要真正发生"化学反应"还任重道远。因此，要围绕新主责新主业新需求，客观研判形势，敢于自我革新，补短板、强弱项，推动测绘地理信息工作在变局中开新局，在新发展阶段再上新台阶。

---

① 徐开明：《测绘地理信息工作定位的实践与思考》，载库热西·买合苏提主编《新时代测绘地理信息研究报告（2019）》，社会科学文献出版社，2020，第191~201页。

B.13
自然资源管理业务需求与基础测绘队伍转型升级

杨宏山 *

摘　要： 全面推动建设人与自然和谐共生的现代化，要求自然资源部提升自然资源现代化治理能力。本报告针对自然资源管理对测绘地理信息工作的新需求与新定位，提出了测绘地理信息"双轮驱动"理念，设计了面向自然资源管理的测绘地理信息转型升级实现路径。全面回顾了测绘地理信息工作融入自然资源管理的现状，客观分析了测绘地理信息工作支撑自然资源管理的不足，从推动发展动能转换、强化建设一流队伍、推动供给侧改革、提升信息化水平等4个方面详细论述了测绘地理信息转型升级的实现路径，最后具体介绍了四川省测绘地理信息工作转型升级的实践与未来工作重点。

关键词： 自然资源管理　双轮驱动　测绘地理信息　实景三维

一　引言

党的十八大以来，以习近平同志为核心的党中央加强党对生态文明建设的全面领导，持续推动生态文明理论创新、实践创新、制度创新，提出了一系列新理念新思想新战略，形成了习近平生态文明思想。这是我们党

---

* 杨宏山，四川测绘地理信息局局长、党组书记，高级工程师。

对生态文明建设理论认识的重大飞跃，为推进美丽中国建设、实现人与自然和谐共生的现代化提供了方向指引和根本遵循。生态文明建设从认识到实践都发生了历史性、转折性、全局性的变化。[①]自然资源部是建设生态文明的重要部门，自组建以来，始终坚持以习近平新时代中国特色社会主义思想为指导，认真贯彻习近平总书记重要指示批示精神，加快推进自然资源管理工作由重审批向重监管转变、由资源粗放利用向高效集约节约利用转变、由开发优先向保护优先转变，持续提升自然资源现代化治理能力。测绘地理信息工作作为自然资源管理工作的重要组成部分，快速融入自然资源管理大局，积极支撑自然资源调查监测体系构建、第三次全国国土调查、卫片执法以及国土督察等工作，形成了"支撑经济社会发展，支撑自然资源管理，不断提升测绘地理信息工作的能力和水平"的工作格局。[②]但是，面对全面推动建设人与自然和谐共生的现代化的新需求和生态文明建设中的诸多矛盾与挑战，测绘地理信息工作亟须在创新驱动的基础上加快高质量发展步伐，持续转型升级。

一些学者分析了测绘地理信息工作面临的新形势和新要求，围绕技术转型、产品优化、能力建设等方面，提出了测绘保障支撑能力建设和测绘供给侧改革的建议[③]。这些学者对测绘地理信息服务自然资源管理提出了可行的建议，但是都侧重对单一要素进行分析，没有从综合层面分析自然资源管理对测绘地理信息工作的需求。

本报告结合测绘地理信息工作融入自然资源管理的实际情况，分析了测绘地理信息工作支撑自然资源管理的现状和存在的不足，提出面向自然资源

---

① 陆昊：《全面推动建设人与自然和谐共生的现代化》，《求是》2022年第11期。
② 杨宏山、闫正龙、张雪萍：《新时代下陕西测绘地理信息服务自然资源管理的思考与实践》，《测绘通报》2020年第3期。
③ 吴勤书、赵卓文、张时智：《新时代测绘地理信息服务于自然资源管理的思考》，《测绘通报》2019年第S1期；姚仁：《测绘地理信息技术服务于自然资源管理的新挑战、新机遇》，《测绘通报》2020年第S1期；穆增光、刘慧慧：《基于自然资源管理的新型基础测绘研究》，《北京测绘》2020年第2期；潘骁骏：《加快基础测绘转型升级高质量服务自然资源管理》，《浙江国土资源》2020年第3期；吴迪、汪建光：《基础测绘转型升级融入自然资源管理的思考》，《地理空间信息》2022年第4期。

管理的测绘地理信息转型升级实现路径，介绍了测绘地理信息转型升级的具体实践与未来工作重点。

二 趁势而上，开创支撑自然资源管理新格局

自然资源部组建后，陕西测绘地理信息局、黑龙江（省）测绘地理信息局、四川测绘地理信息局、海南测绘地理信息局、自然资源部重庆测绘院（以下简称"四局一院"）积极融入自然资源管理重点工作，在整治生态文明建设中的突出问题、自然资源督察执法、自然资源调查监测等工作中发挥了重要支撑作用。

（一）助力整治生态文明建设中的突出问题

"四局一院"在自然资源部相关司局指导下，按照"党中央精神、国家立场、权责对等和严起来"的要求，全面参与了大棚房、破坏生态环境建"私家庄园"、农村乱占耕地建房等问题的专项整治工作，利用测绘技术手段摸清了国土资源家底，开展耕地"非农化"、基本农田"非粮化"监测，开展全国农村乱占耕地建房重大线索图斑的核查工作，以实际行动整治生态文明建设中的突出问题。

（二）强化技术手段，常态化支撑自然资源督察执法

自然资源部领导多次强调执法工作的一个重点就是多用技术手段，发挥卫星遥感、互联网、信息化等高科技手段作用，扩大高精度遥感监测的范围，提高监测频率，实现对全国土地尤其是耕地利用的严格监管，及早发现问题线索，对违法行为早发现、早制止、严查处。在服务自然资源督察方面，"四局一院"与自然资源部9个督察局建立了对口支撑工作机制，充分发挥测绘地理信息的数据、技术、人员优势，为土地督察、三调督察、大棚房清理、违建别墅联合调研核查等自然资源督察业务提供有力支撑，协助推动自然资源督察信息化建设。在服务自然资源执法方面，常态化承担全国土地卫片执

153

法遥感监测和外业核查工作，按照自然资源部执法局"T+10"工作模式，逐日开展疑似违规图斑提取工作，以国家掌握真实情况为最高原则，实地调查上报疑似违法用地线索，高效支撑全国卫片执法工作。

（三）探索遥感智能技术，推进构建自然资源调查监测体系

测绘地理信息围绕探索构建全面反映地下资源、地表基质、地表覆盖和管理要素四个层面信息的统一自然资源调查监测体系①，积极开展自然资源调查监测领域的科技创新。一是探索基于遥感影像的智能化解译技术。②研究深度学习技术在自然资源要素提取与变化检测中的应用，构建自然资源样本库。二是探索基于遥感的大宗农作物种植范围提取技术。研究基于多源遥感数据的农作物精细分类技术，实现对成片农作物种植范围的提取。三是探索基于遥感的冰雪覆盖区域提取技术。研究兼顾多源遥感数据与地形数据的冰雪覆盖区域提取技术，实现冰川与常年积雪范围线的提取。

（四）承担自然资源调查监测重大项目，实现测绘地理信息与自然资源管理业务融合

测绘地理信息全面融入自然资源调查监测业务，积极支撑自然资源调查监测的精准化。一是支撑第三次全国国土调查。完成全国像控点补充采集和数字正射影像生产，承担西藏、四川、江苏等省区的多个县级调查工作，有力支撑第三次全国国土调查工作高质量完成。二是支撑全国国土变更调查。承担全国国土利用动态全覆盖遥感监测项目，提取年度疑似新增建设用地、建设用地变化、农用地变化、未利用地变化和围填海图斑，为年度国土变更调查工作奠定基础。三是推动地理国情监测向自然资源监测转变。在地理国

---

① 《自然资源部关于印发〈自然资源调查监测体系构建总体方案〉的通知》，自然资源部网站，http://gi.mnr.gov.cn/202001/t20200117_2498071.html。

② 龚健雅：《人工智能时代测绘遥感技术的发展机遇与挑战》，《武汉大学学报》（信息科学版）2018年第12期；龚健雅、许越、胡翔云等：《遥感影像智能解译样本库现状与研究》，《测绘学报》2021年第8期；陈军、刘万增、武昊等：《智能化测绘的基本问题与发展方向》，《测绘学报》2021年第8期。

情普查工作基础上，持续完成年度基础性地理国情监测工作，围绕生态文明建设、资源集约利用、国土空间规划等提供了 30 多项专题监测服务，为政府决策、公众服务等提供科学精准的测绘地理信息支撑。

三　因势而变，形成两支撑"双轮驱动"

支撑自然资源管理和支撑经济社会发展，犹如测绘地理信息工作的"双轮"，应该相互协调、持续发展、统筹推进。支撑自然资源管理是测绘工作的基本职责，可以极大促进测绘人才结构优化、技术转型升级、产品体系丰富，优化测绘地理信息供给，从而更好支撑经济社会发展。支撑经济社会发展体现了测绘地理信息工作的基础性、公益性、先行性，建设面向各行各业需求的普适性基础地理信息成果，也能够为支撑自然资源管理提供数据基础。

虽然测绘地理信息工作"两支撑 一提升"的工作格局已基本成型，但仍然面临诸多挑战与问题。这些挑战和问题主要表现在以下三个方面。

（一）支撑自然资源管理力度不足

测绘地理信息工作支撑力度不足主要体现在以下几个方面：服务水耗散、冰川退缩、草地退化等重大生态问题研究方面；建立国家省市县乡五级上下贯通的国土空间规划"一张图"，坚持国土空间"唯一性"方面；加大生态保护和修复力度，通盘安排未来生态退耕、国土绿化，带位置下达绿化任务方面；巩固提升生态系统碳汇能力方面。

（二）支撑自然资源管理和支撑经济社会发展不协调

以 4D 数据产品为主体的普适性基础测绘成果产品能够最大限度地满足各行业发展的需求，有力支撑经济社会发展。但是自然资源管理对基础测绘的需求更加集中，在更新频率、产品形式等方面提出了个性化与定制化需求，传统的基础测绘成果无法很好支撑自然资源管理。

（三）测绘地理信息供给不足

面向自然资源管理的测绘地理信息供给存在不足。一是测绘队伍结构不能满足自然资源管理的需求。人才结构、专业结构单一，适应自然资源管理需要的多学科交叉融合、复合型专业人才的数量不足、层次不高，支撑保障能力不能很好适应新形势新要求。测绘地理信息领域单一的专业技术结构，限制了测绘地理信息与自然资源业务的深度融合。二是测绘地理信息技术创新能力不足。耕地资源监测、国土利用动态全覆盖遥感监测、卫片执法遥感监测等自然资源监测业务，主要采用人工目视解译，工作任务重、监测周期长。随着自然资源监测的精准化与常态化，监测周期越来越短，完全依赖人工的自然资源监测满足不了新的需求。测绘地理信息领域虽然针对这些业务，开展了基于遥感的智能化解译与变化检测等关键技术研究，但距离工程化应用还存在差距。

因此，"十四五"时期测绘地理信息工作要进一步解决支撑自然资源管理力度不足、支撑自然资源管理和支撑经济社会发展不协调与测绘地理信息供给不足的问题，实现高质量发展。

四　顺势而为，推进转型升级

面对测绘地理信息工作支撑自然资源管理力度不足的问题，测绘队伍要转型升级，积极应变、主动求变，在不断发展中满足自然资源管理的新需求与新要求。

（一）推动发展动能转换

测绘地理信息工作融入自然资源管理大格局后，工作定位由"支撑经济社会发展"向"支撑经济社会发展，支撑自然资源管理"转变。自然资源管理的新需求推动测绘地理信息产品与服务向个性化、定制化方向发展，为测绘地理信息事业发展注入新动能，推动测绘地理信息从"单轮驱动"向"双轮驱动"转型。一是推动传统基础测绘向新型基础测绘升级，做好测绘地理信息供给侧改革，提升面向经济社会发展的传统动能。二是全面融入自然资源管理大局。推动测绘地理信息在耕地保护、国土空间规划和用途管控、节约集约用地、生态保护和修复、巩固提升生态系统碳汇能力等自然资源业务中深度应用，催生满足自然资源管理需求的新技术、新产品，形成推动测绘地理信息高质量发展的新动能。

（二）强化建设一流队伍

测绘地理信息工作作为自然资源管理工作的重要基础性、支撑性工作，要准确把握习近平生态文明思想内涵和习近平总书记关于自然资源管理的重要指示批示精神，紧紧围绕"两统一"职责履行和"两支撑 一提升"工作定位，坚持政治逻辑、业务逻辑、技术逻辑相统一，着力打造自然资源部一流队伍。一是政治上可靠。要用习近平生态文明思想武装头脑，善于将生态文明建设相关的理论知识应用到自然资源测绘支撑实践，切实践行党中央精神，坚决维护国家立场。二是技术上过硬。要弘扬大国工匠精神，不断提升专业技术水平，不折不扣完成自然资源部交办的各项测绘支撑保障任务。三是理念上创新。要坚持创新驱动发展，始终秉持"多上技术少上人"的工作理念，构建与自然资源管理相适应的测绘地理信息科技创新体系，推动测绘地理信息科技自立自强。四是装备上先进。要不断加强装备能力建设，大力引进先进软硬件装备，加强软硬件装备自主研发，提升测绘生产效能。

（三）推动供给侧改革

自然资源部深入贯彻习近平生态文明思想，不断提升自然资源保护和利用水平，促进高质量发展。为支撑自然资源高质量发展，测绘地理信息要推动供给侧改革，优化产品模式和服务。一是优化产品模式。山水林田湖草沙冰等自然资源在空间上呈三维立体分布，支撑自然资源立体化监管，要推动数据产品从二维向三维转变，构建三维地理空间底板。二是优化产品服务。优化导航位置服务，加快建设全国卫星导航定位基准站"一张网"，形成全国

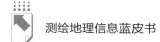

无缝衔接、无障碍漫游的高精度导航定位服务能力。完善地图服务，不断丰富系列标准地图，做好政务用图保障，实现智能化地图技术审查与监管。强化应急测绘保障服务，加强应急测绘技术保障、人才队伍和工作机制建设，不断提升应急测绘工作能力。优化地理信息公共服务，推动"天地图"从单一地理信息服务向综合地理信息服务转型升级，打造新一代地理信息公共服务平台。

（四）提升信息化水平

推进自然资源治理体系和治理能力现代化，需要信息化对自然资源业务进行全面支撑。提升信息化建设水平，既是推动测绘地理信息转型升级的重要手段，也是实现测绘地理信息现代化的必经之路。一是优化信息化基础环境。纵向上，建立与自然资源部、市县级自然资源部门互联互通的高速网络；横向上，建立与省大数据中心、自然资源厅等省级单位互联互通的城域专用网络，推动测绘信息数据的交换共享。二是加强信息化算力资源建设。整合传统算力资源，打造超级算力平台，为深度学习、大数据等新技术在测绘地理信息领域的应用提供算力支撑。三是提升信息化应用服务能力。面向基础地理信息数据生产、自然资源测绘支撑保障的业务需求，建设覆盖数据生产、数据管理、数据质检、数据分发全流程的信息化系统，为测绘生产业务赋能。

五　应势而动，测绘地理信息工作转型升级初步实践

四川测绘地理信息局（简称"四川局"）作为自然资源部派出机构，紧密围绕自然资源部的各项工作部署，积极融入并服务自然资源管理各项业务，持续推动四川测绘地理信息工作转型升级，确保自然资源部各项决策部署落实见效。

（一）夯实信息化建设基础

利用云计算、大数据技术，初步建成"一中心三基地、大云带小云"的

四川局地理空间大数据云计算基础设施。"一中心"是位于西部北斗产业园的四川省地理空间大数据中心,拥有涉密和非涉密两个机房,现有 236 颗 CPU、16.46PB 存储容量的计算和存储资源,汇聚约 2PB 的导航基础地理信息数据、地理国情普查数据、地质灾害应急专题数据、"天地图·四川"等地理空间数据资源,形成集群化生产、云计算资源调度和规模化服务能力。"三基地"是产业园、九兴、龙泉三个生产基地,已通过万兆宽带互联互通,建成由生产专网、电子政务内网、中国测绘网三大业务内网和互联网、电子政务外网、办公网、园区安防网四大业务外网组成的网络基础设施。"大云带小云"是通过整合三个基地的云环境基础设施资源,构建高效、统一的云计算环境,推进形成集中式处理、分布式生产的智能化生产格局。

(二)探索省市县三级基础测绘统筹发展

实现基础测绘省市县一盘棋,推动省市县三级基础测绘统筹发展,是新型基础测绘的重要特征。四川局积极探索,以基础地理信息数据联动更新为突破口,开展试点工作。试点以广元市为作业区,编制省市县基础地理信息联动更新技术规程,研发了由网络爬虫系统、变化发现系统、数据更新系统组成的联动更新支撑软件,形成广元市 1∶1 万融合基础地理信息数据库,实现了省级 1∶1 万基础地理信息数据和地方大比例尺基础地理信息数据的联动更新,为构建省市县三级"工作协同、业务联动、成果共享"的新型基础测绘工作机制奠定了基础。

(三)深化遥感影像统筹工作

遥感影像是自然资源管理工作中最基础、最急需的地理信息数据源之一。面对自然资源部推送的高频次、海量和多源原始遥感影像,四川局不断深化遥感影像统筹工作。一是出台《四川省测绘地理信息遥感影像管理办法》,明确各单位职责、数据成果类型和生产频率,形成工作机制。二是依托四川省地理空间大数据中心,每季度生产覆盖全省的优于 2 米分辨率的正射影像,每年生产覆盖全省的优于 1 米分辨率的正射影像。三是利用免切片技术,建

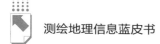
成遥感影像统筹服务平台，实现原始遥感影像"下载即入库、入库即发布、发布即服务"，极大提升了遥感影像服务的实效性，在地灾防治、卫片执法、农村乱占耕地建房问题整治等工作中发挥了重要作用。

（四）探索遥感AI技术应用

遥感影像智能解译是自然资源高效监管的关键，是贯彻落实自然资源部"多上技术少上人"要求的重要手段。面对自然资源遥感解译与变化检测的需求，四川局积极探索遥感 AI 技术在自然资源监测业务中的应用。一是构建"1+1+4"的自然资源遥感智能解译体系。即研发 1 个自然资源深度学习遥感智能解译平台，打造 1 个资源共享门户，建设深度学习云雪分析评估、深度学习地理信息数据生产、深度学习遥感变化检测、深度学习遥感目标检测评 4 个应用系统。二是提出遥感 AI 支撑生产业务的应用方案。加强遥感 AI 技术与生产业务的结合，提供应用平台、生产工具、开发接口三种应用能力，推动遥感 AI 技术在国土利用动态全覆盖遥感监测、卫片执法遥感监测、生态功能区违建别墅和房屋核查等业务中的应用。

（五）推进实景三维四川建设

实景三维是国家重要的新型基础设施，是数字政府、数字经济重要的战略性数据资源和生产要素，是测绘地理信息服务的发展方向和基本模式。为贯彻落实自然资源部关于全面推进实景三维建设的工作要求，四川局积极响应，全力推进实景三维四川建设各项工作。一是积极学习实景三维建设试点城市先进做法，在全局范围内举办地理实体标准、技术、软件等培训，学习实景三维试点城市建设经验。二是开展实景三维建设试点，以广安市为试点城市，生产全市地形级实景三维数据和重点区域的城市级实景三维数据，探索"实景三维 + 核心矢量 + 地名地址"为主体的新型基础测绘产品模式。三是积极参与国家层面的技术文档编制，完成新型基础测绘与实景三维中国建设技术文件系列之一——《基于 1 ：1 万基础地理信息要素数据转换生产基础地理实体数据技术规程》的编写。

六 乘势而谋，推动四川省测绘地理信息高质量发展

"十四五"时期是测绘地理信息全面融入自然资源管理业务的关键时期，四川局奋力推动四川省测绘地理信息工作转型升级，推动四川省测绘地理信息事业高质量发展。

（一）打造自然资源部一流队伍

坚持党建引领业务，弘扬"热爱祖国、忠诚事业、艰苦奋斗、无私奉献"的测绘精神，打造自然资源部一流队伍。一是建设一支全面发展的青年干部队伍。培养选拔一批善于学习、信念坚定、作风扎实的青年干部人才，发挥领头羊作用。二是建设一支"特色鲜明、一专多能、综合发展"的一流专业技术队伍。在测绘重大项目建设、自然资源测绘支撑保障中，不断提升专业技术人员的综合能力，促进专业技术人员全面发展。三是建设一支攻坚克难的科技人才队伍。做好自然资源部应急测绘技术创新中心、四川省地理国情与资源环境承载力监测工程技术研究中心等省部级科技创新平台的建设，推动四川省导航与位置服务工程技术研究中心、四川省遥感大数据应用工程技术研究中心等局级科技创新平台的升级，扎实推进自然资源部科技创新政策落地落实，积极建设四川省测绘地理信息科技创新人才梯队，大力推动局级科技项目立项，孵化一批青年科技创新人才。

（二）优化自然资源测绘供给

面向自然资源管理的需求，促进测绘地理信息转型发展，推动测绘地理信息供给侧改革。一是推动新型基础测绘建设。[①]明确省市县责任分工，建立"省级统筹、市县协同、成果共享、联动更新"的工作机制，逐级汇聚基础

---

① 杨宏山、邓国庆:《自然资源管理中测绘地理信息工作的若干思考》,《测绘科学》2020年第12期。

地理信息数据；充分利用人工智能、大数据、5G等新技术，协同开展资源更新；推动传统4D数据产品向以"实景三维＋核心矢量＋地名地址"为主体的新型基础测绘产品模式转变，推动基础测绘产品服务模式向在线化、网络化、智能化转变。二是加快遥感AI智能解译技术工程化应用。[①]统筹建设面向深度学习的地物样本库，开展遥感AI智能解译技术的局级科技项目立项，加快研究基于遥感AI的多云雾地区自然资源要素提取与变化检测技术，推动遥感AI智能解译技术在耕地资源监测、卫片执法遥感监测、国土利用动态全覆盖遥感监测项目中的应用。三是启动实景三维四川建设。分区采集实景三维地理场景数据、地理实体数据，对于已有基础地理信息要素数据覆盖的区域，基于基础地理信息要素数据转换生成基础地理实体数据；对于基础地理信息要素数据尚未覆盖的区域，基于新建的地理场景数据采集地理实体数据。

（三）建设自然资源四川测绘"云节点"

按照自然资源部信息化建设总体方案要求，结合四川局发展实际，依托四川省地理空间大数据中心，加快推动全局信息化建设工作。一是建立区域级自然资源大数据集群化生产服务基地。持续推进四川省地理空间大数据中心建设，通过建设安全高效的四川局生产专网，连通西部地理信息科技产业园主基地、九兴备份基地、龙泉生产基地，实现"一网三基地"网络互联互通、计算存储资源全局统筹共享，形成区域级自然资源大数据集群化处理、管理和服务能力。二是建设实景三维应用服务系统。建设省市县多级实景三维在线与离线相结合的服务系统，发布实景三维数据，为数字孪生、城市信息模型等应用提供统一的数字空间底座，实现实景三维四川泛在服务。三是构建时空大数据平台。围绕"数据治理、业务支撑、共享服务"核心需求，以实景三维"一张图"为基础，采用大数据、云计算、人工智能等技术，建

---

① 桂德竹、程鹏飞、文汉江等：《在自然资源管理中发挥测绘地理信息科技创新作用研究》，《武汉大学学报》（信息科学版）2019年第1期。

立覆盖时空数据汇聚、融合管理、挖掘分析、共享服务全流程的时空大数据平台，支撑自然资源调查监测、监管决策以及互联网＋政务服务。

（四）支撑部省自然资源业务

充分履行自然资源部派出机构和四川省测绘地理信息主管部门的职责，扎实做好部省自然资源业务的测绘地理信息支撑保障。一是全面融入部自然资源业务。继续做好国土利用动态全覆盖遥感监测等自然资源调查监测项目以及卫片执法、农村乱占耕地建房专项整治等督察执法项目的实施，积极融入国土空间用途管制、生态保护与修复等自然资源业务，实现自然资源业务全覆盖。二是服务省级自然资源业务。加强与自然资源厅的厅局合作，推动自然资源数据交换共享，促进四川省基础地理信息数据与技术在自然资源调查监测体系构建、自然资源立体时空数据库建设等领域的应用，联合推进人才培养。

七　结语

本报告首先回顾了测绘地理信息工作融入自然资源管理的现状，分析了测绘地理信息工作支撑自然资源管理的不足，然后围绕推动发展动能转换、强化建设一流队伍、推动供给侧改革、提升信息化水平等方面，提出面向自然资源管理的测绘地理信息转型升级实现路径，最后介绍了四川省测绘地理信息工作转型升级的实践与未来工作重点。

在新发展阶段推动建设人与自然和谐共生的现代化，对自然资源管理工作提出了更高的要求。面对自然资源管理的新需求与新形势，测绘地理信息工作要应势而变，不断夯实内部发展基础，持续优化产品供给，努力开创测绘地理信息发展新格局。

B.14
关于测绘地理信息"两支撑 一提升"的需求与对策

陈建国[*]

摘 要： 本报告围绕新发展阶段赋予测绘地理信息"两支撑 一提升"的职责使命，在深入调查研究的基础上，认真分析新发展阶段对测绘地理信息工作的新需求，以及测绘地理信息在"两支撑 一提升"方面存在的问题和不足，提出不断提升测绘地理信息工作"两支撑"能力水平的建议。

关键词： 测绘地理信息 "两支撑 一提升" 自然资源管理

2018年政府机构改革以来，国家对自然资源和测绘地理信息管理体制做了调整，测绘地理信息与自然资源管理正在不断融合，"支撑经济社会发展、服务各行业需求，支撑自然资源管理、服务生态文明建设，不断提升测绘地理信息工作能力和水平"（即"两支撑 一提升"），已经成为新发展阶段赋予测绘地理信息工作的新使命。围绕这一新使命，本报告基于浙江工作实践，在充分调查研究的基础上形成，为更好地支撑经济社会发展和自然资源管理提供参考。

＊ 陈建国，浙江省自然资源厅正厅级退休干部。

一 新发展阶段对测绘地理信息的新需求

（一）经济社会发展的需求

1. 经济高质量发展的需求

党的十九大报告指出，"我国经济已由高速增长阶段转向高质量发展阶段"。经济高质量发展对测绘地理信息提出了新的需求。满足人民日益增长的美好生活需要，需要加强测绘地理信息在应对公共卫生、食品安全、生产安全、自然灾害和提升生活品质等方面的服务保障作用；加强科技创新需要提高测绘地理信息自主创新能力和推进国产化进程，将关键技术、核心技术牢牢掌握在自己手中，形成完善的测绘地理信息创新体系，充分激发科技创新活力；推进绿色发展，需要开展测绘地理信息分析和挖掘工作，服务国土空间治理和生态环境保护修复，优化国土空间开发保护格局；加强开放共享，需要坚持对外开放，开展测绘地理信息供给侧结构性改革，推动地理信息产业高质量发展；成为推动经济"双循环"相互促进的重要力量，需要加强地理信息资源共享，破解测绘地理信息发展不充分、不平衡问题。

2. 数字化改革的需求

习近平总书记在中央全面深化改革委员会第二十五次会议中指出，"要以数字化改革助力政府职能转变，统筹推进各行业各领域政务应用系统集约建设、互联互通、协同联动，发挥数字化在政府履行经济调节、市场监管、社会管理、公共服务、生态环境保护等方面职能的重要支撑作用，构建协同高效的政府数字化履职能力体系"。[①] 推进数字化改革需要依托地理信息建立统一的"数字空间智能底座"，发挥地理信息作为空间载体的各类业务专题信息关联作用，体现地理信息"一处更新处处更新"的核心枢纽功能，使地理信息成为各类管理信息的容器、分析研究的基础、研判决策的保障。

---

① 《习近平主持召开中央全面深化改革委员会第二十五次会议强调 加强数字政府建设 推进省以下财政体制改革》，人民网，http://jhsjk.people.cn/article/32403184。

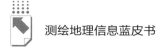

3. 区域协同发展和共同富裕的需求

区域协同发展和共同富裕是新发展阶段中央提出的重大战略举措，国家层面正在深入实施京津冀协同发展、长江经济带发展、粤港澳大湾区建设、长三角一体化发展、黄河流域生态保护和高质量发展等区域协同发展战略，并支持浙江高质量发展建设共同富裕示范区。推进区域协调发展和实现共同富裕，需要改变目前的测绘地理信息管理格局和供给方式，按照区域协同发展和实现共同富裕的要求，重塑测绘地理信息提供服务流程与支撑体系，构建全国统一的成果服务体系，主动服务国家区域协同发展和实现共同富裕重大战略。

（二）自然资源管理的需求

1. 空间感知监测的需求

需要构建全域全要素的统一测绘基准，在时空维度上对自然资源要素进行精准定位、空间关联和统一化处理，解决长期以来存在的空间布局上交叉重叠、数据打架，监测监管各自为政、重复测绘与调查等问题；需要利用测绘地理信息技术手段，构建"天上看、地上查、网上管"的空间感知技术体系，统筹建立全面覆盖、统一协调、及时更新、反应迅速、功能完善的动态监测监管体系，对山水林田湖草等自然资源、以国家公园为主体的自然保护地、国土空间规划实施等开展遥感巡查和实地核查，实现对自然资源变化情况的全面监测。

2. 精准分析评价的需求

需要建立统一体系、统一逻辑、统一规范，借助地理实体组织和关联自然资源各要素，通过大数据挖掘和对各类时空数据的数理统计分析、矢量空间分析、影像数据智能挖掘分析、数据流分析，更深度挖掘自然资源各要素之间的空间关系和影响制约关系，预测发展演变趋势；需要将碳达峰碳中和等新指标融入国土空间开发保护格局指标，形成完善的监测评估体系，实现对自然资源各要素固碳作用等承载能力的分析评价，构建国土空间开发保护新格局，促进生态环境保护和经济高质量发展。

3. 赋能决策监管的需求

需要持续优化地理信息公共服务平台，支撑自然资源三维时空数据库和业务管理应用场景建设，实现各类自然资源专题信息精准落位上图，辅助国土空间规划、资源高效利用、生态环境保护和科学管理决策；需要综合利用地理信息技术，为自然资源资产价值评估、生态系统服务价值核算、自然资源资产负债表编制提供空间统计分析，为领导干部自然资源资产离任审计信息化和评价指标体系建设等提供基础底座支撑。

（三）提升测绘地理信息工作能力和水平的需求

1. 产品体系方面

需要研发新型测绘地理信息产品，推动现有按尺度分级的基础地理信息数据库，向按地理实体分级的非尺度化基础地理信息数据库转变，构建"物理上分布、逻辑上集中"的国家、省、市、县多级"地理实体时空数据库"；需要不断丰富测绘成果的内涵和展现形式，增加地名、地址、POI、院落等服务要素，拓展三维、全景、VR、AR 和多介质地图等产品，加快建设新一代地理信息公共服务平台，满足日益增长的可视化、三维化、个性化的需求，并对新产品的生产流程和生产工艺进行标准化控制，提升产品的可用性。

2. 技术创新方面

需要将目前普遍采用的全野外数字化、航空摄影和以人为主的数据生产方式，转变为融合卫星遥感、航空倾斜摄影、三维激光扫描、移动测量、探地雷达等多传感器和互联网的"空天地海网"一体化空间信息获取技术，打造新型测绘技术支撑体系，重点突破多源异构空间信息高精度融合、全要素高精度自动化提取、城市场景多细节多层次模型重建等技术瓶颈；需要提高自主的核心技术水平和底层技术的创新能力，加快相关软硬件国产化进程，提高原有生产线的国产化适配能力，突破国外技术封锁；需要形成一整套科学完善的测绘科技绩效评价体系，提升科技人员创新动能，提高科技研究成果实际应用转化率。

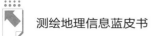

3. 管理机制方面

需要加强测绘地理信息生产服务的跨区域统筹能力，在国家、省、市、县之间尽快建立"一盘棋"的新型协同管理模式，按照共同建设全国地理信息二三维"一张图"的总体要求，重新厘定各级基础地理信息资源采集与更新的工作边界，避免重复测绘和低效更新，加强技术和成果共享，解决区域之间发展不均衡的问题，实现跨区域一体化发展；需要按照测绘地理信息实时在线服务的应用需求，革新成果服务质量控制流程和验收方法，以需定产、以需定质，提高供需匹配度，加快生产能力向服务能力的转化；需要加强地理信息行业发展要素保障，提高地理信息产业的综合实力和竞争力，引导、鼓励企业向品牌化、规模化、集团化发展，促进地理信息产业向高端价值链延伸。

二　测绘地理信息在"两支撑 一提升"方面存在的问题和不足

（一）理论创新亟待突破

一是原有的测绘地理信息技术的基本理论体系还没有根本性突破，地图仍然是地理信息呈现的主要方式，基础地理信息获取组织主要围绕地图表达形式展开，仅是满足了从模拟到数字技术转变的要求，尚未形成适应现代信息技术要求的新的空间技术理论体系。基础地理信息与其他部门需要的专题地理信息，还存在对地理空间的认知角度不同、表达方式不同的问题，导致基础地理信息数据仅能作为相关部门专题地理信息应用的背景图和空间参考，使基础地理信息服务不能满足政府相关部门和社会有关方面深层次业务应用的需求。二是随着大数据、云计算、人工智能等新技术的深度应用，不同业务的数据之间关联应用已成主流趋势，特别是实景三维、地理实体数据将成为关联挂接管理属性信息数据的重要载体和进行大数据分析、知识挖掘的基础，这些都需要提供强有力的理论支撑，才能固化技术流程和应用链路。三是当前新型基础地理信息数据的生产、质检、应用理论体系尚未完全构建，测绘地理信息与监控视频等传感器获取的信息通过物联网兼容的问题没有得到有效解决，与其他横向业务贯通的技术流程还未打通，致使在空间统计分析、数据追踪监管、辅助决策监管等急需应用的领域中迟迟难以破题。

（二）数据资源供给能力不足

一是现有 4D 产品表达形式固定、专业性较强、更新频率较低，仍然存在信息不齐、属性信息缺失、数据层次表达不够丰富、数据覆盖面不足等问题，不能满足当前经济社会发展和自然资源管理对地理空间信息精度更高，现势性更好、陆地海洋、地上地下、室内室外、动态静态全覆盖的需求。二是新型基础地理信息产品标准研究进度还不够快。例如，目前地理实体产品的标准体系尚未全部建立，三维地理信息相关的标准制定滞后于实际工作，不利于地理实体和三维地理信息资源建设工作的全面铺开。三是当前基础测绘按照分级管理的要求，不同层级承担不同比例尺的基础测绘工作，存在对同一地理实体对象由于比例尺不同分别重复测绘的情况，导致地理要素重复采集，财政资金浪费。四是当前基础地理信息资源生产服务工艺流程的标准化、规模化、自动化、智能化水平还不高，这在一定程度上也制约了资源供给能力的提升。

（三）技术支撑不够全面

一是对自然资源管理核心业务的深层次需求挖掘分析不够，测绘地理信息全面融入自然资源管理整体业务还缺乏顶层设计，创新做法不多，测绘地理信息及其技术的支撑服务能力尚未得到充分发挥。二是测绘地理信息为自然资源管理科学决策提供综合分析服务的能力还比较弱，主要停留在地形地貌分析上，在要素信息自动提取、变化图斑发现、信息归类统计等方面，还没有运用多学科知识、多技术融合开展空间分析、数据深度挖掘等综合分析服务工作，没有形成基于空间分析的综合性、科学性的研究成果和对策建议，支持自然资源管理科学决策的能力有待提升。三是基础测绘生产服务技术装备自主可控能力仍然较弱，关键技术和装备国产化进程较慢，地理信息保密

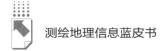

与广泛应用之间的矛盾还没有得到较好解决，测绘地理信息发展存在风险。四是测绘地理信息与大数据、物联网、云计算、人工智能等新技术的集成应用尚处在探索起步阶段，地理信息产业跨界融合发展任重道远。

（四）管理机制尚需完善

一是测绘地理信息成果数据社会共享问题仍然没有得到较好解决，信息孤岛现象依旧存在，覆盖全国的基础地理信息数据"一张图"尚未形成。二是地区之间测绘地理信息发展不平衡，西部地区、边疆地区与东部地区，欠发达地区与发达地区，基础地理信息数据在覆盖范围、比例尺度、成果品种、更新频率等方面仍然存在较大差距。三是市县级政府基础测绘职责落实不到位，测绘地理信息管理机构缺失，管理力量薄弱，满足经济社会发展和自然资源管理需要的测绘地理信息复合型人才严重缺乏，测绘地理信息服务保障工作职责未能较好履行。

三 不断提升测绘地理信息工作"两支撑"能力水平的建议

（一）加强理论研究，做实顶层设计

1. 加强空间科学理论研究

在现有的测绘工程和地理信息系统工程学科理论基础上，融合人工智能、云计算、大数据、区块链等前沿技术理论，实现理论体系跨界融合和系统重塑，实现基础学科理论迭代跃升，为测绘地理信息适应新发展阶段"两支撑一提升"职责使命履行夯实理论基础。在空间科学理论指导下，将测绘地理信息从单一对地观测转变为对空间一切事物的动态感知，将地理信息从专业化地图图面综合表达转变为以空间对象实体为载体关联各类相关语义信息的综合应用。

2. 加快重大改革谋划与实施

运用数字化理念、思维，谋划新型基础测绘体系改革，通过技术革新、

机制重构、系统重塑和流程再造，提升测绘地理信息工作能力和水平。一是出台1份规范性文件，明确地理实体建设模式和分工，实现"无比例尺数据采集""能采尽采"；二是建设1个核心平台，支撑分区测绘、分类测绘、众源采集的新型管理模式，包含一个数据交换共享基础设施、一个智能调度系统等，实现"一次采集，多元复用"；三是建设1套核心资源库，从全国层面统一核心资源的更新要求、更新标准；四是打造若干个数字化场景，打通地理信息采集更新和应用服务各环节难点、痛点、堵点和卡点，例如数字化采集场景、数字化更新场景、数字化质检场景、数字化服务场景、数字化监管场景等。

3. 加强测绘地理信息标准化建设

进一步理顺自然资源相关业务乃至建设、水利、农业、交通等空间信息需求部门的标准与测绘地理信息标准的关联关系，在信息融合、信息关联、地物定义、分类编目、数据格式、对象编码、属性内容等方面，尽快构建统一的适应各方需求的测绘地理信息标准体系，解决数据打架、无法互通的问题。建立开放型标准制修订工作机制，基于标准计划需求征集、立项论证、实施制修订等环节，吸引包括社会公众、企业在内的全社会力量广泛参与测绘地理信息标准制修订相关工作，并对一些应用较好、迭代较快的新技术，推动形成标准化指导性技术文件。

（二）丰富数据资源，提升产品效能

1. 加快三维地理信息资源建设

将三维地理信息资源建设作为基础地理信息资源迭代升级的关键抓手，大力推进"实景三维中国"工程全面落地，进一步提升整个行业的技术保障能力。一是做好三维地理信息资源系列技术和工作规范体系的构建工作，基于现有三维地理信息工作，加快研究形成三维地理信息资源从产品表达、采集加工到质检与质量评定的全流程技术和工作规范。二是全面启动三维地理信息资源建设，按照先试验、再试点、再铺开的实践路径，加快步伐推进三维地理信息资源的全面采集工作，实现从无到有、从有到全覆盖、从全覆盖

到更高精度的逐级突破。三是做好三维地理信息资源与自然资源核心业务的融合工作，构建三维时空数据库及管理系统，推进自然资源相关业务数据在三维空间中表达、展示以及分析等应用场景的建设工作，形成陆地海洋、地上地下、室内室外一体的三维自然资源数据底板，支撑构建自然资源"一张图"。四是推进地理信息公共服务平台从二维服务向二三维一体化转变，推进三维产品在政府各部门和社会公众中的广泛应用。

2. 打造新型地理信息公共产品服务体系

基于影像、三维、点云等数据资源，充分挖掘存量产品的潜在价值，打造满足经济社会发展和自然资源管理需要的新型基础地理信息产品，提升数据应用服务能力。一是加快推进地理实体从顶层设计到实际应用的落地工作，增强地理信息的关联分析能力，将地理实体打造成为在空间上关联各类经济社会数据的标志性产品。二是继续丰富全国高精度卫星影像资源，优化卫星遥感应用技术体系，提高卫星影像更新频次，建立影像资源一站式公共服务平台和应用模块，开发经济社会和自然资源核心管理要素矢量化叠加的新型影像产品，满足空间化管理需要。三是基于深度学习技术开展全要素自动化提取研究，建立遥感影像深度学习样本库，探索构建样本泛化处理体系，提升影像变化发现要素自动提取能力，打造全要素变化图斑公共产品，实现对空间变化现状和趋势的指标化管理。四是基于遥感影像、数字高程模型等基础测绘成果，开发地形特征类、植被覆盖类、生物固碳类的新型自然资源定制化产品，服务自然资源调查监测、自然资源资产评估等。五是利用民政、公安、政法、市场监管等部门的地名地址信息，打造标准地名地址库数据产品，提高空间查询定位和空间地址关联能力。

3. 打造数字中国新型基础设施

在已有公共服务体系基础上，加快形成具备一体化、智慧化和多元化服务能力的新型基础设施。一是提升一体化服务能力。探索跨层级、跨部门、跨领域的地理信息公共服务，打造一体化的时空地理信息平台，贯通国土空间基础信息平台，通过数据互通和服务共享，实现地理信息数据和自然资源专题空间数据的融合应用。二是提升智慧化服务能力。充分融合 AI、人工智能技术，加快研究服务申请智能审查、服务成果智能推送、服务内容智能识别等功能，提升地理信息服务社会化水平。三是提升多元化服务能力。基于三维地理信息、多源多时相影像等基础地理信息资源，结合众筹采集和众源汇聚的地理信息大数据，强化对外服务供给，丰富更新数源和服务渠道。

4. 变革测绘地理信息质量控制模式

破除分级质检制度对新型产品和快速服务的制约，建立面向新型测绘地理信息产品服务模式的质量检查验收与质量监督管理制度，构建实施单位检查、检验检测（质检）机构验收、用户质量反馈的"三位一体"质量管控体系。建立实施单位覆盖全过程、全要素和分级分类的自动化过程质量控制和质量检查制度，在实施单位做好过程质量管控的同时，由质检机构对最终成果进行质量评级认证，不影响成果的发布和服务周期，由用户对使用问题进行反馈，形成积分式评价指标，并关联单位行业信用。构建智能化在线质检平台，迭代完善机器自动质检规则、算法、模型，建立自动质检评分体系，探索部分产品的全自动质检放行机制。

（三）加强科技研究，推进技术创新

1. 加强前沿科技的探索研究

一是聚焦数据采集获取，利用大数据和云计算，加强多源空间感知技术研究；二是聚焦数据挖掘利用，利用人工智能，研究基于遥感影像、众源地理信息数据的智能识别和语义提取技术；三是聚焦数据关联分析，探索以基础地理实体和三维地理实景为底座，提供空间查询、关联、分析和统计的基础性数字载体；四是聚焦数据安全保护，基于区块链等相关技术，探索新一代保密技术，使得基础地理信息数据既能上线应用又能防范涉密风险。

2. 加强自主可控核心技术攻关

紧扣统筹发展与安全的要求，加强软硬件国产化改革和数据安全防护，提高自主可控技术占比。一是重点聚焦数据采集、自动识别、地图制图、智能处理、增量更新、数据融合、信息共享、质量控制等方面基础核心技术短板，启动新一轮测绘地理信息创新高地建设和自主可控技术研发攻关计划，

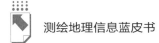
聚合各方面力量，鼓励事企院校合作，推动联合攻关，加快急用型薄弱技术突破，实现核心技术自主可控。二是强化研发成果转化应用，鼓励部分基础性技术向社会开源共享，推动跨区域、跨领域的技术共享、协同发展。三是加快攻克脱密降敏难关，研究在不泄密情况下位置精准不偏移的新型成果，满足各行业空间管理应用需要。

3. 加强技术跨界融合应用

围绕测绘地理信息新型产品的生产应用需要，加快大数据、人工智能、知识图谱等新技术融合，开展空间网格技术、空间码技术、空间分析评价技术等方面的研究，逐步构建高质量综合服务技术体系，将测绘地理信息全面融入自然资源管理、政府治理现代化和数字经济发展。例如浙江省以空间治理数字化平台建设为突破口，横向协同省级 10 余个厅局，集成地理信息公共服务平台、国土空间基础信息平台和各行业空间治理相关的应用场景，打造统一精准的"空间治理数字底座"，充分发挥地理信息数据、技术、平台的基础支撑作用。

4. 构建变化监测技术体系

综合利用卫星遥感对地观测技术、平流层飞机（飞艇）驻留观测技术、无人机低空航摄技术等，结合车载测量等灵巧化的地面观测技术，构建高效精准的变化监测技术体系，全面服务自然资源调查监测、耕地保护、国土空间生态修复、自然资源行政执法、自然资源资产变更清查等各个领域。探索多尺度遥感监测网络与视联网监测、手机信令监测等的应用结合，提高对国土空间开发保障的综合监测能力，为国土空间规划、用途管制提供重要支撑。

（四）重塑管理机制，优化人才结构

1. 构建网格化管理新机制

基于新型基础测绘产品体系，通过管理机制重塑、流程优化，革新传统的分级测绘管理机制，构建新型网格化管理新机制，打造新型测绘地理信息服务基层单元，加大统筹协调力度，明确各级网格管理职责、组织分工和运行机制，实现网格化的数据建设维护，使一个要素只测一次，避免多头采集、重复建设。通过网格化服务和智能化手段，推进平台、功能、体制机制省市县贯通，打通地理信息服务最后一公里，从顶层到基层双向支撑自然资源管理和经济社会发展，使测绘地理信息成果在各行业的一线基础工作当中得到广泛应用。此外，正视国外高分卫星对我国地理信息的高精度获取能力，适当调整相应测绘成果保密管理范围，提高测绘地理信息对社会的开放程度和产品利用率。

2. 加强测绘地理信息人才队伍建设

制订适应"两支撑 一提升"要求的人才培养计划，发挥设置测绘地理信息类专业的高校、学会协会、科研院所等平台作用，培养高水平管理、研发、技能人才，重点锻炼兼备测绘地理信息专业技术和自然资源以及其他行业领域专业知识的复合型人才。一是全面开展对测绘地理信息专业人才的自然资源知识、法律法规、业务技能和其他相关专业领域知识的培训，进一步掌握经济社会发展和自然资源管理等方面的业务知识，了解相关领域对测绘地理信息的真实需求，使测绘地理信息工作更全面更精准地服务经济社会发展和自然资源管理。二是加强测绘地理信息和自然资源管理的人才交流，通过重大项目工程历练，提高测绘地理信息人才解决实际问题的能力，加快跨领域业务融合。三是测绘地理信息企事业单位和研究机构，要注重引进大数据、云计算、物联网、人工智能和相关专业领域的技术人才，促进测绘地理信息技术与其他技术融合发展，增强对其他相关部门、专业领域对测绘地理信息应用需求的了解。四是推进人才管理体制机制重塑，以科技水平、创新能力、工作业绩、实际贡献为导向，建立健全人才评价体系，系统重构专业技术职称评聘制度，迭代完善收入分配制度和人才奖励激励机制，充分调动测绘地理信息人才创新创业积极性。五是加快推进注册测绘师执业，尽快开展注册测绘师执业试点，充分发挥注册测绘师在测绘资质单位中的主观能动性，使其在项目的技术设计、实施、成果质量检查、技术总结等所有环节、全过程发挥作用。

3. 继续优化完善行业管理

切实履行《测绘法》赋予的各项职责，正确处理好地理信息应用与保密安全之间的关系。加强对泛在地理信息领域的监管，加强行业自律教育宣传，深化信用体系建设，加强信用成果应用，研究云监管等数字化管理手段，提高大数据的挖掘分析能力，实现行业监管精准高效，全面提升行业服务能力和成果质量。

B.15
测绘地理信息标准化工作支撑自然资源统一管理

刘海岩[*]

摘 要： 本报告围绕新发展阶段赋予测绘地理信息的"两支撑 —提升"职责使命，从标准化的特征和作用入手，阐述测绘地理信息标准化工作转型发展的必然性，分析现阶段测绘地理信息标准化新的主要矛盾、管理命题，进而提出构建面向自然资源统一管理的新型测绘地理信息标准体系、深化测绘地理信息标准分类改革、加强标准化与技术创新的协同互动、推进测绘地理信息标准国际化的有关思考和建议。

关键词： 测绘地理信息 自然资源 标准化

2018 年党和国家深化机构改革，正式组建自然资源部，原国家测绘地理信息局职责被整合并入其中。在新的历史阶段，测绘地理信息作为重要的技术基础，被赋予"支撑经济社会发展、服务各行业需求，支撑自然资源管理、服务生态文明建设，不断提升测绘地理信息工作能力和水平"的新职责和使命。自然资源部党组多次强调，测绘地理信息工作是基础性工作，在机构改革背景下和自然资源管理工作中，只能加强不能削弱。《国民

---

* 刘海岩，自然资源部科技发展司重大项目处处长。

经济和社会发展第十四个五年规划和 2035 年远景目标纲要》对提高数字政府建设水平做出战略部署，明确将数字技术广泛应用于政府管理服务，不断提高管理决策科学性和服务效率，助力提升国家治理体系和治理能力现代化水平。测绘地理信息既是技术也是数据。机构改革四年来，测绘地理信息作为数字技术和数据资源的重要组成部分，已经在融入自然资源统一管理体系上取得了一些"点的突破"，逐渐成为自然资源调查监测、开发利用和保护、监管和灾害防治的技术基础。

标准化是指为了在既定范围内获得最佳秩序，促进共同效益，对现实问题或潜在问题确立共同使用和重复使用的条款以及编制、发布和应用文件的活动。[①] 回望中国测绘事业数十年发展历程，每一次技术变革都离不开技术创新和标准化的良好互动。创新一开始一定是"不标准"的，标准将创新成果加以推广应用，各方主体开展的测绘活动从"不标准"走向"标准"，进而实现整个行业的技术转型升级。标准和技术创新此消彼长、生生不息。同样，时至今日，随着测绘地理信息技术在自然资源统一管理中的应用不断深入，其作用日益凸显，我们已经不能简单满足于摸清家底、掌握变化的"看见"，更要在自然资源治理能力的系统化、科学化、智能化上，在提升管理的预见性、精准性、高效性和部门协同性上下功夫，也就是提升"认知"和"洞见"的能力。因此，更加需要高标准助力高质量，借助标准化这一技术推广转化和协同攻关"利器"，进一步挖掘测绘地理信息技术和数据潜能、提升管理效能。

"两支撑"中"支撑经济社会发展"的这一翼是几代测绘人数十年来孜孜以求的目标和使命，此处不再赘述，仅从标准化的特征和作用入手，对测绘地理信息标准化在新时代支撑自然资源统一管理、实现转型发展的必然性进行阐述，并分析现阶段测绘地理信息标准化存在的问题，进而提出相关思考。

---

① 国家标准《标准化工作指南 第 1 部分：标准化和相关活动的通用术语》（GB/T 20000.1—2014）中采用的国际标准化组织（ISO）的术语定义。

一 推进测绘地理信息标准化工作是深入贯彻落实习近平生态文明思想的必然要求

（一）测绘地理信息标准化联通山水林田湖草沙综合治理

习近平生态文明思想的核心内容之一，就是要从系统工程和全局角度寻求新的治理之道，不能再头痛医头、脚痛医脚。新中国成立之后，至 2018 年机构改革前，我国没有设立统一的自然资源管理部门，自然资源的相关管理工作按资源类型，分别由国土、海洋、水利、农业、林业等部门负责。部分自然资源由中央与地方实行分级管理，水资源实行流域管理与行政区域管理相结合的管理体制。这就人为地割裂了自然资源之间的有机联系，加之跨部门的协调机制不够健全，容易造成生态系统的不均衡，最终导致系统性破坏。自然资源部组建伊始，部党组就部署"统一自然资源调查的关键名词术语"，先从技术逻辑打通信息壁垒，统一定义了"陆海分界线"等测绘专业术语，随后由全国地理信息标准化技术委员会秘书处牵头、测绘标准化工作委员会参与，从 6000 余条名词术语中筛选出 237 条交叉重叠严重、需要统一和新制定的名词术语，编制完成了第一版《统一自然资源调查监测名词术语推荐定义》，正在开展《自然资源分类》标准研制，有效提升了技术沟通效率，使各领域管理和技术专家在统一的话语体系里开展工作。

测绘地理信息标准化也同样有助于各领域各测绘主体在统一的测绘空间基准和自然资源分类基础上，协同开展自然资源全要素、全地域、全时域的空间位置、数量、质量、权属、保护利用状况等的调查、监测和评价，为全面摸清自然资源资产家底、达到系统治理的最佳效果提供基础支撑。这在第三次国土资源调查工作中已经做了良好实践。

（二）测绘地理信息标准化助力绿水青山转化为金山银山

从经济学视角看，一方面，测绘地理信息标准化运用于测绘单位大规模生产，能够节约大量生产成本，提高劳动生产率，避免重复调查和测绘，有助

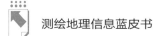

于降低交易成本，并且随着交易数量增加而形成规模经济。2007年国家测绘局发布通知实施强制性国家标准《导航电子地图安全处理技术基本要求》，随后迎来了导航与位置服务产业的繁荣发展，这就是安全标准守牢底线进而推动发展由要素驱动型向创新驱动型转变的典型示范。另一方面，测绘地理信息标准化可以为建立生态价值转化的机制和路径等提供技术支撑。比如，基于多种数据源的卫星遥感碳通量监测标准，可以为碳汇交易提供技术基础等。从更开阔的视野、用更统一的度量检视自然资源保护利用效果，可使得标准成为打通"两山"转化通道的重要一环。

（三）测绘地理信息标准是用最严格制度最严密法治保护生态环境的技术支撑

标准是国家治理体系和治理能力现代化的基础性制度，是我国经济活动和社会发展的技术支撑，是法律法规的技术延伸和重要补充。标准和法律法规既相辅相成，又互为条件。按照国际惯例，强制性标准本身就是技术法规，推荐性标准一旦被法律法规引用，就成为具有普及力和约束力的规范性文件。所以说，按照法定程序制定、实施的测绘地理信息标准，是自然资源立法、执法、司法和守法各环节的基础技术保障，已经深度融入自然资源执法、督察、耕地保护、国土三调、海洋管理、地理信息安全等工作，为最严格制度和最严密法治的保障提供科学、精准、适用的技术支撑。

（四）测绘地理信息标准化支撑共谋全球生态文明建设

主要发达国家纷纷把主导制定国际标准作为国际竞争的首选策略。如在矿产资源领域，发达国家主导制定的国际标准占95%以上。从2012年开始，以联合国统计司发布《环境经济核算体系2012——中心框架》（SEEA-CF）为标志，自然资源国际标准领域迈入新的发展时期。2016年中国主导的、龚健雅院士牵头负责的第一项地理信息国际标准ISO/TS 19163-1《地理信息 影像与格网数据的内容模型及编码规则 第1部分：内容模型》由国际标准化组织正式发布，实现零的突破，对我国实质性参与国际地理信息标准化工作具有里程碑意义。一是从国家利益看，全球规则构建期有利于中国乘势而上，抢占国际制高点，贡献标准化领域的中国智慧和中国方案，通过标准"走出去"带动技术、产品、服务"走出去"。二是从全球利益看，生态文明建设关乎人类未来，保护生态环境、应对气候变化需要世界各国同舟共济，任何一国都无法独善其身。正如联合国秘书长古特雷斯在联合国全球地理信息知识与创新中心在华设立的贺信中所表示的，落实2030年可持续发展目标需要海量数据，迫切需要地理信息数据、方法、框架、工具和平台。实现全球自然资源分类、统计、监测、评估等标准联通，助推全球资源能源领域可持续发展，必须靠测绘地理信息标准。

二 测绘地理信息标准化工作的基本情况 和存在的主要问题

自新中国成立以来，测绘、国土、海洋、水利、住建、交通等部门及军方有关部门发挥专业优势，针对不同行业的特点出台了大量测绘地理信息国家标准和行业标准。如国土部门的地籍测绘标准、住建部门的建设工程和精密工程测量标准、海军有关部门的海图和航道测量标准等。截至2022年8月，自然资源部归口管理的现行测绘地理信息国家标准有216项，行业标准有173项，在研标准有173项。多年来这些标准在各自领域发挥了重要作用，综合看，虽然标准数量相对较多，但依然存在日益增长的测绘地理信息标准化需求与标准供给不足之间的矛盾。具体来说，存在以下几个方面的问题。

（一）标准之间的系统性和一致性不强

山水林田湖草是生命共同体，具有整体性、系统性、协同性等特点。与自然资源其他领域标准"标出多门"的情况相比，测绘地理信息标准的系统性、一致性相对较好，但依然存在名词术语、分类、代码、数据字典等基础标准的不一致。由此带来的重复建设、资源浪费、数出多门以及多源数据无法融合等问题，直接影响数字政府、数字中国建设的效率和质量。以"林地"

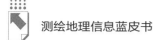

术语为例，不同标准中有"林地""林区""林业用地""林草覆盖"等术语，且含义不同。如 TD/T 1055-2019《第三次全国国土调查技术规程》规定"林地"为"生长乔木、竹类、灌木的土地"；而 LY/T 1812-2009《林地分类》则定义为"郁闭度 0.2 以上的乔木林地及竹林地、灌木林地、疏林地、采伐迹地、火烧迹地、未成林造林地、苗圃地和县级以上人民政府规划的宜林地"。标准中的一词多义、同义多词、定义交叉重复矛盾，必然为自然资源统一调查工作带来技术困扰。同样，自然资源要素代码标准也需要提高一致性，如水利领域的河流、入海河口，海洋领域的海岛海岸带，地籍领域的不动产单元等，均需与国家标准《基础地理信息要素分类与代码》建立关联，这样才能真正助力实现"一张图"，进而展现和挖掘地球系统的内在规律，支撑所有国土空间的统一监管和保护修复。

（二）各子领域标准化水平不同

党的十八大之前，测绘地理信息标准制修订的侧重点在基础地理信息数据前端获取和处理，空间基准与参照系、分类与编码等标准基础扎实，服务于重大测绘工程和项目的技术标准系统性强，单一领域、单一技术的生产技术规程数量占比较大（见图1）。近年来我国逐渐填补成果和应用服务类标准空白，一批面向专业领域数据及共享服务的标准相继发布，如国家标准《地理信息应急数据规范》《地理空间数据交换基本要求》《地理信息在线共享接口规范》等。机构改革后，一些面向自然资源综合管理的测绘地理信息标准初露端倪，如《湖泊水域面积及流域植被覆盖变化监测技术规范》等。

同时，部分重点领域标准化工作仍然滞后于自然资源统一管理的需要，如实景三维中国建设、智慧城市时空基础设施、卫星遥感专题应用等领域标准仍然很少，全球自然资源智能化感知、天空地网一体化调查监测、自然资源空间大数据等领域标准建设刚刚起步，即使在标准相对完备的基础测绘、国土调查监测领域，也不同程度存在标准缺失现象。测绘地理信息标准未覆盖全部资源门类，不能适应当前由规模速度型向质量效益型转变的需求。另外，海洋测绘标准方面囿于体制，军民协同不足，陆海统筹相

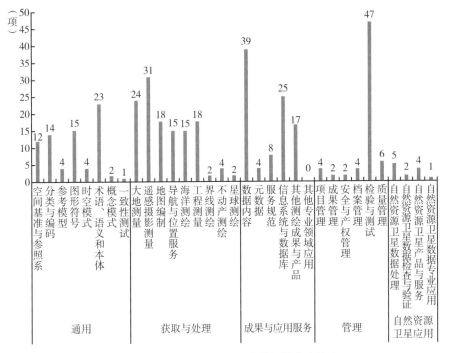

图 1　测绘地理信息现行标准按领域分布情况

资料来源：自然资源标准化信息服务平台，http://www.nrsis.org.cn/。

对不足；自然资源调查监测的标准相对完善，观测研究技术体系和标准化工作没有跟上。

（三）标准层级单一

按照国家深化标准化改革方案要求，标准包括国家标准、行业标准、地方标准、团体标准、企业标准等五个层级。现阶段测绘地理信息标准主体是政府主导制定的国家标准和行业标准，且存在两方面问题。一是地方标准供给不足。各地自然条件、工作特点等存在很大差异，国家标准、行业标准应以共性条款为主，定位于提出兜底要求。应鼓励地方组织制定更为贴近当地个性化需求的标准，作为国家标准、行业标准的有益补充。比如部分省区市在"多测合一"方面取得较大进展，并通过跨部门整合地方标准实现了技术

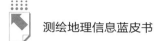

体系的统一，未来有望"以点带面"逐步上升为国家标准。二是团体标准和企业标准供给不足，现阶段政府主导的一元标准体系不足以支撑标准化需求，测绘地理信息标准制定周期平均为 3 年，滞后于技术、产业快速发展的需要。应鼓励社会团体和企业提供市场自主制定的标准，供市场主体自愿采用。

（四）技术创新与标准协同不足

标准是知识和技术的积累，为技术创新指明方向，约束技术的多样性，将技术发展纳入高效的轨道。当前多数测绘地理信息企事业单位处于转型期，人工智能、数字孪生等新一代科技变革使国土空间三维地籍调查、地上地下一体化调查监测、自然资源大数据分析评价等新的业务领域不断涌现，企事业单位通过技术创新提升核心竞争力的能力大幅上升。同时，一些测绘单位在测绘融入自然资源方面有不少新的尝试，比如"多测合一"、大比例尺测图与不动产登记权籍调查协同、资源环境承载力评价、自然资源离任审计等，这些都有待实现标准化。另外，机构改革之后的自然资源部卫星遥感工作"三合一"，相比其他国务院部门拥有绝对优势，数据资源丰富、主控权大、专业力量强。随着国产卫星遥感数据供给趋于稳定，高光谱、雷达、红外、激光等新型载荷持续提升能力，已有主体业务应用急需转化为标准。

与此形成对比的是，综合分析现有标准的标龄，相当一部分标准制定于党的十八大之前，标准化推进科技成果转化不足，标准化倒逼企业加大技术研发投入、引领技术创新需求不足，尚未形成标准、创新此消彼长、生生不息的局面。应当选择技术相对成熟的领域，通过推进先进技术进标准，持续提高科研院所、地理信息产业从业单位的技术创新能力。

三 推进测绘地理信息标准化工作转型发展的思考

现阶段，做好测绘地理信息标准化工作，需要统筹考虑成果应用和保密的关系、基础测绘使命和融入自然资源的关系、强制性和推荐性标准的关系、技术创新和标准化的关系、政府主导制定标准与市场自主制定标准之间的关系等，由此本报告提出以下思考与建议。

（一）构建面向自然资源统一管理的新型测绘地理信息标准体系

标准体系是指一定范围内的标准按其内在联系形成的科学的有机整体。首先，要充分利用本轮机构改革的有利时机，全面汇集、梳理、分析各部门各领域测绘地理信息相关标准和技术规范，包括各门类资源调查、不动产权籍调查、工程建设测量等标准，建立数据库系统，固化历史数据版本，为提升相关标准一致性奠定基础。而后，开展标准体系顶层设计研究，以 2022 年新出台的《自然资源标准体系》为依据，深入研究"两支撑"对标准化的任务要求，在突出既往优势、充分协调一致的基础上，修订《测绘标准体系》和《国家地理信息标准体系》。新的标准体系着眼于服务经济社会全面发展，并在其中设置支撑自然资源统一管理的专门板块，逐步构建覆盖自然资源全部门类的、妥善处理成果应用和安全保密关系的、政府主导和市场自主协同发展的新型测绘地理信息标准体系。

（二）深化测绘地理信息标准分类改革

1. 强标更强，兜住底线

目前测绘地理信息强制性标准仅有 3 项，涉及导航电子地图数据安全处理、测绘人员作业安全等。当前国家正在加速完善数据安全领域的法律体系，《网络安全法》《数据安全法》《个人信息保护法》相继出台，成为地理信息安全监管的上位依据。而与相应法律法规配套的技术标准滞后问题越发凸显。现阶段需要进一步准确界定测绘地理信息领域强制性标准的对象和范围，将地理信息数据安全分级、遥感影像保密要求、数据出境交换共享、公民个人位置信息保护、测绘作业安全等涉及人身健康和生命财产安全、国家安全、生态环境安全的技术要求，上升为强制性标准。充分发挥强制性技术标准的作用，强化依据强制性国家标准开展监督检查和行政执法，同时要处理好成果应用与保密的关系，以及与 WTO 技术性贸易措施的关系等，逐步改变"大

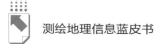

而不强"的标准体系现状。

2. 推标更优，保住基本

进一步优化国家标准、行业标准体系结构，推动向政府职责范围内的公益性标准过渡。选择产业化程度较高的领域，改变当前制修订单位依然以科研院所、事业单位为主的格局，拓展地理信息产业从业单位的参与深度与参与范围。充分发挥全国地理信息标准化技术委员会的作用，严把标准起草审查关口，提升标准文本质量。

3. 地标更灵，量身定制

合理划分中央与地方的标准制修订边界，推动国家标准、行业标准聚焦全国范围的共性要求，鼓励地方依据自然地质条件、人文、风俗习惯等差异制定地方标准。借鉴流域管理方式，鼓励区位接近、自然条件相似的省级主管部门建立区域或流域标准化协调机制，在更大范围和更高区域水平上制定统一、互认的测绘地理信息地方标准。

4. 团标更活，促进创新

充分尊重和发挥企业与社会组织的主体地位和首创精神。鼓励具备相应能力的社会团体和产业技术联盟协调相关市场主体共同制定标准，供市场自愿采用。目前中国测绘学会、中国地理信息产业协会、中国卫星导航定位协会都有很好的探索性成果。考虑鼓励标准化实力较强的企业建立技术标准联盟，共同研制标准，建立专利池，以有效解决标准与知识产权结合问题，也规避单个企业对标准的垄断。同时自然资源各领域标准化技术委员会需要加大协调指导力度，提升不同领域标准之间的一致性。

（三）加强标准化与技术创新的协同互动

将重要测绘地理信息标准研制纳入国家各级科技计划支持范围，强化标准化基础理论和技术方法研究，开展标准实施经济成本评估、标准之间的一致性研究等，夯实测绘地理信息标准制修订的科学基础。建立科技成果转化为标准的快速通道，凡国家立项的科研课题，应在研究过程中充分考虑标准化产出，凡科研项目验收时，应提交标准化的可行性分析。

筛选出具备优势和产业化前景明朗的技术成果，给予经费支持以使其尽快转化为标准，加快产业化进程。对于新技术领域，可以考虑形成标准化指导性技术文件，复审周期由 5 年变 3 年，短平快地推出标准化成果，接受市场检验，让标准制定主体有实实在在的获得感。对于在国际上有竞争力的技术或国家标准，重点支持形成国际标准提案，使其尽快上升为国际标准，形成国际竞争力。

（四）推进测绘地理信息标准国际化

自然资源领域尚无成熟的国际标准化组织。应充分发挥现有国际标准化组织地理信息技术委员会（ISO/TC 211）的平台作用，以及中国在此领域的先发优势，建立多方协同参与标准化的工作机制，在此基础上，联合相关技术组织成员国，力争中国主导的地理信息国际标准取得新的实质性突破。借此带动自然资源其他各领域，在空间信息支撑山水林田湖草生命共同体认知、地球系统科学、自然资源监管大数据等重大科学问题研究上取得新的突破，形成填补国际空白的标志性科技成果，并推动科研成果标准化、中国标准国际化，为全球可持续发展、自然资源标准化国际协同，贡献更多的中国智慧和中国方案。

B.16
地理信息大数据服务自然资源管理的企业模式

储征伟 林 聪[*]

摘 要： 自然资源管理对测绘地理信息服务能力提出了新的需求，数字经济发展战略为测绘地理信息服务的发展提供了新的思路，测绘地理信息服务是数字经济的重要组成部分，应当促进数字技术与地理信息产业深度融合，充分发挥地理信息大数据与丰富的自然资源应用场景优势，赋能传统数据服务能力转型升级，建立地理信息大数据服务自然资源管理的新模式。本报告分析了当前企业地理信息服务的能力，从调查、监测和统计分析的角度对地理信息大数据的服务模式进行探讨，分析自然资源应用场景下地理信息大数据服务模式可能存在的不足，根据相关行业和学科的发展趋势，对地理信息大数据服务模式提出了改进建议。

关键词： 自然资源管理 地理信息大数据 地理信息产业 企业模式

山水林田湖草沙等自然资源是来自大自然的宝贵馈赠，是人类从事生产活动的重要基础性要素之一，也是国家生态文明建设与经济发展的关键性保障。自然资源管理是采用开发、利用、保护等手段，在人与自然和谐共生前

---

* 储征伟，南京市测绘勘察研究院股份有限公司董事长，正高级工程师，南京大学地理与海洋科学学院教授，河海大学校外博士生导师；林聪，博士，南京市测绘勘察研究院股份有限公司研发部主任。

提下以自然资源最优配置为目标而开展的一系列管理活动。科学、合理、有效地开展自然资源管理工作关系到我国长期可持续的发展。[1]2018 年，在"统筹山水林田湖草沙系统治理"这一要求下，我国将原本自然资源管理相关的职责等进行了整合，组建了自然资源部，实现了自然资源管理机构的关键性统一。长期以来，测绘地理信息工作一直是为国计民生提供保障和服务的重要基础性工作，自然资源管理机构统一后，测绘地理信息也成为自然资源管理的基础性组成部分以及关键性技术支撑，使得测绘地理信息行业服务目标与对象进一步明确。[2]围绕服务自然资源"两统一"职责履行，新时期的测绘地理信息如何发挥摸清家底、科学利用、精准保护的数据支撑作用，如何更好地深度服务自然资源管理，是目前行业中急需思考的重点问题。作为地理信息企业，如何在一线发挥好服务作用，建立响应行业变化的服务模式，为自然资源管理提供高质量的基础数据服务与高水平技术支撑，是当下需要思考、探讨和探索的重要问题。

　　地理信息数据包含采用空间定位、对地观测、众源感知、基础测绘等技术采集的时空信息数据。空间定位技术与对地观测技术是当前高效、快速地采集海量时空信息的主要手段，空间定位技术侧重于获取目标的地面位置与运动状态，而对地观测技术侧重于获取地面目标的状态信息。[3]随着移动通信技术的发展，每个使用移动终端的人都可以成为获取地理信息数据的传感器，由社交媒体数据、移动手机数据、车辆轨迹数据组成的众源感知数据极大丰富了地理信息数据，并且弥补了其他数据采集手段难以获取社会经济属性信息的不足。[4]随着北斗卫星导航定位系统、中国高分辨率对地观测系统的建设以及互联网、5G 通信技术的快速发展，地理信息数据已经突破了传统的测绘

---

① 宋马林、崔连标、周远翔：《中国自然资源管理体制与制度：现状，问题及展望》，《自然资源学报》2022 年第 1 期。

② 《求真务实　为自然资源管理作出新贡献——访谈国土测绘司司长武文忠》，《国土资源》2018 年第 12 期。

③ 陈锐志、王磊、李德仁等：《导航与遥感技术融合综述》，《测绘学报》2019 年第 12 期。

④ 刘瑜、詹朝晖、朱递等：《集成多源地理大数据感知城市空间分异格局》，《武汉大学学报》（信息科学版）2018 年第 3 期。

地理信息模式，形成了全方位、多尺度、全时域且综合自然要素特征与社会经济属性的新数据模式，具备了大数据的种类多、体量大、动态多变、高价值以及冗余模糊的"5V"特征。[①] 地理信息大数据为企业服务自然资源管理提供了新的可能，随着与人工智能、互联网、云计算等技术的不断融合，以地理信息大数据的采集、处理、应用来服务自然资源管理已经具备必要的数据与技术基础。

我国目前已经进入"十四五"时期，根据《国民经济和社会发展第十四个五年规划和 2035 年远景目标纲要》《二十国集团数字经济发展与合作倡议》《国家信息化发展战略纲要》等文件，发展数字经济是把握新一轮科技革命和产业变革新机遇、构筑我国参与国际合作和竞争新优势的战略选择，也是加快构建新发展格局、推动高质量发展的必由之路。《数字经济及其核心产业统计分类（2021）》中，将测绘地理信息产业也列为数字经济产业的一部分，分类代码为"030407"，隶属于信息技术服务产业（0304），属于数字技术应用业（03）。当前自然资源管理对测绘地理信息的服务能力提出了新的需求，而数字经济发展战略为测绘地理信息服务的发展提供了新的思路，测绘地理信息服务作为数字技术应用业的一部分，应当促进数字技术与地理信息产业深度融合，充分发挥地理信息大数据与丰富的自然资源应用场景优势，赋能传统数据服务能力转型升级，建立地理信息大数据服务自然资源管理的新模式，助力自然资源高质量发展。

一 企业地理信息大数据服务模式思考

企业处于测绘地理信息行业的一线，在具体的生产项目中，需要根据业主方或委托方的实际需求，提供测绘地理信息数据的采集、建库、展示、维护等服务。随着地理信息服务能力的不断提升，以及其他行业对地理信息数

---

① 杨元喜：《北斗卫星导航系统的进展、贡献与挑战》，《测绘学报》2010 年第 1 期；童旭东：《中国高分辨率对地观测系统重大专项建设进展》，《遥感学报》2016 年第 5 期；张兵：《遥感大数据时代与智能信息提取》，《武汉大学学报》（信息科学版）2018 年第 12 期。

据的需求不断增加，企业的地理信息服务从传统的能力导向逐渐转变为需求导向。传统能力导向下的地理信息服务以提供测绘遥感数据为主，提供的是基础地理信息数据，满足业务单位对空间信息的基本需求。需求导向则是根据业主方对空间信息产生的需求以及潜在需求，将企业本身的数据采集能力拓展，采集多模态、多层次的空间信息数据，这些数据不同于能力导向下的基础地理信息数据，不仅有精确的空间位置信息，还包含业主所在行业的专题信息。需求导向下的地理信息服务本质上就是企业拓展自身能力，满足业主方的需求，以多源异构的地理信息大数据采集制作来服务业主方的管理需要。

地理信息大数据的服务模式已经成为地理信息企业拓展业务能力，寻求新的业务增长点的重要途径。在许多生产业务中，地理信息企业已经明显走出传统能力导向下的基础地理信息服务模式，为了业主单位的具体需求，提供地理信息大数据服务。本报告根据近几年的行业发展与地理信息企业管理经验，对当前企业地理信息大数据服务模式提出以下几点简单的思考。

（一）综合多源时空信息的地理信息大数据调查服务

以基础地理信息数据为底图，统一大数据服务的数字底座，充分发挥基础测绘数据、基础地理信息专题数据、遥感影像数据等基础数据的作用，精准确定目标的空间位置、状态属性、结构关系等空间信息，为专题信息的调查采集提供空间信息基础。根据具体专业需求，确定专题数据的采集制作标准与采集方法，通过地面采集、传感器信息获取、外业调查等手段，形成专题时空大数据。综合基础与专题时空数据，形成地理信息大数据的调查成果。

（二）融合多角度观测手段的地理信息大数据监测服务

面对其他行业具体业务时，传统测绘地理信息手段往往难以满足监测需求，主要原因有两点：第一，缺乏对监测目标的观测视角；第二，缺乏对监测目标的属性获取手段。常规的地理信息数据获取手段观测视角有限、观测属性不足，可融合物联传感设备、移动测量设备、专业观测设备等，弥补常

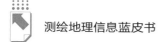

规方式的不足，提供多尺度、多属性的监测数据，形成地理信息大数据监测，满足具体业务的监测需求。

（三）海量数据驱动的地理信息大数据统计分析服务

如何对采集的数据进行统计分析，为业主方提供决策支持，一直以来是困扰地理信息企业的技术难点。主要原因在于，传统地理信息数据聚焦空间位置与基本属性，难以提供有其他专业学科价值的统计分析结果。在地理信息大数据服务模式下，调查监测数据不仅涵盖基础地理信息数据，而且包含面向其他具体行业的专题监测数据，可以形成具备充分数据支撑的统计分析结果。

二　地理信息大数据服务模式的不足

测绘地理信息技术通过不断进步的时空数据采集技术，在国土空间优化管控、自然资源调查监测以及生态保护修复技术体系中发挥了重要的基础性作用，对自然资源管理起到了一定的支撑作用。自然资源管理工作日益精细化，对国土空间优化管控、自然资源调查监测以及生态保护修复技术体系等提出了越来越高的要求，现有的测绘地理信息技术在持续服务自然资源管理上存在一些不足。地理信息大数据服务模式，现阶段虽然可以做到综合多源数据、统筹多角度观测手段，但是与自然资源管理的"全地域、全方位、全时域、全要素"时空信息需求相比尚存在很大的差距。现阶段的服务模式尚存在以下几点不足。

（一）调查数据缺乏有效的融合手段

当前面向自然资源管理的自然资源的调查涵盖耕地资源、森林资源、草原资源、湿地资源、水资源等多项自然资源类型，通过地理国情监测、自然资源确权、第三次全国国土调查等重大工程获得的地理信息专题数据不能完全满足这些自然资源类型的调查需求，需要补充其他行业的专业调查数据。

以水资源调查为例，除了地理国情监测、自然资源确权、第三次全国国土调查等数据提供的空间位置与权属信息，还需要从水利部门获取地表水资源数量、径流等调查数据，从生态环境部门获取饮用水源水质、其他地表水水质等调查数据，从气象部门获取降水、蒸发等调查数据。由于各个部门的数据格式、标准各异，难以融合形成专项调查数据，最终的自然资源调查成果仍然是对调查数据的综合，没有有效融合来自各个部门、行业的数据，对自然资源管理工作的支撑有限。

（二）调查监测缺乏对智能解译技术的深入应用

以可见光、LiDAR、SAR、多光谱、高光谱为主的多源遥感数据是自然资源调查监测的一类重要信息来源，综合或采用单一数据源可以为自然资源调查监测提供可靠的宏观现状与变化信息。目前的调查监测过程中，对多源遥感数据的处理大多还是依靠人工解译的方式，虽然充分保障了解译精度，但是提高了人力和时间成本，严重制约了调查监测工作效率的提升。自然资源的调查监测工作是自然资源合理开发利用、国土空间用途管制、生态保护修复等工作的基础，从静态、有限时相的调查监测到自然资源的全面动态感知是必然的发展趋势。因此，为了保障自然资源调查监测的持续支撑能力，发展人机协同的智能解译技术、构建多源遥感数据智能处理平台，是测绘地理信息行业支撑调查监测的必要工作。

（三）监测工作缺乏时效性

面向自然资源管理的监测，包括自然资源监测、生态保护修复工程监测、耕地保护监测等多个方面，主要依靠卫星遥感、移动测量设备、地面传感器、实地核查等完成。受限于数据获取的代价以及数据处理产生的时间人力成本，当前的监测工作明显缺乏时效性，大多数监测工作以年或半年为周期，远远达不到"早发现、早制止、严打击"的自然资源监管目标。根据自然资源的类型、属性、特征，科学设定监测的频率，提升监测工作对自然资源管理的支撑，是保障自然资源管理工作时效性的重要手段。

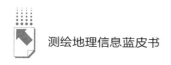

（四）监测数据难以形成监测指标

随着自然资源综合监测网络的构建以及"空天地海网"立体协同数据保障体系的提出，未来针对自然资源管理的高频次、全类别、多平台的监测数据会源源不断产生，为自然资源管理中的监测工作提供有力的数据保障。监测工作的目的与调查不同，调查的目的在于"摸清家底"，因此需要对多平台多模态数据进行有效融合，形成本底数据库。监测工作则需要在本底数据库的基础上，发现变化情况与变化趋势。在具体的监测任务中，如果考虑将全体监测数据直接纳入监测体系，则容易产生大量冗余信息，关键目标的变化与变化趋势反而难以挖掘。从海量的可用于监测的数据中挖掘关键信息，明确监测指标，是提升自然资源监测能力的必经之路。

（五）分析评价缺乏多学科知识协同

汇总统计各部门调查监测数据，开展综合分析与系统评价，可以为自然资源管理工作提供科学的决策和严格的管理依据，是对自然资源管理的直接支撑。测绘地理信息行业本身以数据采集、数据服务为主，难免出现统计尚可、分析有限、评价不足的情况。特别是面向自然资源管理时，由于自然资源本身涵盖类型较多，评价任务复杂，科学的分析评价往往需要多个学科知识的协调，例如对于耕地资源，科学的分析评价涉及农学、土壤学、气象学等多个学科的专业知识。虽然目前日益提高的调查监测能力可以保障统计工作的全面和完整，但是深入的分析评价不能只依靠测绘地理信息行业本身的业务能力。未来测绘地理信息行业做好分析评价工作，要以数据为驱动，协同多学科专业知识。

三　面向自然资源管理的地理信息大数据服务模式改进

支撑自然资源管理，围绕自然资源部核心职能的履行，积极转换理念和角色，让测绘地理信息技术更加好用、更加得力是测绘地理信息企业未来发展的重要方向。[1] 随着天空地海一体化观测系统的完善，以及物联传感设备、众源地理信息手段不断引入，测绘地理信息行业的数据采集、数据服务能力已经有本质的发展提升，逐步具备地理信息大数据的服务能力。然而面对自然资源管理不断升级的需求，当前的地理信息大数据服务模式亟待进一步改进，以寻求深度结合自然资源管理需求，做好服务支撑工作。

（一）引入并发展多源时空数据融合的关键技术

当前地理信息大数据服务模式下，由于数据采集手段丰富、数据服务能力较强，覆盖全类别、全要素、全属性的数据收集可以实现，关键问题是如何有效融合这些跨行业的数据，形成统一的、更具信息量的本底数据库。融合这些时空数据可以从以下两个方向入手：①基于《自然资源调查监测标准体系（试行）》中的数据库标准与数据规范，制定面向自然资源的地理信息大数据调查标准，充分考虑可能来自每个行业的地理信息数据格式和形式，使得所有调查数据可以规范入库，为数据融合提供必要前提；②以《自然资源三维立体时空数据库建设总体方案》为基准，定义可以描述自然资源立体形态的地理空间单元，以统一地理空间单元的形式融合来源于各个专业的多模态数据，形成自然资源数据库"专业化处理、专题化汇集、集成式共享"的管理模式。

（二）发展具有自主知识产权的多源遥感数据解译平台

根据《自然资源调查监测技术体系总体设计方案（试行）》，为了满足自然资源调查监测多样化的业务要求，以遥感卫星观测网、航空传感网、地面观测网构建"空天地海网"立体协同数据保障体系。面向自然资源常规监测、自然资源专题监测、城镇国土空间监测、国土空间规划实施监测、生态修复工程实施监测等业务领域，以多源遥感数据为主的立体协同观测数据是未来自然资源调查监测的主要数据源。海量的数据源为调查监测工作提供了关键

---

[1] 《求真务实 为自然资源管理作出新贡献——访谈国土测绘司司长武文忠》，《国土资源》2018年第12期。

的基础支持，也对数据解译工作提出了更高的要求，传统以人力为主的数据解译方式已经难以处理多源海量的立体协同观测数据。发展具备自主知识产权的多源遥感数据解译平台，达到自动化处理生产任务中的时空大数据以及智能化解译多源遥感数据的目标，是地理信息企业服务自然资源管理的核心发展方向。

建设地理信息大数据服务模式下的多源遥感数据解译平台可以以如下几个方向为重点。一是考虑到多源遥感数据预处理工作量大、人力成本高等问题，发展自动化预处理技术，重点攻克应用场景下的多源遥感数据配准问题。传统遥感数据预处理中，几何配准是需要大量人力参与的工作，效率不高并且非常容易返工。可建立多尺度空间控制点图像数据库，引入多模态数据自动配准算法，实现海量遥感数据快速统一空间基准，为数据解译提供必要的基础支撑。二是考虑到人工智能算法实现多源遥感数据自动解译依赖训练样本，发展基于相关知识迁移的样本库构建技术。地理信息企业在自然资源类的生产任务中积累了大量的专题信息解译成果，这些成果中包含土地利用、地表覆盖、地类变化等多种调查监测任务的潜在有效标签。基于相关知识迁移算法，实现从已有解译成果中自动获取训练样本，自动构建面向自然资源调查监测类任务的样本库。三是建立迁移学习引导的人机协同智能提取算法框架。对于地理信息企业而言，由于存在一线生产的积累，建立面向自然资源的通用性样本库可以实现。针对具体的自然资源调查监测类的任务，可以采用迁移学习的方法，构建时空多源遥感影像迁移学习模型支持的智能解译框架，实现在具体生产应用场景下的多源遥感数据智能解译。在通用性样本库的基础上，利用样本迁移方法，实现同区域不同年份的多源遥感数据智能解译；利用特征迁移方法，实现同年份不同区域的多源遥感数据智能解译；利用模型迁移方法，实现相似但不完全相关的学习任务下的多源遥感数据智能解译。

（三）推进动态监测关键技术的应用研究

航天遥感技术的不断进步为服务自然资源全生命周期管理、全空间用途管控提供了可能。航天遥感技术与航空数据获取、地面观测、专业监测站点等结合，有效克服了航天遥感时效性弱、空间分辨率不高等缺陷，为动态监测自然资源提供了强大的数据支撑。建立和设置科学的监测指标体系和监测频率，是动态监测自然资源的关键技术的发展方向。地理信息大数据服务在自然资源监测方面要重点突破以下关键技术。一是研究面向具体监测任务的指标体系建立方法。根据自然资源管理需求以及所要监测的自然资源本身的特点，综合多源遥感数据、地面物联传感设备以及专业监测站点等获取的数据，利用定量反演、定性分析、数据挖掘等手段从多模态监测数据中获取有价值的监测指标，建立监测指标体系。二是针对不同的自然资源，考虑其时空变化特征，设置合理的监测频率，以在有限的成本内尽量满足自然资源管理需求。对于耕地、湿地、水等自然资源类型，其时空变化具备明显的物候特征，年、半年、季度等监测频率并不符合其时空变化特征，可以考虑采用时序分析手段确定这些地物类型时序变化的关键时间节点，设置监测频率，动态掌握自然资源的时空变化。

（四）构建多学科协同的自然资源分析评价模式

自然资源的分析评价是在统计汇总自然资源调查监测成果的基础上，建立评价指标体系，开展综合分析与系统评价，为自然资源管理提供决策与管理依据的过程。当前地理信息大数据服务可以做到数据驱动下的调查监测结果的统计分析，完整统计自然资源的数量、分布、质量状况等现状信息，能够满足自然资源现状分析评价的基本需求，但是对自然资源的变化分析与利用分析，尚且缺乏有效的解决方案。

自然资源的变化与保护利用的研究涉及农学、林学、气象学、生态学、地质学等多个科学领域，测绘地理信息企业为了更好地服务自然资源管理，应当打造学科融合的平台，引进与自然资源相关的学科人才，积极推进跨行业合作，将地理信息大数据的服务能力与各个学科的专业知识深度融合，做到对自然资源变化的分析评价，准确掌握政策、经济和社会活动对自然资源的影响状况，得到变化的主要影响因子及改变趋势的关键因素，为自然资源管理和政策制定提供依据。

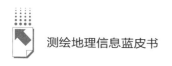

四 总结与展望

本报告根据地理信息企业的管理经验，以及地理信息企业研发工作的长期实践，依据目前企业地理信息数据服务的模式，分析了地理信息大数据企业服务模式的现状，根据对自然资源管理的政策性文件和技术性指南的详细学习，总结了目前地理信息大数据服务模式面向自然资源管理时可能存在的一些不足。最后从技术角度列举了改进当前服务模式的建议，提出了面向自然资源管理的地理信息大数据服务新模式，并准备在企业中做切实的推广和试点研究，以期发挥好新时期地理信息企业的作用，助力我国自然资源事业的高质量发展。

地理信息大数据服务模式的未来发展要落实如下举措。

推进切实的产学研用合作，提升服务的技术内涵。企业应当聚焦于为自然资源管理具体业务提供全链路、全生命周期的解决方案和软件平台，注重集成创新，积极引入新型技术成果与前沿理念知识，充实服务内容，打磨服务亮点，集成服务特色。

增强主动能动的服务意识，拓展服务的覆盖范围。以一线服务经验为基础，换位思考，把握管理工作对信息服务的总体需求。分析实际生产业务的不足与未来发展的趋势，积极思考，提前布局，为管理工作做长期谋划。

把握行业技术发展新动向，夯实服务的技术基础。根据《全国基础测绘中长期规划纲要（2015—2030年）》，新型基础测绘体系已经成为新时代基础测绘转型升级的必由之路，要面向自然资源管理需求，研究新型基础测绘的数据体系，提高自然资源业务的劳动生产效率，建立新型基础测绘的管理模式，优化自然资源业务的劳动生产关系，立足行业技术发展前沿，为自然资源管理提供更加扎实的基础性和关键性技术支撑。

B.17
面向自然资源管理需求的地面调查监测系统建设

葛良胜　夏　锐[*]

摘　要： 在生态文明建设大背景下，新时代自然资源管理对自然资源调查监测工作在统一性、综合性、多指标、高精度和实时性等方面提出了新要求。地面调查监测系统建设是实现自然资源调查监测体系和技术方法体系构建总体目标的关键环节之一。本报告针对地面调查监测系统建设问题，重点从目标任务、基本原则、系统构成、建设管理等方面进行了初步讨论，并重点说明了其在自然资源综合调查监测工作中的应用场景。

关键词： 自然资源　地面调查监测系统　自然资源管理

2019年以来，自然资源部围绕"两统一"职能，出台了《自然资源调查监测体系构建总体方案》（简称《总体方案》）等与自然资源管理有关的系列政策文件。2022年2月，又发布了《自然资源调查监测技术体系总体设计方案（试行）》（简称《技术方案》），给出了自然资源调查监测工作具体开展的宏观性指导和场景式规范。《技术方案》强调在新时代自然资源调查监测业务中，要充分运用现代高精度遥感、自动化信息处理、智能化数据处理等新技

---

* 葛良胜，博士，博士生导师，中国地质调查局自然资源综合调查指挥中心研究员；夏锐，中国地质调查局自然资源综合调查指挥中心高级工程师。

术，地面调查监测仍然是协同高效获取自然资源基础数据的关键技术和核心环节之一，也是现代高新技术有效发挥作用的前提。基于这种认识，本报告从新时代自然资源管理对调查监测的需求出发，对调查监测工作中的地面调查监测系统建设提出若干思考，以期对高效开展自然资源综合调查监测工作有所启示。

一 自然资源管理对调查监测提出的新要求

自然资源调查监测是获取支撑自然资源管理工作数据的基本手段。新时代以山水林田湖草是生命共同体为理念的自然资源管理，对调查监测工作提出了新要求。[①] 一是工作组织从独立部署向统一协调转变，即调查监测工作的组织和管理，必须从过去分散独立、各自为政的状态转向统一协调。具体就是要做到统一组织开展、统一法规依据、统一调查体系、统一分类标准、统一技术规范、统一数据平台的"六统一"要求。二是工作方式从分类分级向综合协同升级。要改变我国自然资源调查监测工作长期实行的简单分级分类工作模式，走向既重视单要素分类和专业调查，又重视多门类自然资源综合和协同调查的工作模式，这既是历史的必然选择，也符合世界主要国家自然资源调查监测的发展趋势。三是内容指标从数量、质量向效益、生态拓展。自然资源调查监测主要指标必须从以数量、质量等本底属性为主，向效益和生态（包括碳汇）拓展，形成全要素、多指标体系，既要支撑国家对自然资源本底国情的宏观掌控、整体规划和开发利用，以体现其经济价值，又要支撑对自然资源开发利用行为给生态环境带来的负面影响的价值评估，服务生态恢复、修复和治理，以体现其生态价值。四是基本要求从简单自洽向精准实时提升。单门类自然资源调查监测虽可以实现数据关系的简单

---

① 陈军、武昊、刘万增等:《自然资源时空信息的技术内涵与研究方向》,《测绘学报》2022年第7期；桂德竹:《自然资源调查监测业务体系建设的"变"与"不变"》,载库热西·买合苏提主编《新时代测绘地理信息研究报告(2019)》,社会科学文献出版社,2019,第83~89页；葛良胜、夏锐:《自然资源综合调查业务体系框架》,《自然资源学报》2020年第9期。

自洽，但可能造成多门类自然资源数据间的重叠或孤岛效应，而5年甚至更长周期的调查工作又难以提供精准实时的现势数据。因此，需要在对自然资源载体，即国土空间进行唯一性、科学性定义，以保证数据空间位置和边界范围的权威合法性的基础上，实时精准掌握多门类自然资源全要素数据，从而使自然资源确权、资源要素间的匹配和彼此消长情况掌控等在统一管理框架下得以实现。五是技术方法从单一体系向集成立体转换，即从自然资源分层分类模型出发，面向自然资源管理的多样化需求，通过构建不同类型自然资源调查监测的内容和属性指标体系，结合不同技术方法的特点、功能和作用，按照通用技术与专门技术、传统技术与现代技术、调查技术与监测技术、平面调查与立体观测、野外调查与室内分析、继承转换与探索创新等相结合的原则，形成集成立体、融合兼顾、快捷高效的技术方法集合，以支撑和保障调查监测工作开展。六是地面调查监测系统在自然资源管理中具有不可替代的作用。地面调查监测系统是自然资源调查监测技术方法体系中的核心环节，是实施和连接其他调查监测工作的基础平台，既不可或缺，也无法替代。耕地保护责任目标考核和"非粮化""非农化"监管等精细化自然资源管理工作，只能充分依托地面调查监测系统，通过走进野外现场、走进田间地头、走进样地样方，获取准确、精细、实时数据来实现。

二 自然资源调查中的地面调查监测系统建设

地面调查监测系统在现代自然资源管理中的重要地位，决定了地面调查监测系统建设，必须在厘清地面调查监测具体技术方法及其对自然资源调查的支撑保障作用的基础上，结合自然资源统一和综合调查需要，进行体系规划，科学、合理、高效、有序开展。

（一）目标任务

根据《总体方案》和《技术方案》相关说明，可以将地面调查监测系统

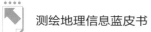
建设的主要目标任务确定为：面向自然资源管理"两统一"需求，以便捷、准确、快速、高效获取各类自然资源相关属性指标数据信息为目标，统筹协调和有序推进集多样化功能和多技术方法协同使用于一体的自然资源地面调查监测系统建设，使之成为支撑空天地井网调查监测技术运用的基础平台、直接采集多属性指标参数的地面站点、长期监测相关指标参数变化的地面网络，服务自然资源调查监测和技术方法体系构建。

（二）基本原则

根据当前自然资源调查监测工作实际情况，开展地面调查监测系统构建，应认真把握以下基本原则。

1. 应用牵引，因需而建

建设地面调查监测系统的主要目的，是通过系统支撑采集相关自然资源属性指标数据和信息，在地面调查监测系统建设顶层设计中，应贯彻应用牵引、因需而建原则。

2. 地面主导，立体协同

地面调查监测系统建设应立足地表，通过地面相关技术方法和手段开展调查监测工作，同时还应考虑到地面支撑和保障条件下的空天遥感和地下井孔调查监测技术的运用，形成以地面为主导和纽带的立体协同式数据采集体系。

3. 多用合一，多能一体

尽可能将自然资源多要素属性数据采集方法技术一体化、一站式、复合性集成在地面调查监测系统中，以提高地面调查监测系统数据采集效率和稳定性，兼顾某些门类资源特定属性指标调查监测的特殊要求。

4. 升改为先，新建为辅

新的地面调查监测系统应在充分利用相关部门在全国各地已经建成的各类地面调查监测和观测站点的基础上，结合新需求，优先考虑升级、改造、扩能、增项、兼并、融合，如果升改后还无法满足需要，可补充新建。

5. 动静结合，调监兼顾

地面调查监测系统建设应秉持固定式站点、样地样方、井位孔位和根据需要随时动态调整相结合的原则，兼顾常态性、周期性调查和应急性、长期性监测需要。

6. 传统先进，适用为要

地面调查监测系统建设应将长期在各门类自然资源调查监测实践中形成的成熟、有效适用技术，例如林草资源调查的样地样方技术、地质调查的点线面技术、地下资源调查的剖面和槽井孔技术等，与现代高新技术相结合，满足多样化调查监测要求。

7. 软硬统筹，疏密适度

要注重与地面调查监测系统应用有关的环境建设，统筹考虑相关的软硬件支撑环境。不同区域、不同层次自然资源管理和服务需要不同精度（比例尺）的调查监测数据支撑，地面调查监测站点精度和网度必须满足相应尺度下的抽样统计学要求，做到疏密适度，既不重复浪费，又满足要求。

（三）系统构成

地面调查监测系统由多样化的系列要件构成，根据功能可划分如下。

1. 基础设施

基础设施主要包括用于开展常态化和长期性监测、观测的固定站点所需要的地面建筑，如长期或临时驻留人员使用的办公室、实验室、学术报告厅、宿舍、材料和设备库等基础设施，以及样品（本）库、岩芯库等；用于固定监测观测、数据传输等的平台、铁塔、基站、围栏；用于支持外业现场测绘、测量、定标等的固定三角点、坐标点、标尺；等等。

2. 地面调查

地面调查主要包括按照抽样统计学原理，按规则或不规则网格，满足不同调查精度要求布设的，用于开展森林、草原、湿地、地表基质调查的样地、样方、样点；用于开展遥感监测、信息提取等野外实地对比验证查证工作的

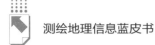

专门设立的样本区、样本库等；用于对特定要素的某属性指标进行周期性或长期性动态对比监测的专门部署的典型剖面、点位；等等。

3. 监测观测

监测观测主要包括依托天然或人工湖泊、河流、海岛礁、海岸带等而设置的专门用于各种风、电、光、气、温、碳等的通量、状态观测，以及生物、地质灾害、地应力监测观测的台井孔等，它们与基础设施的区别是地面调查监测要件并不一定是长期固定的，会随着调查监测的具体要求不断移置、变更、增减，或被遗弃。

4. 技术方法

技术方法主要包括用于地形地理和各类自然资源分布、面积、边界等确定的测绘测量技术；依托地面、车载、手持等终端的近距离地面遥感、远近红外、地面探地雷达和激光扫描技术；用于资源物理、化学性质测定测量的物理化学技术；用于土壤（地）质量和地表基质类型、组成（岩石、矿物、元素）、状态、产状等观测、鉴定和定年的重、磁、电、放（射性）等地球物理、地球化学调查和分析测试技术；用于资源要素物理、化学性质测试的地面和水体、水下取样技术；用于地下资源调查和勘查的槽井钻等地质工程（施工）技术；以及在地面开展的用于获取某些资源要素特定属性指标的专门技术。

5. 设备装备

设备装备主要包括地面调查监测工作应用到的各类装备设备。如导航定位测量设备、通信传输联络设备、交通运输投送装备、现场监测观测装备、野外快速和室内分析鉴定测试装备、现场取样和地面－地下工程施工装备、外业调查作业和信息化数据采集设备、重磁电放等地球物理调查装备、野外安全防护和应急救护设备以及其他用于地面调查监测工作的后勤保障物资等。基于自然资源统一和综合调查需求，在传统和有效的专业化装备设备基础上，快速集成、优化组合和创新开发更多符合综合调查野外作业需要及集多样化功能于一体的轻便化、模块化、小型化、智能化和易于操作的装备设备系统，是需要加强技术攻关和突破的重要工作。

6. 人才队伍

人才队伍主要包括与地面调查监测相配套的、能够胜任自然资源地面调查监测工作的专家、组织管理人员、专业技术人员、工程作业人员和后勤保障人员等。基于自然资源统一和综合调查监测工作需要，培养并建设一支理解自然资源"两统一"职能、具备不同类型自然资源调查监测业务知识基础和基本技能、与相关专业领域有机配套、善于组织并承担自然资源地面调查监测任务的复合型管理和专业技术人才队伍，对于统一、高效开展自然资源地面调查监测工作十分重要。

除上述基本构成要件外，一个完善的地面调查监测系统还需要政策法规、管理制度、部门或行业间的统筹协调、具体工作实施的标准规范和质量控制措施等的支撑。只有在相应的外部约束和制度保障等配套到位的情况下，地面调查监测系统内部的各构成要件才能形成有机协同，系统作用才能得到有效发挥。

（四）建设管理

地面调查监测系统建设是国家重大基础设施建设工程。自然资源部门作为自然资源和国土空间管理利用的主体单位，应是地面调查监测系统的建设主体、管理主体和应用主体。当前，面对新时代自然资源管理和生态文明建设新要求，地面调查监测系统建设应加强以下几个方面的工作。

1. 全面系统梳理已有地面调查监测系统建设现状，并客观评价其支撑服务能力

自然资源地面调查监测系统建设涉及领域广，建设内容多，支撑保障和应用服务的行业、方向多元。从自然资源系统内部来看，包括林草水湿、国家公园和生物多样性，地质矿产、自然灾害、地下水和地下空间，海域海岸和岛礁，测绘地理和国土空间多方面内容；从自然资源系统外部来看，包括气象、水利、生态环境、教育培训、科技研发等。以前的建设工作由于各自为政，缺乏沟通，各部门所建成的地面调查监测系统没有形成真正的设施、数据共用共享机制，存在功能不能兼顾、信息不能共通、设施利

用不饱和、整体布局不合理，甚至重复闲置、维护不足和不可持续等问题。应尽快开展地面调查监测系统的全面调查，摸清基本底数，掌握建设现状，逐一评价其支撑服务能力，研究其如何在新的自然资源调查监测工作中发挥作用。

2. 面向国家重大需求，开展地面调查监测系统顶层设计，适时提出并论证建设规划

在搞清现状和摸清家底的基础上，针对自然资源调查监测体系重构和调查监测多样化具体要求，按照技术方案的总体设计，在广泛征求相关单位、领域专家，特别是在一线开展自然资源调查监测的技术专家意见的基础上，组织开展地面调查监测系统的顶层设计，认真研究和谋划建设与管理问题。制定建设标准和规范，形成地面调查监测系统建设的指挥控制和使用调度平台，适时编制建设规划，并加强论证、优化，明确具体的建设、管理单位，压实相关责任，明确目标任务，规范建设流程。

3. 建立统筹协调和共建共用共享机制，制定实施方案，推动系统整合

成立工作专班和相应的组织机构，加强中央与地方、部门与行业、建管与使用单位间的统筹协调，根据任务性质、建设模式等制订专项计划和实施方案，协同、有序推动地面调查监测系统"用旧建新"统筹、基本信息公开、基础设施共用、装备设备共享，通过系统有机整合，高效发挥其支撑服务能力。

三　地面调查监测系统在自然资源综合调查监测工作中的应用

地面调查监测系统建设的核心目的在于运用。《总体方案》对基础调查、专项调查和相应的监测工作进行了简单说明，但并未对综合调查监测做出明确规范。《技术方案》也未对自然资源综合调查监测的应用场景进行明确。而综合调查监测恰恰是地面调查监测系统的主要应用场景。因此，以下重点对此进行探讨。

（一）自然资源综合调查监测概念及与其他调查监测工作的区别

自然资源综合调查，是相对于统一调查、专项或分类调查提出的，是指集立体国土空间内全部自然资源要素（山水林田湖草沙冰等）于一体的一站式调查监测。统一调查强调组织管理的统一性，综合调查则强调业务实施的综合性。"国土三调"主要聚焦土地类型和利用类型及其现状、数量和变化，即地类调查，而综合调查聚焦全立体国土空间的自然资源，即资源调查，描述的不仅是类型和数量，还包括景观、质量、状态、结构、配置、关联、性质和生态等，兼顾自然资源的经济性、生态性和动态性。与专项调查的主要区别是，综合调查应实现调查区内无空白、资源无遗漏，调查监测指标突出共性、兼顾特色，强调不同类型自然资源间的空间配置和要素关联，具有很强的地区性、流域性、资源整体性和生态系统性特色，但在专业性、专门性和学科性上不及专项调查。

（二）自然资源综合调查监测技术思路

自然资源综合调查监测可按两个层次部署和组织实施。

全国层次建议参照"国土三调"模式开展，即将"国土三调"升级为自然资源综合调查，全国统一组织实施。以最新完成的"国土三调"成果为基础，将土地利用类型和现状，延伸到资源类型与现状；将相对简单的空间位置（范围）、面积等数量指标，拓展到在国家层面应该重点掌握的资源、质量指标；在平面空间覆盖基础上，增加立体空间覆盖，实现陆地海域统筹、地上地下兼顾、多门类自然资源一体；改数据成果的平面空间表达为立体空间分层表达，与三维立体时空数据库对应。

在全国性调查成果基础上，可面向国家和地方重大战略、重大规划、重大部署等需求，以工程或项目形式，组织区域或流域层次精度更高、目的更为具体的自然资源综合调查监测工作。该层次调查应充分运用已有各类调查监测的数据和成果，但不限于已有调查监测成果。因为它们的目的要求、内容指标、技术思路、作业方法、关注重点、服务方向均有明显区别。基于此，区域、流域层次的自然资源综合调查监测也可先行部署开展。

具体的技术思路是：根据自然资源分层分类模型，面向不同层次管理需求和应用需要，以"国土三调"成果为统一底图，通过规则或不规则网格的点、线、面、体等系统控制，充分利用以地面调查监测系统为主的立体化、一站式或专门性技术方法，在调查区内按照"遇啥调啥"原则（如遇林调林、遇草调草、遇水调水、遇湿调湿、遇矿调矿等）开展自然资源综合调查监测工作，系统填制调查区立体空间自然资源图，采集必要样品，获取各种数据，综合处理评价，集成服务应用。

（三）地面调查监测系统具体运用

在自然资源综合调查监测工作中，地面调查监测系统主要有如下运用场景。

针对地下资源层，重点考虑地质遗迹、地下空间、能源矿产、金属非金属矿产、地下水等资源要素，主要依据地质调查、工程勘查和矿产勘查、开采开发等相关资料，收集相关数据。可立足地面调查监测系统，开展必要的现场核查。

针对地表基质层，按照岩砾土泥的分类体系，在区域地质调查、第四纪地质调查、土地质量调查、土壤普查等基础上，可运用地面调查监测系统，重点调查地下 1~5 米深度的地表基质特征，获取调查区的地表基质资源数据。固定点线面体可用于对某些要素属性指标的定期或长期对比监测或观测。必要时，特别是在覆盖区，可部署开展集基础地质与地表基质于一体的调查工作。

针对地表覆盖资源层，叠加地理测绘及其他专项调查和地理国情监测等成果，以森林、草原、水体、湿地、景观等资源为重点，运用地面调查监测系统，精确刻画各类自然资源地理空间边界，客观描述自然资源空间分布现状，有效处理资源类型空间重叠、组合或其他争议性问题，实测获取相关属性指标数据；条件允许或必要时，还可对地上空间资源层进行调查监测。

在上述工作的基础上，针对特定指标和要求，还可运用地面调查监测系统，补充开展个性化调查工作。例如，针对全国国土变更调查和耕地保护责任目标考核等涉及的地类及属性调查核实、图斑边界调绘、地物补测和图斑实地举证等需求，对内业预判地类和权属等属性信息，在通用的点线面覆盖基础上，通过加密点位进行实地调查、逐图斑核实和调绘；针对降水、蒸散发等水文状态和通量指标，通过在相应的站点临时性增加地面观测设备采集数据，并辅以农作物野外调查，获取水资源下垫面状况；针对地表基质和地下空间结构状态等的调查，在通用性点位、路线、剖面中选择有代表性者，利用地球物理和钻探等技术手段，实现对地表基质垂向结构和地下空间状态调查的目的。

四　结语

在生态文明建设的大背景下，现代自然资源管理对自然资源调查监测工作在统一性、综合性、多指标、高精度和实时性等方面提出了新的要求，自然资源调查监测呈现从以分类分级管理为主转向综合统一管理、从注重经济价值转向经济价值和生态价值并重的鲜明特点。

地面调查监测系统是自然资源调查监测技术体系的基础平台和技术纽带，既不可或缺，也无法替代。必须面向现代自然资源管理需求，结合自然资源统一和综合调查需要，对其进行顶层设计、体系规划、有序建设。

建议尽快论证形成地面调查监测系统建设整体方案，进一步明确建设目标、基本原则、系统构成、推进步骤、运行管理、服务应用等具体问题，充分发挥地面调查监测系统在自然资源综合调查监测工作中的重要作用。

B.18
测绘地理信息融入自然资源
管理体系的对策

杨杰 马燕*

摘 要： 国务院机构改革后，测绘地理信息工作成为自然资源管理工作整体布局的重要组成部分，在支撑经济社会发展、支撑自然资源"两统一"职责履行方面起到积极的作用。本报告以青海省测绘地理信息主动融入自然资源管理体系的有益尝试和实践为基础，全面梳理机构职能设置、配合主责业务等方面的改革成效，分析围绕核心职能、把握工作要点、融入并统筹谋划资源管理的具体要求，从重构标准体系、加快转型升级、推进实景三维中国落地应用、推动队伍建设等四个方面提出具体的工作建议，为提升自然资源管理水平提供保障。

关键词： 自然资源 测绘地理信息 机构改革 青海省

2018年的党和国家机构改革，将测绘地理信息管理职责全部并入新组建的自然资源部。自此测绘地理信息工作成为自然资源管理工作整体布局的重要组成部分，自然资源部党组根据近年来的有益探索，进一步明确新体制下的测绘地理信息工作新定位，即"支撑经济社会发展、服务各行业需求，支撑自然资源管理、服务生态文明建设，不断提升测绘地理信息工作能力和水

---

* 杨杰，青海省自然资源厅国土空间规划局副局长；马燕，青海省自然资源厅国土测绘处二级主任科员。

平"（"两支撑 一提升"）。近年来，青海省测绘地理信息管理部门结合自身优势，围绕全省自然资源工作方向和目标，主动融入、积极探索，进行了有益尝试与实践。

一 基本情况

青海省测绘地理信息事业总体较弱，且历史欠账多，主要表现在基础地理信息数据覆盖率低且更新机制不健全、经费渠道单一且投入不足、影像共建共享机制不健全且应用水平不高、基础设施匮乏且分布不均、成果形式不丰富且共享不足等诸多方面。为切实解决以上问题，青海省在机构改革过程中积极沟通衔接、主动深入服务、强化事业职能，取得了一定成效。

（一）参照自然资源部机构设置，高效承接相关职能

2018 年 11 月，青海省委、省政府贯彻落实中央决策部署，重组并优化了自然资源管理体制，组建了青海省自然资源厅，在原省国土资源厅、省测绘地理信息局工作职责的基础上，整合了组织编制主体功能区规划，城乡规划管理，水、草原、森林湿地等资源调查监测和确权登记管理新职责。同时参照自然资源部的机构设置和人员配置，组建了自然资源调查监测处、国土测绘处、地理信息管理处，在承接垂直管理的相关职能外，地理信息管理处还承担了信息化工作，为高效开展自然资源相关工作奠定了基础。

（二）整合重组事业支撑部门，奠定工作和服务基础

按照机构改革进程，青海省自然资源厅积极与省委机构编制委员会协调沟通，成立了青海省地理信息和自然资源综合调查中心，并下属六个事业单位和一个国有企业，包括承担全省地理信息、遥感影像获取与管理工作的青海省自然资源遥感中心，承担全省测绘基准、基础测绘相关工作的青海省基础测绘院，承担全省自然资源基础性调查相关工作的青海省自然资源综合调查监测院，承担全省地理空间、自然资源调查监测大数据管理和应用工作的青海省地

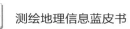
理空间和自然资源大数据中心，承担全省测绘地理信息成果质量监督检验工作的青海省测绘质量监督检验中心，承担测绘科研、应用推广和社会化服务工作的青海省测绘科学技术研究院，参与市场经营的青海省地理信息产业发展有限公司。

（三）融入自然资源主责业务，履行"两支撑 一提升"职能

通过以上在职能、机构、事业支撑上的改革，青海省测绘地理信息管理部门在做好本职工作的同时，主动融入自然资源管理体系，配合相关处室开展了以下融合工作。

1. 以整合大数据和重构信息化框架为抓手，全面服务地政、矿政管理工作

结合《自然资源部信息化建设总体方案》，充分对接"审批破冰""工程建设项目审批制度改革""政务服务一体化平台"等信息化项目，整合各类自然资源数据，包括国家基本比例尺地形图数据、第二次全国土地调查数据、第三次全国国土调查数据、年度变更调查数据、林业草原数据等基础数据；土地利用总体规划、城市和乡村规划、移民安置规划、国土空间规划等规划数据；耕地和永久基本农田红线及补划数据、生态保护红线数据、城镇开发边界数据等控制性数据；单独选址和城市分批次建设项目用地审批、宅基地涉及的农用地转用、矿产资源开发利用、建设用地供应等政务数据；自然资源确权登记数据；季度、年度覆盖全省的优于 2 米、1 米的航空航天遥感影像数据。在此基础上形成了种类多、精度高、联系紧的支持各类自然资源决策的可视化大数据，搭建了自然资源大数据"一体库"和"一张网"框架，按照定性、定量化的地政、矿政审查规则，逐步实现了引入智脑的自动化政务审批流程，压缩了行政审查、审批时间，改善了自然资源领域的营商环境。

2. 以便捷遥感影像更新机制为基础，服务自然资源督察和项目管理

借助实时获取高分辨率影像的优势，注重与自然资源部国土卫星遥感应用中心和卫片执法检查的优势互补、数据共享、信息互通，分别按照月度、季度、年度对重点地区、重点项目、重点事项进行重点监控，实现卫片执法监察与遥感影像资源的深度融合。在新冠疫情防控期间，采用内外结合的方

式全方位、无死角开展督察工作，拓展了遥感影像适用范围、提升了自然资源督察效率，推进了督察治理体系和治理能力的现代化。同时，根据城乡建设用地增减挂钩项目完成拆旧区拆旧复垦后移交地方管理并不得撂荒的特点，对近年来实施的部分城乡建设用地增减挂钩项目按照立项、竣工验收、移交管护等，分别进行对比分析，直观地为项目立项、竣工验收、指标交易提供了决策基础。联合青海省委省政府相关部门和部队等，统筹全省的遥感影像，打破了原有重复投入、分头获取、分散处理的窘境，从资金投入、影像采购、统一处理、应用管理等方面全面统筹，节省了大量人力、物力和财力，为自然资源充分发挥资源优势、更好地履行"两统一"职责提供了影像支撑。

3. 以统一测绘基准和测绘体系为重点，为国土空间规划和国土空间基础信息平台搭建奠定基础

一是以国家测绘基准体系基础设施为基础，重点围绕国土空间规划和国民经济社会发展需要，布设了卫星导航定位基准站、卫星大地控制点、二等水准点和重力控制点，制作了覆盖全省的坐标转换模型和似大地水准面模型，初步实现了自然资源空间基准的统一。二是按照《中共中央 国务院关于建立国土空间规划体系并监督实施的若干意见》，在建立五级三类国土空间规划体系，尤其是划定永久基本农田、生态保护红线、城镇开发边界等空间边界，科学布局生态、生产、生活空间，构建国土空间规划"一张图"实施监督信息系统过程中，提供了统一的时空基准体系，依托各类数据资源和地理信息系统分析方法，有效分析规划冲突和重叠，形成了国土空间基础信息平台的"一张蓝图"，为资源环境承载能力基础评价和国土空间开发适宜性评价提供了技术方法，在进一步推广并应用2000国家大地坐标系统、维护国家统一地理空间框架和时空基准的同时，进一步增强了测绘地理信息的服务保障能力。三是按照自然资源部要求，理清了北斗卫星导航系统在青海省自然资源领域的应用推广思路。

4. 以"多测整合、多验合一"为契机，优化自然资源领域营商环境，深化改革

按照自然资源部以"多规合一"为基础推进规划用地"多审合一、多证

合一"改革要求，结合工程建设项目审批制度改革，在广泛征求相关部门、测绘资质持证单位意见的基础上，联合省直相关部门印发了《青海省工程建设项目"多测合一"实施办法（试行）》，明确了各级自然资源部门、工程建设单位、测绘资质持证单位的工作职责，规定了"多测合一"需满足的有关条件和标准。明确了以统一规范标准、强化成果共享为重点，将建设用地审批、城乡规划许可、规划核实、竣工验收和不动产登记等多项测绘业务整合，归口成果管理，推进"多测合并、联合测绘、成果共享"。要求各地在建设项目竣工验收阶段，将自然资源主管部门负责的规划核实、土地核验、不动产测绘等合并为一个验收事项。以上便民利企的改革措施，优化了营商环境、降低了企业制度性交易成本、减少了行政资源的浪费。

此外，青海省还认真履行测绘地理信息市场监督管理职能，采用"双随机、一公开"的方式，抽查了承担第三次国土调查的测绘资质持证单位，确保了第三次国土调查成果的真实可靠；认真梳理并分析历年的遥感影像资源，参与"大棚房"和祁连山南麓青海片区798个"问题图斑"整治、耕地"非农化""非粮化"排查；充分应用地理信息系统分析决策方法，配合木里煤矿非法开采监测等专项活动。总体看，青海省测绘地理信息工作融入自然资源管理总体呈现趋好态势。

二　体会和感悟

通过以上有益探索和深度融合，青海省自然资源管理部门认识到，只有充分正视此次机构改革带来的职责和定位上的变化，围绕核心职能，把握工作要点，才能融入并统筹谋划自然资源管理工作。

（一）要充分认识"两支撑 一提升"重要意义，完成业务转型升级

"两支撑 一提升"是历经三年的实践探索，是对测绘地理信息工作的新定位，是法律法规赋予的根本职责和履行本职工作的根本保障，是支撑生态文明建设、国民经济社会发展的重要手段。通过大部制改革，国家治理体系

和治理能力的现代化对国土空间规划编制、自然资源开发利用、国土空间用途管制、自然资源生态修复以及地质勘察管理等工作提出了更高要求，测绘地理信息对于以上工作的精细化、标准化、信息化可以发挥重要作用。

同时，在深度融合进程中发现尚未形成测绘地理信息和自然资源融合、统一的分类标准，存在自然资源各业务子系统标准和数据格式不统一、信息不能交互共享的问题，伴随标准体系不一致的还有自然资源质检体系仍不健全，目前只停留在专家验收阶段，不能对数据、技术本身的质量进行评定。需进一步加快建立测绘地理信息和自然资源统一的技术标准分类体系和分类标准，进而加快融合步伐，提供更加精准、适用，满足生态文明建设需求的测绘地理信息支撑服务。

（二）要重塑主责主业，更好地融入自然资源管理

测绘地理信息职责全面整合优化并入自然资源部，并不代表着对测绘地理信息的弱化，更没有将测绘地理信息边缘化，恰恰增加了测绘地理信息的话语权、工作的主动权。以《测绘法》为测绘地理信息的基本法律，规定测绘地理信息公益性、基础性的定位没有变，不仅要为自然资源管理提供支撑，更要围绕经济社会发展和国防建设做好支撑保障，服务各行各业的需求，那么基础测绘内涵和外延的拓展也将是必然的。共同做好自然资源管理工作，测绘地理信息将在技术、资源、方式方法方面发挥巨大优势。建设生态文明、划定国土空间边界、普查自然资源家底、细化不动产登记、调查资源资产属性等主责主业都需要用到统一的测绘基准、测绘体系、测绘数据、测绘方法，势必要聚焦实现自然资源管理技术的统一，实现数据的融合；国土空间规划编制、国土调查、地理国情普查与监测、年度变更调查、勘测定界、建设工程放验线、竣工验收等，均是委托测绘资质持证单位，通过统一的市场监督管理，持续优化营商环境，深化改革，势必要实现行业管理的统一；自然资源确权登记、永久基本农田坡度分析、地上地表地下空间的综合应用，势必要求测绘地理信息打破原有地表、比例尺、分幅等框架体系，按照新思路、新方法、新理念重塑标准体系。新形势要求激发改革内生动力，持续拓展测

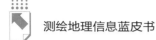

绘范围与领域，构建连续时空、产品多元、框架统一、应用泛在的平台体系，从内部镶嵌进自然资源管理，进而满足融合后服务经济社会发展和自然资源管理需求。

（三）要聚焦业务融合关键，加快从物理融合到发生化学反应

按照国土空间基础信息平台建设要求，在积累和整合涵盖土地、地质、矿产、地质环境与地质灾害、基础测绘等基础类、业务类和管理类数据，形成自然资源"一张网""一张图"，构建统一的国土空间基础信息平台时，也发现了以往数据在代码标准、边界位置、坐标系统、时间顺序、逻辑关系、建设机制、应用模式、现势需求、共建共享等方面存在较大差异，这就为搭建自然资源信息化管理体系等提供了充要条件。相关数据在逻辑关系和标准体系上本身存在"排异反应"，比对、融合、管理数据，可以很好地将以上数据整合后作为自然资源"一张底图"，并将各单位、各部门产生的数据及时融合到资源池，反映到"一张底图"，从而消除矛盾图斑、融合工作机制、形成工作合力、发生"化学反应"，有利于提升自然资源的一体化、精细化管理水平，为政务管理提供决策基础，为"数字中国"提供技术手段。

（四）要进一步深化事业单位体制机制改革，强有力支撑自然资源管理

通过深度融入自然资源重构的业务体系，支持自然资源主要业务的经费投入明显增加，投入渠道也更加多元化，参与的项目也逐渐拓展至农村乱占耕地建房问题摸排、第三次全国国土调查、木里矿区应急保障、自然资源卫片执法、服务国土空间规划编制、全民自然资源资产清查试点、冰川冰湖监测、自然资源统一确权登记、永久基本农田调整划定、祁连山南麓生态环境恢复治理大排查等。这也就要求必须有一支结构合理、素质过硬、装备精良的专业化队伍，以满足自然资源数据源、各类信息化系统源代码、大数据资源存储及运算、多源遥感数据获取与处理、坐标系统转换等关键技术的突破需求，尤其要发挥测绘地理信息内外业一体化技术优势，用好云计算、大数

据、物联网、人工智能等新一代信息技术，形成制度化、标准化的自然资源数据采集、生产、质量监督检验等业务体系，按照事业单位分工，构建专业化、精细化自然资源队伍，形成高效服务国土空间规划与用途管制、耕地保护监督管理、生态系统修复、自然资源开发利用监管和自然资源执法监督的长效业务支撑体制机制。

三 建议

测绘地理信息工作要持续做好"两支撑 一提升"，仍要不断进行跨界融合发展。这一进程中机遇与挑战并存，需要以壮士断腕的改革勇气刀刃向内勇于改革创新，形成对内支撑、对外提升的业务格局，以信息化为基础继续向智能化、泛在化、普适化测绘地理信息转变，完善原有标准架构，重构基础测绘管理体制，创新产品体系，切实把握测绘地理信息新的历史定位，推动自然资源高质量发展。

（一）重构基础测绘和地理信息标准体系，以融入重塑后的自然资源管理体系

测绘地理信息从模拟到数字，再到信息化的转变，从根本上并未打破原有的标准体系架构，而是从技术手段上一次次的更新完善。融入自然资源格局尤其是在基础地理信息资源的内涵和外延扩展后，要结合《国土空间调查、规划、用途管制用地用海分类指南（试行）》《土地利用现状分类》《国土空间用途管制数据规范（试行）》等标准，扩展地理信息框架数据代码体系，形成对同一测量标的物多属性表达的标准体系。同时，要结合工程建设项目的"多测合一、多验合一"，完善以竣工测量为基底的测绘地理信息数据更新机制。此外，在推动标准体系重塑的过程中，要通盘考虑新型基础测绘项目和自然资源管理的需要，落实好资金的分级管理制度，将测绘地理信息项目或成果作为自然资源生态修复、国土空间规划编制、自然资源资产清查等的基础成果，以项目管理全面融入自然资源管理体系。

（二）加快新型基础测绘转型升级，以全面融入自然资源管理体制

新型基础测绘目前仍然在探索阶段，对于青海省来讲，一是要继续统筹规划现有空间基准资源，深度融合平面基准、高程基准、重力基准以及深度基准建设，补齐基准基础设施短板、促进基准站点分布合理与均衡化、统筹精化湖泊陆地大地水准面、全面推广并应用好相对独立平面坐标系统，增强各基准与坐标系维持能力。二是满足多种类光谱影像应用需求，完善航空航天遥感影像获取手段，探索为三江之源、"中华水塔"服务的地球同步卫星体系建设，加强遥感影像自动解译、监督分类技术研究，丰富遥感影像产品类型。三是按照"所测即所在、所绘即所见"的原则，改变传统基础地理信息数据在不同比例尺下的表达方式，重新制定点、线、面数据的采集与表达方案，建立对全要素基础地理信息数据"能测尽测、只测一次、多级复用"的技术规程。同时，开展多部门、多领域的融合测绘，给予采集到的基础地理信息新的分类代码，建立全社会各行业均适用的基础地理信息成果，从而将基础地理信息数据的采集内容、数学基础、编码形式、元数据等要素统一到相同体系。四是重新制定地理实体数据的地理实体标识码、信息分类编码和图元标识码，对地理实体编码进行组合和扩充，确定唯一地理编码规则，确保多尺度的地理实体连通、关联和无级缩放。

（三）推进实景三维中国落地应用，以提升自然资源管理能力

实景三维是真实自然资源现状和自然地理格局的数字孪生，是满足各部门、各单位和社会对自然资源应用的迫切需求，支撑自然资源管理、服务生态文明建设的重要手段。在推进实景三维建设的过程中，要以国土空间规划为龙头，以三区三线划定的生态、生产、生活空间，分区完善立体空间地理信息资源体系。要加强地形级实景三维建设，建立青海省生态文明建设基地；要加强城市级实景三维建设，强化对建筑、地下空间的建筑信息模型（BIM）以及城市物联网的构建，推动自然资源管理过程中建设工程以 BIM 报建、审批，以城市信息模型（CIM）验收、归档和更新，完成真实三维与详细规划实

施监督的融合；要加强部件级实景三维建设，基于 CIM 将数据颗粒度细化到城市单体建筑物、构筑物及其内部要素，实现物联感知数据接入和融合。

（四）推动测绘地理信息队伍建设，以提升自然资源管理水平

实践证明，自然资源管理的高质量发展仍然需要一支高质量的测绘地理信息队伍，从"天地图"建设到统筹推进实景三维中国建设、建成三维立体自然资源"一张图"，从北斗卫星导航到维护国家地理信息安全，从可见光遥感到"天空地"一体的自然资源全要素、全流程、全覆盖的现代化监管以及海量自然资源数据管理都对测绘地理信息提出了更高的要求。测绘地理信息队伍要进一步强化其公益属性，以全国重大测绘地理信息项目建设、推动测绘地理信息国际合作、维护国家地理信息安全、填补测绘地理信息领域空白等为基础，进一步加强技术创新，构建智慧化自然资源管理机制，全面提升自然资源管理信息化水平。

B.19
"数据＋业务"双驱动助力自然资源数字化变革

凌海锋 *

摘　要: 党的十九届四中全会增列数据作为生产要素,将数据治理现代化作为提升生产效率的有效手段,本报告结合 2018 年国务院机构改革赋予自然资源管理部门的新职责,提出"数治自然资源"理念,通过构建"数据＋业务"的双驱动机制,以问题、目标、需求为导向,助力自然资源管理部门提升治理水平和治理能力。

关键词: 数据治理　自然资源　数据要素　数字资产

一　引言

经国序民,正其制度。党的十九届四中全会增列数据作为生产要素,数字化改革成为国家治理体系和治理能力现代化的有效手段。近两年来,国务院相继出台《"十四五"数字经济发展规划》《国务院关于加强数字政府建设的指导意见》,将政府、社会、经济等领域的数字化改革推到空前高度。

2018 年国务院机构改革赋予了自然资源管理部门新的使命和职责,即"统一行使全民所有自然资源资产所有者职责,统一行使所有国土空间用途管制和生态保护修复职责"(简称"两统一")。自然资源管理工作涉及区域发

---

* 凌海锋,武大吉奥信息技术有限公司副总裁。

展的国土空间规划、粮食和生态安全、土地要素保障等核心领域，关系到国家粮食安全和生态文明建设，如何更好地提升自然资源治理能力，让自然资源管理更好地满足政府治理体系的要求，成为当前自然资源管理工作的重点。

履行"两统一"职责，构建自然资源治理体系，提升自然资源治理能力，需要健全自然资源资产产权制度和用途管制的法律法规与相关制度；需要建设全新的国土空间规划体系；需要全面摸清自然资源现状，对水流、森林、山岭、草原、荒地、滩涂等自然生态空间及各类产权进行统一确权登记；需要明确国土空间的自然资源资产所有者、监管者及其责任；需要处理好政府监管与市场在自然资源资产配置方面发挥决定性作用的关系；需要建立体系化的沟通协商和监督制约机制，实现信息共享。新职责对自然资源治理体系建设的新要求，形成了当前各级自然资源管理部门必须面临的挑战。

二 总体思路

面对上述要求和挑战，利用数字化理念来服务自然资源职能落地、推动治理水平和治理能力提升，摆在自然资源管理者面前的首要问题在于快速地将以前分散的、需变革的各项职能和各类资源进行一体化统筹和规划，有效适应变革后的自然资源管理工作。

信息化既是业务管理的重要手段，也是管理变革的驱动力之一。当前，我们已经进入"数字"时代，"数字化"变革已成为各行各业变革和发展的重要推动力量。本报告提出的"数治自然资源"理念，就是"数字化"思维在自然资源行业的落地，通过构建"数据＋业务"的双驱动机制，以问题、目标、需求为导向，解决当前面临的问题和困难，助力自然资源管理部门重构自然资源治理新体系。

如图1所示，"数据＋业务"双驱动的"数治自然资源"信息化理念，主要包括三个层面的内容。一是革新数据思维、推动业务数据化，用数据思维来统筹自然资源业务体系及此次业务职能变革，将新的自然资源业务分类、业务描述、业务逻辑、业务模型等进行数据化表达，实现业务数据化，用数据视角去描述业务。二是开展数据融合、实现数据业务化，首先在完成各类分散的相关数据资源统筹管理的前提下，规范数据分类、数据目录、数据标准，实现数据资源统一管理；结合业务数据化成果及业务关系模型，建立自然资源管理业务所需要的"块数据"，即构建数据之间的业务关系和业务逻辑，促进数据融合升级，实现用数据表达自然资源业务之间的互通互达，实现数据业务化。三是推动数据资源要素化、转换自然资源治理模式，将数据资源上升到自然资源管理的生产要素高度，将业务场景进行数字化，用数字化手段解决自然资源管理过程中的难题，为自然资源治理提供保障。

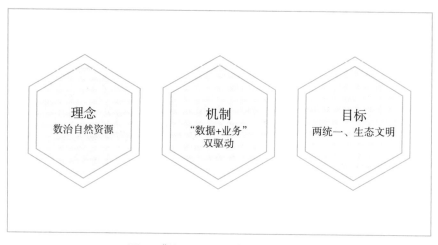

图 1 "数治自然资源"信息化理念

三 实现方法

结合"数治自然资源"的核心思想，开展"数治自然资源"的实践，主要分为三个步骤。第一步，开展业务盘点和业务数据化，全面摸清自然资源管理的业务清单和数据家底，形成自然资源信息化的基本要素；第二步，通过数仓构建和数据业务化的理念推动数据融合和业务协同；第三步，打造数字化治理能力平台——国土空间基础信息平台，全面支撑自然资源治理体系的变革，服务自然资源"两统一"职责履行。

（一）业务盘点及业务数据化实现

自然资源业务数据化是推动自然资源数字化变革的前提。为保障自然资源管理工作顺利进行，梳理自然资源业务执行体系是近年来各级自然资源管理部门的一项核心工作，各个地方梳理方式不尽相同。武大吉奥信息技术有限公司通过近来各地信息化实践，围绕"两统一"中的自然资源的调查监测、自然资源的确权登记、自然资源的所有者权益、自然资源的开发利用、国土空间的统一规划、国土空间的用途管制、国土空间的保护修复等关键环节，厘清了自然资源业务之间的逻辑关系（以某自然资源管理部门为例），如图2所示。

从图2不难发现，管理理念的重塑与业务体系的融合是践行"两统一"使命的工作核心。那么如何借助信息化推动管理理念的重塑和业务体系的融合？

实现业务管理的"数据化"，需要将业务执行的各项审查要点、业务规则、管理指标、监管策略用数据模型进行表述，用数据破解在新业务管理工作中遇到的难题。

如图3所示，业务数据化的实践，将进一步拓展自然资源"块数据"的外延，实现业务逻辑、数据管理的"一体化"，从而形成自然资源信息化的新基础设施，促进各级自然资源管理部门数据和业务标准化、一体化，推动"多规合一""多测合一""多审合一""多证合一"落地，以数据协同带动自然资源管理工作的业务协同。

（二）数仓构建及数据业务化实现

"数治自然资源"理念从数据思维的视角出发，对从空间上涵盖地上、地表、地下，时间上贯通过去、现在和未来，范畴上覆盖"山水林田湖草沙冰"

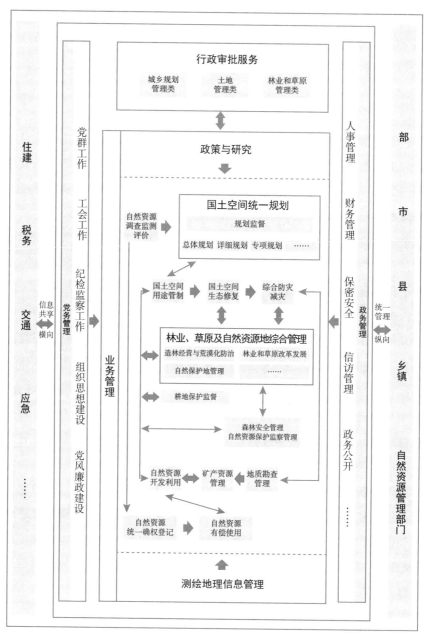

图 2　自然资源业务关系（以某自然资源管理部门为例）

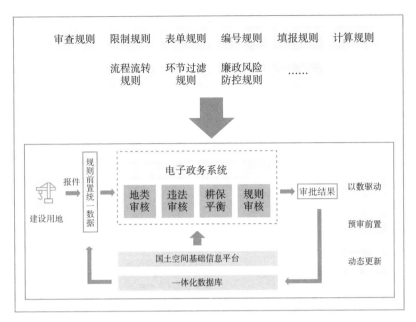

图3 业务数据化

的自然资源数据进行梳理和规划，直观地用业务和数据之间的关系来描述自然资源管理的本质，如图4所示。

近几年，自然资源管理部门通过不动产数据整合、第三次全国国土调查、国土空间规划编制、自然资源确权等工作，从框架上重构了基础数据支撑体系。以业务盘点和数仓构建为框架，以基础测绘成果建立自然资源空间数据的空间框架，以国土基础调查为基础，以土地、矿产、森林、草原、水、湿地、海域海岛等专项调查为补充，衔接国土空间规划、自然资源管理和社会经济数据，构建集"山水林田湖草沙冰"于一体的三维立体自然资源时空数据体系，沉淀到自然资源大数据中心，形成自然资源治理体系建设的工作基石。

更好地服务自然资源业务执行、保障业务管理之间的通达性，需要利用数据资源融合的思路来重构数据关系，支撑业务运行。更好地将业务融入数据，需要充分利用自然资源管理对象"对象化"的特征，通过构建统一的自然资源数据模型，形成城乡一体化的现状及权籍数据、关联的业务管理数据、

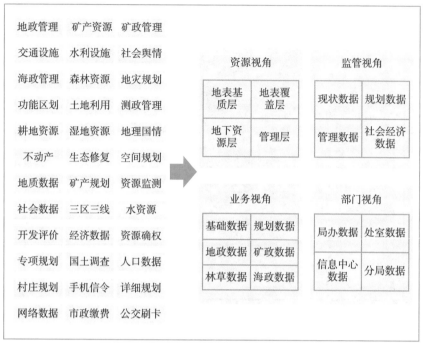

图 4 从数据思维视角看自然资源管理

五级三类的国土空间规划数据等一体化自然资源数据资源，从时间、空间和业务等维度建立自然资源的数据体系，形成业务所需的自然资源"数据块"（见图 5），实现数据的业务化表达，为各类业务联动提供数据保障。

（三）能力体系建设及应用

如何保障"数治自然资源"理念落地？按照自然资源部信息化总体设计的要求，国土空间基础信息平台承担这一重任。那么，如何在国土空间基础信息平台实现呢？本报告基于"中台"理念进行设计和实现，通过构建自然资源管理所需要的"技术中台"、"数据中台"和"业务中台"，打造"三位一体"的国土空间基础信息平台，管理自然资源各类数据资源，提供应用支撑能力，形成自然资源信息化的基石（见图 6）。

中台化的国土空间基础信息平台，为自然资源信息化应用提供了技术

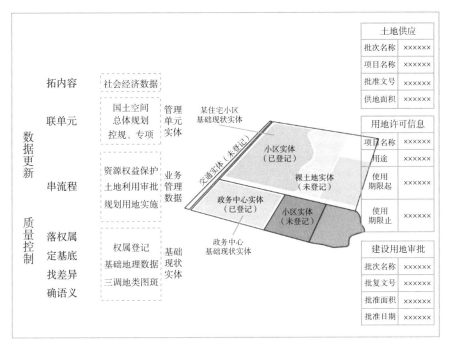

图 5　自然资源"数据块"

保障，为自然资源数据资产管理和业务联动提供了能力支撑，为"数据业务化、业务数据化"提供了手段，从而赋能自然资源政务办公、规划编制、调查监测、确权登记和综合执法等业务管理，助力自然资源治理体系的构建。

1. 建立协同化的自然资源业务行权体系

自然资源部 2022 年 3 月印发的《关于加强自然资源法治建设的通知》（自然资发〔2022〕62 号）要求持续深化行政审批制度改革。按照"业务数据化"的思路，利用业务行权体系中的"权责＋制度＋流程＋规则"，形成业务执行的流程资产、业务规则库、业务模型库和业务指标库，并沉淀到自然资源大数据中心，从而建立数字化的自然资源业务应用体系，实现业务协同、服务便民的治理需要；利用"数据"对自然资源业务行权进行及时把脉、动态监督，实现发现问题、解决问题、化解风险的闭环监督与处理机

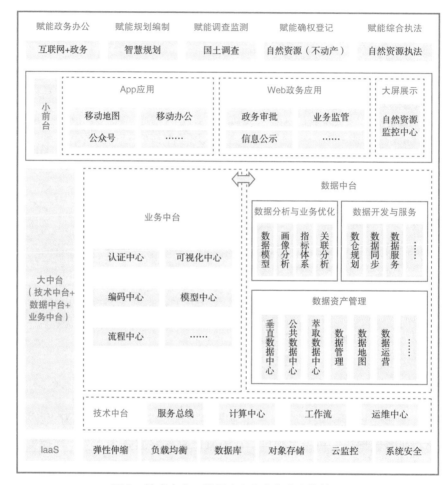

图6　技术中台、数据中台和业务中台的关系

制，助推各级管理人员警钟长鸣、依法行政；加速自然资源业务行权体系数字化转型。

2. 建立智慧化的监管与决策体系

自然资源管理工作涉及区域发展、安全底线、要素保障等方方面面。在区域发展方面，涉及如何发挥国土空间规划引领作用，对区域长远发展具有战略导向作用。在安全底线方面，涉及国家粮食安全、生态安全。在要素保障方面，需要围绕区域经济发展大局，为区域发展在空间政治、基础设施建设、工业发展等方面提供有效的要素保障。在监督监管方面，需要围绕自然资源管理各项业务，形成动态监测、及时预警、定期体检、专项评估等监督监管手段，践行"绿水青山就是金山银山"的发展理念，坚持节约资源和保护环境的基本国策。在信息化实践方面，结合数据业务化与业务数据化成果、自然资源三维立体"一张图"数据成果和国土空间基础信息平台，围绕辅助规划决策、辅助选址、资源变化监测、资源资产评估、过程管控等建立起辅助决策和监督监管体系，服务美丽中国落地。

B.20
面向自然资源管理的地理信息企业发展策略探讨

张向前 *

摘 要： 自然资源是生存之本、发展之基、生态之要，是经济社会发展的重要物质基础和空间载体。党的十八大以来，党中央高度重视国有自然资源管理，自然资源部承担"统一行使全民所有自然资源资产所有者职责，统一行使所有国土空间用途管制和生态保护修复职责"的历史新使命。本报告简要分析了自然资源工作由数字化向智能化升级的背景下地理信息产业面临的机遇和挑战，以北京帝测科技股份有限公司为例，深入探讨企业业务升级的方向和举措，为地理信息企业未来发展提供思路。

关键词： 自然资源管理　地理信息产业　智能化

一　地理信息产业发展面临的机遇

自然资源是国家宏观规划、区域发展、城市与基础设施建设、产业结构布局与生态环境建设的重要依据。2018 年 3 月，为形成统一完善的自然资源管理体制，我国组建了自然资源部，为资源管理和生态文明建设提供了重要的管理机构保障。

---

* 张向前，北京帝测科技股份有限公司创始人、董事长、总裁，注册测绘师。

国务院机构改革背景下，重塑自然资源管理格局，需要切实做好信息化相关工作，这有助于管理机构对自然资源进行清查摸底。可通过数据治理整合多源数据资源，以国土空间基础信息平台为支撑，构建自然资源调查监测、不动产及自然资源确权登记、国土空间规划三大应用体系，实现"全域、全业务、全生命周期"的自然资源信息化。

近年来，我国地理信息产业规模持续扩大，增速提升明显，产业结构持续优化，创新能力不断提升，融合发展效应显著，市场活跃度保持较高水平。大数据、云计算、数字孪生、卫星互联网等新技术与地理信息技术进一步融合，互相赋能，为地理信息技术创新及应用服务变革带来了新的机遇，催生了更大的新市场空间。地理信息产业已成为数字经济的重要组成部分和核心产业之一，在经济社会发展、生态文明建设、国防安全等方面发挥着重要作用。在自然资源管理中，地理信息技术运用日趋成熟、日益广泛，为自然资源的有效开发和利用提供了强力支撑。面对如此广阔的应用空间，地理信息产业面临怎样的机遇？

（一）产业融入数字经济，应用场景不断丰富

2021 年国家统计局发布《数字经济及其核心产业统计分类(2021)》（国家统计局令第 33 号），将数字经济产业划分为数字产品制造业、数字产品服务业、数字技术应用业、数字要素驱动业和数字化效率提升业五个大类。将《地理信息产业统计分类》（CH/T 1047—2019）和《数字经济及其核心产业统计分类（2021）》分别与《国民经济行业分类》（GB/T 4754—2017）对应，可发现地理信息产业与数字经济的关联性，地理信息产业中的 12个小类可以在数字经济统计分类中的核心产业里找到对应的类别。在数字化效率提升业分类中，明确提及多项地理信息技术是其重要支撑。随着数字经济加速发展，地理信息技术的应用场景不断丰富。在全球数字经济高速发展的当下，元宇宙已成为数字经济发展的核心驱动力，成为支撑更多行业数字化转型的重要技术，而地理信息技术已成为元宇宙发展的重要支柱。

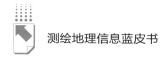
（二）政府政策支持，市场发展良好

2021年以来，为有效推动科技强国战略落地，国务院及有关部门出台了相关政策（见表1），这些政策的落地执行，也会直接或间接地推动地理信息产业变革，为地理信息产业技术创新指明方向。加快建设全国统一大市场将促进商品要素资源在更大范围内畅通流动，给各行各业营造良好的市场大环境。其中，加快培育统一的技术和数据市场，将会推动地理信息产业的产业数字化转型和数字产业化发展。

表1 2021年以来国家和有关部门发布的促进地理信息产业发展的相关政策

发布时间	发布机构	政策名称	涉及地理信息产业的重点内容
2021年2月	生态环境部	《关于发布国家生态环境标准〈自然保护地人类活动遥感监测技术规范〉的公告》	推动建设自然保护地"天空地一体化"监测网络体系
			规范自然保护地人类活动遥感监测工作
2021年12月	国家发展和改革委员会	《"十四五"推进国家政务信息化规划》	健全自然资源和地理空间基础信息库支撑
			强化自然资源地图数据共享对跨部门业务协同的支撑能力
2022年6月	国务院	《国务院关于加强数字政府建设的指导意见》	建立一体化生态环境智能感知体系，打造生态环境综合管理信息化平台
			完善自然资源三维立体"一张图"和国土空间基础信息平台
			优化完善各类基础数据库、业务资源数据库和相关专题库，加快构建全国一体化政务大数据体系

在新业态下，我国启动了涉及自然资源、能源信息化、应急管理、智慧城市、智慧民政等领域的一系列重大工程项目，以建设时空大数据平台的方式对地理信息行业发展形成叠加效应。政府各部门、各公共事业单位之间改变了以往的项目实施方案，在空间维度中将水利、农业、土地、林

业、经济及人口数据进行关联，打破了内部信息壁垒，进一步提高了工作效率。因此，新业态拉动市场需求，为地理信息企业带来了新的市场机遇。其中，从中央部委到地方政府一直聚焦自然资源信息化建设，相继出台多项信息化建设举措，各地也积极响应政策、扎实推动实践，持续推进自然资源管理体系和治理能力现代化。

（三）实景三维中国建设全面推进，构建应用服务新格局

2021 年 8 月，为切实做好实景三维中国建设，自然资源部办公厅印发《实景三维中国建设技术大纲（2021 版）》，明确了建设任务和技术路线，以规范指导相关工作有序开展。2022 年 2 月，自然资源部办公厅印发《关于全面推进实景三维中国建设的通知》，明确了实景三维中国建设的目标、任务及分工等。实景三维中国建设成果将为智慧城市时空大数据平台、地理信息公共服务平台及国土空间基础信息平台等提供适用版本的实景三维数据支撑，并为数字孪生、城市信息模型等应用提供统一的数字空间底座，实现实景三维中国泛在服务。

其中，依靠测绘地理信息产业服务能够顺利完成信息获取，数据存储、管理、查询、分析，以及成果表达和输出，能够满足自然资源管理工作对空间信息和一般信息的需求，实现"山水林田湖草"的全要素调查、确权、规划、保护和监管。测绘地理信息技术可以将自然资源属性数据与空间数据结合起来，形成二维空间、三维立体模拟效果。同时，根据业务需求和变化特点，还可以引入时间维度数据建立时空信息数据库，广泛应用于自然资源管理中的权籍变更、自然环境变化和城市扩张等方面。

二　地理信息产业发展面临的挑战

"十四五"时期，随着我国社会经济领域各项工作不断推进，各行各业对地理信息技术提出了很多新的需求，要求地理信息覆盖范围更广、现势性更高、内容更详细更丰富，分析过程更高效、更智能，要求信息要素服务内容

更多样化、服务方式更社会化。各行各业对建立适应新形势和新要求的新型地理信息技术体系的需求空前强烈。

（一）数据待共享，利用待挖掘

地理信息数据资源是地理信息产业的核心资源，是产业发展的关键要素。多年来，基础测绘、卫星遥感、重大工程等方面已产生海量地理信息数据资源，在各级政府、各行业得到广泛应用，但我国公共地理信息及相关数据资源的开放不足、共享不畅问题仍未得到有效解决。一方面是行政管理因素，各数据生产或管理部门管理条块分割，共建共享机制和制度不够完善甚至严重缺乏；另一方面是保密政策因素，目前数据保密制度及脱密技术手段，与社会和产业的迫切需求、新技术新业态的发展不匹配，商业化数据使用和出口等政策不够明确。

数据开放共享不足，导致地理信息企业和产业面临多重困境。一是国家及社会已投资形成的地理信息数据资源未得到充分应用导致浪费，现势性优势大大下降导致数据价值不可逆地流失。二是企业获取公共数据资源难，获取程序复杂、周期长、成本高，制约了地理信息数据资源在企业用户和大众用户领域的应用，这两个领域的巨大市场潜力未得到挖掘。三是造成政府等各类应用对象重复采购、数据生产部门重复生产，造成重复投资，加剧企业的同质化竞争。四是地理信息企业在多年发展中积累了较多的数据资源，目前缺乏共享渠道、共享机制，面临安全合规开发利用的难题，难以将数据资源盘活、数据资产化利用、市场化运营，影响了产业投资及时获得国内外市场回报。

数据及数据处理软件的标准规范不统一，共享平台的缺乏，也严重影响地理信息数据资源的开放共享和开发利用。随着地理信息数据采集方式和设备越来越多，再加上数据采集上的处理工艺不同，数据格式的差异性影像越来越明显。不同数据采集商、供应商提供的数据格式不同，对数据共享与应用造成阻碍。面对标准多样化和不统一的问题，亟须统一行业标准，真正实现异构多源数据的统一管理和共享交换，以促进地理信息产业尽快形成高度共享、互利共赢的全新发展模式。

（二）产学研融合不够，创新体系不完善

近年来，我国测绘地理信息等相关领域的科研实力在不断增长，科研成果不断涌现，在国家级、省部级科技奖中屡屡获奖，但科研成果转化率较低的问题突出。科研院所、高校更重视发文章、评奖和将科研成果用于横向项目，主动找企业合作进行产业化的意愿较低。目前地理信息企业多为中小微企业，创新能力还不高，很难投入足够的人员、资金进行基础理论、关键技术、基础软件、高端设备、核心零部件等的研发。产学研融合创新、协同发展的机制尚不健全，导致我国在测绘地理信息领域的科研优势尚未充分转化为产业优势。

创新是地理信息产业高质量发展的动力保障。地理信息产业要为构建"双循环"新发展格局做出贡献，需要具备快速的市场反应能力，能根据市场需求的变化迅速做出调整，其中加快自主创新是关键。加快自主创新，需要多方共同努力。目前，地理信息企业在规模、人才等方面还缺乏优势，利用资本市场水平相对较低。一方面，企业要重视创新、重视人才，要善于和敢于充分利用资本市场，加大创新投入，积极与人工智能、大数据、物联网、5G等新技术融合创新。另一方面，政府要聚合各方力量，协调各种资源，建立良好机制，推动对短板和弱项的联合攻关，支持企业加大研发投入，努力实现核心技术和底层技术自主可控。

（三）探索多样化应用，推进实景三维中国建设

目前，地理信息技术已得到广泛应用，但大部分地理信息企业的服务对象主要为政府部门，收入仍依靠政府。应用行业领域虽多，但各类产品的应用深度和广度仍亟待提升。软件以定制开发为主，更新维护难度大，增量市场扩大难。导航定位、互联网地图等服务，虽然用户数量巨大，但市场化、商业化难题仍未解决。以政府部门应用为主的商业模式难以支撑地理信息产业的持续高质量发展，无法应对外部环境动荡和市场变革带来的风险，地理信息产业亟须面向企业以及公众的多样化应用发展。

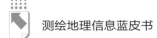

融入数字经济是地理信息产业高质量发展的重大机遇，数字经济正推动我国各方面产业高质量发展。业界普遍认识到，地理信息数据资源是数字经济的重要生产要素，地理信息产业是数字经济的重要组成部分。在产业数字化方面，应发挥出地理信息及其技术独特的专业优势，加快传统产业转型升级，全面实现产业各业务环节、各方面的数字化，并不断扩大服务的行业和领域。在数字产业化方面，要不断提升创新能力，加强关键技术攻关，提升产业的供给能力，加快探索新应用新服务，培育新业态新模式，全面推进各技术领域的产业化。

当前，我国正在全面推进实景三维中国建设。实景三维作为真实、立体、时序化反映人类生产、生活和生态空间的时空信息，为数字中国提供统一的空间定位框架和分析基础，是数字政府、数字经济重要的战略性数据资源和生产要素。实景三维中国建设，将打造统一的时空基底，为数字孪生、城市信息模型等应用提供统一的数字空间底座，并鼓励社会力量积极参与建设。这为地理信息企业带来了新的机遇，有利于产业规模扩大和发展。地理信息企业不仅要提供专业的地理信息数字底座、技术底板、业务底图，还要提供富多样的个性化服务、定制化服务、专业化服务，在更多行业实现从可视化走向分析决策、规划设计智能控制的服务跃迁。

三　地理信息企业发展策略——以帝测科技为例

作为测绘地理信息产业的主体，地理信息企业是该产业发展的重要组成部分。自然资源部一直高度重视促进地理信息产业高质量发展。支持相关企业强化技术和模式创新，支持业务突出、竞争力强、发展好、专注于细分市场的中小企业与大企业建立合作关系；支持创新能力强的企业牵头组建产学研深度融合的"创新联合体"；支持和规范众源测绘、地理信息大数据应用等新业态发展和商业模式探索。下面，本报告以北京帝测科技股份有限公司（简称帝测科技）为例，分析新形势下地理信息企业的发展策略。

（一）加快研究数据平台

我国地理信息产业长期依赖进口软件的局面已经被打破。然而，随着信息技术的发展，国际地理信息类软件迅速发展，我国必须加快研究地理信息系统、遥感图像处理和卫星导航定位等技术平台，维护数据安全和确保我国产业利益。主要包括：发展数字航空摄影平台，具有自主知识产权的地理信息系统，遥感图形处理和卫星导航定位等基础软件、专业软件和嵌入式软件以及它们的集成应用系统；促进地理信息技术与其他信息技术的集成应用；推动我国地理信息工程建设、地理信息软件的出口和承接国际地理信息工程；等等。

1. 深擎时空云平台

在产业发展智能融合趋势下，帝测科技独立研发了具有完全知识产权的专业地理信息软件平台产品——深擎时空云平台。该平台采用空域全球立体格网建模、地表和地下空间语义对象级关联建模、空地全域多维动态场景的统一标识模型，基于城市级地学知识图谱等特色技术，结合成熟的云计算、物联网、大数据、倾斜三维摄影等先进技术，完成了10类时空信息基础地理数据采集、9大时空信息基础支撑平台系统搭建、26个"一张图"专题应用建设。

2. "灵境"空地孪生一体应用系列

以深擎时空云平台为底座，自主研发，蓄势打造空地孪生一体应用品牌——"灵境"系列产品。研发了帝测地理信息公共服务平台、三维可视化不动产管理信息系统、帝测综合地下管线数据处理系统、运河监测系统、帝测数据格式转换平台、智慧产业园区、智慧交通信息管理平台、智慧社区等40多个基础平台及业务应用系统。"灵境"系列产品可助力通航信息化建设，实现空域精细化管理，助力通航支柱产业，全力打造全国领先的空地一体数字孪生特色产品。

（二）以地理信息赋能元宇宙发展

在人工智能、数字孪生和元宇宙等新技术赋能下，地理信息产品形式正

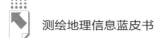

在发生新的变化，并催生新业态。地理信息元宇宙已成为时下热点。地理信息是元宇宙的重要技术底座，云原生地理信息系统技术、三维地理空间建模（映射）技术、三维地理空间可视化技术和增强现实地图技术等地理信息领域的技术都将赋能元宇宙的发展。

帝测科技以打造建设全球领先的元宇宙文化设施为发展愿景，探索多学科交叉融合发展，以构建空地一体数字孪生应用为突破点，将时空地理信息数据库和文旅数字化成果融合，搭建正式的、集群化的、面向全国用户的地理信息应用平台，为打造先进的时空信息服务平台和文旅元宇宙专业化配套系统提供保障。

（三）加强产学研融合

2020年，帝测科技为了充分释放企业创新活力，融合优质创新力量，开创企业、科技、市场三者交互的新局面，成立了帝测时空大数据研究院。研究院汇聚海内外领军人才，通过共享平台实现业内专家、重点客户与企业团队的知识融汇与技术协作。充分发挥创新人才集聚平台的桥梁纽带作用和"创新、研究、求实、合作"的精神，致力于时空大数据体系和文旅元宇宙的理论创新及应用创新，以学术成果助力市场行业发展、以市场导向推动科研实践，对技术创新理论、科技战略与政策、市场拓展与实践等问题开展研究，形成机构开放、人员流动、内外联合、竞争创新、"产学研"一体化的运行机制。

目前，研究院专注于时空信息服务平台和文旅元宇宙两个领域，运用数字航空摄影、低空目视航图等新型地理信息采集技术，结合云计算的优势，综合利用互联网和物联网，实现城市精准定位，准确分析地理情况，建设提供多元化的时空信息服务平台；综合应用三维扫描、近景摄影、无人机倾斜摄影等全方位文物数据获取和数据建模技术，提供多源数据管理系统和文物展示系统开发服务、文物勘查和健康监测服务、文旅结合和文物可视化展示利用服务等。

四　结语

当前，在新的发展环境下，自然资源管理以及信息化建设面临许多新的要求，地理信息企业作为推进自然资源数字化的主力军，应锻炼自身业务能力，紧抓发展机遇，加速布局时空大数据、数字孪生、元宇宙等新兴产业，借助5G、人工智能、物联网等新技术，充分发挥地理信息大数据的优势，及时提供动态数据和决策依据，使自然资源管理更加高效和便捷，全面推进实景三维中国建设，推进构建自然资源信息化管理的新体系。

参考文献

《地理信息行业现状与前景趋势分析报告》，原创力文档，https://max.book118.com/html/2022/0623/6242242121004202.shtm。

《地理信息行业新赋能应用领域技术水平及面临的机遇》，网易号"普华有策"，https://3g.163.com/dy/article/H9P2P8B60518WMF4.html。

邓斌、张海帆：《大数据在测绘地理信息方面的应用探讨》，《地矿测绘》2021年第2期。

范江：《智慧城市时空大数据体系研究》，《福建建筑》2021年第11期。

范爽：《智慧城市时空大数据平台建设技术研究》，《信息与电脑》（理论版）2021年第8期。

郭艳、黎慧斌：《基于大数据技术的自然资源数据快速更新体系研究》，《测绘与空间地理信息》2020年第8期。

贺雅辉：《大数据时代下测绘地理信息产业的发展研究》，《中小企业管理与科技》（下旬刊）2021年第10期。

沈凤娇、余晓敏：《时空大数据平台云计算及其典型应用服务探讨》，《地理空间信息》2021年第6期。

苏顺谦：《智慧城市建设中测绘地理信息的作用分析》，《大众标准化》2022年第 10 期。

万颖:《自然资源管理背景下测绘地理信息再透视》,《四川建材》2020 年第 12 期。

杨俊艳、樊迪、黄国平:《自然资源管理背景下的时空大数据平台建设》,《测绘通报》2020 年第 1 期。

中国地理信息产业协会编著《中国地理信息产业发展报告（2022)》，测绘出版社，2022。

能力提升篇

Ability Improvement

B.21
论高分辨率光学卫星测图与智能化

李德仁 *

摘　要： 本报告回顾了光学遥感卫星的发展历程，介绍了高分辨率光学卫星测图数据获取的三种主要观测体制的实现方式和应用特点，阐述了高分辨率光学卫星遥感测图数据处理从依赖地面控制到无地面控制的技术变革，分析了高分辨率光学卫星传统应用模式的服务缺陷，指出了高分辨率光学卫星实时智能服务的新模式。高分辨率光学卫星实时智能服务是卫星遥感、卫星通信、卫星导航与地面互联网的集成服务，在云计算、时空大数据和智能终端支撑下，为广大军民用户提供实时智能的遥感信息服务。

* 李德仁，博士，武汉大学教授、博士生导师，中国科学院院士、中国工程院院士，研究方向为地球空间信息学理论与方法。

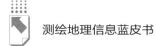
关键词： 高分辨率光学卫星　无控制测图处理　实时智能服务　通导遥一体化　天地互联网

一　光学遥感卫星的发展历程

1957 年苏联成功发射第一颗人造地球卫星，这标志着人类空间探测步入新纪元。之后美国发射了"先驱者 2 号"探测器，获取了地球云图。真正实现航天器长期探测地球，始于美国 1960 年发射的太阳同步卫星 TIROS-1 和 NOAA-1。自此航天遥感有了长足的进步。美国按照军事为主、民商为辅的发展理念，于 1971 年发射的锁眼侦察卫星 KH-9 的探测分辨率高达 0.6m，之后的 KH-11 和 KH-12 卫星的分辨率则高达 0.15m。在商用遥感卫星领域，Quickbird-2 卫星于 2001 年实现了分辨率优于 0.61m，随后 GeoEye-1 卫星的分辨率实现了 0.41m, WorldView-3/4 卫星实现了 0.31m。随着航天领域的发展，一些巨头公司先后涌入其中，并构建自己的对地遥感卫星观测系统。美国 Planet 公司建立了对地观测小卫星星座 SkySat，还部署了 Flock 对地观测星座，获取图像的分辨率为 3~5m；在 2020 年美国 DigitalGlobe 与 SpaceX 公司联合发布了 WorldView Legion 星座计划，计划采用 6 颗卫星进行全球观测；法国 AirBus 公司正在发展 Pleiades Neo 星座，在 2020~2021 年发射了 4 颗。当前世界航天大国遥感卫星研制、数据获取及应用产业链相对完整，国际卫星遥感发展进入了"精致为用"的新阶段，引领卫星遥感体系全面革新。

相较于国外遥感卫星的发展，国内卫星起步稍晚。1970 年我国第一颗人造地球卫星"东方红一号"诞生；1975 年钱学森组织全国第一次遥感规划筹备会议，将遥感列为国家重点发展项目；1988 年中国研制成功第一代气象卫星，成功发射"风云一号"A 星；1999 年成功发射中巴地球资源卫星，该星是我国第一代传输地球资源卫星；2002 年中国第一颗用于海洋水色探测的试验型业务卫星"海洋一号"A 星成功发射；2003 年李德仁等院士向国家提出建设高分辨率对地观测系统的建议；2010 年国家启动重大专项"中国高分辨率对地观测系统"（高分专项），开始对高分辨率遥感卫星进行积极研发和探索；2014 年李德仁等院士向国家建议遥感卫星商业化，2015 年开始发展商业遥感卫星，吉林一号、北京二号、高景一号等系列卫星相继发射，有效促进了遥感卫星商业应用领域的发展。至 2020 年高分专项收官之际，我国基本实现由"星多用少"向打开应用局面、扩大应用规模的创新跨越，我国高分辨率对地观测系统具备了全天候、全天时、全球覆盖的观测能力。随着 2020 年空间分辨率为 0.42m 的高分多模卫星的发展，我国民用遥感卫星空间分辨率提升至亚米级，达到了世界先进水平。近年遥感卫星逐步实现多星组网，提升了探测应用效能。通过遥感卫星获取的数据和信息已成为国民经济和国防建设的重要部分，传感器数量及类型、空间分辨率和重访周期均处于国际先进水平，部分达到世界领先水平。但与发达国家相比，我国的卫星遥感系统在规模、国土覆盖区域、重访间隔、好用易用性等方面仍有较大的发展空间。

二 高分辨率光学卫星测图技术

航天遥感技术的长足发展，使得基于卫星平台的测绘成图成为可能，且其不受地域和天气条件的限制，成为中小比例尺测图的主要数据支撑。高分辨率光学卫星测图是基于立体视觉原理，从两个及以上视角拍摄的影像上量测观测目标的位置信息。卫星测图的实现涉及两个技术环节，一是测图数据获取，二是测图数据处理。

（一）从固定立体观测到灵活立体观测

为了满足多尺度地图的应用，兼顾卫星开发的成本和难度，发展了多种立体观测体制，主要有三线阵、两线阵和单线阵。

三线阵体制是利用三个视轴（分别称为前视、下视和后视）互成固定角度的线阵相机，获得固定基高比的三视立体影像。两线阵体制类似三线阵体

制,它是由两个视轴(前视和后视)形成一个固定角度的线阵相机进行立体成像。单线阵体制采用单个线阵或面阵的光学相机,结合卫星的姿态机动,对特定地区进行多角度观测,获得非固定基高比的立体图像。

三线阵和两线阵体制中相机数量较多,立体观测的基高比固定,且平台的机动性不强,适用于广域范围的测绘任务,如我国 ZY-3 和 GF-7 卫星,分别用于全球 1∶50000 和 1∶10000 规模的立体测图。目前,ZY-3 测图卫星在轨有三颗,可形成年生产 3000 万~5000 万平方公里的 1∶50000 地形图,且无须地面控制点,有力地支持了国防建设需要和联合国可持续发展目标的实现。GF-7 两线阵卫星由于加了激光测高,限制了它的机动性,影响了作业效率。单线阵体制对卫星平台的承载要求较低、机动要求较高,具有较高的成像分辨率,能实现灵活和精细的立体观测。美国分辨率优于 0.31m 的 WorldView-3 卫星采用单线阵体制,我国分辨率优于 0.42m 的高分多模卫星也采用了这种体制。单线阵体制是三线阵和两线阵固定测绘体制的有益补充,也是轻小敏捷型高分辨率光学遥感卫星数据获取的主流方式。

(二)从有地面控制到无地面控制卫星影像测图数据处理

高分辨率光学遥感卫星成像是一个天-星-地全链路、多载荷协同的观测过程,星上成像载荷对地观测获得高空分辨率影像数据的同时,星上姿态测量传感器(如星敏感器)对天恒星观测获得卫星姿态信息,星上轨道传感器(如 GPS 接收机)接收导航信号获得卫星轨道信息。光学卫星影像测图精度与各环节的观测精度有关,而各环节观测存在的误差源众多,且误差特性复杂、相关性显著、耦合性强,对于高轨道、窄视场角成像的光学卫星而言,任何一个微小的误差都会对几何定位精度带来较大影响,如 1 角秒(1/3600度)的姿态测量误差可以引起 600km 轨道高度卫星约 3 米的定位误差,阻碍高分辨率光学卫星影像应用效能的发挥。

自 20 世纪 70 年代光学遥感卫星发展以来,卫星测图数据处理技术也在不断发展。20 世纪 90 年代前,卫星在轨定标、定姿、定轨等技术相对滞后,使得卫星影像的测图定位与几何处理需要大量的地面控制点;而且出于对卫星参数和相机参数的保密，用户通常无法获取几何定位和几何处理的相关参数，只能依赖大量地面控制点基于经验模型（如二维多项式模型）进行几何定位和几何纠正。20 世纪 90 年代以来，随着卫星观测和处理技术的不断发展，卫星影像的严密几何成像模型的精度得到了极大的提高，仅加入少量控制点改正系统定位误差就可达到子像素精度水平。高精度 GNSS、星象仪、时间测量等设备的应用，使卫星影像无地面控制条件下几何定位的精度不断提高。美国的 WorldView 卫星影像在不受地面控制的情况下实现了 3.5m 的精确定位，GeoEye-1 卫星影像达到了 2.5m。这些先进的高分辨率光学卫星影像的无地面控制精度能优于 2~3m，无地面控制测图处理是卫星测图处理技术的必然发展趋势。

我国在 2005~2010 年发射了一些高分辨率的光学卫星，其中军用分辨率为 1m，民用为 2.36m，但在无地面控制点下定位精度还停留在数百米，与国外差了 1~2 个数量级，不能满足如目标侦查、立体测绘的高精度应用需求。近十几年，资源三号等测绘卫星的成功发射，带动了我国卫星摄影测量理论与技术水平的提升，无地面控制、高精度、全自动化的国产卫星光学遥感影像测图处理体系得以建立，从天－星－地全链路的观测误差描述与建模、高精度定轨定姿、成像系统的传感器校正到大区域无控制区域网平差等环节，将资源三号卫星遥感影像的全球无地面控制定位精度从 300 米提高到 5 米以内，解决了我国无法自主开展境外高精度测图的难题，有效支撑了全球无地面控制测图工程的实施。

三　高分辨率光学卫星智能服务

遥感信息实时智能服务是空间信息网络和对地观测领域中将数据获取、信息提取、信息发布一体化结合的目标，旨在将有用的信息准确传递给目标用户，实现快、准、灵的服务，保证国防和应急的需要。然而，传统服务模式要经过数据获取、多项传输、地面接收、数据处理、产品分发、信息提取、信息服务等环节，往往需要数个小时甚至更久，难以满足高时效遥感信息服

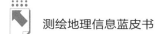

务的需求。因此，亟须对传统事后服务模式进行升级，发展高分辨率光学卫星服务新模式，直接面向用户需求，在数据获取的同时，完成星上实时智能处理，再通过稀疏压缩高效传输至用户移动终端，为大众用户和专业用户提供实时智能服务。

星上数据存储、处理与传输能力有限，高分辨率光学卫星实时智能服务模式以用户的任务需求为驱动，通过协同星地资源实现遥感数据实时智能处理。一方面，为了提高算法的处理精度与可靠性，在地面进行卫星相对辐射定标、几何定标、分类与目标识别样本训练，获取相对辐射定标参数、几何定标参数、分类与目标识别参数，并通过星地通信链路将它们实时传送至卫星，从而实现星上多源传感器高质量实时成像、高精度几何定位、智能化信息提取、高倍率智能压缩等处理。另一方面，通过设计星上高性能、高可靠、可扩展、可重构的通用信息处理平台，实现算法与数据的双重迁移，根据任务需求动态调整处理算法与参数，实现可配置的遥感数据星地协同智能实时处理，满足不同层次任务需求。此外，根据卫星通信传输链路及服务范围的不同，通过配置星地通信和星间中继通信两种传输链路，实现任务指令、处理程序与配置参数的上传，以及遥感数据与信息的快速下传。其中，星地通信链路主要用于地面站可接收卫星信号的境内区域，星间中继通信链路是基于中继卫星，用于卫星在境外区域的数据的中转传输，实现全球范围内的实时通信。卫星影像获取、智能处理、数据下传之后，再通过5G/6G地面互联网分发给移动终端（如大众用户的智能手机）。

高分辨率光学卫星实时智能服务是卫星遥感、卫星通信、卫星导航与地面互联网的集成服务，是通信传输、星上实时智能处理、稀疏表征与压缩、移动终端分发等多个环节有机组合而形成的一个可行、可靠的服务链路。该模式打破了以往以影像为核心的数据迁移处理方式，是以任务为导向的数据迁移和算法迁移结合的星地协同处理模式，这种新模式可最大限度地优化配置星地之间的数据获取、计算、存储、传输、接收和算法资源，实现星地各类资源和处理算法的高效协同，在云计算、时空大数据和智能终端支撑下，为广大军民用户提供实时智能的遥感信息服务。

目前，国内科研机构开展了一些星上实时处理的技术研究和初步实践。北京理工大学与武汉大学合作在海洋监视卫星上实现全球海上运动目标实时智能服务，将目标保障时间从 1~2 个小时缩短到 1 分钟，为海洋目标的高时效卫星情报获取提供了保障。武汉大学与长光卫星技术股份有限公司在其商业卫星上，利用热红外成像发现森林着火点目标，将其经纬度计算出来，通过北斗卫星的短消息发送给地面森林消防人员，仅需 15 秒，已在湄公河流域试验成功。武汉大学研发的光学卫星遥感影像在轨处理系统，在高分多模卫星上成功应用，使我国民用高分辨率卫星首次实现星上特性区域图像的快速提取与实时处理。武汉大学牵头研制的珞珈三号 01 星是一颗基于天地互联网的智能遥感试验卫星，集遥感和通信功能于一体，用于解决遥感数据在轨处理的关键问题。未来，随着通信、导航、遥感卫星的一体化集成，以及天基信息实时智能服务系统（PNTRC）的不断建设，遥感信息服务将实现全球范围从数据获取到应用分发分钟级延时。

四　总结与展望

过去 10 年我国遥感卫星实现了从有到好的跨越式发展，逐步实现了业务化、商业化和国际出口。在高分专项的推动下，我国高分辨率对地观测系统具备了全天候、全天时、全球覆盖的观测能力。在卫星遥感测图数据处理方面，卫星摄影测量高精度处理的理论和方法日益完善，实现了国产卫星全球无地面控制、高精度、全自动化处理，推动了高分辨率卫星遥感测图从依赖地面控制到无地面控制的行业技术变革。现阶段国内初步实践了高分辨率光学卫星星上实时处理和服务，未来要实现真正意义上的天基信息实时智能服务，遥感卫星与通信、导航卫星系统仍有待高度集成和一体化组网，通过联通 5G/6G 地面互联网，构成具有感知、认知能力的对地观测脑，为各类用户提供基于天地互联网的实时智能遥感信息服务。

参考文献

李德仁、沈欣、龚健雅等:《论我国空间信息网络的构建》,《武汉大学学报》（信息科学版）2015 年第 6 期。

李德仁、沈欣:《我国天基信息实时智能服务系统发展战略研究》,《中国工程科学》2020 年第 2 期。

李德仁、王密、沈欣等:《从对地观测卫星到对地观测脑》,《武汉大学学报》（信息科学版）2017 年第 2 期。

李德仁、王密、杨芳:《新一代智能测绘遥感科学试验卫星珞珈三号 01 星》,《测绘学报》2022 年第 6 期。

李德仁:《从测绘学到地球空间信息智能服务科学》,《测绘学报》2017 年第 10 期。

李德仁:《多学科交叉中的大测绘科学》,《测绘学报》2007 年第 4 期。

李德仁:《论"互联网 +"天基信息服务》,《遥感学报》2016 年第 5 期。

李德仁:《论空天地一体化对地观测网络》,《地球信息科学学报》2012 年第 4 期。

李德仁:《展望大数据时代的地球空间信息学》,《测绘学报》2016 年第 4 期。

李劲东:《中国高分辨率对地观测卫星遥感技术进展》,《前瞻科技》2022 年第 1 期。

王密、杨博、李德仁等:《资源三号全国无控制整体区域网平差关键技术及应用》,《武汉大学学报》（信息科学版）2017 年第 4 期。

王密、杨芳:《智能遥感卫星与遥感影像实时服务》,《测绘学报》2019 年第 12 期。

赵文波、李帅、李博等:《新一代体系效能型对地观测体系发展战略研究》,《中国工程科学》2021 年第 6 期。

Li D.R., Wang M., Dong Z.P. et al., "Earth Observation Brain (EOB): An Intelligent Earth Observation System," *Geo-Spatial Information Science* 2（2017）: 134–140.

Li D.R., Wang M., Jiang J., "China's High-Resolution Optical Remote Sensing Satellites and Their Mapping Applications," *Geo-Spatial Information Science* 1（2021）: 85-94.

B.22
我国陆地遥感卫星体系建设发展展望

王权　周晓青*

摘　要： 近十年来，经过不断建设，我国的陆地遥感卫星体系基本形成，
建成了可见光、高光谱、激光、雷达、热红外等多载荷要素观测
和业务化稳定运行的陆地卫星观测网，在自然资源全要素动态监
测监管方面发挥了极大的支撑作用，有效推动了自然资源事业高
质量发展。本报告对陆地遥感卫星体系的建设背景、建设进展和
发展面临的机遇进行了梳理，对新时期陆地遥感卫星体系的发展
路径提出了一些思考和展望。

关键词： 陆地遥感卫星　观测体系　监测体系

一　陆地遥感卫星体系建设背景

用卫星作为平台的遥感技术称为卫星遥感，根据目标不同主要分为陆地
卫星、海洋卫星和气象卫星三种类型。陆地遥感卫星观测对象主要为地形地
貌、地表覆盖、土地利用以及重力场等，传感器主要包括可见光、多光谱、
高光谱、激光、雷达、重力梯度等，获取的数据可应用于国土、环保、农业、
林业、海洋和气象等领域。

---

* 　王权，自然资源部国土卫星遥感应用中心主任、研究员；周晓青，自然资源部国土卫星遥
感应用中心高级工程师。

2011 年以来，随着《陆海观测卫星业务发展规划（2011—2020 年）》《国家民用空间基础设施中长期发展规划（2015—2025 年）》的实施落实，陆地遥感卫星发展进入快车道，在轨卫星数量逐年增加，数据资源日益丰富，应用范围和深度不断拓展。卫星遥感已进入自然资源监测监管的主要业务流程，基本形成了全陆域、高频次、业务化的卫星影像获取能力和数据保障体系，已成为自然资源管理信息化、现代化的重要组成部分，在推进自然资源事业高质量发展，助力经济、社会、资源、生态和谐发展等方面发挥了重要支撑作用。

二　陆地遥感卫星体系建设进展

（一）观测体系建设

目前，我国在轨国产公益性陆地遥感卫星共 21 颗，载荷包括可见光、多光谱、高光谱、红外、微波和激光测高等，可见光传感器分辨率包括 2.5 米、0.8 米和 0.65 米，高光谱包括 166 个谱段、光谱分辨率 10 纳米 /20 纳米，已基本形成多种传感器、多种分辨率、1∶50000 和 1∶10000 立体测图能力。资源三号 01/02/03 星、高分七号 01 星已实现立体测图四星组网，5 米光学 01/02 星已实现高光谱双星组网，高分一号及 B/C/D 星、高分六号星已实现 2 米分辨率光学五星组网，2022 年发射的 L 波段差分干涉 SAR 卫星双星组网进展顺利，基本建成多传感器、多分辨率、多比例尺立体测图的业务化稳定运行陆地遥感卫星观测网，米级、亚米级分辨率数据逐步实现对国外同类卫星数据的替代，其中 2 米和 16 米分辨率数据对国外同类卫星数据已实现完全替代，有效保障了自然资源常态化监测应用需求。此外，商业陆地遥感卫星近年来也发展迅猛，成为民用陆地遥感卫星骨干网的有效补充。

光学卫星的观测能力实现从年度覆盖到季度覆盖的新提升，2 米级光学卫星全国陆域季度有效覆盖率为 98.79%，秦岭—淮河一线以北地区月度覆盖率为 92%，亚米级光学卫星全国陆域年度有效覆盖率为 93.99%，有效保障

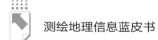

了自然资源常态化监测应用需求。光学卫星立体测图能力实现从 1∶50000 到 1∶10000 的新跨越，立体数据获取周期比"十二五"末缩短了 50%，形成了"全国范围 2 米普测、重点区域亚米详测"的立体观测能力。

观测谱段实现了从多光谱到高光谱的新格局，高光谱影像全国陆域年度有效覆盖率达到 95%，基本具备年度更新能力，在矿物填图，水体、土壤及植被质量和生态分析方面开展了大量技术研发，持续开展重点区域及目标的定量遥感监测应用示范，形成我国黑土地土壤、长江中下游湖库、生态保护修复区植被等一系列重要示范成果。

卫星激光测高实现从无到有的新突破，全球激光点总数达百万级，为 1∶50000、1∶10000 立体测图提供了有效的高程控制数据，并在青藏高原冰川厚度变化监测、大型湖泊水位测量方面实现了初步应用。

雷达卫星实现中分辨率到高分辨率的新进步，初步具备 1∶50000 比例尺地形图产品制作能力及 DOM 产品制作能力，并形成了全国雷达遥感正射影像图。

（二）应用系统建设

应用系统作为卫星工程六大系统之一，是构建天地一体化卫星应用工程的地面基础，围绕业务系统、计算机业务支撑平台、标准规范与产品体系等内容开展建设，初步建成了自然资源卫星运行管理与业务调度系统、自然资源卫星数据库管理系统、自然资源卫星检校与精度验证系统、自然资源卫星数据处理与基础产品生产系统、自然资源遥感调查监测系统、自然生态遥感调查监测系统、国土空间遥感监测评价系统、自然资源卫星数据产品质量检查控制系统、自然资源卫星遥感云服务平台等系统平台，支撑了多类卫星数据接收、处理、产品生产与应用服务能力（见图 1）。

（三）监测体系建设

面向土地执法督查，粮食种植结构，国家重大规划、重大工程和重大政策实施效果监测，构建了卫星监测业务技术体系，对 400 平方米以上的新增

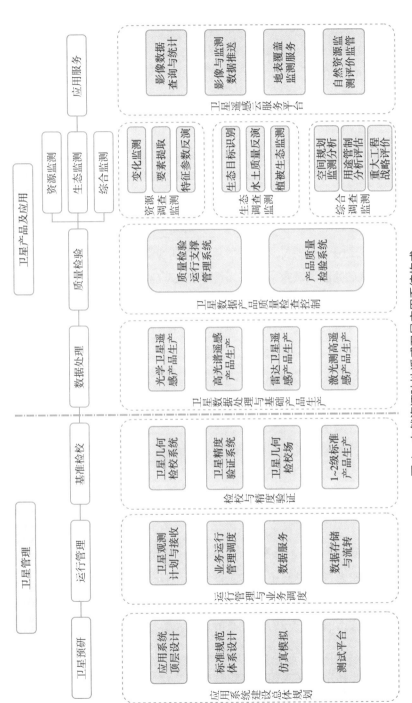

图 1 自然资源陆地遥感卫星应用系统构成

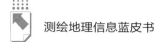

线形地物、新增建（构）筑物、新增推填土、新增光伏用地和新增高尔夫球场等5类变化信息进行智能提取，具备T+10时效。开展了全国地表水域范围季度监测，全国冰川与永久积雪、红树林等自然资源要素年度监测，为自然资源调查监测、自然资源常态化执法和督察等提供信息支撑；初步开展耕地"非农化""非粮化"监测，基于5类新增建设图斑开展了全国耕地"非农化"季度监测，具备全国耕地内新增植树造林、绿色通道、挖湖造景、未耕种等6类"非粮化"监测能力，基本完成全国两次耕地"非粮化"监测，开展了典型区域耕地种植频次、作物提取与耕地种植属性遥感监测试验，拓展了卫星遥感监测在耕地保护中的应用；开展重要生态功能区遥感监测，持续开展三江源、祁连山等重要生态功能区长时间序列生态遥感监测、重要自然资源质量高光谱定量监测及重点区域多源数据综合监测工作，形成了东北黑土区土壤有机质遥感监测一张图、长江经济带重点湖库水质遥感监测时序数据集、云南抚仙湖和贵州五马河等区域生态系统结构及功能演化遥感监测系列成果，初步建立了自然资源地物光谱数据库等应用基础设施，为自然生态保护修复规划、监督及自然资源资产考核评价等工作提供支撑；开展了国家重大规划、重大政策和重大工程的遥感监测，全国风力发电和全国光伏用地综合监测分析，全国钢铁、煤炭、船舶企业去产能遥感监测与评估，为落实化解过剩产能决策部署、巩固提升去产能成果、相关政策的制定与行业监测监管提供支撑。

（四）应用体系建设

陆地卫星数据产品共享服务已成规模，卫星数据应用向全国自然资源系统延伸，成为助力自然资源事业高质量发展、服务经济社会发展和国际合作等的重要支撑。一是构建了自然资源卫星遥感云服务平台，集数据、信息和服务共享于一体，面向全社会、行业用户和政府部门在线提供服务；具备T+1天、7天×24小时在线时效，采取观测时报、开工月报、监测季报等形式，建立了与信息周期和用户需求相适应的发布机制及信息板块，综合服务水平居全国九大主流卫星遥感数据服务平台首位。二是构建了自然资源卫星分发共享机制，云服务平台在线接入部属机构 31 个、省级中心 32 个、省级节点 30 个、市级节点 140 个、行业节点 14 个、国际节点 26 个、其他节点 10 个，节点总数达 283 个，实现了全国省级中心全覆盖、直属单位基本覆盖，国际节点 87 个国家和 18 个地区覆盖，国际服务能力和影响力日益增强。自然资源卫星遥感云服务平台服务模式如图 2 所示。

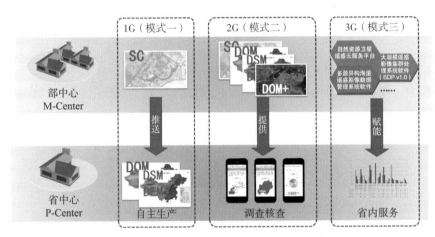

图 2　自然资源卫星遥感云服务平台服务模式

三　陆地遥感卫星体系发展面临的机遇

为贯彻落实习近平生态文明思想，围绕国家重大战略，面向国民经济与社会发展，需进一步发挥卫星遥感在"山水林田湖草沙冰"综合系统治理中的重要支撑作用。现阶段我国自然资源陆地遥感卫星主要面临以下机遇。

新需求催生新供给，耕地"非农化""非粮化"、自然资源常态化监测、卫片执法、应急保障、海洋测绘、重大地质灾害防治等需求，需要自然资源陆地遥感卫星支撑能力不断提升；新技术引领新发展，轻量化、敏捷型超高分辨率光学成像技术，精细化、定量化光谱观测技术，多频段、多极化雷达监测手段，高密度、多波束光子激光点云获取技术，高精度、多体制重力卫星技术，高分辨、多谱段红外遥感技术不断涌现，引领陆地遥感卫星加快向精细观测、智能处理、协同互联、高效应用方向发展；新模式促进新变革，观测模式从单星向星座星群协同迈进，数据处理模式从地面事后向星上实时转变，"人工智能＋云计算"促进遥感应用服务模式升级，商业遥感公司加快星座组网布局，促进了对地观测能力的新变革。

综合来看，下一代自然资源陆地遥感卫星将以高空间分辨率、高时间分辨率、全尺度、全天候、全天时等"两高三全"为主要发展趋势，精细观测需要发展 0.5 米、0.3 米等高空间分辨率，即时监测需要提升到当日甚至小时级快速重访的高时间分辨率，多维探测需要健全多载荷多分辨率的全尺度获取能力，灾害及应急响应需要具备云雾雨雪全天候、晨昏午夜全天时成像能力，实现综合化、智能化、定量化、立体化的观测能力。

四　陆地遥感卫星体系发展思考

（一）从"五全体系"建设向"两高三全体系"发展迈进

面向新时代生态文明建设、高质量发展与国家治理体系和治理能力现代化的总体要求，自然资源陆地遥感卫星将从"五全体系"建设向"两高三全体系"发展迈进，实现从数量监测向数量、质量、生态监测转变，更好地发挥陆地遥感卫星对我国资源管理乃至经济社会发展的支撑引领作用。具体应在如下方面加强建设。

1. 加快建立类型齐全布局合理的陆地卫星骨干网

保持空基规划持续发展，推进构建完整的自然资源陆地卫星观测体系。自然资源陆地遥感卫星应以综合构建自然资源陆地遥感卫星"骨干网"为主要目标，按照"一星多用、多星组网、多网协同"的发展思路，形成退役替补、持续更新换代机制，形成光学、雷达、高光谱、激光和热红外五类卫星数据获取和组网观测能力，促进可见光、雷达、激光等多传感器的融合应用，充分保障全国覆盖能力。

"十四五"时期，研制发射资源三号 04 星，接替资源三号 02 星，保障

1:50000 立体测图能力，保持 2 米立体影像全国年度覆盖；研制发射高分七号业务星，与高分七号 01 星组网，增强 1:10000 立体测图卫星覆盖能力，实现亚米立体影像全国三年覆盖；补充 1 颗 90 公里幅宽的 2 米平面卫星，与高分六号、资源三号、5 米光学系列卫星组网运行，保持 2 米平面影像全国季度覆盖；建设 3 颗亚米平面卫星，与高分二号、高分七号系列卫星组网运行，实现亚米平面影像全国半年度覆盖；研制发射 L 波段差分干涉 SAR 卫星业务星，形成 4 星组网和时序形变监测能力，实现中高地灾易发区差分影像月度覆盖；研制发射双天线 X 波段干涉 SAR 卫星，形成干涉测图能力，实现全球 1:25000 地形图测绘以及国内 1:10000 地形图补测和修测能力；开展 P 波段 SAR 卫星的技术攻关和立项预研；补充研制 1 颗 5 米光学系列卫星，接替 5 米光学卫星 01 星，与 5 米光学 02 星、高分五号 01A 和 02 星组网运行，保持 30 米分辨率高光谱影像全国陆域半年度覆盖；研制发射陆地生态系统碳监测科研星，实现多波束全波形激光雷达数据规模化应用，基本满足林业树高测量及碳汇估算、极地冰盖监测和湖泊水位监测等自然资源监测应用需求；继续推进重力梯度测量卫星应用技术预研。

展望"十五五""十六五"，面向自然资源精细管理、实景三维中国、智慧城市等应用需求，需要研制发射资源三号系列、高分七号系列等后续星，持续保持 2 米分辨率尺度"4 平面 +2 立体"、亚米分辨率尺度"3 平面 +2 立体"骨干网观测能力，同时开展 1:5000/1:2000 比例尺超高精度立体测图卫星、高分辨率和超宽幅红外成像卫星技术攻关和工程研制，进一步丰富光学卫星成像尺度和成像谱段。保持 L 波段定量化形变监测以及 X 波段定量化地形测绘能力，需要研制发射 L 波段差分干涉 SAR 卫星业务星以及双天线 X 波段干涉 SAR 卫星后续星，并开展 P 波段 SAR 卫星、Ka 波段 SAR 卫星、高轨 L/X 双频 SAR 卫星的技术攻关和工程研制，探索低倾角、高分宽幅、多频成像、快速回归等新型探测体制，补全 SAR 卫星的成像频段。面向自然资源数量、质量及生态调查与监测需求，有效接续现有高光谱业务卫星能力，需要研制发射 5 米光学系列后续星，保持两星在轨，并进一步提高空间分辨率，同时开展高轨高光谱观测卫星、高分辨率精细光谱观测卫星技术攻关和工程研制，分别实现中等分辨率千公里级幅宽的天级重访能力和米级空间解析能力，着力构建高低轨协同配合的高光谱综合观测体系。面向碳达峰碳中和、陆海统筹等战略需求，需要开展全球生物量卫星、陆海激光测量卫星、千波束激光三维成像卫星技术攻关和工程研制，在森林碳汇、海岸带滩涂及浅水水下地形测量方面实现应用突破。争取"十五五"时期民用重力卫星立项研制，补齐我国陆地卫星型号，开展重力卫星数据在地下水、极地冰盖等自然资源变化监测领域的应用研究。

2. 构建设施完备技术先进的卫星检校体系，增强精检校能力

优化完善卫星检校业务系统，提升系统自动化水平和新型载荷检校能力。打造高自动化、兼容多星、精度可靠的卫星检校软件平台，推进光学几何、激光测高以及雷达几何干涉检校综合数据库建设，拓展雷达、热红外等新型载荷检校能力，实现光学、雷达、高光谱、激光、热红外五类载荷季度检校与双月度精度检测，具备国内外同类卫星检校处理能力。构建以固定场和数字场为主、移动场为辅五类载荷的卫星检校场网；打造与检校场网相配套的装备体系，野外检校数据自动化获取能力显著提升；建立部省协同检校验证与精度检测机制，检校成本进一步压缩。形成类型齐全、国际先进、国内领先的自然资源国土卫星检校基础设施体系，为卫星影像生产和监测应用业务的长期稳定运行、新型载荷试验性验证、卫星工程在轨测试、卫星载荷异常应急处置等提供全方位支撑。

3. 建强流程规范质量可控的数据处理系统，提高精纠正效率

攻克多源数据融合处理、定量化遥感信息提取等核心算法问题，进一步提高光学影像基础产品日常生产效率和能力，实现激光与影像复合测绘处理业务化运行。进一步完善高光谱辐射质量提升与定量产品精度评价技术体系，研发多星组网条件下的高光谱辐射一致性处理、大气地形联合反射率校正、高空间与高光谱融合超分重建等系列关键技术，持续优化高光谱数据质量及各类自然资源定量监测产品精度。强化雷达卫星数据业务化生产能力和地形测绘能力，补全 1∶50000 及 1∶25000 比例尺地形图测绘技术体系，实现雷达卫星形变场产品业务化生产，具备形变速率场产品以及形变时序产品制作能力。构建自然资源热红外遥感反演与监测技术体系，研制热红外载荷遥感应用系统，实现业务化生产。针对卫星数据和产品的质量检验与评价需求，完善产品质量检验与评价技术体系，实现质量检验与评价生产的自动化、工程化、业务化。

4. 构建要素精准自动高效的卫星监测体系，提升精解译水平

一是提升资源调查监测水平，支撑地表覆盖变化常态化监管。实现自然资源常态化监测由季度监测向月度甚至即时监测提升，持续开展覆盖全国陆域新增线形地物、建（构）筑物、堆填土以及光伏用地等各类变化信息动态监测，全面支撑自然资源执法督察"早发现、早制止、严查处"。深化全国范围河流、冰川、湖泊、水库等水资源业务化监测，形成规范化的全国地表水资源监测产品。进一步强化专项应急监测能力，持续跟踪各类应急管理与社会热点问题。持续推动自然资源常态化监测要素由典型要素向地表覆被全要素转变，为摸清自然资源共生内在规律、规划并监测"山水林田湖草沙冰"综合信息提供详细数据基础，更好地适应自然资源管理由土地用途的资源管理向顺应自然的保护管理转变。

二是强化生态调查监测能力，保障自然资源质量及生态保护修复。围绕自然资源"数量－质量－生态"三位一体调查监测能力提升的总体要求，进一步强化光学、高光谱、雷达等多源卫星数据高质量协同处理与时空同化分析能力。在宏观尺度上，提升全国陆域长时间序列地表参量系列产品快速更新与异常诊断识别能力；在区域尺度上，进一步丰富完善自然生态遥感监测产品体系，适配国内外主流高光谱、多光谱及雷达等定量化载荷，实现不少于40种水体、植被、土壤等指数产品及定量产品的常态化生产能力。

三是提高综合调查监测能力，服务国土空间规划和综合治理。开展解译样本数据优选、神经网络设计与优化等关键技术研发，构建人工智能遥感影像信息提取与变化检测技术体系，持续提升遥感信息提取和变化检测精度与智能化水平，体育运动设施、独栋建（构）筑物、大型桥梁、机场码头、水

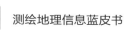
库大坝等特定目标提取精度达 90% 以上。构建地表热环境遥感反演与监测技术体系，实现多时间尺度、多空间尺度热红外定量产品生产。

（二）建设路径

1. 加强顶层设计，统筹军民商星规划

目前，军用、民用、商业航天的蓬勃发展，为陆地遥感卫星注入了新的发展动能，但也出现了型谱重叠、孤立零散等问题。因此，未来的陆地遥感卫星体系应注重顶层设计，注重军民商的统筹规划，在国家投资卫星工程的基础上，按照国家投资和社会投资共同建设、社会投资优先的思路，通过政府购买数据服务的方式，定期发布商业卫星需求清单和数据规范，建立商业卫星数据服务质量评估机制，最大限度地鼓励社会资本按规划设计、按计划建设、按标准处理和服务，引导推动高分辨率、高时效性、高应用效能的商业卫星星座建设，实现各类投资卫星同系列、共型谱、可编队，构建对地观测卫星体系统一规划、协同建设的新格局。

2. 加快星地协同，提高数据应用效能

十多年来，随着陆地遥感卫星的不断发射，卫星型谱日益齐全、数量逐渐增多，陆地遥感卫星观测模式实现了从单星观测到组网观测的跨越，有效对地覆盖面积逐年增加，切实提高了陆地遥感卫星作为空间基础设施的对地观测保障能力。未来，自然资源陆地遥感卫星在多星组网的基础上，将结合空中及地面调查的方式，综合天基、空基和地基多分辨率、多观测频次和多探测手段的观测优势，提高自然资源三维立体感知能力，形成天空地一体化的综合监测服务能力。

提高数据获取和应用效能，对空天地遥感数据进行复用，形成"一测多用"的对地观测应用模式。面向即时在线高效深入利用卫星遥感数据资源，依托"互联网+"、大数据、云计算等先进技术手段，增强云端共享资源池建设，实现资源整合、服务聚合、集约利用、深度共享的目标，形成部、省、市、县（乡）业务化应用能力，构建数据与成果广泛共享应用的新局面，提高陆地遥感卫星的应用服务效能。

3. 强化科技创新，推动卫星高质量发展

围绕自然资源遥感卫星总体设计、传感器检校与精度验证、遥感参数反演与地学解释、卫星测绘与遥感动态监测等方向，聚焦前沿科学问题和遥感应用技术问题，加强新型陆地遥感卫星工程关键技术预研。加大新型卫星载荷应用技术预研力度，重点开展超高分辨率光学卫星立体测图技术、光子体制激光测量卫星数据处理技术、大尺度多时相高光谱卫星反演技术、高分辨率红外数据反演技术、低倾角 SAR 卫星形变监测技术、P/Ka 波段 SAR 卫星成像及反演技术和重力卫星自然资源调查监测业务化应用技术方面的研发，提升自然资源陆地遥感卫星科技创新能力。

五　结语

近年来，陆地遥感卫星体系建设成果丰硕，基本形成了类型齐全布局合理的卫星观测体系、自主可控运行高效的卫星应用系统、要素精准自动高效的卫星监测体系和覆盖全面保障有力的卫星应用服务体系。新时代自然资源精细管理对陆地遥感卫星提出了新需求，国内外对地观测遥感技术突飞猛进为陆地遥感卫星体系注入了新动能，遥感卫星观测、处理和应用新模式的不断涌现推动了陆地遥感卫星体系的新变革。未来，陆地遥感卫星体系将在现有的建设基础上实现新的跨越，逐步形成军民商统筹规划、星地协同、不断创新的高空间分辨率、高时间分辨率、全尺度、全天候、全天时的"两高三全体系"，达到当日重访、全天候全天时获取、全要素全尺度监测水平，有效提升我国陆地卫星服务保障水平，进一步推动自然资源事业的高质量发展。

参考文献

郭姣姣、李德仁、王礼恒等：《美国空间基础设施领域军民商一体化发展的经验及启示》，《中国工程科学》2020 年第 1 期。

王权、尤淑撑:《陆地卫星遥感监测体系及应用前景》,《测绘学报》2022 年第 4 期。

赵文波、李帅、李博等:《新一代体系效能型对地观测体系发展战略研究》,《中国工程科学》2021 年第 6 期。

以"两支撑 一提升"为目标的测绘科技
发展与实践

燕 琴 王继周[*]

摘 要: "两支撑 一提升"是新时期测绘地理信息工作的定位,科技创新是"两支撑 一提升"的灵魂和第一动力。本报告面向新时期、新需求、新定位,研判了测绘科技的发展趋势,总结了自然资源保护利用对测绘科技的需求,最后介绍了中国测绘科学研究院在自然资源要素智能解译、城市体检评估、地质灾害监测预警、自然资源知识服务等方面的研究实践及应用。

关键词: 测绘科技 智能提取 地质灾害监测

《国民经济和社会发展第十四个五年规划和 2035 年远景目标纲要》对自然资源保护利用、促进经济社会发展全面绿色转型、实现人与自然和谐发展做出了全面部署。高水平的科技供给是实现自然资源高质量可持续发展、推进生态文明建设的基础和条件。王广华部长在 2021 年全国地理信息管理工作会议中指出:"准确把握新时期测绘地理信息工作的定位,就是要支撑经济社会发展、服务各行业需求,支撑自然资源管理、服务生态文明建设,不断提

* 燕琴,博士,中国测绘科学研究院院长、研究员,中国测绘学会副理事长,研究方向为测绘科学与技术、科技政策研究与管理等;王继周,中国测绘科学研究院研究员,研究方向为测绘地理信息领域科研管理。

升测绘地理信息工作能力和水平，使支撑和保障更加有力有效。"①测绘地理信息行业具有科技密集型特点，每一次的转型升级都是依靠科技的进步和创新能力的提升，科技创新是第一动力。面对新形势、新要求，测绘地理信息科技创新在关键技术、核心装备、自主可控能力等方面仍需提升。本报告在研判测绘科技发展趋势的基础上，简要总结了自然资源保护利用对测绘科技的需求，介绍了中国测绘科学研究院面向"两支撑 一提升"目标在自然资源要素智能解译、城市体检评估、地质灾害监测预警、自然资源知识服务等方面的研究实践。

一 测绘科技发展趋势

当前，全球新一轮科技革命正向纵深推进，为测绘地理信息科技创新注入了新动力。测绘基础设施快速发展，国家基准不断完善，北斗实现全球组网，国产卫星遥感能力持续提升，人工智能、大数据、物联网、元宇宙等新技术、新概念前所未有地渗透到测绘地理信息领域，测绘地理信息科技正向以跨界融合、泛在感知、智能自主、精准服务为核心特征的智能化测绘方向发展。这已经成为业界和专家学者的共识，但是智能化测绘的基本理论、体系框架和实施路径还未厘清。

（一）数据获取多元化

以智能、泛在、融合和普适为特征的新一轮信息产业变革，加快了学科间的交叉渗透。深空、深海、深地探测技术的不断突破，增加了测绘地理信息获取手段。导航定位实时高精度仍然是业界追求，同时室内导航定位技术发展迅速，形成了无线局域网（Wi-Fi）、超声波、射频识别（RFID）、蓝牙等多手段互为融合的技术体系。航空航天遥感技术还在迅速地朝"三多"（多传感器、多平台、多角度）和"四高"（高空间分辨率、高光谱分辨率、高时相

---

① 自然资源部办公厅：《自然资源部办公厅关于印发王广华副部长在 2021 年全国地理信息管理工作会议上讲话的通知》（自然资办函［2021］1452 号），2021（内部文件）。

分辨率、高辐射分辨率）方向发展，形成以全天时、全天候为主要特征的综合对地观测系统。智能定位设备的广泛应用，成为测绘地理信息大众化时代的鲜明标签。

（二）数据处理智能化

人工智能、云计算、大数据、知识图谱等理论和技术的深入发展，为提高地理信息处理效率提供了新技术支撑。时空信息智能认知与知识推理方法的进步，深化了时空信息认知、理解与表达，以"场景解构－模型驱动－知识引导"为特征的遥感影像智能解译与变化检测计算框架逐步形成。面向深度学习的遥感解译样本库与模型库不断完善，共享生态正在形成。基于应用场景与业务规则协同的遥感影像变化检测技术走向实用化与工程化。

（三）信息表达多维化

随着数字孪生、虚拟现实、增强现实技术的蓬勃发展，地理信息的表现形式更加丰富，更加注重全息空间表达以及属性信息的精细化，表达内容和形式向社会化、动态化以及泛在化发展。基于增强现实与虚拟现实的空间信息可视化、大规模行为空间数据可视化、基于视觉焦点的专题信息自适应空间表达等新型可视化方法不断涌现。人工智能推动地图学发展进入新时代，地图设计、制图数据处理、制图综合等的智能化水平和地图生产的自动化程度不断提升，空间认知如何指导制图者设计制作地图和用图者通过地图认知复杂地理世界等问题正成为研究前沿。

（四）产品形式多样化

随着经济社会发展和生态文明建设对测绘地理信息成果需求的不断增加，测绘产品由单一性向多元化发展，由固定产品向多样产品转型。目前，我国正加快构建新型基础测绘体系，全面推进实景三维中国建设。实景三维作为真实、立体、时序化反映人类生产、生活和生态空间的时空信息，可以通过"人机兼容、物联感知、泛在服务"实现数字空间与现实空间的实时关联互

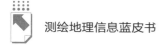

通，是对传统基础测绘产品的转型升级。自动驾驶技术的不断升级，催生了适宜机器自动空间认知的高精导航地图，相关理论与技术支撑尚不到位。

（五）信息服务知识化

随着测绘由供给驱动转向需求驱动，测绘地理信息服务从通用性服务转向个性化服务，由数据信息服务转向语义知识服务，由物理分布服务转向集成云服务。基于云计算、智能计算、认知计算等新型计算架构的地理信息共享及服务技术逐渐成熟，谷歌地图、百度地图等地图平台都推出了云服务，提供从 SaaS 到 PaaS 的服务能力。同时，由于测绘地理信息呈现几何级数增长，地理信息服务面临"信息丰富，知识不足"的挑战，基于时空知识图谱的时空智能知识服务等理论正成为研究热点。

二 自然资源保护利用对测绘科技的需求

随着自然资源部组建和测绘地理信息工作融入自然资源管理大局，测绘科技创新责任更大、任务更重。测绘事业是经济建设、国防建设、社会发展的基础性事业，测绘科技已经在信息化建设、新型城镇化发展、地下空间管理、极地科学考察、突发事件应急等方面广泛应用。自然资源部的组建标志着测绘地理信息工作进入一个新的历史时期和发展阶段，生态文明建设和自然资源管理对测绘科技创新提出了更高更快更准的需求。

（一）自然资源调查监测

自然资源调查监测是查清我国各类自然资源家底和变化情况的基础性工作，是实现山水林田湖草的整体保护、系统修复和综合治理的重要支撑。长期以来，自然资源要素信息提取作为调查监测的最基础工作，一直存在劳动强度大、生产效率低、精度难以保证等瓶颈难题。在前期已完成的"二调""三调""地理国情普查"等工程中，仍然主要靠"人工目视解译＋实地调查"作业手段。近年来 AI 技术的发展让作业者充满了期待，现实中不乏超过 90% 解译精度等之说，但是实践证明以满足工程化应用和生产精度要求为评价指标的 AI 智能信息提取技术体系远未建立起来。自然资源部发布的《自然资源调查监测技术体系总体设计方案（试行）》明确提出，综合运用现代测绘等先进技术手段，设计和构建标准统一、手段智能、业务联通、先进实用的自然资源统一调查监测技术体系，为自然资源的基础调查、专项调查、动态监测、成果管理和分析服务提供现代化的技术支撑。

（二）国土空间规划

国土空间规划是国家空间发展的指南、可持续发展的空间蓝图，是各类开发保护建设活动的基本依据。建立国土空间规划体系并监督实施，强化国土空间规划对各专项规划的指导约束作用，是党中央、国务院做出的重大部署。测绘地理信息是做好国土空间规划的基础。自然资源部发布的《省级国土空间规划编制指南（试行）》《市级国土空间总体规划编制指南（试行）》等文件指出，充分应用基础测绘和地理国情监测成果，为规划编制提供统一底图底数。因此，需要围绕国土空间规划，研究城市国土空间及其发展变化的认知理论和表征模型，探索多源城市大数据融合的国土空间智能监测方法，构建以人地关系空间化表达为驱动的多尺度城市国土空间问题智能化诊断、分级预警指标、模型、标准和技术方法，为全面提升国土空间治理能力提供技术支撑。

（三）地质灾害防治

我国是世界上地质灾害最严重、受威胁人口最多的国家之一。我国在国民经济高速发展、生产规模持续扩大和社会财富不断积累的环境下，灾害损失也呈现日益加重的趋势，不仅阻碍了国家经济建设发展，而且对人民群众的财产安全造成了极大威胁。党的十九大报告明确提出要"加强地质灾害防治"。自自然资源部组建以来，自然资源部党组多次专题研究地质灾害防治问题，并强调当前防范地质灾害的核心需求是要搞清楚"隐患点在哪里""什么时间可能发生"。自然资源部编制印发的《地质灾害防治三年行动实施纲要》指出，充分利用高分辨率卫星遥感、航空遥感、无人机和激光（LiDAR）

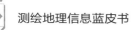

观测等先进适用技术和高精度地理信息资源，全面开展地质灾害隐患识别与1∶5万调查和风险评价。因此，面向地质灾害科学防治目标，急需开展测绘地理信息技术创新，为地质灾害监测预警提供技术支撑。

（四）自然资源资产管理

"统一行使全民所有自然资源资产所有者职责"是自然资源"两统一"核心职责之一，自然资源资产清查和领导干部自然资源资产离任审计是其中的重要内容。上述两项工作可全面了解家底情况，切实落实可持续发展的理念，是自然资源资产管理的基础。《自然资源督察执法与领导干部自然资源资产离任审计工作协作机制》明确要求建立支撑领导干部自然资源资产离任审计的基础数据及技术平台。《全民所有自然资源资产清查技术通则》要求通过对自然资源调查等空间数据进行整理，形成符合资产清查质量要求的规范化数据集。自然资源资产管理离不开测绘地理信息数据与技术的支持，需要充分利用国土三调、地理国情监测等数据资源，持续完善自然资源生态应用体系，为国家与地方相关部门快速掌握生态环境总体状况、快速识别与精准定位疑似问题提供科学依据。

（五）自然资源大数据管理与服务

自然资源部以第三次全国国土调查成果为统一底版，整合年度国土变更调查、基础测绘、地理国情普查及监测、航空航天遥感影像等国土空间现状数据，各级国土空间规划数据，以及用地用海审批、土地确权、执法督察等管理数据，形成覆盖全域、权威统一的自然资源大数据体系。相对大数据的特点，当前以数据服务、信息浏览、空间搜索等为重点的地理信息分析与服务，存在自动化水平不高、潜在价值挖掘不足、服务形式单一等问题。自然资源部印发的《自然资源科技创新发展规划纲要》明确提出，要"发展自然资源大数据技术，挖掘和预测自然资源时空演变规律与发展趋势"。因此，需要探索自然资源大数据智能处理与服务技术，提供智能化分析与服务能力，为自然资源治理提供现代化技术支撑。

三 研究实践案例

（一）AI智能引导的自然资源要素智能解译

中国测绘科学研究院作为全国自然资源调查监测技术体系构建第一批试点单位，围绕"自然资源要素遥感智能解译"这一关键难题，以提高生产效率为目标，经过近两年时间的集中攻关，集成人类知识与机器智能，提出了"智能计算后台 + 智能引擎 + 桌面解译前台"的人机协同智能解译技术架构，突破了人机协同智能解译、数据与知识双重驱动变化检测、顾及地带差异及数据源的样本库等多项影像解译核心技术，研制了业务化生产作业系统，实现了样本标注—精化—入库—管理—服务、模型构建—训练—预测—优化—服务的全生命周期标准化统一建设、管理与服务，形成了面向业务场景的"样本生成—模型训练—模型预测—智能推送—交互精编"人机协同智能解译业务闭环，推动作业模式由人机交互目视判读向人机协同智能判断转变。

以耕地非农化遥感监测生产应用为例，黑龙江省望奎与肇东耕地内房屋变化检测整体作业效率提升 10%~30%，AI 智能监测查全率优于 90%，满足生产指标要求，作业范围大幅压缩 80%~90%，大大降低了劳动强度。应用验证表明，单独依赖 AI 难以满足生产要求，而综合采用 AI 智能推送、半自动提取、人机交互等多种技术手段，采用 AI 智能引导的人机协同智能解译作业方式，堪为先进实用的解决方案。

（二）测绘地理信息技术赋能城市体检评估

面向城市体检评估需求，中国测绘科学研究院创新城市国土空间遥感认知理论，初步探讨了高分辨率遥感影像和高精度地理信息数据支持下的城市（群）国土空间及其发展变化认知，加深了对城市边界、城市国土空间要素、城市群空间格局的认知，梳理了城市国土空间格局（时空信息）与城市体检评估（业务需求）的关系，形成了"要素—格局—问题诊断—预警"的研究框架，为测绘地理信息技术服务城市体检评估提供了理论支撑；城市国土空

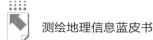

间遥感监测方法，融合传统遥感地理信息数据与新型地理空间大数据，突破了指标库、知识库和模型库相结合的城市国土空间遥感监测新方法，实现了城市边界、都市圈、城市森林、城市空间化人口、城市公共服务设施等新型城市国土空间要素产品的监测，提升了国土空间要素的功能和属性特征刻画能力；城市国土空间体检评估方法，初步构建了以人地关系空间化表达为驱动的城市蔓延判定、社区生活圈评估、区域协同发展等多尺度城市国土空间问题诊断模型和标准，突破了匹配模型中对流动人口的限制，对城市蔓延的多尺度测度和标准统一，多重要素的城市群空间结构定量测度等技术，打破了数据—知识—决策的转换壁垒，提升了测绘地理信息技术服务国土空间优化管控的能力。

上述理论和技术在全国 107 个重点城市体检评估和全国国土空间规划纲要编制中得到应用。形成了全国 107 个重点城市的 10 余项社区生活圈覆盖率相关指标，支撑全国重点城市体检评估报告编制，并递交国务院领导。形成的《全国城市空间扩张分析报告》《全国人口空间分异分析报告》等报告直接支撑纲要编制。利用夜间灯光开展疫情防控和复工复产监测分析报告被决策部门采纳。社区生活圈报告作为自然资源部首篇体检评估培训材料印发至各地。《城市蔓延评估标准》取得行业标准立项。

（三）天空地协同的地质灾害监测预警

立足卫星遥感、摄影测量、大地测量等多学科交叉优势，中国测绘科学研究院设计并开展了天空地协同的地质灾害监测预警技术研究。在航天层次，通过卫星 InSAR 实现大范围地质灾害监测与隐患粗查；在航空层次，通过低空无人机遥感实现重点区域精细监测排查；在地面，通过 CORS 站组网实现区域地表稳定性连续监测，并对重点隐患点进行全时视频监测与分析，为地灾防治工作提供了先进技术支撑。经过努力攻关，多项关键技术取得了突破。在大范围地表形变卫星 InSAR 高精度监测技术方面，创建了多主影像相干目标小基线 InSAR（MCTSB-InSAR）技术体系，并研发了国内首套具有先进的时序 InSAR 功能的软件系统 GDEMSI，使卫星 InSAR 技术在大区域地灾监测中真正具备了规模化、业务化应用能力。为满足滑坡、泥石流等突变型地质灾害应急反应时间尽可能短的需求，以 GDEMSI 软件为基础，2022 年 9 月研发成功由 18 个高性能计算节点组成的 InSAR 超算平台，将处理效率提升了 12 倍。在无人机地灾遥感监测技术方面，形成了高山峡谷区高精度地质灾害物源调查分析方法，为极高山地区地质灾害的监测、预警、处置提供了高精度的定量科学数据支撑。在地面连续监测方面，突破了基于 CORS 站网的地面稳定性变化监测和数值预报技术，为地质灾害潜在易发区探测、危险区的时空分布和演变规律探索提供技术支持。在重点位置地面视频监测预警技术方面，可从图像靶标的诸多信息中快速提取地表形变量信息。

上述系列关键技术和软硬件平台在全国多地地质灾害监测与防治中得到应用，包括京津冀等区域在内的超百万平方公里的地面沉降监测和地质灾害隐患识别、西藏泥石流易发区无人机遥感作业与调查分析、三峡地区和浙江及云南部分城市的地面稳定性变化监测和数值预报等，大幅提高了地质灾害监测的精度和效率，将大区域形变监测的精度由原来的 10 毫米每年提升至 5 毫米每年，采用 InSAR 超算平台可实现 10 天内完成 100 万平方公里的 InSAR 形变处理，为揭示地质灾害危险区的时空分布、联动关系和变化规律提供了强有力的技术支撑。

（四）自然资源资产审计支撑服务平台

面向领导干部自然资源资产离任审计业务需求，中国测绘科学研究院突破了多源空间数据融合、时空大数据高效精准分析等多项关键技术，全新设计与研制了自然资源资产审计业务支撑平台。多源空间数据融合技术以语义学与几何学为理论基础，构建了资料定量分析与评价、数学基础一致性处理、语义匹配与转换、定位精度提高与检验、应用需求多模态表达的完整技术流程，解决了自然资源数据类型繁杂、更新频繁、审计需求多样化等难题。高效精准分析在技术方法层面耦合了多粒度判别规则、复合条件地类转移以及时空非平稳性检验模型，可动态分析与挖掘自然资源的时空分布和异常变异特征，实现了自然资源疑似违规问题的快速发现机制。经外业核查验证，疑

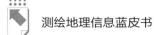

点转化率平均超过 30%。

平台建设部署以来，已在领导干部自然资源资产离任审计工作中取得初步成效，先后完成吉林、江西、深圳、西安等 6 省 3 市和黑龙江、哈尔滨、杭州、北京等 2 省 4 市的审计服务分析，提交了报表、图件与疑似问题图斑数据等成果。同时研发的原生生态与人工生态累计变化量指标已纳入领导干部自然资源资产离任审计考核体系。

（五）自然资源智能化分析与知识化服务

针对自然资源大数据分析评价需求，中国测绘科学研究院围绕智能化分析与知识化服务目标，以自然资源调查监测时空大数据为基础，深度融合人口社会经济统计数据，以"高效＋柔性"为设计理念，以"1+N"为架构模式，突破了传统空间统计软件的业务功能局限性，解决了空间数据与社会经济数据的融合统计，复杂众源数据的知识发现、知识表示、知识推理的长链条分析挖掘难题，构建了集群环境下高性能并行基础计算框架与平台，实现了分布式数据管理、集群调度管理、模型库管理、指标柔性管理、专题应用管理、指标计算管理等功能，经验证多节点集群环境下的并行技术比率不低于60%，高耗时算法性能提升平均达到 30 倍以上，初步具备了支撑自然资源综合分析评价业务需求的技术能力。

在技术和平台的支撑下，完成了国家级开发区地表覆盖情况统计分析、森林覆盖率对比分析、地表覆盖变化强度分析、地表资源禀赋分析、地表资源开发利用程度分析、地表生态格局分析等多项统计分析工作，并搭建了江苏、祁连山和元江红河流域试点三个专题应用系统，应用成效显著。

四 结语

"两支撑 一提升"是新时期测绘地理信息工作的定位，科技创新是其灵魂和第一动力。面向测绘科技的智能化发展趋势，需要行业内科研院所、高校、企业等共同努力、广泛协作，推动测绘科技水平跻身先进国家行列，提升自然资源科技实力和创新能力，切实增强对自然资源高质量发展和生态文明建设的科技支撑。

参考文献

《关于印发自然资源科技创新发展规划纲要的通知》，自然资源部网站，https://www.mnr.gov.cn/gk/tzgg/201811/t20181113_2364664.html。

《自然资源部发布〈国土空间规划城市体检评估规程〉》，百度百家号"人民网"，https://baijiahao.baidu.com/s?id=1704700695669992837&wfr=spider&for=pc。

《自然资源部关于印发〈自然资源调查监测体系构建总体方案〉的通知》，自然资源部网站，http://gi.mnr.gov.cn/202001/t20200117_2498071.html。

陈军、刘万增、武昊等：《基础地理知识服务的基本问题与研究方向》，《武汉大学学报》(信息科学版) 2019 年第 1 期。

陈军、刘万增、武昊等：《智能化测绘的基本问题与发展方向》，《测绘学报》2021 年第 8 期。

B.24
论地图管理工作的改革举措

孙维先*

摘　要： 本报告分析了地图自身特点、现阶段发展态势以及地图管理工作近年的总体情况，剖析了国内外环境对地图管理工作提出的挑战及其面临的机遇，重点从依法实施地图审核行政许可、深入推进跨部门综合监管、完善公益性地图服务框架、拓展国家版图意识宣教活动等四个方面提出了未来的工作思路和举措。

关键词： 地图服务　地图管理　国家版图

近些年，地图随着技术的发展，以千变万化的形式走进寻常百姓家，服务公众的日常生活。直接或间接从事地图产品开发、制作、传播的行业群体越发多元化，产品形式持续推陈出新，地图产业以其自身融合性强、延展性广的特点为国民经济发展、社会的进步贡献着自己的力量。与此同时，地图还是国家版图的主要表现形式，具有严肃的政治性、严密的科学性和严格的法定性，体现着国家的政治立场和领土主张。近些年，党中央、国务院持续深化改革，优化营商环境，在党的二十大精神的指引下、在"十四五"的总体工作部署下，守好国家主权、安全底线，激发市场主体活力和发展内生动力，促进地图市场和地理信息产业繁荣发展，需要保持踔厉奋发、笃行不怠的精神状态。

---

* 孙维先，自然资源部地理信息管理司地图管理处处长、一级调研员。

一　地图管理工作近年总体情况

制定出台与《测绘法》《地图管理条例》相配套的部门规章 1 件、国办文件 1 件，部门联合发文 7 件。全面推进国家、省、设区的市三级地图审核机制建设，"十三五"时期以及"十四五"开局之年，全国审核总量近 6 万件，三维模型地图、高级辅助驾驶地图等新产品新应用健康发展。各级自然资源部门为党的二十大、新中国成立 70 周年、改革开放 40 周年、"十四五"规划编制、精准扶贫、国家重大战略实施等党和国家重大活动重大战略提供地图服务和审核支撑，地图审核保障作用日益凸显。以全覆盖排查整治"问题地图"专项行动为重点的地图监督管理工作在全国广泛开展，共开展检查 2 万余次，立案查处千余件，对"问题地图"整治保持持续高压态势。覆盖地图管理事前、事中、事后的技术支撑体系不断完善，针对电脑端、移动端的技术手段先后部署至省级和部分市级主管部门。逐步形成了以政务工作用图、标准地图、参考地图、自然资源地图、城市地图集、反映党和国家重大发展成果地图集为基本内容的公益性地图服务框架，持续更新优化的标准地图在展览展会、书刊插图、新闻报道、媒体宣传中得到广泛应用。举办 5 届国家版图意识宣传周、2 届全国国家版图知识竞赛和少儿手绘地图大赛，全国各地开展国家版图意识宣传教育"进学校、进社区、进媒体"活动万余次，国家版图意识宣传教育受众 1 亿人次，营造了"知我国家版图、爱我国家版图"的良好氛围。

二　地图管理工作面临的机遇与挑战

"十四五"时期是我国乘势而上开启全面建设社会主义现代化国家新征程、向第二个百年奋斗目标进军的第一个五年。错综复杂的国际形势、艰巨繁重的国内改革发展任务，使地图管理工作面临新的机遇和挑战。一是地图作为国家版图最主要的表现形式，在维护我国主权、安全和海洋权益方面发挥重要作用，地图管理工作要紧紧围绕政治外交形势的发展，审慎把握好时机、方式和尺度。二是开启全面建设社会主义现代化国家新征程对地图管理工作提出新要求，国家实施创新驱动发展战略、大力发展数字经济、构筑人工智能先发优势等一系列决策部署，激发地理信息产业的创新创造、新型地图产品的更新优化，地图审核数量激增，公益性地图服务需求多样。三是国务院转变政府职能、优化营商环境鞭策地图管理提质增效，提高改革与优化事权配置的协同性、实行包容审慎监管、促进新型地图产品健康发展等，是现阶段推动地图管理工作的着力点和关键点。

三 地图管理工作思路和举措

（一）依法实施地图审核行政许可，优化政务服务

依据现行地图管理法律法规，我国实行地图审核制度，该项制度既是政府部门为申请人提供的一项行政许可政务服务，也是国家把好地图上主权、安全关的重要手段。实施过程中，各级自然资源主管部门按照《测绘法》、《行政许可法》、《地图管理条例》、《地图审核管理规定》以及一系列规范性文件开展工作，推进了国、省、设区的市三级地图审核机制的落地以及横向纵向协审机制的有效运转，为规范地图在各个领域的登载、展示、传播把好事前关口，为各类地图产品投放市场、地理信息产业的发展助力护航。

当前，新一轮科技革命和产业革命深入发展，与云计算、大数据、物联网、人工智能、区块链、5G等新一代信息技术相融合的地理信息产业快速发展，管理决策、新闻报道、科学研究、出版发行、加工贸易等领域以及社会公众对地理信息的需求与日俱增，地图应用、位置服务深入生活的方方面面。与此同时，面对百年变局和新冠疫情，地理信息从业主体面临前所未有的压力，要紧跟业态发展、形势变化，及时做出优化调整，提供优质高效的政务服务，为企业纾困、为产业发展助力。一是按照自然资源部统一部署，探索开展地图审核委托工作试点，坚持放管结合、并重推进，对委托的事项加强指导和跟踪监管，及时协调解决存在的问题、改进薄弱环节工作。二是在推

进三级地图审核机制、四级地图监管机制不断完善的基础上，优化地图审核行政许可事权配置，推进事前审批与事中事后监管权责相互协调一致。三是引导各地地图审核行政许可基本实现"一站式"网上办理，鼓励对现场签字、核验、领取等环节采取"快递＋政务服务"等方式解决，同时提供必要的线下补充手段。四是及时跟踪、研究、分析新型地图产品的特点，剖析其本质，剥离出涉及主权、安全的关键因素，提炼出内容审查的有关要求和规范，研发新型地图审查技术，推进新产品的投产应用。五是贯彻落实《智能汽车创新发展战略》《国务院关于开展营商环境创新试点工作的意见》，组织开展智能汽车基础地图标准框架体系建设以及有关地图标准的制修订工作，加强对有关试点城市的指导。六是修订公开地图内容表示规定，完善地图内容审查规范，进一步统一全国地图审查标准，提升全国地图内容审查水平。七是注重自身能力的提升，主要涉及完善地图内容审查知识库、专家库，加快推进全国地图内容审查信息化平台建设，加强人员队伍建设，推动有关重点区域地图地名研究。

（二）深入推进跨部门综合监管，增强地图监管规范性

地图具有便捷、直观、立体、多元等特点，应用非常广泛，出行、购物、旅游、用餐、养老、扶幼等都能见到地图的身影，反观之，众多的应用与良好的体验也在催生社会公众对地图应用的新需求。地图监督管理工作为此涵盖编制、出版、展示、登载、生产、销售、进口、出口等诸多环节，在日新月异的今天更好地为百姓生活提供便利和保障。根据《地图管理条例》的有关要求，基于地图自身的特点，监管工作不可单打独斗，加强部门间的联动和国省市县的配合至关重要。

近年来，地图监管工作持续深入推进，各领域登载地图行为不断规范，地图市场活力不断增强。自 2017 年 14 部门联合开展全覆盖排查整治"问题地图"专项行动之后，各级自然资源主管部门先后与网信、公安等部门联动配合，查处了广告、影视剧等登载"问题地图"、违法出口"问题地图"、盗版地图产品等案件，发挥了部门联动监管的效能和威慑力。技术进步和发展

的同时，"问题地图"呈现出隐蔽性强、取证难、散点多发等特点，接下来在实施包容审慎监管、强化市场主体责任的同时，要围绕这些新特点持续推进地图监管工作。一是深入贯彻党中央、国务院关于加强和创新监管工作的决策部署，推进跨部门综合监管工作，优化跨部门、跨地域协同监管的有效做法，增进与网信等部门以及军方的沟通协作，健全监管机制、协同处置机制、约谈和通报机制，进一步提高监管效能，提升地图监管整体合力和战斗力。二是按照国务院关于加强数字政府建设和"互联网＋监管"的总体部署，推进监管清单化管理，减少人为干预，压缩自由裁量空间，提高地图监管的规范性和透明度。三是完善针对地图审核申请件的事后监管工作，运用已有信息对审批通过的申请件进行随机抽查、实施监管，净化地图市场环境。四是提前梳理年度重大事项，组织编制年度监管目录，聚焦监控重点，优化配置监控资源，增强监管威慑力。五是加快互联网地图监控系统升级，运用大数据、云计算、区块链、深度学习等新技术，提升互联网地图监控系统在移动互联网端"问题地图"快速发现、证据锁定等方面的能力。

（三）完善公益性地图服务框架，丰富公益性地图资源

"管理"一词在现代汉语词典中意为"负责某项工作使顺利进行"。各种各样的地图产品，百姓有需求，堵住"问题""漏洞"确保地图市场健康平稳有序发展是一方面，提供"正解""出口"更好地引导疏解也是促进"工作顺利进行"的有效路径。在实际管理工作中，维护国家主权、安全和发展利益是底线、红线，同时，促进新型地图产品应用服务、促进地理信息产业的蓬勃发展，为经济建设、社会发展和人民生活提供优质高效的地理信息服务也是时代赋予的职责和使命。为此，加强监督管理的同时，要统筹各方资源提供公益性地图服务，贯彻落实好《地图管理条例》中"定期更新公益性地图"的有关要求。

标准地图方面，自然资源部发布标准地图在线服务系统以来，先后带动31个省区市发布了标准地图，全国目前发布标准地图 1.1 万幅、自助制图数据 8 套，地图形式涵盖图片、矢量格式并提供了自助制图功能，标准地图定

期更新发布机制在不断优化完善中。政务工作用图方面，优化完善政务工作用图数据资源，完善国省两级协同联动、资源共享的政务工作用图机制，提供更加便捷、快速的支撑保障，通过开展调研、举办座谈会等形式促进国、省及各地政务工作用图编制与服务交流，为领导视察、出访、决策以及应急救灾等工作提供有力的地图保障。服务国家重大战略方面，指导编制更多反映京津冀协同发展、长江经济带发展、粤港澳大湾区建设、长三角一体化发展等的地图产品，比如综合性地图集、交通旅游图、影像图等。支撑自然资源"两统一"职责履行方面，准确把握新时期测绘地理信息工作的定位，组织编制以自然资源地图集为代表的公益性地图产品，鼓励围绕国土空间规划、生态修复等开发新型产品，使地图工作既能支撑经济社会发展，又能支撑自然资源管理，更好地发挥地图的基础性作用。引入社会力量参与公益性地图编制服务，开展参考地图试点并择机进行推广，引导鼓励出版单位、媒体等推出内容丰富、形式多样的地图文化创意产品。重大活动保障方面，组织编制中国共产党成立100周年地图集，完善重大活动登载使用地图审查保障机制，协调有关单位为党的二十大、冬奥会、世界互联网大会、中国国际进口博览会、亚运会等党和国家重大活动提供地图支撑和内容审查保障。

（四）拓展国家版图意识宣教活动，讲好中国版图故事

国家版图意识宣传教育是爱国主义教育的重要内容，也是新时代意识形态工作的组成部分。党中央、国务院高度重视国家版图意识宣传教育工作，《测绘法》《地图管理条例》对国家版图意识宣传教育提出明确要求。近年来，通过各级自然资源主管部门的不断努力，在相关部门的大力支持下，全民国家版图意识显著增强，公众识别"问题地图"的能力和水平大幅提升，形成群众自发揭露登载"问题地图"违法违规行为、呼吁使用标准地图的态势，对于培育公民的爱国主义精神、共同维护国家领土主权和利益、从源头减少"问题地图"产生起到了积极作用。

为推动国家版图意识宣传教育再上新台阶，自然资源部统一部署，持续开展国家版图意识宣传教育"一周、两赛、三进"活动，扩大国家版图意识

宣传教育活动覆盖面和影响力。在先后以"强化国家版图意识，共同守护美丽中国""正确使用地图，一点都不能错"为主题的宣传周活动成功举办的基础上，"十四五"时期，继续创新形式举办宣传周活动。积极争取教育、网信、外交等部门的支持，提高国家版图知识竞赛和少儿手绘地图大赛参与度，扩大覆盖面，丰富竞赛内容。引导各地开展形式多样的国家版图意识"进学校、进社区、进媒体"活动，继续组织好"开学第一课""社区展示""媒体座谈会"等，并总结好成功经验，进一步探索创新活动形式。在已经形成的《国家版图知识读本》（修订本）、《少儿手绘地图优秀作品集》、国家版图知识（小学）多媒体课件、互动游戏等基础上，进一步指导推出以"国家版图""中国版图""地图文化"等为主题的宣传教育产品。鼓励地图研究机构、地图专业委员会、地图产业联盟等社会力量健康发展，支持地图创意设计大赛、地图文化大会、地图文化展等活动的持续举办，共同传播好地图文化、讲好中国版图故事。

B.25
我国自主高端测绘装备的发展与挑战

缪小林 *

摘 要: 随着信息技术的发展和国家经济建设需求的增加，测绘地理信息行业经历了多次技术变革，测绘作业模式从以前的模拟化、数字化变为现在的信息化、智能化，测绘成果形式由 4D 数据发展为时空地理信息云及服务，测绘装备也从水准仪、经纬仪、全站仪、GNSS 高精度终端，发展到无人机、激光雷达、多波束水深测量、室内定位导航、高精度测量机器人等。我国自主高端测绘装备科技水平持续提高，从常规到高精尖，在关键技术和产业化上都取得了重大突破和创新。

关键词: 完全国产化　高端测绘装备　关键技术

测绘在国家经济发展和社会建设中起着重要作用，是信息化发展和智慧应用的先行基础和支撑。测绘属于技术密集型行业，我国在大地测量、卫星遥感、导航定位、地图制图等领域一直以来都处于世界先进水平，并且随着我国基础设施建设与智慧城市建设的庞大应用需求持续创新，大量的工程应用实践和信息化治理需求造就了高水平的测绘地理信息科技发展。目前，在测绘装备、地理信息软件及数据处理系统、导航定位、航空航天遥感等领域，都有达到世界领先水平的科技成果转化。

---

* 缪小林，广州南方测绘科技股份有限公司副总经理。

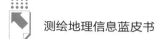
"十四五"时期，测绘自主化技术能力提升将成为引领行业发展的第一动力，测绘地理信息装备的升级换代和创新突破将围绕完全国产化这一目标，成为众多行业企业的着力点。本报告聚焦自主高端测绘装备的技术突破和产业化应用，以测绘地理信息行业头部测绘装备企业的产业化发展成果为例，概述当前主流的高端测绘装备发展情况，同时从技术完善度、市场需求及产业化价值等方面分析其面临的挑战。

一　高端测绘装备界定与我国测绘装备市场状况

测绘发展，装备先行。当前，地理信息数据的行业应用越来越广，数据需求量越来越大，数据的精度、现势性要求越来越高，从静态数据到动态数据、从二维矢量数据到三维实景数据、从地形数据到全要素数据等，对获取数据的测绘装备的要求也越来越高，即海量、高质数据的高效、低成本获取与自动化处理。

何谓高端测绘装备？从技术和装备本身来说，其实并不好界定。比较而言，对于测绘仪器，业内习惯于把目前基本实现国产化、普及应用的常规装备称为中低端装备，如工程型的电子经纬仪、全站仪、水准仪、卫星导航定位接收机（RTK）等。国产化和普及应用带来的规模化需求，使得这些装备价格低、使用便捷、功能简单、性能稳定、易掌握，获取的数据成果简洁易处理。目前对于中低端测绘仪器，已经实现了完全自主化，基本实现国产化替代。那些价格昂贵、组成和操作复杂、精度高、数据成果丰富、数据处理难度高、应用普及度低的装备，则被称为高端测绘装备。其中的一些装备国内还未完全实现技术上的自主化。所以，本报告所说的高端测绘装备主要是指那些目前技术实现难度大、工程应用复杂度高、价格较为昂贵的测绘装备。

从目前我国测绘地理信息行业发展的情况来看，高端测绘装备主要是指更高精度、更高集成化、高效率、智能化的测绘装备，尤其是一些需求急迫但仍然以国外进口为主的装备。有些刚刚实现自主技术的突破，而有些则还在持续研制和工程实践磨合中。如0.5秒测角精度的测量机器人、0.3毫米精度的数字水准仪、激光雷达测量系统、精密监测系统、航空摄影测量系统、多波束水深测量系统、室内定位导航系统、地下管线探测系统等。

我国测绘装备市场近年来呈现常规测绘仪器需求下降、新兴测绘装备需求增长的趋势，这与我国经济社会发展迈入高质量发展的新阶段有关，也与测绘地理信息行业技术变革与服务范围扩展有关。表1展示了2019~2021年我国测绘装备市场的概况。

表 1   2019~2021 年我国测绘装备市场主要装备销售情况
单位：台，%

产品名称	2019 年	2020 年	2021 年	国产品牌占比	市场现状及发展趋势
电子经纬仪	25000	22000	15000~20000	100	国产主导
光学水准仪	1200000	1100000	1000000	99	国产主导
数字水准仪	5000	5500	6000	80	国内主要销售高精度进口仪器
常规全站仪	100000	90000	80000~90000	90	国产主导
测量机器人	2000	2200	2500	5	国内主要销售品牌为徕卡、天宝、拓普康等的进口仪器，国产仪器开始批量销售
高精度卫星导航定位接收机（RTK）	160000	180000	200000	95	国产主导
无人机航测系统（测绘无人机）	5000	8000	10000	100	国产主导
三维激光扫描测量系统（测绘级）	1000	1200	1500	20	国内主要销售品牌为 Riegl、Faro 等的进口仪器，国产仪器开始批量销售
多波束水深测量系统	160	180	200	40	近年需求增速加大，目前主流还是进口装备

资料来源：国内主要厂商及销售商统计概数，近年行业展会、论坛、商家及市场公认统计数据。

由表1可知，新兴的诸如测量机器人、无人机航测系统、三维激光扫描测量系统、多波束水深测量系统等都处在需求增长的阶段，这些装备的使用不仅是基于传统测绘的需求，更多的是来自行业信息化应用的需求，这些需求对数据质量、测量效率都有较高的要求。

先进测绘装备的大规模应用不仅大大提高了传统测绘作业的效率，而且极大拓宽了测绘地理信息技术在其他行业的应用。例如，利用无人机倾斜摄影测量的作业方式能十几倍提高农村房地一体调绘的作业效率，利用激光雷达进行三维扫描大大拓展了测绘地理信息技术在历史建筑建档、文化遗产保护、建筑信息模型、虚拟仿真等领域的应用，利用高精度测量机器人的野外无人值守作业，解决了精密沉降监测、动态跟踪测量等传统作业的难题。

二 国际高端测绘装备发展现状及趋势

目前，高端测绘装备的提供商主要还是国外厂商，在自动化精密光电、高精度卫星导航定位集成、激光雷达、高分卫星影像等领域，仍然是国外品牌占主导。从国外的测绘装备需求来看，常规工程测绘仪器主要需求在东南亚、东欧、中东、南美、非洲等地区，国内外测绘仪器装备厂商市场开拓的主要阵地也都在这些地区，同时，随着技术升级和装备成本的下降，高端测绘装备的需求也逐年增长。当前国际上主流的测绘装备厂商都在加紧研发高端和融合型测绘装备，以满足工程建造、工业智能和智慧城市建设的需要，表2列举了部分厂商的情况。

表 2 部分国外测绘装备厂商及高端测绘装备情况

序号	公司名称	公司简介	主要高端测绘装备	市场占有情况
1	美国天宝导航公司（Trimble）	成立于 1978 年，总部设在美国加利福尼亚州，是全球知名的从事 GPS 技术开发和应用的高科技公司，在全球 20 多个国家和地区设有研发制造、销售服务机构，其产品和技术广泛应用于测绘、汽车导航、工程建筑、机械控制、资产跟踪、农业生产、无线通信平台、通信基础设施等领域。2021 年度营业收入为 36.59 亿美元，净利润为 4.93 亿美元	高性能卫星导航定位核心板卡、连续运行参考站系统、高精度自动全站仪、高精度数字水准仪、激光雷达系统、惯性导航系统等	在高精度导航定位领域全球领先，占据主导地位

续表

序号	公司名称	公司简介	主要高端测绘装备	市场占有情况
2	瑞典海克斯康集团（Hexagon Metrology AB）	全球传感器、软件和数字信息技术解决方案的领导者，产品和解决方案覆盖汽车、航空航天、机械制造、电子、医疗、重工、能源、模具、教育等多个领域，业务遍及全球50个国家及地区，拥有员工22000多人，2021年全年净销售额超过43亿欧元 著名的徕卡测量隶属于海克斯康集团，在精密光电测绘装备领域居于世界顶级水平	高精度测量机器人、高精度数字水准仪、航空摄影测量系统、激光雷达测量系统等	在高等级的精密光电测绘装备领域全球领先，占据主导地位
3	日本拓普康集团（Topcon）	成立于1932年，是世界知名的光机电一体先进精密机械制造商，产品及技术服务涉及医疗器械、测量仪器、产业设备、建筑施工、精准农业等领域。测量测绘是拓普康集团的主营业务之一，其研制的全站仪等精密光电测绘仪器曾经在中国市场占据主导地位	高精度自动全站仪、激光扫描测量系统、摄影测量系统等	测绘仪器的市场影响力近年来在减弱
4	奥地利RIEGL激光系统公司	全球知名的激光雷达硬件和系统解决方案提供商，总部位于奥地利霍恩，在十多个国家有研发和服务机构，产品应用领域广泛，具有高性能、高可靠性等优点，尤其是长测程的激光扫描头，是众多集成商的首选	地面站式三维激光扫描仪、移动式三维激光扫描仪	在脉冲式长测程三维激光扫描仪市场占据主导地位
5	美国法如公司（FARO）	成立于1981年，总部位于美国佛罗里达州，在全球设有25个办事处，提供领先的三维测量、成像和数字实现解决方案	地面站式三维激光扫描仪	在相位式三维激光扫描仪市场占据主导地位
6	德国NavVis公司（NavVis GmbH）	总部位于德国慕尼黑，致力于研发计算机视觉的室内定位技术，在室内空间中创建更好的映射、导航和虚拟交互方式，提升室内空间数字化水平。NavVis提供大型室内空间数字化端到端解决方案，其图像识别技术，可在不增添任何硬件设施的前提下提供精确的室内定位导航技术，其三维建筑反向模型、实景展示及定位技术的结合，能为室内空间的数字化增值带来革新的可能	创新性的推扫、背包、手持式移动扫描系统，对象识别精确度可达98%以上，可以捕获毫米级别的建筑几何信息，利用其创新性的可视化工具，可快速构建并浏览数字化虚拟环境，实现精确室内定位导航	全球领先的室内精确定位导航及三维构建信息化科技公司

资料来源：各装备厂商公开介绍及年报信息。

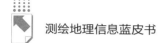

表2列举的是国外主要的测绘装备厂商近年来在高端测绘装备方面的情况。这些厂商在长期的发展中，不断积累和研发既有的技术，通过收购的方式补齐技术短板和增加产品线，产品和技术都处在较高的水平。

对于无人机航测系统，国外厂商并没有形成大的主导性品牌，反而是国内以大疆为代表的厂商在国际上的影响力逐步增强，除了几年前有一些国外品牌的无人机航测系统在国内有过批量销售外，近年来国内市场的无人机航测系统已基本是国内自主品牌占主流，其价格和性能都有很强的竞争力。目前，航测数据处理和无人机航测应用领域是无人机航测厂商开拓的重点。

在海洋测绘装备、航空航天遥感测绘、高分卫星测绘等方面，目前也都是国外品牌占主导。随着国内市场需求的增加，国内厂商正在加快进入这些高端装备研制领域，相信不久的将来就能实现技术突破和产业化提升。

三 我国主流高端测绘装备国产化与产业化进程

近年来，我国高端测绘装备发展实现了较大的突破，在精密光电测绘、精准定位导航、摄影测量与遥感、移动扫描测量等领域，随着市场需求的快速增加，自主研制水平得到提升，产品和技术在实践应用中不断完善，实现了一定程度的产业化发展。下面以几种具备规模化市场需求的主流高端测绘装备为例，概述我国高端测绘装备的发展情况及面临的挑战。

（一）精密光电测绘装备

高精度、自动化、便捷化是精密光电测绘装备的发展方向，近年来需求最多、发展最快的是高精度测量机器人（也被称为高精度自动全站仪）和高精度数字水准仪。这些装备基本实现了技术和制造的自主化，也实现了持续批量的销售。

测量机器人属于光机电一体化智能复杂系统，是一个涉及测绘、电子、机械、光学、高性能计算等的多学科交叉研究领域，主要应用于高速铁路、地铁、桥梁、大坝等精密测量和精密监测领域。因其系统复杂，研发难度系数大，长期以来国产都处于空白，国内市场主要被徕卡、天宝、拓普康等国外品牌占据。

经过十多年的积累和突破，以广州南方测绘科技股份有限公司（简称南方测绘）为代表的国内企业攻克关键技术，推出 0.5″ 高精度测量机器人，测角精度达到国际最高水平，满足行业测量规范最高等级要求。目前市场上主流的国产型号都取得了国家计量器具型式批准证书，如南方测绘的 NS10、NT10，苏一光的 RTS005D 等，配备伺服马达电机，测角精度达到 0.5″，具备自动照准、自动跟踪、自动测量等功能。在已有光机电技术积累的基础上，在编码技术、光栅盘、光速硬件、测角细分算法、望远镜、仪器刚度等方面进行了提升，又增加了无磨损、无空回、无噪音伺服技术和自动搜索识别技术，在达到 0.5″ 测角精度的同时，各项功能和性能稳定。

目前，国内工程使用的高精度测量机器人依然是进口品牌居多，以徕卡、天宝和拓普康为主，每台的单价在 10 万 ~30 万元，年需求量 2000 多台，需求有增长趋势。南方测绘研制的高精度测量机器人也已经批量投放市场，年销量在 100 台左右，主要用户是科研院校和轨道交通工程单位等。

（二）高精度数字水准仪

数字水准仪克服了传统水准测量的诸多弊端，具有读数客观、精度高、速度快、减轻作业强度、测量结果便于输入计算机和容易实现水准测量内外业一体化等特点，标志着大地测量完成了从精密光机仪器到光机电一体化的高科技产品的过渡。高精度数字水准仪是光电仪器领域除高精度测量机器人外的另一高端测绘装备，我国第一代数字水准仪 2007 年左右才出现。

一般把精度优于 1mm/km 的数字水准仪称为高精度数字水准仪。国产第一台高精度数字水准仪 DL-2003A 于 2015 年由南方测绘研发成功并推向市场，它是目前国产的最高精度的数字水准仪，高程测量精度达到 0.3mm/km，极大地提高了国产高等级数字水准仪的综合水平。大量用户的使用结果表明，该设备稳定可靠，达到国外仪器的同等水平。该设备已通过国家相关检验检测

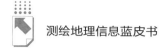

机构的严格测试，也多次用于国家级测量队的工程测量任务，完全可以应用于国家一、二等水准测量。

（三）低空及地面移动测量装备

近年来发展最快的是无人机航测系统和激光雷达测量系统。在实景三维中国建设进程中，地形级、城市级和部件级实景三维建设项目体量巨大，倾斜摄影影像和激光点云成为数据源，行业对无人机航测、倾斜摄影等三维数据采集技术的需求增加。智慧城市建设的开展，对城市信息模型（CIM）、建筑信息模型（BIM）等三维数据的生产和数据精度需求都在大幅提升，使得倾斜摄影测量装备的需求持续增加。

作为一种新型测绘技术，无人机航测通过低空摄影快速获取高清影像数据生成三维模型，操作灵活、响应快速，便于复杂地形的野外工作，是传统航空摄影测量的有力补充。同时，无人机航测也有不少的技术难题和功能弱项，如像控作业量大、续航时间短、平台载荷软件脱节、正射倾斜无法兼顾、技术门槛高、外业操作复杂等问题。

针对应用一线提出的问题，以成都纵横、深圳飞马、南方测绘等为代表的装备企业自主研发生产的工业级智能航测无人机近年来得到市场较高认可。市场上主流的无人机航测系统能够很好地解决作业一线面临的技术和操作问题，实现高精度位置服务精准定位，提供高精度 RTK、PPK 定位，飞行更精准高效，配备高精度位置服务账号，随时随地实现精准定位，配备倾斜五镜头，总像素高，模块化接头，方便快速转换多种传感器，采用前置毫米波雷达避障，全天候避障，下视激光测距，掌握无人机起降高度，确保降落更精准，能够仿地飞行，智能跟随地形起伏，轻松应对山区等复杂地形。

无人机航测装备中，一体化软件平台比硬件更为重要，可以让作业更加简单高效。可喜的是，国内主流的无人机航测厂商已实现软件系统的同步研发，这些软件涵盖数据处理、数据采集、地面控制、云管控、三维采集、多样化成图等，实现针对航测数据的全流程一体化作业全覆盖，提供航线规划、相控测量、航测数据预处理、空三加密生成传统 4D 产品、三维模型数据的生产、基于实景三维模型或立体像对采集 DLG、航测成果数据叠加浏览应用的整体解决方案。

（四）三维激光扫描测量系统

相比照片数据，点云数据包含的信息量更大，应用范围更广。随着越来越多的技术和方法开始应用到测绘装备上，新的作业模式不断涌现，极大地提升了获取地理信息数据的效率，三维激光便是其中颇为高效的一类。三维激光扫描仪有地面站、车载、机载、船载、背包、手持等不同类型。多种类型的三维激光测绘装备满足了多种场景的海量高精度测绘数据获取需求，配合数据处理与行业用软件，使海量的点云数据价值得到极大体现。

随着高精度电子地图、建筑测绘、地形测绘、电力巡线、实景三维中国等多种应用需求迅速增加，市场对三维激光测绘装备的需求也日益强烈。然而，当前大部分进口三维激光测绘装备依然售价较高，限制了三维激光技术的普及。三维激光扫描仪是一个横跨光学、机械、电子、算法、工程等多个学科的复杂产品，要求开发者在众多技术方向都有比较深入的研究和积累。国外知名品牌大多经过了40多年的发展，建起了比较高的技术壁垒，而且各厂家的技术路线差异较大，没有多少成熟的方案让国产厂家实现快速突破。

经过多年的努力奋斗，国内厂商已相继走出有自己特色的三维激光扫描仪研制之路，陆续推出了国产地面三维激光扫描仪和移动测量三维激光扫描仪，如北科天绘、海达数云、南方测绘、华测导航等，其产品都已经实现了量产并开始大量应用于测绘、规划、勘测、设计、建筑、施工、交通等领域。除了扫描仪硬件外，配套软件的研发工作也非常重要，如航带编辑、POS解算、参数检校、点云融合等。提升数据处理软件的自主化水平和数据编辑的自动化水平是目前国内各厂商关注的研发重点。

目前国产三维激光扫描测量系统的规模化生产还存在一些问题，主要表现在：仪器的关键部件的标准化配件非常少，部分核心部件需要不同的厂商集成，标准化程度不高，一定程度上影响了仪器的性能和稳定性。同时，最

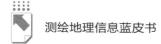

大的挑战还在于能否大范围推广应用，国内用户对于国产激光雷达测量系统的接受度普遍不高，还需要做大量市场推广工作。

目前国内市场的测绘级三维激光扫描测量系统年需求量在 1500 套左右，而且在持续增长。其中，架站式的静态三维激光扫描系统 1100 套左右，移动三维激光扫描测量系统 400 套左右。国产厂商的技术突破和产品完善度的提升，以及成本上的比较优势，将使三维激光扫描测量系统形成批量销售态势，有机会形成国产化替代趋势。

（五）精准位置服务装备

室内外一体化的定位导航服务是当前业界关注的重点，也是定位导航技术服务重点突破的方向。室内外一体化定位导航服务是"万物互联"的基础，低成本、简易、高精度的室内定位服务更是智慧应用发展的迫切需求。与开放的室外空间相比，室内环境在信号条件、空间布局、拓扑关系、运动约束等方面更加复杂，在卫星信号受遮挡和信号不可达地区，定位精度低或者无法定位，急需高精度室内定位技术，支撑大型地下空间的运维数字化、信息化和智能化。

客观来说，室内定位技术并不是高深技术，原理和实现方法多样化，系统复杂度不高，常见的有超宽带（UWB）、射频识别（RFID）、无线网络（Wi-Fi）、蓝牙定位 Beacon、视觉定位、惯导定位，还有地磁定位、超声波定位、红外线定位、LED 可见光定位、ZigBee 等。选择哪种定位方法取决于应用场景和定位精度要求。目前室内定位的需求主要还是在一些特殊场景和专用性领域，如石油化工工厂、大型地下空间、复杂建筑物、机场候机楼、大型地铁高铁站等。可以预见的是，技术的创新和融合会让室内定位的应用场景更加丰富，尤其是随着定位精度和可靠性的大幅度提升，规模化需求也能让成本较大幅度降低，室内定位技术将广泛渗透进智能制造、智能建设、养老医疗、公共安全、物流运输等行业，室内定位的价值会迎来爆发式增长。

2021 年 9 月，由武汉大学测绘遥感信息工程国家重点实验室主任陈锐志教授团队领衔的知路导航公司，发布了全球首款高精度音频定位芯片 Kepler A100，支持大众用户手机终端的高精度音频定位，突破了精准测距、窄频带漫游和多源融合定位等三大技术瓶颈。知路导航公司已经成功为南京南站 56 万平方米室内区域，提供优于 1 米精度的室内外无缝导航定位全场景解决方案，这是非常具有示范意义的室内定位技术创新和产业化落地。

南方测绘、浩宇三维等国内企业与德国 NavVis 公司合作，利用穿戴式激光扫描仪打造适合中国细分市场的 SLAM 室内定位导航解决方案。SLAM 系列的三维激光移动扫描设备的精度优于车载和机载设备，效率优于架站式扫描仪，是居于两者中间兼顾效率和精度的设备。

四　我国高端测绘装备发展面临的挑战与机遇

纵观我国高端测绘装备的现状，部分产品已经达到世界先进水平，并迅速占领国内市场，但总体来说仍然处在发展的攻坚期，高端测绘装备的技术突破和工程应用磨合还有很长的路要走。在关键技术和工程科技领域，还有需要持续努力的地方，如高性能的导航型卫星定位核心芯片、高可靠的星站差分及单点定位测量系统、高性能的激光雷达扫描头、高可用的高分辨率商用卫星遥感影像、高可靠的遥感影像自动编译和处理系统、高精度的海洋多波束测量系统、高可靠的商用惯性导航系统、高可用的融合多平台的时空信息平台服务系统等。

推动高端装备的产业化发展是当前的重要任务。我国目前在一些新技术、新领域的探索中取得了突破，但从技术突破到产品落地，再到形成持续的规模化销售和应用，还有很多工作要做，产业化推进是一件困难至极的事情。企业期待与科研工作者互相协作，共同推动新技术的落地，同时更加期待国家有关部门在新技术新产品的产业化推进中给予企业支持。当中国制造、中国创造好不容易落地时，是否给予国产品牌以机会？给予中国国产化以希望？政府有关部门在做规划、政策时应多一些考虑。

从长期来看，为了彻底扭转国产高端测绘装备滞后国际先进水平的局面，国家应加大政策支持和资金支持力度，科研单位、大专院校也应发挥人才优势和技术优势，紧盯先进技术、瞄准先进产品，开展与企业的密切合作，及时将前沿科技成果与核心技术进行产业化，保持国产测绘装备与世界先进水平同步，甚至超前，行业同人应为这个共同的目标奋斗。

加快构建新型测绘行业信用监管体系
持续提升对自然资源管理的支撑保障力*

熊 伟 徐 坤 孙 威 马萌萌**

摘 要： 本报告对我国社会信用体系建设的进程进行了梳理，分析了测绘行业信用建设与管理的历史进程，剖析了测绘行业信用建设与管理存在的问题，研判了加强测绘行业信用管理所面临的新形势。基于此，提出了建立新型测绘行业信用监管体系的总体思路，以及积极调整测绘行业信用信息分类、完善测绘行业信用信息归集发布公示机制、加强对测绘行业信用信息的应用等对策建议。

关键词： 测绘行业 信用监管 失信行为 自然资源管理

2018 年国务院机构改革后，国家测绘地理信息局及其管理职能一并划入新组建的自然资源部，测绘地理信息管理成为自然资源管理工作的重要组成。在新的历史背景下，完成党中央赋予自然资源部的"两统一"重大历史使命，需要进一步加强测绘行业监管工作，切实维护国家地理信息安全和国土安全，不断增强行业队伍安全、质量、标准意识，规范行业队伍市场行为，全面、

* 项目资助：2019 年度自然资源部科技创新人才培养工程青年人才资助项目（121106000000 180039-1904）。

** 熊伟，自然资源部测绘发展研究中心处长、研究员；徐坤，自然资源部测绘发展研究中心副处长、研究员；孙威、马萌萌，自然资源部测绘发展研究中心副研究员。

高效支撑自然资源七大核心管理职能履行以及自然资源管理工作的精准化、综合化发展。加快建立以信用监管为基础的新型测绘行业监管体系，是实现这一目标的有效途径。

一 我国社会信用体系建设的进程

市场经济是信用经济，信用是推动市场经济可持续发展的活的灵魂。大力发展市场经济，要在全社会建立起一套相对完整的、普适的、具有较强约束性的信用体系，以有效规范各类社会主体行为，促进和保障社会主义市场经济健康可持续发展。

自党的十四大提出建立社会主义市场经济体制以来，我国社会信用体系建设的步伐不断加快、建设力度不断加大，成效越来越明显。从党的十六大报告提出"健全统一、开放、竞争、有序的现代市场体系……健全现代市场经济的社会信用体系"[①]，到党的十六届三中全会提出"建立健全社会信用体系"，再到2007年印发《国务院办公厅关于社会信用体系建设的若干意见》、2014年出台《社会信用体系建设规划纲要（2014—2020年）》，我国社会信用体系建设的总体框架基本确立（见图1）。

党的十八届三中全会以后，我国社会信用体系建设步伐进一步加快，陆续出台《国务院办公厅关于加快推进社会信用体系建设 构建以信用为基础的新型监管机制的指导意见》《国务院办公厅关于进一步完善失信约束制度 构建诚信建设长效机制的指导意见》《国家发展改革委办公厅关于进一步完善"信用中国"网站及地方信用门户网站行政处罚信息信用修复机制的通知》《全国公共信用信息基础目录（2021年版）》《全国失信惩戒措施基础清单（2021年版）》等重要政策文件，为各行业信用体系建设提供了有力指导，指明了前进方向。

---

① 《江泽民文选》第三卷，人民出版社，2006，第549页。

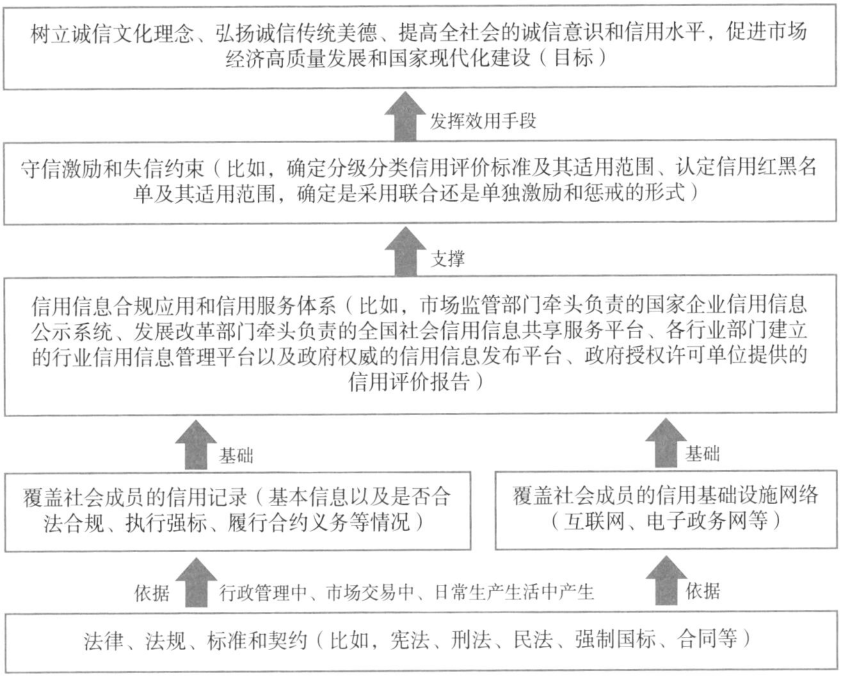

树立诚信文化理念、弘扬诚信传统美德、提高全社会的诚信意识和信用水平，促进市场经济高质量发展和国家现代化建设（目标）

 发挥效用手段

守信激励和失信约束（比如，确定分级分类信用评价标准及其适用范围、认定信用红黑名单及其适用范围，确定是采用联合还是单独激励和惩戒的形式）

 支撑

信用信息合规应用和信用服务体系（比如，市场监管部门牵头负责的国家企业信用信息公示系统、发展改革部门牵头负责的全国社会信用信息共享服务平台、各行业部门建立的行业信用信息管理平台以及政府权威的信用信息发布平台、政府授权许可单位提供的信用评价报告）

 基础 基础

覆盖社会成员的信用记录（基本信息以及是否合法合规、执行强标、履行合约义务等情况）　覆盖社会成员的信用基础设施网络（互联网、电子政务网等）

依据 行政管理中、市场交易中、日常生产生活中产生 依据

法律、法规、标准和契约（比如，宪法、刑法、民法、强制国标、合同等）

图1　我国社会信用体系建设的总体框架

二　测绘行业信用建设与管理的历史进程和存在的问题

（一）历史进程

从"十五"时期开始，按照国家关于社会信用体系建设的总体要求和部署安排，我国测绘地理信息领域开始着手推动行业信用体系建设工作。2012年2月9日，原国家测绘地理信息局印发《测绘地理信息市场信用信息管理暂行办法》，明确了测绘地理信息市场信用信息征集、处理、发布、使用以及监督管理等要求，旨在更好地推进测绘地理信息市场信用体系建设，维护测绘地理信息市场秩序，促进测绘地理信息事业健康发展。2012年6月26日，原国家测绘地理信息局印发《测绘地理信息市场信用评价标准（试行）》，进一步细化和明确了信用信息评价和信用等级评定规则及要求，为推动信用监

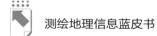
管发挥实效奠定了重要基础。2012 年 7 月 2 日，测绘地理信息市场信用信息管理平台正式开通，标志着测绘地理信息市场信用体系建设迈出了实质性的第一步。

2015 年，结合新形势和新要求，为进一步加强事中事后监管，维护市场公平竞争，促进单位诚信自律，保障地理信息产业健康发展，原国家测绘地理信息局将原有的"市场"信用管理政策调整为"行业"信用管理政策，制定印发《测绘地理信息行业信用管理办法》和《测绘地理信息行业信用指标体系》，加强了与国家信用体系建设的衔接，进一步明确了测绘地理信息行业信用管理的对象及建设重点。2016 年，原国家测绘地理信息局建成了全国统一的测绘地理信息行业信用管理平台并正式上线运行，该管理平台具备全国测绘资质单位信用信息的网上征集、审核、发布、查询、异议申诉、监督举报等功能，为做好全国测绘地理信息行业信用信息征集、发布、共享和失信惩戒等工作奠定了坚实的基础，对加强测绘地理信息市场监管、促进测绘资质单位诚信自律等具有重要意义。

（二）存在的问题

虽然测绘行业信用建设在制度体系构建和日常管理上取得了一些积极进展，但总体来看，其所发挥的实际作用十分有限，依然存在诸多急需解决的关键问题。

一是支撑测绘行业信用体系建设的法律法规和政策标准保障力不强。测绘地理信息领域多个重要法规政策文件运行年限超过 10 年，或未能根据新形势、新要求及时完成修订；自然资源领域测绘地理信息相关标准仅有 9 项强制性国家标准，其他均为非强制性，标准的约束作用发挥有限。

二是现有测绘行业信用管理政策框架和规定已难以适应新形势发展需要。2019 年以来，我国进一步加快社会信用体系建设步伐，明确了"构建以信用为基础的新型监管机制，建立健全贯穿市场主体全生命周期，衔接事前、事中、事后全监管环节的新型监管机制""完善失信约束制度，规范严重失信主体名单认定标准和程序，依法依规开展失信惩戒""推进社会信用体系建设高质量发展，促进形成新发展格局"等具体要求。对照这一系列的新要求，现行测绘行业信用管理政策明显缺少全链条、一体化的管理构架，测绘行业信用信息分类、测绘单位信用评价等有关规定不科学、不合理的问题显现，测绘行业信用分类分级、精细化监管措施以及信用修复机制缺失，测绘行业信用监管的基础性作用未能得到有效发挥。

三是测绘行业信用管理重点不突出，失信信息归集手段有限。比如，测绘行业信用信息的征集目前主要偏重于良好信息，对不良信息的征集相对较少，致使信用监管作用难以得到有效发挥。另外，省级以下主管部门的监管力量相对较弱，覆盖本地区测绘单位的监督检查周期较长，对失信信息的归集难度较大；同时，多数地区未与本地信用体系建设的牵头部门形成信用信息定期更新和共享机制，很多测绘资质单位对测绘行业信用管理平台知之甚少。

四是测绘行业信用信息的使用明显不足。填报录入测绘行业信用管理平台的信用信息审核周期长，发布不及时；信用信息的发布主体、程序等不够明晰，发布机制亟待完善。测绘行业信用管理平台尚未与"信用中国"网站、国家企业信用信息公示系统等综合性信用管理平台完成对接。对获得不良信用信息的测绘单位的惩戒措施不明确，既未有效实施市场或行业禁入，也未将其纳入重点监管范围。

三　加强测绘行业信用管理面临的新形势

（一）贯彻落实国家关于推进社会信用体系建设的要求需要加快构建以信用监管为基础的测绘行业监管体系

2022年，中共中央办公厅、国务院办公厅印发《关于推进社会信用体系建设高质量发展促进形成新发展格局的意见》，进一步明确了新时代加强信用体系建设的总体要求，为各行业信用体系建设提供了强有力的指导，指明了前进方向。贯彻落实这一政策文件要求，需要加快推进测绘行业信用管理制度改革，加快对2015年出台的行业信用管理政策规定进行修订、调整、完善和优化，建立以加强失信惩戒为重点、以更好发挥信用约束作用为主线的新的测绘行业信用管理政策体系。

（二）促进行业高质量发展需要加快构建以信用监管为基础的测绘行业监管体系

2018 年，中央审议通过《关于推动高质量发展的意见》，明确了经济社会发展各领域要加快推动高质量发展。在党的十九届五中全会上，习近平总书记再次强调："经济、社会、文化、生态等各领域都要体现高质量发展的要求。"[1]2021 年 3 月，习近平总书记在福建考察时再次强调，推动高质量发展，首先要完整、准确、全面贯彻新发展理念。[2]促进测绘行业高质量发展必须全面贯彻落实新发展理念，重点解决测绘行业发展动力问题、不平衡不协调问题、发展受制于人问题、有效支撑人与自然和谐发展问题、国际市场化发展问题、资源成果共享不充分问题。解决这些问题的根本在于政策制度环境，关键在于如何营造公平开放、竞争有序的测绘地理信息市场环境，如何更好地激发广大测绘地理信息从业人员干事创业的热情。而构建以信用监管为基础的测绘行业监管体系，建立全国统一的失信行为分类标准，制定行之有效的失信惩戒措施，让信用监管尽可能贯穿测绘地理信息事前事中事后监管，充分发挥信用监管的引导和威慑作用，有助于在测绘地理信息领域加快营造促进行业高质量发展的市场环境、政策环境。

（三）履行好新时期测绘地理信息工作职责需要加快构建以信用监管为基础的测绘行业监管体系

2021 年，自然资源部党组进一步明确了新时期测绘地理信息工作的定位——"支撑经济社会发展、服务各行业需求，支撑自然资源管理、服务

---

① 《习近平谈治国理政》第四卷，外文出版社，2022，第 114 页。
② 《习近平在福建考察时强调 在服务和融入新发展格局上展现更大作为 奋力谱写全面建设社会主义现代化国家福建篇章》，人民网，http://politics.people.com.cn/n1/2021/0325/c1024-32060789.html?ivk_sa=1024320u。

生态文明建设，不断提升测绘地理信息工作能力和水平"（即"两支撑 一提升"）。坚持"两支撑 一提升"工作定位，需要面向经济社会发展，进一步提升测绘地理信息生产、服务和管理能力；需要面向自然资源部"两统一"职责履行，进一步强化测绘地理信息战略规划和标准质量管理，发挥好测绘地理信息技术支撑作用。长期以来，测绘行业力量在服务和支撑经济建设、社会发展、国防建设和生态保护等方面发挥了重要作用，新的历史时期，面向经济社会发展和自然资源管理新的更高要求，需要进一步加强测绘行业监管工作，加快构建以信用监管为基础的测绘行业监管体系，将贯标情况、市场履约情况、项目质量情况等纳入信用监管范畴，不断增强行业队伍质量、标准意识，规范行业队伍市场行为，切实保证测绘项目质量安全，有力支撑工程建设、行业信息化建设以及自然资源业务的高质量发展。

（四）维护好国家地理信息安全需要加快构建以信用监管为基础的测绘行业监管体系

近年来，党中央、国务院高度重视新形势下的测绘地理信息安全监管工作，中央领导多次做出重要批示，要求加强管理、堵塞漏洞。当前，我国测绘地理信息安全监管的内外环境依然错综复杂。从国际看，传统安全威胁和非传统安全威胁交织，部分国家和其支持的互联网企业具有主动整合全球地理信息的意图，我国地理信息安全监管面临的不确定性因素明显增加；从国内看，测绘地理信息技术与新一代信息技术加速融合发展，不断催生各种基于地理位置的新业态新应用，地理信息失泄密隐患增多，安全监管的复杂度和困难度提升。在新的历史时期，更好地维护和保障国家地理信息安全，除了加强测绘地理信息安全防范、处理、应用等技术创新以外，最核心的还是加大测绘单位的"违法成本"，将涉及国家地理信息安全的各种违法违规行为与信用管理相关联，发挥信用惩戒在市场或行业准入、纳入重点监管范围等方面的刚性约束作用，让违法违规且不改正的测绘单位在测绘地理信息市场"销声匿迹"。

四 建立新型测绘行业信用监管体系的思路及建议

（一）总体思路

1. 坚持依法依规积极推进政策改革

按照党中央、国务院关于加强信用建设的新要求，坚持以测绘地理信息及相关领域的法律、法规、标准等为依据，以健全覆盖测绘行业成员的信用记录和信用基础设施网络为基础，以测绘行业信用信息合规应用和信用服务体系为支撑，以守信激励和失信惩戒为奖惩机制，建立健全测绘地理信息市场信用监管评价指标体系，科学区分、认定测绘地理信息市场中的失信行为并进行分类分级信用监管，促进以信用监管为基础的测绘行业新型监管机制发挥"以点带面"的更大监管效用。

2. 坚持维护国家安全和人民生命财产安全

以维护国家安全和人民生命财产安全作为推动测绘行业信用管理制度改革的出发点和立足点，围绕测绘活动、涉密测绘成果提供与使用、测绘市场行为等涉及测绘地理信息安全监管的全链条业务，系统梳理、设计测绘行业信用监管的主要内容，让信用监管贯穿测绘行业监管全领域、全流程，严格执行守信激励和失信惩戒机制，推动测绘行业信用监管与测绘地理信息安全监管的有机融合，促进测绘地理信息安全监管能力大幅提升。

3. 坚持促进测绘行业高质量发展

以促进测绘行业高质量发展为推动行业信用管理制度改革的主要目标和落脚点，注重发挥信用监管的引导和震慑作用，加快建立新的测绘行业信用监管服务平台，推动实现与国家企业信用信息公示系统、"信用中国"网站、国家"互联网＋监管"等多个平台的信息共享，强化守信激励、失信惩戒，进一步规范测绘行业单位市场行为，不断提高全行业的诚信意识和信用水平，营造公平竞争、诚实守信、健康有序的测绘地理信息市场环境。

（二）对策建议

1. 积极调整测绘行业信用信息分类

坚持突出重点、发挥实效的原则，按照新形势、新要求，为在测绘行业监管中切实发挥信用监管的基础性作用，应更加突出对失信行为的约束、管控、惩戒，对原有的基本信息、良好信息、不良信息三级分类进行调整，更加体现信用管理的重点，便于更好地发挥失信惩戒的信用监管作用。

2. 完善测绘行业信用信息归集、发布机制

根据新调整的测绘行业信用信息分类情况，按照"谁产生、谁归集、谁负责"的原则，进一步明确测绘行业信用信息归集、管理与维护、公示、发布等的职责主体。其中，对于可以通过信息共享方式获得的信息应采用部门间、部门内信息系统共享的方式进行归集，除此以外的信用信息，可依据事权划分和属地化管理的原则进行归集。关于信用信息发布，应坚持简政放权改革精神和提高效能原则，通过信息推送等方式，由某个层级的行业主管部门集中统一发布。

3. 完善测绘行业信用信息公示机制

按照国家关于企业信息公示的有关法规政策规定和《测绘法》赋予测绘行业主管部门的信用信息公示职权，根据测绘行业信用信息分类情况，结合测绘单位和测绘地理信息市场实际，制定《测绘行业信用信息公示目录》，进一步明确和细化应当公示的测绘单位信用信息，推动测绘行业信用信息传递或交换至全国信用信息共享平台、国家企业信用信息公示系统等平台，为充分、有效发挥测绘行业信用监管的规范、约束、惩戒等作用奠定重要基础。

4. 加强对测绘行业信用信息的应用

根据国务院有关文件要求，切实推动将信用监管融入测绘行业监管全流程、全领域。首先，关于事前环节的信用监管，应重点明确开展测绘市场准入前诚信教育、积极拓展信用报告应用的举措，包括开展测绘地理信息领域行政审批和相关备案业务时，提供标准化、规范化、便捷化的法律知识和信用知识教育；在政府采购、招标投标、行政审批、资质审核等事项中，将测

绘单位的失信行为信息作为基本依据。其次，关于事中环节的信用监管，应重点明确如何全面建立市场主体信用记录、推进测绘行业信用分级分类监管的举措，包括在办理资质审批与审核业务、日常监管、公共服务等过程中，及时、准确、全面记录测绘资质单位的信用行为；参考相关部门推送的公共信用综合评价结果，对监管对象进行分级分类，根据信用情况采取差异化的监管措施，将"双随机、一公开"监管与信用评价结果相结合。最后，关于事后环节的信用监管，应重点明确对失信单位进行信用惩戒、督促失信市场主体限期整改的要求，包括将测绘行业失信单位名单通过共享服务平台及时推送至国家企业信用信息公示系统、"信用中国"网站、国家"互联网＋监管"等多个平台，推动实施失信联合惩戒；依法依规实施测绘地理信息市场和行业禁入措施；依法追究违法失信单位负责人的主体责任。

参考文献

《中办国办印发〈关于推进社会信用体系建设高质量发展促进形成新发展格局的意见〉》，《人民日报》2022 年 3 月 30 日。

《中共中央印发〈深化党和国家机构改革方案〉》，《思想政治工作研究》2018 年第 4 期。

陈丽：《完善信用修复促进社会信用体系闭环提升的对策建议》，《商业经济》2017 年第 7 期。

宋立义：《社会信用体系基础理论问题探讨》，《宏观经济管理》2022 年第 5 期。

卫思谕：《推进高质量社会信用体系建设》，《中国社会科学报》2022 年 5 月 16 日。

徐杨杨：《探索新时代优化营商环境的实现路径——基于社会信用体系建设视角》，《信息系统工程》2021 年第 6 期。

尹英：《社会信用体系：迈入加速发展新阶段》，《社会科学报》2021 年 6 月 10 日。

B.27
关于推动测绘地理信息科技自立自强
和产业高质量发展的思考[*]

马萌萌　熊　伟　徐　坤　孙　威^{**}

摘　要： 本报告分析了测绘地理信息科技自立自强、产业高质量发展的基本内涵，研判了测绘地理信息科技创新与产业发展面临的新形势，以此为基础，提出了推动我国测绘地理信息科技自立自强和产业高质量发展的对策建议，指出应更多地从需求出发推动测绘地理信息科技自立自强，分步有序、多措并举推动地理信息产业高质量发展，积极创造有利于推动测绘地理信息科技创新驱动发展的基础条件，持续优化有利于促进测绘地理信息企业发展的良好政策环境。

关键词： 测绘地理信息　科技创新　高质量发展

　　党的十九大报告提出"到本世纪中叶，把我国建成富强民主文明和谐美丽的社会主义现代化强国"的第二个百年奋斗目标，党的十九届五中全会明确了"把科技自立自强作为国家发展的战略支撑，围绕'四个面向'，深入实施科教兴国战略、人才强国战略、创新驱动发展战略，完善国家创新体系，加快建设科技强国"的现实与战略发展要求，党的十九届六中全会在深刻总结

---

* 项目资助：2019 年度自然资源部科技创新人才培养工程青年人才资助项目（121106000000 180039-1904）。

** 马萌萌，自然资源部测绘发展研究中心副研究员；熊伟，自然资源部测绘发展研究中心处长、研究员；徐坤，自然资源部测绘发展研究中心副处长、研究员；孙威，自然资源部测绘发展研究中心副研究员。

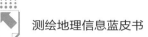

百年奋斗重大成就和历史经验时明确要求"推进科技自立自强"。推进科技自立自强，加快建设世界科技强国，推动高质量发展，已经成为实现中华民族伟大复兴的关键内容和主要任务，推动我国测绘地理信息科技创新与产业发展应牢牢把握这一战略方向。

一　基本内涵

（一）关于测绘地理信息科技自立自强的基本内涵

1. 科技自立自强的基本内涵

自 1949 年中华人民共和国成立以来，党和国家领导人团结带领全国各族人民，长期致力于推动我国科技自立自强。新中国成立后，我国吹响了"向科学进军"的号角；改革开放后，提出了"科学技术是第一生产力"的论断；进入 21 世纪后，深入实施知识创新工程、科教兴国战略、人才强国战略，不断完善国家创新体系，建设创新型国家；党的十八大以后，提出了创新是第一动力、全面实施创新驱动发展战略、建设世界科技强国、推动高水平科技自立自强的发展要求。从根本上来说，科技自立自强本质上就是要建成世界科技强国，发展主动权、创新主动权不受制于人，各领域关键技术自主可控，产业链供应链抗风险抗冲击能力强，科技创新在全球范围具有引领作用。推动科技自立自强是为了国家创新系统能够更高效而主动地组织创新活动，实现自觉式创新，对经济社会发展产生持久、有效推动力和支撑力，英国著名学者弗里曼 1987 年研究日本战后经济高速发展的原因也充分说明了这一点。

2. 测绘地理信息科技自立自强的基本要义

长期以来，测绘地理信息领域科技最高技术水平始终都由西方发达国家所掌控，我国测绘地理信息领域教学、科研以及实际生产等工作开展基本依靠的是欧美日等国家和地区的测绘地理信息软件装备，直到 21 世纪以后，随着国产测绘地理信息软件装备的自主创新和快速崛起，这一局面才得到逐渐的改善。设有测绘地理信息专业的高等院校、中职中专、科研院所越来越多地在教学、科研、实习等工作中使用国产测绘地理信息软件装备，国产份额逐步扩大，但距离科技自立自强的目标仍有不小的差距。测绘地理信息科技自立自强就是要实现在大地测量与高精度卫星导航定位、高精度航空航天遥感测绘、地理信息系统基础软件、三维建模（地理信息）软件、摄影测量与遥感软件、地面水下地下测绘装备等测绘地理信息各细分领域的关键技术自主可控，满足各种生产、应用场景对高精度、高现势性、高可靠性、高效率地理信息获取、处理等的需要。同时，技术创新在国际测绘地理信息领域处于并跑或领跑位置，对全球测绘地理信息领域的科技创新活动具有较强引领作用，自主研发的测绘地理信息软件装备能够在世界主要经济体国家占据较大的市场份额。

（二）关于地理信息产业高质量发展的基本内涵

1. 高质量发展的基本内涵

2021 年 3 月，习近平总书记在福建考察时再次强调，推动高质量发展，要完整、准确、全面贯彻新发展理念。[①] 而新发展理念的核心是解决发展动力问题、发展不平衡问题、人与自然和谐发展问题、发展内外联动问题、社会公平正义问题。2017 年习近平同志在中央经济工作会议上指出，新时代我国经济发展的特征，就是我国经济已由高速增长阶段转向高质量发展阶段。[②] 由此来看，高质量发展是追求效率更高、供给更有效、结构更高端、更绿色可持续、更具国际影响力以及更和谐的增长。换言之，高质量发展是高效率增长、有效供给性增长、中高端结构增长、绿色增长、国际辐射型增长、和谐增长，是全面贯彻落实新发展理念的发展。

2. 地理信息产业高质量发展的基本内涵

地理信息产业不断向前发展的外生动力源于经济社会发展需求的不断变化，尤其是推动国产测绘地理信息软件装备迈向自立自强，地理信息应用服务迈向更高级别的智能化水平。新时期，地理信息产业实现高质量发展必须

---

① 《习近平在福建考察时强调 在服务和融入新发展格局上展现更大作为 奋力谱写全面建设社会主义现代化国家福建篇章》，人民网，http://politics.people.com.cn/n1/2021/0325/c1024-32060789.html?ivk_sa=1024320u。

② 《十九大以来重要文献选编（上）》，中央文献出版社，2019，第 138 页。

全面贯彻落实新发展理念，充分体现创新、协调、绿色、开放、共享五大特征，主要表现为产业高效率增长、有效供给性增长、中高端结构增长、绿色增长、国际辐射型增长、和谐增长，重点解决地理信息产业领域的发展动力问题、不平衡不协调问题、发展受制于人问题、有效支撑人与自然和谐发展问题、国际市场化发展问题、资源成果共享不充分问题。

关于高效率增长，主要是依靠技术创新和制度创新，不断降低投入产出比、提高投资收益率。关于有效供给性增长，主要是促进我国测绘地理信息市场装备、数据、软件等产品供需平衡。关于中高端结构增长，主要是指产业经济增长的贡献由更能体现技术创新的中高端产业细分领域创造，全面实现产业科技自立自强。关于绿色增长，主要是大力推动集约式发展，有效支撑资源节约型、环境友好型社会建设，促进人与自然和谐共生。关于国际辐射型增长，主要是实现产业链各细分领域在国际上均有较强的影响力，能够带动相关领域的创新发展。关于和谐增长，主要是产业链上中下游纵向、横向企业间保持良好合作关系，测绘地理信息技术装备、资源成果在产业内外较好地实现按需充分共享，同时政府投资建设的测绘地理信息相关项目保持增长趋势，净化测绘地理信息领域招投标市场，营造良好的市场竞争和发展环境。

二 面临的形势

（一）国家对建设世界科技强国提出明确要求

2021年5月28日，习近平总书记在中国科学院第二十次院士大会、中国工程院第十五次院士大会和中国科协第十次全国代表大会上明确指出，"立足新发展阶段、贯彻新发展理念、构建新发展格局、推动高质量发展，必须深入实施科教兴国战略、人才强国战略、创新驱动发展战略，完善国家创新体系，加快建设科技强国，实现高水平科技自立自强"。[①] 基于此，必须加快推

---

① 《习近平谈治国理政》第四卷，外文出版社，2022，第197页。

进测绘地理信息领域科技自主创新，围绕经济建设、社会发展、国防建设和生态保护对现代测绘技术的需求变化，对标对表测绘地理信息领域世界最高技术水平，加快推动测绘地理信息科技与产业发展的自主化和国际市场化进程，充分发挥测绘地理信息企业创新主体作用，加快推进测绘地理信息科技自立自强，建设测绘地理信息科技强国，全面支撑社会主义现代化强国建设。

（二）推动高质量发展已经成为新时代的发展主题

2020 年，党的十九届五中全会明确提出，"'十四五'时期经济社会发展要以推动高质量发展为主题，分两步走建成富强民主文明和谐美丽的社会主义现代化强国"，并强调"经济、社会、文化、生态等各领域都要体现高质量发展的要求"。为此，必须加快推动我国测绘地理信息产业高质量发展，全面贯彻落实新发展理念，并结合地理信息产业发展现状和特点，围绕加快建设地理信息产业强国和全方位、多层次、高效率服务于社会主义现代化强国建设等基本要求，持续提升产业发展能力、持续推进供给侧结构性改革、持续加强高端软件装备产品研发、持续提升对生态文明建设的支撑力、持续扩大自主软件装备产品的国际影响力、持续改善产业发展政策环境。

（三）发展数字经济已成为推动经济结构转型升级的主战场

2021 年 12 月，国务院印发《"十四五"数字经济发展规划》，发展数字经济已成为未来我国经济转型升级、实现高质量发展的关键内容和战略任务。这将对测绘地理信息科技创新与产业高质量发展产生强劲需求，日益增长的海量、异构、多时相地理信息数据已逐渐成为支撑各行各业大数据应用的基本元素，与以衣食住行娱等为代表的平台经济互通融合发展趋势越发明显，有力支撑经济形态由工业经济向数字经济转型发展的作用日益显现。地理信息数据依托关联度高、融合性强、应用范围广等优势特点，作为重要的生产要素全面融入数字经济建设主战场，将有利于形成以地理信息数据、技术等为支撑的新产业新业态，促进地理信息产业经济总量快速增长、发展质量快速提高。

（四）加快国际市场化进程面临较大的阻力和压力

国际测绘地理信息市场依然是国外企业占据主导地位，美国对我国测绘地理信息软件装备企业的打压依然保持高压态势。美、欧、加、日等发达国家和地区的大型跨国企业继续拓展全球地理信息业务布局，形成涵盖地理信息获取、处理、应用全产业链条的业务能力，在测绘地理信息高端装备与软件研制、大数据应用等产业核心技术竞争领域保持绝对领先优势。我国自主测绘地理信息软件装备产品在发展中国家和共建"一带一路"国家市场已经建立了比较优势，虽然初步打开了欧美日等发达国家和地区市场，但是我国大部分自主测绘地理信息软件装备产品在国外主要经济体的测绘地理信息市场尚不具比较优势，我国测绘地理信息企业的国际测绘地理信息市场影响力比较弱，国际市场化发展面临诸多困难。

（五）行业管理制度持续改革创造了良好发展条件和环境

自 2018 年自然资源部组建以来，测绘行业管理制度"立改废"工作积极推进，政策红利逐步释放，为推进测绘地理信息市场的繁荣发展、营造良好的科技创新与产业协同发展环境提供了重要的制度保障。首先，积极创造有利于释放测绘单位发展活力的政策环境。2018 年以来，修订出台新的《外国的组织或者个人来华测绘管理暂行办法》《地图审核管理规定》《测绘地理信息管理工作国家秘密范围的规定》《测绘资质管理办法》等重要管理政策，委托开展地图审核工作，有序下放测绘地理信息领域审批权限，进一步规范和细化测绘地理信息安全源头管控和事中事后监管要求，有力促进公平竞争、激发市场活力、维护国家安全。其次，积极创造有利于推动企业走出去的良好环境。2022 年，自然资源部配合商务部完成了地理信息专业类特色服务出口基地的申报与评审认定工作，共有 5 家基地入选。这一政策红利有助于培育具有较强国际竞争力的地理信息企业、推进地理信息服务出口、带动地理信息服务贸易规模增长。最后，"十四五"时期全国测绘地理信息重点工作进一步明确了加强测绘地理信息公共服务的相关政策和举措，包括大幅开放地理信息资源、推动全国卫星导航定位基准服务系统的社会化应用、加强"天地图"公众版一体化建设、面向全社会提供更多公众版测绘成果等，将有助于促进测绘市场主体的快速发展。

三　有关建议

（一）坚持更多地从需求出发推动测绘地理信息科技自立自强

根据人类社会发展的历史进程，经济社会发展需求决定了科技创新发展的上限。推动测绘地理信息领域实现科技创新驱动发展应在瞄准该领域世界科技前沿的同时，更加聚焦科技与经济、社会等领域发展的对接，瞄准经济建设、社会发展、国防建设和生态保护等实际需求，以此确立未来我国测绘地理信息科技创新的方向和任务，充分、有效释放测绘地理信息科技创新的源动力。坚持从需求出发，始终将测绘地理信息科技创新放到事业发展全局中进行谋划，推动测绘地理信息科技创新更好地支撑和促进经济社会发展。一是瞄准数字经济建设发展进程和农业经济、工业经济发展新需求，加强测绘地理信息技术创新。充分把握优化升级数字基础设施——信息网络基础设施优化升级工程带来的发展契机，积极推进卫星遥感、卫星导航定位系统的升级发展，大幅提升感知和还原现实世界的基础能力。充分把握有序推进基础设施智能升级的新机遇，加快推进云 GIS、人工智能 GIS、大数据 GIS、新一代三维 GIS 和无人测绘发展，全面融入可靠、灵活、安全的工业基础设施建设，有力支撑能源、交通运输、水利、物流、环保、农业等领域基础设施数字化改造，以及市政公用设施和建筑智能化发展。二是密切关注元宇宙这一新型数字生产生活空间构建进程，推动测绘地理信息技术与相关技术融合发展。充分把握基于扩展现实技术提供沉浸式体验的应用场景发展进程，面向网络游戏、健身娱乐、云旅游等相关领域的现实需求，大力推动新一代三维 GIS、三维（地理信息）建模等技术创新及其与虚拟现实、增强现实等技术的融合发展。充分把握基于数字孪生技术生成现实世界的应用场景发展进程，聚焦政府管理，尤其是城市规划、工程建设、文物保护、公共应急、自然资源管理等领域的现实需求，运用数字孪生技术推动测绘地理信息技术变革和进步，大力发展高精度的时空基准与导航定位，加快推动实景三维中国建设。三是充分把握加强国防建设与维护国家安全的实际需求，加快推动测绘地理信息软件装备的自主化，大幅提升全球地理信息资源获取能力，加快发展无人遥感测绘、新一代三维 GIS、三维（地理信息）建模、高分辨率全天时全天候卫星遥感、高精度时空基准与导航定位、水下地形测绘等技术领域高端软件装备，提升对地形地貌等地表信息快速获取和高效处理的能力，加大测绘地理信息领域科研成果转化应用力度，加快产业化发展。

（二）分步有序、多措并举推动地理信息产业高质量发展

推动我国地理信息产业高质量发展，应充分把握高质量发展的基本内涵。一是坚持创新引领。巩固创新在地理信息产业发展中的核心地位，统筹推进科技创新和制度创新，强化地理信息企业创新主体地位，推动人才、资本、数据等各类创新要素向企业集聚，全面增强自主创新能力，加速抢占产业发展制高点。二是坚持融合发展。顺应全球数字化、网络化、智能化发展新趋势，积极发展新模式新业态，强化地理信息对新型工业化、信息化、城镇化、农业现代化等的战略支撑，推动现代测绘地理信息技术与数字经济的深度融合。三是坚持重点突破。面向测绘地理信息领域世界科技前沿，聚焦测绘地理信息科技创新关键领域国际差距和我国测绘地理信息软件装备的自主化、国际化发展问题，加快关键技术的自主可控，牢牢掌握创新自主权、发展自主权。四是坚持系统观念。加强全局性谋划、战略性布局、整体性推进，推动测绘地理信息领域教育链、人才链、产业链、创新链形成有机衔接，优化产业链布局，健全以政府为重要引导、企业为主导、高校为重要支撑、产业关键技术攻关为中心任务的融合发展机制，打造一流的产业生态系统。

（三）积极创造有利于推动测绘地理信息科技创新驱动发展的基础条件

一是加快建立市场、产业、科技深度融合的测绘地理信息科技创新发展

模式。立足于测绘地理信息市场、科技发展实际，按照经济规律进行创新，让市场化的进程成为科技创新的原动力、科技创新成为市场化进程的催化剂，发挥市场机制的关键作用，以构建技术方向企业决定、要素配置市场决定、科研成效用户评价、创新服务政府提供的测绘地理信息活力创新体系为根本和重点，处理好测绘地理信息领域教育链、人才链、产业链、创新链的关系，推动测绘地理信息市场、产业、科技深度融合，形成市场驱动、需求导向的创新路径。

二是坚持需求侧与供给侧相结合，做好关键技术发展现状和趋势研究，促进关键测绘地理信息软件装备自主创新。持续加强测绘地理信息软件装备需求侧问题调研，聚焦需求侧反映的购买和使用进口测绘地理信息软件装备的主要原因，结合处于供给端的测绘地理信息软件装备企业反映的创新难题，找准各细分领域的共性科技难题，探索建立联合科技攻关机制，有针对性、有序对标世界科技前沿。重点是坚持实事求是的原则，避免关键技术细节比较时避重就轻，加强对测绘行业单位自主选择结果的分析和判断，提升从市场竞争、国际交往中探寻和分析技术产品差距的能力，强化对进口测绘地理信息软件装备的安全风险评控。

三是注重发挥新型举国体制优势，高度重视测绘地理信息领域科技创新的一般规律，协同推进测绘地理信息科技创新与产业发展。依托政府部门、行业协会学会等组织，与工业制造领域相关软件装备龙头企业建立伙伴关系，积极争取相关部门项目支持，整体、系统推出重力对地观测设备、GNSS 板卡、高端摄像扫描头、高精度温补晶振、微机电系统、三维建模软件等的自主化解决方案，推动我国测绘地理信息软件装备创新深度融入国家重大科技工程攻关、工业制造等领域创新发展大局。

（四）持续优化有利于促进测绘地理信息企业发展的良好政策环境

第一，加强对国产测绘地理信息软件装备市场化、产业化发展的扶持。一是应在重大项目实施、技术产品应用环境测试、成果转化激励、行业标准研制、知识产权保护、地理信息数据资源共享等方面，出台支持国产测绘地

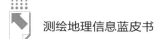

理信息软件装备企业发展的政策。二是应积极推动测绘地理信息招投标市场与国家信创目录有机融合，鼓励以各级政府部门和事业单位为主的测绘地理信息软件装备用户单位积极使用进入国家信创目录的国产测绘地理信息软件装备产品；适时出台在特殊领域强制性使用国产测绘地理信息软件装备的相关政策，尤其是通过产品化检验过的与国外处于同一技术水平的测绘地理信息软件装备。三是应建立统一、权威的国产测绘地理信息软件装备产品目录体系及相关登记制度和定期更新机制，让全社会单位都能够全面、及时了解和掌握自主品牌的测绘地理信息软件装备发展状况，增强自主选择性。

第二，持续优化测绘地理信息公共服务政策，显著提升测绘地理信息公共服务能力和水平，全方位、多层次满足各行各业信息化建设与发展对地理信息的需要。一是适时对测绘成果安全使用和保密管理政策进行全面修订，优化测绘地理信息公共产品对外提供程序及相关制度，加强测绘成果安全使用技术创新，盘活测绘地理信息领域政府部门和企事业单位拥有的地理信息数据，实现绝大部分基础测绘成果脱密使用。二是不断深化测绘地理信息领域改革，持续推进测绘资质资格、地图审核、基础测绘成果提供等审批制度改革，推进测绘地理信息领域"互联网＋政务服务"提质增效，尽可能降低制度性交易成本和日常经营成本，为测绘地理信息企业"松绑"，创造促进测绘单位自主创新和高质量发展的有利条件。三是积极开展地理信息数据产权制度研究，探索建立地理信息数据市场交易机制。

第三，适时制定有利于推动我国测绘地理信息企业国际化发展的扶持政策。一是建立国际地理信息市场和产业发展现状的常态化跟踪及形势研判机制，向有国际化发展需求的测绘地理信息企业提供相关咨询服务，指导我国测绘地理信息企业有序参与国际市场竞争。二是加强与商务、海关、外交等相关部门的合作，制定推动我国测绘地理信息软件装备和服务"走出去"的有利政策。三是推动测绘地理信息领域社团组织建立常态化的测绘地理信息企业"走出去"工作机制，有力支持我国测绘地理信息领域优势软件装备产品和服务参与国际市场竞争。

参考文献

《习近平总书记论加快发展数字经济》，中央网络安全和信息化委员会办公室网站，http://www.cac.gov.cn/2020-01/19/c_1580982285394823.htm?from=groupmessage。

全国干部培训教材编审指导委员会办公室组织编写《构建新发展格局干部读本》，党建读物出版社，2021。

王福涛：《我国科技自立自强的历史经验与现状分析》，《国家治理》2021 年第 Z5 期。

熊伟：《我国测绘地理信息科技创新与产业发展有关问题研究》，《中国科技成果》2020 年第 9 期。

《中共中央关于制定国民经济和社会发展第十四个五年规划和二〇三五年远景目标的建议》，人民出版社，2020。

中国地理信息产业协会编著《中国地理信息产业发展报告(2021)》，测绘出版社，2021。

B.28
自然资源管理背景下地理信息企业转型与升级

杨震澎 *

摘　要： 2018 年自然资源部组建以来，经济社会各领域对测绘地理信息的需求发生了重大转变，自然资源部提出了"两支撑　一提升"的定位要求，这也意味着为自然资源管理服务的企业需要转型升级。当前经济环境不好，政府资金匮乏，地理信息市场急剧萎缩，地理信息企业面临严峻挑战。本报告针对地理信息企业转型升级提出了探讨思路。

关键词： 生态文明建设　自然资源管理　地理信息企业

一　自然资源管理需要地理信息支撑

首先需要理解自然资源管理在我国经济建设中的总体定位和职责，再来看哪些自然资源管理业务需要地理信息支撑。中共中央印发的《深化党和国家机构改革方案》提出，组建自然资源部是我国在生态文明建设下践行"绿水青山就是金山银山"理念的举措，其统筹山水林田湖草系统治理，主要履行"两统一"职责，即"统一行使全民所有自然资源资产所有者职责，统一行使所有国土空间用途管制和生态保护修复职责"，从而对自然资

---

* 杨震澎，广东南方数码科技股份有限公司董事长。

源开发利用和保护进行监管，建立空间规划体系并监督实施，统一调查和确权登记，建立自然资源有偿使用制度，负责测绘和地质勘查行业管理等。在这样的定位下，自然资源部具体需要履行的职责有近20项（参见自然资源部"三定方案"），与此对应内设了27个司局。其中，20个左右司局的业务与地理信息或多或少有关联，只是强弱不同而已，因为谁都需要底数底板。

自然资源部成立后，测绘地理信息过去的"服务经济社会发展，支持各行各业需求"的定位增加了"服务生态文明建设，支撑自然资源管理"的定位，形成"两服务 两支撑"的定位，并被要求不断提升测绘地理信息工作的能力和水平（"一提升"），这是总体定位和要求。

进一步梳理，可以罗列出以下和地理信息相关的自然资源管理业务具体事项。

（一）时空信息空间底座类

时空信息空间底座类包括新型基础测绘与实景三维、自然资源三维立体时空数据库、时空信息大数据及平台、全球测绘、"多测合一"。这些是测绘地理信息工作者最熟悉的测绘领域。

（二）综合应用类

综合应用类包括国土空间基础信息平台、"一张图"监督信息系统、智能审批系统升级改造、空间用途管制相关数据库更新、田长制和林长制信息化平台、空天地一体化自然资源监测监管系统、一码空间（管地）信息平台、国土空间智能规划审批平台、地质灾害防控系统。

（三）调查和规划咨询类

调查和规划咨询类包括林权专项调查、林业规划、乡镇国土空间规划及村庄规划、全域土地综合整治和生态修复专项规划、耕地后备资源调查、自然资源资产清查与评价。

（四）不动产和自然资源确权登记类

不动产和自然资源确权登记类包括承包经营权数据移交及系统改造、不动产数据质量提升及数据治理、一网通办平台迭代升级、自然资源确权登记和信息平台建设。

由此看，有不少的自然资源业务需要测绘地理信息的支撑，这里还没涉及对海洋、矿产、督查等方面业务的支撑。

二　地理信息支撑自然资源管理的难点

尽管地理信息对自然资源管理起到很大的支撑作用，但仍然难以满足要求，需要继续提升，这主要体现在以下几个方面。

一是实现快速低成本全方位高质量的自然资源调查。过去的调查耗费了大量的人力物力财力，且周期长，数据质量不好控制。比如第三次全国国土调查，历时三年多才完成，目前还没有更好的技术手段。

二是实现自然资源的实时动态更新，保证数据的鲜活性，有效管控国土空间用途及"非农化""非粮化"的发生。目前已经有很多办法，但还是难以全覆盖、低成本、实时化地监控变化。

三是新型基础测绘的全面铺开以及实景三维的建设和应用。这是当下测绘地理信息行业的大事，也是全面实现测绘转型升级的重要举措，任务艰巨，任重道远，并非一蹴而就，且需要多方面的合作。

四是自然资源数据种类繁多庞杂，平台系统"烟囱"林立。如何实现数据融合、系统集约，更高效便捷支撑各项业务工作，是一个难题，不容易在短时间内解决。

三　地理信息企业面临的挑战

面对以上的状况，对地理信息企业（简称地信企业）而言，存在以下一些严峻的挑战。

（一）风口型大项目减少，市场机会僧多粥少

第三次全国国土调查后，随着"房地一体"项目陆续完成，自然资源领域就没有大规模的调查性项目了，只有碎片化、泛在化、专业化的中小型项目，纯测绘类项目减少。市场在大幅"缩水"，地信企业却依然那么多，这会使竞争更加激烈，利润大幅下降，甚至有相当多的企业难以为继。

（二）项目资金严重缺乏，短时间难以改善

新冠疫情持续了近 3 年时间，地方财政困难，这就导致原来已验收的项目的款项难以收回，使很多地信企业现金流紧张，以致有的会断流甚至倒闭。而原本计划要立项的项目都会延后，乃至取消，新的机会也大大减少，地信企业生存空间进一步压缩。

（三）项目难度加大，工作量有增无减

从以上的难点可以看出，现在地理信息的应用进入深水区，已经不是过去简单的调查、测量，而是高难度的事情，需要综合能力，也需要高新技术和先进手段，一般企业很难应对。客户的要求越来越高，开启"既要又要还要"的模式，同等的投入，要做的事却越来越多，进一步增加了成本，挤压了利润。

（四）大一统的平台模式使信息化项目越来越集中

科技的进步，云计算、大数据、物联网、人工智能、5G 等先进技术的普遍应用，使得"一网统管""一网通办"成为可能，这是发展趋势。中小地信企业面临巨大挑战，可能连"游戏上桌"的资格都没有。信息化项目多是互联网企业或者政府成立的集成商承接，即便中小地信企业有些机会承接，也要面对类似政数局、牵头集成商、财政局、自然资源局等多头"甲方"的情形，复杂度提高很多。

（五）民营地信企业步履艰难

近年来，各地纷纷成立地理信息国有企业，或者原来的城勘院转制成国企。这些企业实力强、基础好、数据多、背景佳，优势明显，处在一定程度的垄断地位，使本已有限的市场出现更强的竞争对手，对民企起到无形的挤压作用。

四　地理信息企业转型升级策略

（一）提高对地理信息的认识，坚信未来发展前景

尽管面临诸多挑战，中国的发展是确定的，在全球地位的不断提升也是毋庸置疑的，只是处在稳中求进的结构调整当中，政府对企业的支持也是前所未有的，因此总体是向好的，困难只是暂时的。

此外应看到，地理信息的应用也是越来越广泛，可谓方兴未艾，实景三维、数字孪生、CIM、元宇宙等热词都跟地理信息相关，尤其在疫情防控中，行程码的普遍使用，就是一次地理信息的民众普及，大家对地理信息空间位置的认识也快速提高。

更加令人鼓舞的是，2021年9月16日，国家主席习近平向首届北斗规模应用国际峰会致贺信指出，时空信息、定位导航服务成为重要的新型基础设施。[①] 将时空信息提到前所未有的高度，而地理信息的本质就是时空信息，因此会成为今后国家优先发展的方向。

因此，要认识到地理信息的重要性，坚信发展地理信息产业是切合国家鼓励的数字政府、数字产业大方向的，对未来的发展要充满信心。地理信息产业一直是战略性新兴产业，是朝阳产业，与其他行业相比，长远看仍然是充满希望的，这也是支撑地信企业坚持下去的底气。

---

① 《习近平向首届北斗规模应用国际峰会致贺信》，中央人民政府网站，http://www.gov.cn/xinwen/2021-09/16/content_5637628.htm。

（二）深度了解自然资源业务，形成专业新"绝活"

深度了解自然资源业务，形成专业新"绝活"对地信企业而言是基本的要求，也是必须做到的。与以往相比，地理信息不仅要生产出来，而且要结合到自然资源管理的各个业务板块才有价值。因此，地信企业需要深度研究了解自然资源的各项业务，找到结合点，有针对性地开展服务，这样才能有立足之地。

自然资源业务非常广泛，这就需要企业找到其最擅长的点，形成专业能力，尤其是有自己的专业"绝活"，并做长期服务，这样才能满足客户需求。这是对企业服务能力的一个提升，是一次竞争力的考验。这个转变若是无法实现，还是靠原来的测绘调查的老套路，竞争力就会越来越小，难有立足之地。因此，用好人才、技术创新、提升能力，都是今后地信企业的必修课。

（三）精耕细作实现服务模式的转型

过去多数地信企业的发展是靠风口。如今形势变了，"大风口"没了，大平台来了。例如，省级大项目都被头部企业所瓜分，大多数的地信企业只能下沉到市县街镇，只有小机会、小项目，而且需要及时贴心的服务。这时企业就需要转型，按照"农耕"的模式，要做"播种施肥除草"的工作，驻点服务、及时响应，这样才能承接市县基层的小型业务。

不过也不能小看小型业务，积少成多，一年到头积累下来也有不少，这些业务大企业看不上，因此还有一定的市场空间。即便是大平台项目，依然还很多具体的服务、对接工作，尤其是数据与系统的融合，都需要有本地化服务的队伍来完成，这或许就是今后的主要机会，因此不失为一条生路。如果企业还有复制能力，服务的地方增多，企业业绩就会增加，企业就会成为受欢迎的服务商，成为专业的"小巨人"，这也是不错的选择。

（四）拥抱合作，融入生态

现在尽管大项目都被大厂或者国企集成商拿走，但是它们一般不会插手

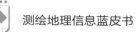

行业应用项目。如果企业能够努力成为其生态圈的一员，成为其业务版图的一块拼图，企业还是有些机会的，也能分一小杯羹。或者跟其他合作伙伴结盟，取长补短，增强优势，共同发展，也是一种思路。市场格局在变化，企业只有适应变化，才可生存。

（五）开辟新赛道，迈向新空间

当然，如果觉得近年自然资源领域的机会偏少、难度偏大，不妨放眼其他领域。这些领域应用地理信息可能会晚一些，市场相对较小也较新，竞争还不是很激烈。企业在自然资源领域形成的专业能力或许在其他领域正好用得上。这样企业就可以开辟一个新的赛道，暂时避开自然资源领域的拥挤竞争。

比如，农业农村以及乡村振兴领域可能是一个新的发展空间。再比如，住建行业近年有关调查、监测、信息化的项目渐渐增多，也可以尝试。还有应急保障、生态环保、水利行业等，似乎都有新的机会，不妨可以考虑，不一定在自然资源领域硬挺，可以寻找新的发展空间。不过，跨行业是有风险的，很有难度，需要转型升级，适应该领域的要求。

（六）降低期望值，守住生存线

当前，由于新冠疫情的影响，各级政府资金匮乏，包括自然资源系统在内，出现"款难收、事难干、单难签"的"三难"局面。所以，求生存成为地信企业面对的首要问题。全球进入了低速增长阶段，能保持原有平安生活已经不易。对企业而言，活着就是万幸，不能奢望太多，活下来，未来才有机会。

基于此，企业的业务该收缩就要收缩，减少投入，降低成本，控制好现金流，确保最低生存线，在今后能活下来就是胜利。

（七）抓住几个近期机会点

尽管眼前机会少，但也有一些值得留意的业务机会，包括当前最火爆的实景三维与新型基础测绘，还有不动产数据质量提升和数据治理、自然资源确权、"田长制"监管系统、自然资源资产清查与评价等。

五 结语

面对世界发展的不确定性，加上自然资源的业务需要，地信企业需要以更加现实的态度、更加专业的能力、更加内行的理解、更加贴心的服务来面对今后的挑战，先争取活下来，再谋求新的发展。

我国的未来充满机会，自然资源领域发展也远没到成熟稳定的阶段，机会依然很多，只是项目落地的时间拉长了。因此，还是要风物长宜放眼量，未来可期，企业要通过转型升级提升能力，活到精彩的那一天。

B.29
我国地理信息基础软件产业发展及挑战

刘宏恺　李少华　刘凯露 *

摘　要： 随着国家战略性需求引领发展，社会需求日益旺盛，我国地理信息基础软件在技术与市场上都取得了长足的进步。但同时受全球疫情与复杂国际政治形势的影响，地理信息基础软件产业也面临多重挑战。本报告从国内外地理信息基础软件市场整体概况出发，深入分析地理信息基础软件的创新技术与应用发展，对我国地理信息基础软件产业发展面临的挑战进行探讨分析。

关键词： 地理信息系统　地理信息基础软件　产业发展

一　引言

地理信息系统（Geographic Information System，GIS）技术作为在国家治理体系和治理能力现代化建设中的基础支撑性技术，是我国自然资源管理和经济社会发展的重要支撑。随着数字经济、新基建、碳中和、绿色发展、智慧国土等国家未来发展战略的出台，基于这些战略颁布的相关政策为整个地理信息产业发展提供了强大的内外部市场环境支持。《中国地理信息产业发展报告（2022）》显示，2021年我国地理信息产业总产值达到7524亿元，从业单位超过16.4万家，同比增长18.5%；产业市场规模不断扩大，产业结构持

---

* 刘宏恺，北京超图软件股份有限公司集团首席品牌官；李少华，北京超图软件股份有限公司产品咨询中心副总经理，高级工程师；刘凯露，北京超图软件股份有限公司产品咨询师。

续优化，从业单位数量不断增加。

经过多年发展，目前国内地理信息产业已经形成了完整成熟的产业链，根据业务特点的不同，可把从业单位归为三大类：上游数据生产商、中游基础软件提供商、下游行业应用开发商或集成商。上游的数据生产商主要提供地理信息数据的采集与处理服务，中游的基础软件提供商主要负责研发 GIS 基础软件，下游行业应用开发商或集成商主要面向上百个细分行业提供基于位置智能的行业解决方案和交付信息化项目。

虽然 GIS 基础软件的产值规模在地理信息产业中占比较小，但却是联结上游数据生产和下游 GIS 行业应用的桥梁（见图 1），起着承上启下的重要作用，也是整个地理信息软件产业链的技术制高点。GIS 基础软件产业的高质量发展可以为整个地理信息产业发展夯实基础，促进地理信息产业健康快速发展。

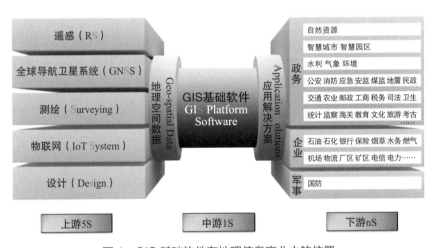

图 1　GIS 基础软件在地理信息产业中的位置

二　国内地理信息基础软件市场概况

相比于发达国家的 GIS 基础软件发展，我国的 GIS 基础软件起步并不

算太晚。1987 年，北京大学遥感与地理信息系统研究所的 PURSIS (Peking University Remote Sensing Information System) 诞生，是中国商品化 GIS 软件的起点，仅比美国 ESRI 公司推出的第一套 GIS 软件 Arc/Info 产品晚了 5 年。随着 20 世纪 90 年代计算机普及和地理信息技术推广，我国很多高校、科研院所以及相关背景的企业都开始积极投入 GIS 基础软件研发中。特别是物联网、云计算、大数据等新技术浪潮和国家应用需求的双轮驱动，为我国 GIS 基础软件产业带来了良好的发展环境，我国 GIS 基础软件发展取得了长足的进步。

随着国产 GIS 基础软件技术发展和进步，涌现出一批优秀的 GIS 基础软件企业，逐步打破美国 ESRI 公司的 ArcGIS 系列软件在中国市场一家独大的局面，其中包括超图软件、中地数码、苍穹数码、武大吉奥等企业。根据赛迪顾问发布的调查报告，2008 年中国市场 GIS 软件份额前四名中，自主品牌占两席；到 2015 年，中国市场 GIS 软件份额前四名之中，自主品牌占三席，且首次夺得第一，国产 GIS 基础软件已占据国内市场的半壁江山。跟之前市场格局相比，一些老牌的国外 GIS 基础软件品牌 Intergraph 和 MapInfo 等淡出市场，而 Skyline、伟景行、国遥新天地等品牌则随着三维 GIS 的发展兴起，也在随后几年为国内 GIS 基础软件产业注入更多活力。目前国内 GIS 基础软件市场主要被超图软件、ESRI、中地数码和武大吉奥这四家厂商占据，尤以前两者为主。

国内地理信息基础软件厂商紧跟 IT 技术发展，不断保持产品迭代升级，构建更完善的地理信息基础软件产品形态。目前这些 GIS 基础软件产品形态主要包括 GIS 桌面软件、GIS 服务软件、GIS 门户软件、GIS 运维管理软件以及面向组件、移动和 Web 的 GIS 开发平台等。GIS 基础软件应用范围也越来越广泛，从少数几个行业逐步扩展到数字中国建设中的数字经济、电子政务、智慧社会、数字生态建设领域，成为支撑我国数字化转型发展的不可或缺的基础技术工具。此外，部分国内企业大力推行海外经营管理本地化策略，也通过与国内国际知名企业加强合作"借船出海"，利用国外合作伙伴渠道开拓更多国家业务。目前超图软件在 50 余个国家（地区）发展海外代理商，并已经成为华为、中兴、NEC、NTT 等跨国企业的地理信息基础软件供应商。

整体来看，国内地理信息基础软件市场保持高水平的活跃度，地理信息基础软件业整体正在从高速发展转向更加注重能力建设、质量和效益提升、科技创新的高质量发展。

三　国际地理信息基础软件市场概况

数字经济正在改写和重构世界经济版图，成为重组全球要素资源、重塑全球经济结构的关键力量，在此背景下国际地理信息产业潜力持续释放。据地理信息世界咨询公司（GW Consulting）估算，2021年全球地理信息产业规模约为3950亿美元，同比增长8.2%，未来20年，全球地理信息产业仍将保持高速增长的趋势，预计2030年产业规模将达到1.44万亿美元。

据美国ARC咨询集团（ARC Advisory Group，全球信息化软件领域领先的研究及咨询机构）发布的《全球地理信息系统市场研究报告》，2021年全球GIS软件前六大厂商为ESRI、超图软件、GE、Hexagon、Precisely(MapInfo)、Autodesk。其中报告特别指出，来自中国的GIS软件厂商超图软件经过20多年发展，已成为全球市场最大的中国GIS软件厂商，也是中国区市场顶级的GIS软件厂商，GIS软件收入排名全球第二、亚洲第一。

地理信息基础软件作为一个国家信息化建设的基础软件，是国家信息化建设安全的基石。当前，受国际政治形势不稳定的影响，地理信息基础软件产业受到较大冲击。特别是在俄乌冲突的背景下，一些美国地理信息基础软件企业对俄罗斯采取一系列制裁措施，ESRI、Trimble等纷纷发表声明决定在俄罗斯地区禁售其公司的软件硬件，并停止服务。俄罗斯国家杜马通过了一项关于向使用国内地理信息技术过渡的法律，说明了向其国产软件过渡的必要性，明确要求政府机关、地方政府及其下属单位在2026年之后必须使用俄罗斯国产软件。这对该地区乃至全球的地理信息基础软件产业发展产生了深远影响。

在这样的背景下，面对未来可能更加复杂多变的国际局势，地理信息基础软件产业尽快融入自主可控、安全可靠的信息技术产业"内循环"是新时代赋予我们的新命题。

四 地理信息基础软件的创新技术

（一）GIS技术与游戏引擎技术融合

三维 GIS 技术与游戏引擎技术实现跨界融合，通过插件在游戏引擎上实时载入大规模真实地理坐标系下的地形、影像、倾斜摄影模型，并支持多种海量 GIS 空间数据的本地、在线浏览，支持量算、三维空间分析、三维空间查询等 GIS 功能，为用户提供炫酷、实用的效果和游戏级的三维应用体验。

目前超图软件、中地数码、武大吉奥等地理信息基础软件厂商利用 GIS 与游戏引擎的技术融合，实现室外室内一体化、宏观微观一体化、空天／地表／地下一体化的全空间表达，为数字孪生、智慧城市等行业提供可编程、可扩展、可定制的开发平台与一系列解决方案。图 2 为结合游戏引擎技术的 GIS 界面效果。

图 2 结合游戏引擎技术的 GIS 界面效果

资料来源：北京超图软件股份有限公司。

（二）AR GIS

AR（Augmented Reality），即增强现实，是一种实时计算摄影机影像的位置及角度并加上相应图像的技术。AR 地图是一种新型地图表达形式，将 AR 和 GIS 相结合，基于 GPS、IMU（惯性测量单元）、相机等传感器定位、定姿和实景测量技术，通过智能手机、AR 眼镜等移动设备，将地理空间数据与实景融合进行可视化表达，实现 GIS 增强 AR。目前华为、超图软件、中地数码等相关从业厂商在 AR 可视化、AR 测图、AR 定位、AR 分析等方向进行深度探索，已将 AR GIS 技术推广到 AR 测量与采集、AR 管线巡检、AR 城市规划、AR 实景导航、AR 智慧园区等多个应用领域（见图 3）。

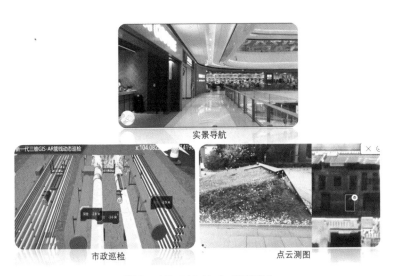

实景导航

市政巡检　　　　　　　　　　点云测图

图 3　AR GIS 技术应用领域

资料来源：北京超图软件股份有限公司。

（三）视频地图

视频地图是一种新型地图表达形式，以监控摄像头、无人机等的视频数据为基础，基于视频空间化技术，实现实时视频流和离线视频与地理空间数据融合的可视化表达。视频地图能更直观地反映目标的实景和空间信息，实现 GIS 增强视频。视频地图与 AI 技术结合，可以基于地理坐标进一步挖掘目标信息，如目标追踪、轨迹分析、地理围栏分析等，为智慧交通、资源监管、安防应急、数字城市建设、灾害救援等更多行业赋能。目前超图软件、易智瑞、苍穹数码等从业厂商已将视频地图应用在如交通监管、公安执法等领域中。图 4 为视频地图应用示意。

图 4　视频地图应用

资料来源：北京超图软件股份有限公司。

（四）地理知识图谱

知识图谱是描述真实世界中存在的各种实体或概念及其关系的一张巨大的语义网络图，节点表示实体或概念，边则表示属性或关系。借助知识图谱，将基础地理信息、地理国情监测成果等地理空间数据与手机信令等行为感知数据融合起来，进行人地关系的"关联分析"，从而寻找空间关系和因果关系，以此来实现人类活动的时空感知、人地关系的解析模拟，以及国土空间格局的优化管控。

目前，国内外已有多家厂商在地理知识图谱方面做出探索，Palantir 公司比较早地将知识图谱与 GIS 技术进行结合并成功应用在军事情报领域，ESRI、超图软件等公司也相继推出涉及地理知识图谱的扩展模块，利用地图、链接图表、直方图和实体卡片等多种视角将信息可视化，将地理信息实体按照时间和位置划分到多个网格，使用网格、时间及各实体之间的位置关系来构建地理知识图谱。图 5 为知识图谱智能数据挖掘与分析服务的示意。

图 5　知识图谱智能数据挖掘与分析服务

五　地理信息基础软件的应用领域和应用热点

（一）地理信息基础软件的主要应用领域

地理信息技术广泛应用在政务、企业、军事等诸多领域中，大多数 GIS 应用是基于地理信息基础软件来扩展开发的，离不开地理信息基础软件的核心支撑。

在政务领域，地理信息基础软件在自然资源、智慧城市、水利、环保、农业、应急、交通、公安、消防、民政、政法、文化、公共卫生等上百个细分领域有广泛应用。利用地理信息基础软件定制开发，在自然资源部门可进行调查确权、规划利用、不动产登记管理及监督管理。在城市时空数字底盘、

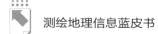

网络化市域治理方面，可以助力数字政府与新型智慧城市、智慧园区、智慧设施的建设。面向生态环境、水利、气象等部门，可提供资源监测管理、灾害防控、区域规划、环境管理等服务能力。

在企业领域，针对各领域企业需求可构建起从咨询、解决方案到交付和运维的完整 IT 服务价值链，用户遍布通信、电力、石油石化、新能源、银行、保险、零售、物流等行业企业。

在军事领域，可服务国防信息化建设，针对各军种信息化建设、军事决策、导航定位、虚拟仿真演练、智慧营区、智慧训练场等方面的智能应用，形成针对国防信息化领域，从系统规划设计、软件开发、系统集成到数据运维服务的一体化服务体系。

（二）国家战略性需求下的地理信息基础软件应用热点

1. 实景三维中国

实景三维中国建设是面向新时期测绘地理信息事业服务经济社会发展和生态文明建设的新定位、新需求，是对传统基础测绘业务的转型升级，已经纳入"十四五"自然资源保护和利用规划。作为对一定空间范围内人类生产、生活和生态空间进行真实、立体、时序化表达的数字空间，实景三维将在社会治理、公共服务、城市安防等社会安全领域发挥重要作用。

在生态环境保护方面，基于实景三维集成土地利用、环境质量等专题数据，可为国土空间规划与人居环境质量关联性、城市通风廊道与建筑格局关联性等提供知识服务。在城市精细治理与服务方面，基于城市级、部件级实景三维，可为城市治理能力和治理体系现代化建设、智慧城市建设提供更为高效直观的数字空间基底，在城市更新、社区治理、环境整治、城市仿真等城市行动中发挥积极作用。在服务灾害预警防治方面，基于实景三维，可实现立体化时空分析决策和实时物联感知，为灾害预警及重大灾难事故的快速应急提供科学依据。

2. 数字孪生流域

数字孪生流域建设以水利感知网、水利业务网、水利云等为基础，通过运用物联网、大数据、AI、虚拟仿真等技术，以物理流域为单元、时空数据为底板、水利模型为核心、水利知识为驱动，对物理流域全要素和水利治理管理活动全过程进行数字化映射、智慧化模拟，支持多方案优选，实现与物理流域的同步仿真运行、虚实交互、迭代优化，支撑精准化决策。

数字孪生流域在水资源管理与调度、水资源保护、水土保持、流域规划、防汛减灾方面应用广泛。通过运用数字孪生等先进技术打造河湖天空地一体化监管体系，实现大面积、高精度、高时效地对我国重点河湖典型问题进行监管。利用 AR、VR 技术，结合水利专业模型、可视化模型和数学模拟仿真引擎对重点水利工程在数字空间进行全息智能化模拟。通过构建水利工程模型与 GIS 数据关联实现数字孪生流域与物理流域实时同步仿真运行，逐步建立各水利工程的孪生体，构建具有预报、预警、预演、预案功能的流域智慧水利体系，为实现数字化场景、智慧化模拟、精准化决策的智慧水利建设服务。

3. 城市信息模型

城市信息模型 (City Information Modeling，CIM) 是城市级别的有机数字镜像，CIM 平台以现状（测绘）数据、规划数据为基础，以"GIS+BIM+IoT"的融合技术将数据组合成为模型，融合各业务部门的管理数据、社会经济数据，在三维空间和时间交织构成的数字空间中建立四维时空数据底板，以统一基准的空间位置和统一的数据标准为纽带，打造具备数字治理能力的权威四维时空数据中台，同步建设数字孪生城市。在城市空间数据基础上，叠加互联网、物联网等多维度实时数据，全息描述城市运行状态，用算法高效驱动和管理城市运营，实现城市资源要素智能优化配置。可实现城市海量多源异构数据的融合，是实现精准映射城市运行状态、挖掘洞悉城市运行规律、推演城市未来发展趋势的综合信息载体与核心平台。

4. 碳达峰、碳中和下的 GIS 应用

在碳达峰、碳中和背景下，GIS 以"双碳"目标为契机，在国土空间规划和用途管控基础上，科学划定三区三线，探索并构建一系列低碳排放的国土空间用地格局体系。结合 GIS 和数字孪生模型，建立虚拟模型，对城市内

各主体的碳减排状态进行实时监控，从而助力监管部门有效监管碳减排指标的落实情况。对城市的能源进行管理和规划，推动城市双碳建设。在碳核查方面，依托"城市数字大脑"，助力政府打造碳排放综合监测平台，汇聚重点企业、楼宇、园区的监测数据、污染数据、交通数据等多方数据，实现数据的实时传输、区域排放的"多点可视"。在"一网统管"机制中，最大化归集数据，实现碳排放运行监测、碳达峰有据可循、碳汇合理规划，从而提升分析精准化、调度专业化的政府智能决策水平。

5. 数字经济和数字政府

建设数字中国构成了信息化发展新阶段的重要主题。2021年政府工作报告提出，"加快数字化发展，打造数字经济新优势，协同推进数字产业化和产业数字化转型，加快数字社会建设步伐，提高数字政府建设水平，营造良好数字生态，建设数字中国"。地理信息作为现实空间的数字化再现，是经济社会信息的载体。加快地理信息技术应用，是新时期物质生产、能量生产、信息生产的基础，是实现数字政府、数字社会、数字产业的条件，是全面提升社会治理数字化水平的重中之重、关键所在。

六 我国地理信息基础软件产业发展面临的主要挑战

（一）地理信息数据安全问题

GIS软件对地理信息数据的要求极高，数据采集设备、数据采集商的处理工艺不同会造成数据质量上的差异，因此GIS数据质量的一致性难以保证。此外，业内不同软件开发系统所采用的数据格式也具有一定的差异性，致使不同供应商提供的数据格式相对封闭，透明程度不高，对数据分享造成阻碍。此外，地理信息技术是《国家安全法》所强调的战略高新技术，GIS平台作为信息化系统的内核组件，承担多项国家级信息化建设项目，内含大量国家核心涉密数据信息。因此，地理信息是涉及国家安全的基础性信息资源，GIS软件厂商应持续加大安全措施投入，集成先进的安全保障技术，为国家政府信息化建设项目守好最后一道防线。

（二）互联网、可视化厂商跨界发展带来的挑战

随着互联网技术的飞速发展，众多互联网、传统 IT 技术厂商纷纷进军 GIS 产业，给传统 GIS 厂商带来挑战。一方面，城市级大规模海量时空数据加持万物互联，造成当前信息化建设项目数据体量庞大，互联网厂商具备强大的云化基础设施技术与产品支撑能力，拥有诸多来源的公众数据（如消费数据、轨迹数据等）优势，在信息化平台数据利用和对接上相比 GIS 厂商具有明显的先天优势。另一方面，大量传统 IT 技术厂商纷纷切入 GIS 产业。可视化厂商通常基于游戏引擎和开源框架快速集成云化平台，擅长大场景展示和效果优化，大数据厂商擅长为城市大数据治理提供技术支撑等，而 GIS 厂商从数据引接汇聚、治理融合、存储管理、分析计算到可视化，涉及面广，与上述厂商在信息化建设中也会在重合区域内产生竞争。

（三）多元数据带来的软件标准不统一

GIS 技术与主流 IT 技术融合成为当今 GIS 基础软件技术发展的主要趋势，信息化建设中不断涌现的新数据以及与之相关的数据技术也在不断推动 GIS 基础软件更新和迭代。在当今复杂国际局势下，急需构建由国内厂商牵头制定的统一数据标准和服务标准，为国内 GIS 产业提供异构平台、异构行业信息化系统进行数据共享和交换。但是，目前大多国内厂商有"自立山头"制定各自的数据"标准"或者构建封闭的"小生态"的倾向。面对标准多样化或者不统一的问题，急需一种共识性、权威性和统一性的行业标准，真正实现异构多源数据的统一管理和共享交换。GIS 生态互通是地理信息行业未来发展的大趋势，整个行业应从生产模式、销售模式、服务生态上建立高效的供给体系，构建广泛的生态系统，以促进地理信息产业尽快进入高度共享、互利共赢的全新发展模式中。

（四）新冠疫情对地理信息企业的冲击

此次新冠疫情波及面大、持续时间长，对整个产业发展和产业生态影

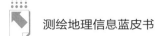

响甚大，受疫情隔离防控措施、复工前的空档期直接成本消耗等影响，众多地理信息企业存在已完成项目收款困难、在建项目工期紧任务紧、新增项目投入不足、融资难融资贵、经营成本压力大、企业人员流失严重等问题，超过一半的企业将 2022 年营收目标下调 20% 左右。对于大中型企业来说，由于存在数量众多、分布广泛的供应商和合作伙伴，容易出现信息不畅、交通阻断、人员不足等造成的供应链中断问题。这需要各个企业加强与上下游合作伙伴的紧密沟通，协调生产。同时有关政府部门也应根据政策要求，稳抓"十四五"规划、数字经济等相关政策动向，发动各级测绘行业主管部门，有针对性地解决测绘地理信息企业面临的资金流动不足、经营困难的问题，支持和帮助测绘地理信息企业尽快走出困境，促进行业实现平稳过渡。

（五）多元技术融合

随着科技革命和产业变革深入发展，大量新技术的应用使产业链质量获得了较大提升。产业链上中下游的企业运用新技术赋能千行百业提档升级，在持续创造客户价值的同时提升了自身核心技术竞争力。目前人工智能、大数据、云计算、区块链、元宇宙等 IT 新技术层出不穷，二三维开源地图库、可视化库、客户端计算库等国内外优秀开源基础框架发展迅猛。这需要 GIS 厂商广泛学习国际先进社区和开源项目的设计理念、思想方法，并主动迎合和拥抱主流开源框架，促进自身 GIS 软件平台持续迭代，构筑先进技术竞争力，以满足不断变化的市场需求。通过"IT+GIS"与"开源 +GIS"交互的双重深度融合，全力打造多种数据融合、更为开放、多元技术融合的 GIS 产品技术体系。

（六）项目共建模态

当前，在智慧城市驱动下，各省市以城市大脑、城市网格、数字底盘为抓手的大型信息化建设项目不断招标，项目需要上中下游厂商携手优质可信赖合作伙伴共建。在传统角色阵营如 GIS 厂商、BIM 厂商、集成商等基础上，更多类型企业如大数据厂商、互联网厂商、AI 厂商等加速入局形成新局势。

各厂商应该以"价值"共赢的理念联合生态伙伴共同进步，将各自优势结合，与生态圈联动形成优势互补的态势，实现生态共荣。

未来，大型信息化建设项目应走开放合作、携手共赢的路线，与生态伙伴建立紧密的合作关系，统一并遵循标准协议，优化流式服务流程、在线工具和开放框架，协同上下游共同推动自主创新，联合孵化出更多优秀的信息化建设项目及行业解决方案。

B.30
城市地下空间测绘技术发展与应用

张志华 *

摘　要： 地下空间测绘是获取和描述地下空间对象语义、空间位置、几何形态、纹理特征和属性信息的主要技术手段，是城市经济社会发展及安全运行保障的重要支撑，在城市地上地下一体化发展中起到积极的保障作用。本报告对城市地下空间测绘技术的发展趋势与需求分析，主要特点、主要内容与主要技术方法，测绘成果应用服务进行了较为全面的阐述，并分析了当前城市地下空间测绘技术存在的主要问题与面临的挑战，为推动城市地下空间测绘技术的发展与应用提供参考。

关键词： 地下空间测绘　数字化　三维建模　三维激光扫描

一　引言

我国城市地下空间建设始于20世纪50年代，主要为备战备荒的防空地下室，较欧美、日本等发达国家起步晚。自"十二五"以来，我国以地铁为主导的地下轨道交通、以综合管廊为主导的地下市政设施等快速崛起，地下空间专用装备制造及相关技术不断创新并打破国外垄断，城市地下空间开发

---

* 张志华，青岛市勘察测绘研究院（青岛市地下空间地理信息工程研究中心）院长、工程技术应用研究员，研究方向为工程测量、大地测量、摄影测量与遥感、地下空间测绘、海洋测绘、应急测绘、BIM等领域。

利用呈现规模发展态势，我国已成为名副其实的地下空间开发利用大国。

城市地下空间资源作为自然资源立体空间的要素构成，近年来在城市立体化空间发展和利用中发挥的作用越来越明显。从具体功能上划分，城市地下空间包括管线、综合管沟（廊）、公共服务、工业及仓储、防灾减灾、交通、居住等设施，对于提升城市综合承载力、确保城市经济社会协调可持续发展具有重要的基础保障作用，从某种程度上来说，地下空间集聚了城市的良心、能量和智慧。城市的快速建设与发展，对城市治理水平提出了更高的要求，数字孪生城市成为实现数字化治理和发展数字经济的重要载体，其中最重要的基础工作就是要获取地上、地表、地下全空间基础地理信息，而地表以下的地下空间信息获取，是目前最大的短板。

综上，目前所面临的主要问题是地下空间快速发展与空间信息获取滞后所形成的主要矛盾。由于地下空间具有隐蔽性与不可逆性，一旦开发利用就很难完整获取其准确详细的空间信息，这是与地上空间相比所存在的最大差异。因此，及时有效开展地下空间测绘，尤其是针对其三维空间的立体化测绘，获取其最大空间范围及分层空间信息，同时采用 BIM 等数字化建模技术建立地下空间真实、立体、准确的三维模型，并与地上实景三维模型进行充分融合，通过地下空间信息管理平台为城市地下空间规划、设计、建设、管理与应急决策等提供重要的新型基础数据支撑，是当前迫切需要解决的问题。

二　发展趋势与需求分析

（一）发展趋势

城市地下空间测绘是围绕城市演变、地下空间开发利用、测绘装备技术变革、现代新兴技术迭代等不断发展起来的，既见证了城市的历史变迁，又见证了测绘、地理信息、计算机、物探等技术的飞速发展。近年来，随着云计算、大数据、物联网、人工智能等现代科学技术的发展，城市地下空间测绘正经历着一次跨时代的技术变革，将突破传统测绘的时空局限，进入以信息化测绘为主，以自动化、智能化等技术为支撑的现代测绘新阶段。

1. 由单一管线测绘发展为综合地下空间测绘

城市地下空间测绘是伴随着城市的演变不断发展起来的。城市在形成初期，并没有大规模开发利用地下空间，仅仅建设必要的地下管线设施，属于地下空间的浅层开发利用，这个时期仅仅针对地下管线开展测绘工作。之后随着人口的增加，地上土地利用越来越紧张，同时"城市病"丛生，如交通拥堵、城市污染、城市内涝等，严重影响了城市的健康发展。为解决这些问题，地下空间开始被广泛开发利用，如地下轨道交通、地下综合管廊、地下商业服务、地下停车设施等。为了服务于地下空间工程建设，便开始了地下空间工程测量，为规划选址、线路设计、施工建设及竣工验收等提供全过程测量保障服务，同时面向地下空间管理逐步开展了全面测绘、调查和信息系统建设，这个时期体现了综合测绘服务的特点。

2. 由地下空间要素级测绘发展为地下空间实体级测绘

目前，主要是按地下空间设施分类、分要素、分尺度实施测绘，与地上空间测绘一样，存在机器难理解、空间分析与决策局限性较大、各要素间孤立、可视化水平不高、语义信息不够丰富等问题。随着近些年新型基础测绘体系建设的提出和各地试点，重点推动传统按尺度分级测绘向按实体属地测绘转变，其核心是地理实体的生产与应用。地下空间测绘产品是新型基础测绘体系建设的重要构成，由目前要素级测绘逐步发展为实体级测绘成为必然趋势。

3. 由单一地下空间测绘发展为地上地下全空间一体化测绘

目前，地下空间测绘与地上空间测绘还是分开单独进行的，主要是由于目前两个空间的开发利用并不完全同步，并且我国目前测绘活动主要集中在地上空间，地下空间测绘起步比较晚，相应的标准体系、机制体制等还未理顺，所以二者之间是割裂的。近些年城市治理逐步向科学化、精细化、现代化、数字化等方向转变，对全空间一体化信息也提出了迫切需求。因此，下一步将由单一地下空间测绘逐步发展为地上地下全空间一体化测绘，从而满足经济社会发展对全空间信息的有关要求。

4. 测绘产品由单一数字成果图发展为"图、模、库"多元化表现形式

地下空间测绘产品形式目前包括总平面图、分层平面图、剖面图、综合图等数字成果图，主要满足日常工程建设、业务管理、应急决策等工作需求。新型智慧城市建设的大力推进，对地下空间信息提出了较高要求，传统单一数字成果图已不能完全满足信息化建设工作要求。近年来围绕地下空间三维模型构建、数据库建设等进行了大量研究，形成了一些初步应用产品。随着技术的不断进步和社会需求的多样化转变，地下空间测绘产品将由单一数字成果图逐步发展为"图、模、库"多元化表现形式，以不断适应新形势下对地下空间测绘提出的新要求。

5. 由二维地下空间测绘发展为三维地下空间测绘

传统地下空间测绘一般都是围绕二维平面图绘制展开的，先通过特征点线的测绘获取特征轮廓，再通过内业编绘形成二维数字成果图。随着三维激光扫描、仿真、可视化等技术的发展，地下空间三维仿真模拟成为必然发展趋势。下一步地下空间测绘将从二维全面升级为三维，包括数据采集要求、标准、流程、方法、表现内容与形式等，都会随之发生根本性的改变。

（二）需求分析

近年来，随着经济社会的发展，城市地下空间测绘需求越来越大，具体体现在以下几方面。

1. 地下空间测绘支撑地下空间规划审批、建设管理、竣工验收及不动产登记管理

地下空间开发利用涉及的规划审批、建设管理、竣工验收及不动产登记管理等，都需要通过开展地下空间测绘加以支撑。如获取开发地块周边的地下建构筑物数据用于规划审批，获取地下管线及其他设施数据用于施工建设管理，获取竣工后的地下空间工程数据用于竣工验收，获取用地及分层空间数据用于不动产登记管理，等等。因此，地下空间测绘是开展地下空间开发利用工作的重要支撑。

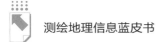

2. 地下空间测绘助力提升城镇化发展质量与品质

我国新型城镇化对人居环境质量提出了新要求，城市空间需求骤涨，导致建设用地粗放低效、城镇空间分布和规模结构不合理、"城市病"日益突出。城市地下空间在我国新型城镇化进程中被赋予了重要历史使命，地下空间开发利用程度决定城镇化发展的质量与品质，成为新型城镇化一个重要的显性特征。地下空间测绘作为重要技术支撑，可提供准确可靠的地下空间基础地理信息数据，为地下空间开发利用提供全方位的技术支持。

3. 地下空间测绘支撑保障城市安全运行

近些年，随着城市化快速发展，城市规模不断扩大，城市发展既面临土地资源日益紧缩、空间结构急需优化的问题，又面临地下空间开发利用所带来的安全风险挑战。地下空间的封闭性、隐蔽性等特点，使得对城市地下空间的管理面临诸多困难和不便，如何提高城市地下空间的安全管理水平成为一个重要的研究课题。通过地下空间测绘及时获取准确可靠的基础地理信息数据，结合物联感知和动态监测数据，提高地下空间实时动态监测预警能力，是保障城市安全运行的重要技术支撑。

4. 地下空间测绘助力行业重要发展战略实施

目前，自然资源部正在推进新型基础测绘与实景三维中国建设、自然资源三维立体时空数据库建设、自然资源调查监测体系构建等重要发展战略的实施。地下空间作为自然资源管理的"三生"空间的重要组成，无论是在管理层面还是在技术层面，都是一个不可忽略的实体对象。因此，通过地下空间测绘提供发展战略实施所需要的基础数据信息支撑是必不可少的。

三 主要特点、主要内容与主要技术方法

（一）主要特点

城市地下空间测绘与地上空间测绘存在很多不同，其特点主要有如下几个。

1. 地下空间隐蔽性

地下空间测量一般只能测定内角点，隐蔽点大部分难以直接测定，经常需要通过相对关系推求有关特征点的坐标和高程，测量活动受地下空间隐蔽因素制约较大。

2. 地上地下联系性

地下空间规划建设和使用必须综合考虑对应的地上空间，因此需要建立地上与地下之间的联系，即通过联系测量实现地上地下平面坐标系统和高程基准的统一。

3. 综合性与专题性相结合

地下空间的类型、功能、分布及权属等不同，对其进行测绘可能是综合性的，也可能是专题性的；或者可能是完整的，也可能是局部的。具体测绘时，需根据需求确定具体的测绘内容及成果要求。

4. 三维表达需求迫切

与地上的地物地貌相比，三维表达更能全面直观描述地下空间及其设施的位置特征、连接和联通关系。因此，三维表达是地下空间测绘的基本要求。

（二）主要内容

地下空间测绘的主要内容包括控制测量、现状调查、现状测绘、三维建模、数据管理。

1. 控制测量

地下空间测绘的控制测量分为地面控制测量、联系测量和地下控制测量，在正式开展地下空间测绘前，首先要进行控制测量。地面控制测量包括平面控制测量和高程控制测量，其控制点一般布设在邻近地下空间的地面出入口或其他地面与地下联系处。

联系测量主要建立地下空间测量成果与地面测量成果间的关联，使地下与地面的平面坐标系统及高程基准保持一致，具体可分为向地下传递坐标与方位角的平面联系测量和向地下传递高程的高程联系测量。常用方法包括导线测量、三角高程、几何水准测量、竖井测量、竖井传递高程等。

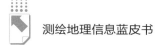

地下控制测量的主要目标是测设出测量地下空间特征点所需的图根点，包括平面控制测量和高程控制测量，其中平面控制测量主要采用导线测量方法进行，高程控制测量主要采用几何水准或三角高程测量方法进行。

2. 现状调查

现状调查是获取地下空间综合信息或专题信息的主要技术手段，分为综合普查和专项调查。综合普查是对各种地下空间状况进行系统全面的调查，专项调查是根据需要对某类地下空间状况进行调查。调查内容一般包括地下空间的位置信息和属性信息，调查成果主要包括各类调查资料、统计汇总表、地下空间分布图等，为开展地下空间现状测绘提供主要参考。

3. 现状测绘

现状测绘是获取地下空间地理位置、空间轮廓、分层分布、配套设施及相互间联通关系等信息的主要技术手段，具体测定各类地下空间的特征点、线的坐标和高程，并测绘平面图、综合图和断面图等，一般可在地下空间竣工、现状调查或其他时点进行，具体精度和颗粒度等指标要求应根据测绘工程的实际需求而定，同时应按照三维表达的具体要求进行地下空间现状测绘，以直观展现地下空间分层分布的显著特征。

4. 三维建模

基于地下空间现状调查和现状测绘等数据资料，根据实际要求对地下空间进行三维建模，实现对地下空间的对象语义、空间位置、几何形态、纹理特征和属性信息的直观、真实、立体可视化表达，是一种对现实空间进行数字化映射的行为。

按模型表达形式，地下空间三维模型分为三维有向包围盒、表面模型、功能空间模型和构件模型等。在模型构建过程中，一般根据不同的应用需求选择不同的精细度，可构建单一功能特征对象的地下空间三维模型，如地下建筑物模型、地下管线模型、地下综合管廊模型、地下交通设施模型等，也可通过模型集成整合的方式构建具有多种功能特征对象的地下空间三维模型。

地下空间三维模型应与地上空间三维模型的时空基准保持一致，并应提前考虑地上地下一体化表达的模型数据要求，尤其是在二者进行集成整合过程中，需要进行必要的数据冲突治理，以实现模型在数字空间中相互协调，表达准确合理。

5. 数据管理

地下空间测绘数据一般通过建立数据管理系统进行存储交换、维护管理和应用服务，以满足城市地下空间规划、建设、运行和管理工作的需要。数据管理系统由地下空间数据库、地面综合数据库、地下空间数据管理软件和系统运行支撑环境等构成。

通过建立地下空间数据库，将现状调查数据、现状测绘数据、三维模型数据、有关专题数据及其元数据等进行统一管理。具体可按地下空间功能或特征进行分类存储，并进行统一数据编码，同时要尽可能考虑与地上空间数据分类及编码兼容协调。其中，几何数据应完整描述各设施的空间位置、几何特征及空间关系；属性数据包括基本属性项，以及根据不同的功能特征对象所设计的扩展属性项。

地面综合数据库主要作为地下空间数据库的地上参照，一般由基础地理信息数据、遥感影像数据、三维模型数据等构成，是地下空间数据管理软件的基础数据支撑。

地下空间数据管理软件主要实现对地下空间数据的统一管理、查询统计、时空分析、应用服务等功能，重点应满足地下空间日常业务审批、建设及运行管理等工作的总体要求，同时应考虑与其他城市信息平台之间的互联互通，实现信息的共享交换。

系统运行支撑环境包括基础软硬件设备和网络传输环境等，需满足系统运行、数据备份、信息安全保护等实际要求。

（三）主要技术方法

1. 地下空间测绘技术方法

从传统测绘方法来说，地下空间测绘主要采用全站仪极坐标法或交会法测定特征点的平面位置，在现场空间狭小或作业困难情况下，也可使用专门的测量工具或采用几何作图法进行测量。特征点的高程测量可采用几何水

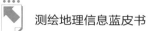
准测量或全站仪三角高程测量方法。若外轮廓点无法实地测绘，可根据实测内轮廓角点坐标采用外推法确定。采用传统测绘方法进行地下空间测绘，实地测绘工作量大、作业效率低，尤其是不能完全满足三维可视化表达的技术要求。

从新型测绘方法来说，目前正在大力推广应用的三维激光扫描技术，具有速度快、精度高、非接触等特点，实现了测绘外业工作高效化，更重要的是可获取更为丰富的数据信息，比较适合地下空间数据获取。具体作业流程包括现场踏勘、控制测量、点云数据采集、点云数据处理、特征点与特征线提取、数据制作与处理、三维建模等。

综上，由于地下空间具有一定的特殊性，在实际测绘过程中，可结合实地情况判断分析，采用最适合的技术方法，以达到整体作业效率最优的目的。

2. 地下空间信息管理与应用技术方法

实现地下空间信息高效管理，需要建立一个标准化、易扩展、可开放的空间数据库，将二维地下空间数据按类别进行分类组织与存储管理，同时纳入必要的地面基础地理信息数据进行统筹管理，为实现地下空间信息化管理提供必要的数据库支撑。

在三维可视化管理方面，通过采用 BIM 等数字化建模技术，并依据矢量数据、点云影像数据、剖面图数据等进行三维建模，同时结合地上实景三维模型、数字高程模型（DEM）、数字正射影像（DOM）、数字表面模型（DSM）等进行一体化建模与数据治理，最终形成一套地上地下相互协调、高度匹配的全空间三维场景模型，为实现地下空间透视提供重要数据支撑。

在信息服务应用方面，一方面要建一个先进、实用、高效的二三维一体化地下空间信息管理平台，实现地下空间信息检查、更新、管理、分析、共享与应用服务；另一方面要实现信息管理平台与时空大数据平台之间的深度融合，实现可感知、实时动态、虚实交互的城市地下空间数字孪生融合应用，逐步实现管理精细化、智能化、科学化。

在信息更新维护方面，需建立一套科学有效的信息动态更新机制体制，通过日常地下工程竣工测绘、场地详查、补测补绘等方式及时获取变化的数据信息，同时还可与地下空间设施各专业信息系统之间建立有效的数据共享与交换机制，从而实现地下空间信息的及时更新，保持地下空间数据的鲜活力，确保平台使用的生命力。

四　测绘成果应用服务

（一）服务于地下空间日常业务管理

目前地下空间测绘成果已大量推广应用于地下空间日常业务管理，包括规划用地审批、建设管理、不动产登记、运行监管、环境污染防治、防灾减灾、应急决策等，与地下空间开发利用的全过程管理活动密切相关，为相关管理部门提供了必要的基础数据支撑，体现了地下空间测绘产品在经济社会发展中的重要性。

（二）服务于地下空间开发利用

在地下空间开发利用过程中，结合各阶段工作开展，需要提供相应的地下空间测绘产品作为辅助支撑，比如在规划选址阶段，需要收集整理与地下空间工程相关的已有测绘数据资料，必要情况下还需开展工程范围内的地下空间普查测绘，为工程选址和规划审批提供资料支撑；在设计阶段，通过专项调查测绘获取更为详细的地下空间测绘成果作为设计辅助支撑；在建设阶段，通过第三方测量、监测、竣工测量等测绘服务，为工程施工提供必要的技术支撑；在运行管理阶段，通过数据管理系统为地下空间运维提供必要的信息服务支撑。

（三）服务于自然资源管理

地下空间是天然存在的、宝贵的自然资源，准确可靠的地下空间测绘成果对于开展国土空间规划编制、统筹地上地下空间规划管理、推动地下空间不动产确权登记等具有极为重要的支撑作用，同时也是履行自然资源"两统一"职责的重要保障。

（四）服务于城市安全运行管理

随着城市地下空间开发利用的兴起和迅速发展，城市面临的安全风险压力加大，尤其是近些年频发的地下管线爆管、洪涝灾害、地下空洞塌陷等安全事故，给人民群众的生命财产带来了巨大损失，造成了比较恶劣的社会影响。准确可靠的地下空间测绘信息、高效智能的地下空间信息管理平台，对于保障城市安全运行具有重要的作用。

（五）服务于绿色智慧城市建设

近年来，我国逐步加快了新型智慧城市建设，同时提出了绿色城市发展理念。地下空间是城市发展的重要生态生产空间，对其加以利用可以释放更多的地面空间，对于实现碳达峰、碳中和目标具有重要作用。地下空间测绘信息可以很好地促进城市地下空间开发利用，为智慧城市建设提供必不可少的基础信息支撑，是衡量一个城市绿色智慧水平的重要因素。

五 存在的问题与挑战

虽然目前我国地下空间测绘技术已取得一定发展，并且得到了很大的推广应用，对于推动城市地下空间开发利用起到了积极的作用，但是与目前新时期下的新发展要求相比，还具有一定差距，仍然存在不少问题。比如目前我国大部分城市尚未全面开展地下空间普查，对地下空间基本情况掌握不足，尤其是缺乏准确可靠的早期建设的地下空间设施现状的数据资料；同时尚未完全建立地下空间综合管理信息系统，城市地下空间数字化、信息化、智慧化管理水平还比较低，与当前所推行的智慧城市形成了鲜明的对比，一定程度上影响了城市地下空间开发利用的科学推进，并且对城市安全运行管理造成了很多不利影响。与地上空间开展的测绘及信息化工作相比，地下空间还存在不少短板和欠账，需要进一步补齐，以适应当前我国城市地下空间快速发展的需要。

六 结语

城市地下空间测绘关系到城市地上地下空间一体化开发利用和安全健康运行，是一项重要的基础性测绘保障支撑工作，急需各相关部门加强推动实施。尤其是随着数字城市的兴起，地下空间成为城市各类基础设施的重要载体，实现其数字化是必不可少的。未来随着新型智慧城市建设的加快推进，城市地下空间测绘技术必将朝着更加透明、可视、智慧的方向发展。

参考文献

《城市地下空间测绘规范（GB/T 35636—2017）》，中国标准出版社，2018。

《城市地下空间三维建模技术规范（GB/T 41447—2022）》，中国标准出版社，2022。

《城市地下空间设施分类与代码（GB/T 28590—2012）》，中国标准出版社，2012。

《自然资源部办公厅关于印发〈实景三维中国建设技术大纲(2021版)〉的通知》，自然资源部网站，http://gi.mnr.gov.cn/202108/t20210816_2676831.html。

《自然资源部关于印发〈自然资源调查监测体系构建总体方案〉的通知》，自然资源部网站，http://gi.mnr.gov.cn/202001/t20200117_2498071.html。

邰艳丽：《城市地下管线安全发展指引》，中国建筑工业出版社，2014。

刘海飞、杨敏华、车建仁：《地下空间中测绘技术的探讨》，《测绘与空间地理信息》2013年第12期。

谭章禄、吕明、刘浩等：《城市地下空间安全管理信息化体系及系统实现》，《地下空间与工程学报》2015年第4期。

王丹、耿丹、江贻芳：《城市地下空间测绘及其标准化探索》，《测绘通报》2018年第7期。

许艳博、马金荣、李毅等:《站式三维激光扫描技术在地下空间测绘中的应用》,《北京测绘》2021 年第 9 期。

中国工程院战略咨询中心、中国岩石力学与工程学会地下空间分会、中国城市规划学会:《2020 中国城市地下空间发展蓝皮书》,科学出版社,2021。

中国信息通信研究院、中国互联网协会、中国通信标准化协会:《数字孪生城市白皮书》,2021。

周晓卫、刘鹏程、田旦等:《三维激光扫描仪在地下空间测绘中的应用》,《城市勘测》2020 年第 6 期。

自然资源部:《新型基础测绘体系建设试点技术大纲》,2021。

B.31
遥感影像处理软件智能化发展前沿

宁晓刚　张翰超　张瑞倩　李明珠 *

摘　要： 近年来，源源不断的多源遥感数据、日新月异的人工智能技术、日益增长的多样化行业应用，为遥感影像处理软件智能化发展提供了良好的环境。本报告分析了遥感卫星和遥感影像处理算法的发展历程，介绍了遥感影像处理软件智能化发展的现状，结合国内应用案例进行了具体分析，并对未来发展方向进行了阐述，提出遥感影像处理软件将不断向软件云端化、算法智能化、服务精准化三个方向发展。

关键词： 遥感影像　智能化　软件　云服务

一　引言

随着人工智能领域的发展和大数据时代的来临，测绘与遥感学科也迎来更为智能化、实时化、知识化的测绘遥感大数据时代。实时观测、多源异构的海量遥感影像为遥感研究和应用提供了更为丰富的数据源，同时，也为遥

---

* 宁晓刚，博士，中国测绘科学研究院摄影测量与遥感研究所副所长、研究员，研究方向为遥感影像解译信息提取分析；张翰超，博士，中国测绘科学研究院助理研究员，研究方向为遥感影像解译、变化信息提取、自然资源调查监测等；张瑞倩，博士，中国测绘科学研究院在站博士后，研究方向为遥感影像智能处理、计算机视觉等；李明珠，硕士研究生，研究方向为遥感影像处理。

感影像的处理带来了一系列挑战。[①]影像数据源源不断地传输到地面，如何提升影像的处理效率和精度、最大化地获取有用的影像信息是研究者需要解决的主要问题。传统的遥感影像处理方法存在效率低下、图像处理精度不高的弊端，极大限制了遥感处理方法的信息挖掘能力。因此，发展智能化的影像处理技术成为解决这一问题最为有效的途径之一。[②]

相比于传统方法，遥感影像智能化处理技术拥有一系列突出的优势。第一，针对目标函数，智能化的处理方式有着更为强大的全局优化能力，能更好地在给定集合上找到最优值。第二，智能化处理技术能基于遥感数据本身开展自适应学习和特征提取，自动化程度高。第三，智能化处理方法可并行优化多个目标函数，不需要人为确定目标函数之间的权重。[③]因此，在遥感大数据时代，智能化遥感处理技术能够极大改善遥感影像处理过程中处理效率低、精度低的问题，显现出极大的应用潜力。

作为影像处理的载体和实现方式，遥感影像的处理软件也随着处理技术的提高和数据类型的丰富不断更新和优化。[④]自 2013 年起，以深度学习为代表的神经网络算法，在语音识别和图像识别领域掀起了一次研究高潮，同时，随着高分专项计划的实施和高分系列卫星的顺利发射，卫星观测能力和遥感影像质量的提升也带动国产遥感影像处理软件朝着智能化的方向发展。遥感影像智能处理软件提供的服务类型总体呈现由功能性服务向定制化服务转变的趋势，软件类型丰富度不断提升。除此之外影像的分辨率、软件智能化水平和处理精度也得到了显著提升。例如在卫星分辨率上，美国民用高分遥感卫星的影像分辨率最高可达 0.31 米，法国 Pleiades 全色分辨率为 0.5 米，中国高分二号卫星的星下点分辨率为 0.8 米；影像处理软件从半自动化时代进入自动

① 陈军、刘万增、武昊等:《智能化测绘的基本问题与发展方向》,《测绘学报》2021 年第 8 期。
② 张继贤、李海涛、顾海燕等:《人机协同的自然资源要素智能提取方法》,《测绘学报》2021 年第 8 期。
③ 龚健雅、钟燕飞:《光学遥感影像智能化处理研究进展》,《遥感学报》2016 年第 5 期。
④ 周成虎、孙九林、苏奋振等:《地理信息科学发展与技术应用》,《地理学报》2020 年第 12 期。

化时代，逐步向着智能化和高精度的方向发展，如苍灵 AI 识别户外运动场的精度可达 95%、PIE 的匹配精度优于 1 个像元、多光谱影像正射纠正小于 5 秒。

本报告以遥感影像智能处理软件为重点，由遥感卫星的发展和遥感影像处理算法的发展引出遥感影像处理软件智能化的必要性和意义；在此基础上，进一步梳理遥感影像处理软件智能化发展的现状；最后总结遥感影像处理软件智能化发展的趋势，即软件云端化、算法智能化、服务精准化，并对典型应用案例进行阐述和分析。

二 遥感影像处理软件智能化发展背景

（一）遥感卫星的发展

自 20 世纪 70 年代第一颗遥感卫星 Landsat-1 发射以来，世界遥感卫星已经形成了陆地、海洋、气象三大卫星系统（见图 1）。

图 1　国内外遥感卫星发展历程

国外的陆地卫星系统以 Landsat、SPOT、ERS、Sentinel 等为代表，发展最早、普及率较高。相比之下我国的陆地卫星系统虽起步较晚，但发展迅速，目前我国陆地卫星系统主要包括资源、高分、环境 / 实践和小卫星四个系列。

资源卫星包括"资源一号"至"资源三号"三个系列，目前已广泛应用于国土资源调查、生态环境保护、地质灾害监测、防震减灾等国民经济多个领域。高分系列卫星已建设成具有高时空分辨率、高光谱分辨率、高精度观测能力的对地观测系统。[1]环境/实践系列卫星主要监测自然灾害和环境污染，为生态环境保护提供必要的数据。小卫星系列主要包括"北京二号""天绘一号""高景一号""珞珈一号"等众多小卫星星座，小卫星普遍具有空间分辨率高、波段范围窄的特点，因而在国民经济各项领域有着广泛的应用。

从全球陆地遥感卫星发展趋势来看，过去10年，全球发射的陆地卫星数量不断增加。其中，中国共发射50多颗陆地卫星，形成了完整的陆地卫星系统。从卫星类别来看，全球发射的卫星以光学卫星为主，从轨道类别来看，近地轨道卫星的比例达到90%以上。中国陆地卫星系统虽类型丰富、空间分辨率较高，但仍具有类型发展不均、轨道高度集中的特点。[2]星上搭载的传感器类型丰富，其中，多光谱相机和全色相机的比例达到63%；重访周期小于5天的卫星达到96.4%；空间分辨率优于1米的卫星占比为24%；轨道高度多集中于200~780公里。

除了陆地卫星，气象卫星和海洋卫星也发展迅速，共同构建空天海地一体化的立体观测网络[3]，为各国和地区的大气、陆地和海洋等相关研究提供重要数据。

总体来说，当今世界各国都极其注重遥感卫星的研制，卫星研制与发射数量呈现逐年上涨的趋势，遥感卫星占在轨卫星的比例不断上升。遥感卫星的迅速发展，也导致影像数据量呈现爆炸式增长，海量的数据对软件处理智能化程度提出了更高要求。

（二）遥感影像处理算法的发展

随着遥感影像分辨率的显著提升，以及计算机、大数据等前沿技术的发展，遥感影像处理算法也迅速发展，近年来，涌现出越来越多智能化的遥感影像处理算法。

① 孙伟伟、杨刚、陈超等:《中国地球观测遥感卫星发展现状及文献分析》,《遥感学报》2020年第5期。
② 孙伟伟、杨刚、陈超等:《中国地球观测遥感卫星发展现状及文献分析》,《遥感学报》2020年第5期。
③ 汪文杰、贾东宁、许佳立等:《全球海洋遥感卫星发展综述》,《测绘通报》2020年第5期。

　　根据遥感影像处理算法的应用阶段，可以将遥感影像处理算法划分为遥感影像预处理算法、信息提取算法、后处理算法。其中，预处理算法包括降噪算法、几何校正算法、增强算法等；信息提取算法包括分类算法、分割算法、变化检测算法等；后处理算法包括分类后处理、误检纠正、分割结果精细化等。早期遥感影像数据分辨率低、数据量较少，应用场景单一，传统的机器学习算法能够满足需求，因此机器学习算法在遥感影像的处理过程中得到广泛应用。近年来，随着遥感影像获取手段和数据类型、应用场景和应用领域更加丰富多样，传统单一的遥感影像处理算法难以满足海量数据与复杂场景的应用，同时，深度学习、大数据等遥感影像智能处理算法在遥感影像分类、识别等任务中大放异彩，显著提升了各类遥感影像处理应用的精度、自动化水平和效率。当前，智能化算法逐渐成为遥感影像处理技术的基础。

　　遥感图像处理算法是遥感图像处理软件的技术核心。随着遥感影像处理技术的智能化发展，遥感图像处理软件根据需求将各类算法进行智能化组合，以应对各类复杂任务场景，快速、高效完成生产监测任务。因此，遥感图像算法的智能化发展也迫使遥感图像处理软件向着智能化方向发展。

三　遥感影像处理软件智能化发展现状

　　随着人工智能技术的快速发展，深度学习等先进算法也越来越多地应用到了遥感影像处理中，促进遥感影像信息提取向着实时、便捷、高效的趋势发展。[①] 为了适应新型智能化技术在遥感领域的发展，遥感影像处理软件陆续增加智能化处理模块或功能，形成遥感影像智能处理应用的软件发展新时期。

（一）遥感影像处理软件智能化发展的紧迫性

　　随着互联网、物联网、大数据、云计算、人工智能等新一代信息技术的

[①]　张继贤、顾海燕、杨懿等：《高分辨率遥感影像智能解译研究进展与趋势》，《遥感学报》2021 年第 11 期。

快速发展，各领域软件向着智能化、创新化方向发展。现有成熟的遥感影像处理软件大多发展较早，大量软件虽然向着智能化方向发展，但却难以与已有传统技术有效融合，同时现有智能化技术迭代更新迅速，现有遥感影像处理软件亟待有效跟踪前沿技术和方法，形成面向应用服务的智能化软件体系。

因此，摸清现有遥感影像处理软件发展现状，开展创新性关键技术与智能处理研究，加快软件研发创新和应用步伐，研发智能化遥感影像处理模块，加快软件研发产业结构调整，形成国产自主可控的智能化软件平台，构建遥感影像处理的完整智能化软件生态体系，是当前遥感影像处理软件智能化发展的关键。

（二）国际遥感影像处理软件智能化发展现状

国际上遥感影像处理软件相关研究最早可以追溯到 20 世纪七八十年代，到目前已发展较长时间。当前国际上典型的遥感影像处理软件有美国 Exelis Visual Information Solution 公司旗下的 ENVI、ESRI 公司研发的 ArcGIS、ERDAS 公司研制的 ERDAS Imagine，还有加拿大 PCI 公司的 PCI Geomatica 等，国际典型遥感影像处理软件现状对比如表 1 所示。

表 1　国际典型遥感影像处理软件现状对比

软件	数据类型	智能化模块	典型应用
ENVI	全色、多光谱、高光谱、雷达、热红外、地形、GPS 数据、激光雷达、动态视频数据等	集成 TensorFlow 深度学习开源平台，增加了深度学习工具箱和云服务等	房屋、道路、植被等要素提取及图像分类、变化检测等
ArcGIS	卫星遥感图像、航空遥感影像、建筑图纸、激光雷达数据、数字航空像片等	支持 TensorFlow、Keras、PyTorch 等深度学习框架，提供多种云服务等	区域规划、国土资源监测、铁路交通等
ERDAS Imagine	航空影像、无人机影像、遥感卫星影像、激光雷达数据、高光谱影像等	增加算法，如 K-Means、ISODATA、基于对象的图像分割、机器学习和深度学习人工智能算法	环境监测、自然资源管理、公用设施管理和城市与区域规划等

软件	数据类型	智能化模块	典型应用
PCI Geomatica	卫星和航空遥感影像、医学图像、雷达数据、光学图像、多光谱数据等	新增 ADS、PCI Modeler、EASI 等模块，提供了滤波、纹理分析、变化检测和图像质量评价等工具	土地利用资源调查评估与管理、自然灾害的动态监测、沙漠治理光谱分析等
eCognition	卫星数据、航空影像、机载／车载 LiDAR 和高光谱数据等	新增深度学习分类工具，如卷积神经网络模型训练模块等	区域规划、环境监测、自然资源管理等

国际典型遥感影像处理软件发展历史较长，因此，大多数软件可操作数据源丰富，并具有传统遥感影像处理的全流程操作功能，如数据的存储与管理、图像预处理、图像增强与转换、影像分类与特征提取等。这些全流程操作能够为遥感影像应用带来全链条式服务，但也会导致界面更加复杂、特色化功能难以突出等问题。在智能化方面目前已设置和增加较多模块，主要集成有深度学习框架、深度学习开发工具两大类。在深度学习框架集成上，ENVI 集成 TensorFlow 深度学习开源平台，ArcGIS 集成 TensorFlow、PyTorch 等多种类型深度学习框架，能够为遥感影像智能应用提供基础框架支持与服务。在深度学习开发工具集成上主要有基础网络训练模块和各类深度学习算法。整体上，国际典型遥感影像处理软件紧跟前沿技术发展现状，更新深度学习框架、深度学习开发工具等智能化模块和功能，促进软件应用向着自动化、智能化方向发展。

（三）国内遥感影像处理软件智能化发展现状

国内遥感影像处理软件起步较晚，发展初期国际软件已经占据较大市场份额，尤其是全流程服务遥感影像处理软件已较为成熟。因此，大量国内软件以定制化服务为设计核心，仅少量以全流程服务为主，目前已形成了包括DOM 生产、影像分类、目标识别、变化检测等各类处理功能在内的智能化处理软件体系（见表 2）。

软件	数据类型	服务类型	智能化模块	典型应用
		表 2　国内典型遥感影像处理软件现状对比		
PixelGrid	卫星影像、航空影像、低空无人机航空影像数据等	一体化测图服务	影像预处理、航空影像自动相对定向、影像匹配和纠正等作业流程的自动化处理	地理国情普查、西部测图等
ACID	遥感卫星影像、航空影像、矢量数据等	遥感智能信息提取服务（分类、变化检测等）	算法实现数据驱动与知识驱动的融合，新增智能预测、质检机器人等	自然资源调查监测、违法建设检测、土地确权等
SenseEarth	遥感卫星影像、航空影像、SAR 影像等	遥感智能信息提取服务（人工智能解译）	集成基于深度学习的云端目标检测、智能化道路／建筑等信息提取、影像分类与变化检测等云服务	资源分析评估、动态监测与预警、违法建设检测等多个领域
PIE	卫星影像、高光谱影像、雷达影像、无人机影像等	全流程深度学习服务	集成 PyTorch、TensorFlow 等主流深度学习框架，提供全流程深度学习服务、云服务等	土地利用资源调查、自然灾害的动态监测等
苍灵 AI	卫星遥感影像、航空航天遥感图像、全谱段、高光谱等	遥感智能信息提取服务	实现遥感智能处理与解译，新增专用深度学习框架	国土资源动态监测、对道路和建筑物等典型人造地物的监测、城市监管研究等
LUOJIA 云平台	全色、多光谱、高光谱、SAR 等	深度学习框架服务	提供基于深度学习的遥感影像处理框架和云服务，可在此基础上实现多种智能处理应用	可作为框架基础应用到各任务

　　整体上，随着卫星遥感技术的进步、遥感卫星体系的稳步构建以及商业化卫星遥感的蓬勃发展，我国卫星遥感影像数据获取能力快速提升，对遥感影像处理软件提出了更高的要求。因此，当前遥感影像处理软件应充分融合大数据、云计算、人工智能等相关领域技术成果，构建高性能、智能化和实用的遥感影像处理软件工具和平台，提供更广泛和更深入的应用服务，这些需求已经在遥感影像处理软件中有所体现。除上述所列具有自己特色的智能化处理功能或模块的遥感影像处理软件外，还有吉威数源 SmartRS、阿里巴巴达摩院的 AI Earth 等软件也具备智能化处理功能，融入智能化的遥感影像处理技术已经成为相关软件发展的共同趋势。

四　遥感影像处理软件智能化发展趋势与应用

（一）遥感影像处理软件智能化发展趋势

总体上，随着遥感卫星的发展和遥感领域算法的不断进步，遥感影像处理软件也在不断更新发展，其发展趋势呈现软件云端化、算法智能化、服务精准化。

第一，软件云端化。当前随着遥感影像数据量呈现指数级增长，为了更好地处理大量遥感影像，云端处理平台已经成为遥感影像处理软件发展的一大趋势。软件的云端化，是解决目前本地软件发展中所遇瓶颈问题的关键，也是快速利用大量遥感影像的一种有效方法。国际典型遥感影像处理软件如ENVI和ArcGIS，陆续发布了ENVI Services Engine云服务平台和全球首个公有云GIS平台——ArcGIS Online平台，国内软件如PIE提供了PIE-Engine遥感计算云服务，SenseEarth和LUOJIA云平台分别提供了搭载智能遥感解译算法的云平台。可见，软件云端化已经逐渐成为遥感影像处理软件的一大发展趋势。

第二，算法智能化。近年来，智能化的遥感处理算法已经开始在各个遥感影像处理环节发挥作用。例如，预处理过程中，基于生成对抗网络的数据增强方法有效增加了被遮挡部分的影像信息，遥感影像信息提取中基于卷积神经网络的深度学习、迁移学习等算法，显著提升了分类、识别等任务的精度。智能化算法在遥感影像处理各个环节大放异彩，为遥感影像处理软件中智能化模块的集成提供基础和支撑，也促进软件根据需求将各类算法进行智能化组合，以应对各类复杂任务场景，快速、高效完成生产监测任务。因此，搭载算法的智能化已成为当前遥感影像处理软件的明显发展趋势。

第三，服务精准化。面向特定应用的定制化服务软件也越来越多，用户可以按照自己的需求有针对性地选择和使用差异化的遥感影像处理软件，为不同应用提供更精细化的定向服务。例如，为了提升生态环境监测水平，PIE软件有针对性地进行研发，以千米格网为单元对大气中颗粒污染物进行智能

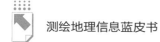

监测，为石家庄市空气质量的改善提供支撑。同时，软件也根据精准化需求进行设计研发，以提供更加有效的服务，如 ACID 软件瞄准国土变更遥感监测应用，针对该任务新增智能预测、质检机器人等模块，实现高效、自动 / 半自动化国土变更调查遥感监测。综上，服务精准化是遥感影像处理软件发展的另一趋势。

（二）应用案例与分析

应用是软件开发的目标，应用的有效程度和创造的社会经济价值，也可用于评价软件发展现状。当前，为了更加智能、高效地实现遥感影像处理功能，国产遥感影像处理软件不断加强遥感应用与大数据、云计算和人工智能等技术的交叉融合[①]，为国土变更调查、地理信息资源建设、违法建筑物检测、生态环境监测等多种应用提供高效便捷的服务。

1. 国土变更调查应用

国土变更调查是全面掌握全国年度国土利用变化情况，保持国土调查成果现势性的重要工作。在该项应用中，ACID 软件充分发挥遥感影像智能处理优势，实现了国土变更调查遥感监测变化信息提取、成果质检以及成果抽检各环节的自动化或半自动化处理，优化生产组织模式和工艺，有效提高了遥感监测工作效率，大幅降低了人力、物力的消耗，保证了国土变更调查成果质量。

2. 地理信息资源建设应用

全球地理信息资源的建设对海量遥感数据处理规模化、产品生产业务化以及生产数据高效智能化有着迫切需求。随着遥感影像处理软件的迅速发展，PixelGrid 系统能自动获取 DSM/DEM，并行处理卫星影像的正射纠正、融合、镶嵌、匀色等，实现海量卫星影像数据的无控、高效、精确、一体化智能处理[②]，促进全球地理信息资源建设技术向着智能化、高效化方向发展。

---

① 龚健雅、钟燕飞：《光学遥感影像智能化处理研究进展》，《遥感学报》2016 年第 5 期。

② 周成虎、孙九林、苏奋振等：《地理信息科学发展与技术应用》，《地理学报》2020 年第 12 期。

3. 违法建筑物检测应用

违章建筑的存在侵占了公众的财产、破坏了生态环境和城市风景、损害了政府公信力、制约了城市建设和区域规划，也影响了城市的绿色发展。SenseEarth 软件通过智能遥感建筑物变化检测模型和算法，提取建筑物变化区域矢量结果，快速、有效遏制城市违法建筑等，实现自动化检测违法建筑物所在位置和范围，提升了违法建筑物检测的智能化水平。

4. 生态环境监测应用

智能遥感技术可以有效满足生态环境监测的需求，为相关政府部门进行决策分析提供重要的技术支撑。在生态环境监测应用方面，PIE 软件以千米格网为单元，对大气中的颗粒污染物的分布情况进行统一监测。经过持续监测和有针对性的治理，石家庄市空气质量明显改善。[1] 遥感影像处理软件的智能化发展，进一步提高了大气污染物浓度的计算和异常监测能力，为开展应急处置工作提供有力依据。

五　总结与展望

当前，随着多元海量遥感数据源源不断的产生以及差异化行业应用需求的日益增长，建设智能化、高性能和实用的遥感影像处理系统，提供更广泛、更先进、更精细和更深入的专题服务，逐步完善遥感影像处理智能化应用机制已成为大势所趋。

首先，为应对卫星遥感数据的剧增，遥感影像处理软件正逐渐向"云端"发展，实现海量遥感数据向 KB 级遥感信息的跨越，为遥感影像应用的普遍化、精细化和实时化服务提供强有力的支撑。同时，为提升遥感影像处理精度和效率，相关软件正不断与深度学习、认知模型和知识图谱等信息模型和先进技术相集成，持续提高遥感处理的智能化程度。在此基础上，为满足多样化业务需求，遥感影像处理软件正由提供标准化数据产品向提供差异化信

---

①　廖丽华:《基于 PIE 遥感图像处理软件的生态环境监测应用》,《卫星应用》2020 年第 5 期。

息服务转变。在国土变更调查、地理信息资源建设、生态环境监测等与国计民生息息相关的领域，随着应用需求的不断增加和细化，遥感影像处理软件与时俱进，不断朝着应用精细化、服务具体化、功能实用化方向发展。

综上所述，在地理信息技术与大数据、人工智能等技术日益发展的新时代背景下，遥感影像处理软件正不断向软件云端化、算法智能化、服务精准化三个方向发展，未来将不断与其他领域跨界融合，形成遥感应用新模式。

参考文献

韩晓霞、王保前、许彪等:《基于 PixelGrid 的全球地理信息资源建设应用》,《北京测绘》2018 年第 1 期。

刘东升、廖通逵、孙焕英等:《中国遥感软件研制进展与发展方向——以像素专家 PIE 为例》,《中国图象图形学报》2021 年第 5 期。

B.32
自动驾驶高精地图应用与快速更新发展分析

张建平　刘洋　朱大伟　杨涛　郝虑远[*]

摘　要：本报告主要介绍自动驾驶高精地图的应用及快速更新发展情况，从应用现状与更新需求、快速更新技术、更新面临的挑战、发展趋势等四个方面分别进行说明。市场应用方面介绍高精地图市场应用发展的情况，以及随着自动驾驶发展而产生的对高精地图快速更新的需求；更新技术方面介绍专业图商利用移动测量设备快速更新高精地图的工艺流程以及利用众源数据进行快速更新的技术进展；面临的挑战方面介绍中国高精地图行业快速更新落地面临的政策和商业化落地难点；发展趋势方面主要展望高精地图的市场和行业发展趋势。

关键词：智能网联汽车　自动驾驶　高精地图　众源更新

一　引言

自动驾驶高精地图生产技术经历了近十年的发展，新技术新工艺不断涌现，形成了一系列相对成熟的生产模式与基本定型的地图产品，对智能网联汽车产业的发展起到了支撑和推进作用。汽车主机厂和系统集成商更是积极开发基于高精地图的自动驾驶汽车，地图厂商也不断优化高精地图模型和数据内容，

---

*　张建平，北京四维图新科技股份有限公司副总经理，高级工程师；刘洋，北京四维图新科技股份有限公司地图中心产品设计部总经理；朱大伟，北京四维图新科技股份有限公司地图中心政策标准总监；杨涛，北京四维图新科技股份有限公司地图中心产品规划总监；郝虑远，北京四维图新科技股份有限公司地图中心产品设计总监。

使得高精地图更加符合自动驾驶需求，形成良性循环。国内主管部门也因应市场发展的需求，出台了多部与自动驾驶高精地图相关的法律法规，指导和规范行业的发展。多个标准协会编制和发布了一批高精地图相关标准，统一了高精地图行业的认知和行动规范，促进了产业发展。为了满足自动驾驶对于高精地图时效性的诉求，高精地图发布方式正从周期性更新向实时差分更新转变，相关的技术进展已成为行业关注的焦点。本报告将分别阐述高精地图的应用现状与更新需求、快速更新技术、更新面临的挑战、发展趋势等四方面内容。

二　高精地图应用现状与更新需求

自 2020 年高精地图应用于具有自动驾驶功能的量产车辆以来，关于高精地图的话题热度不断升高，市场也呈现井喷式增长。目前，像北京四维图新科技股份有限公司（简称四维图新）这样的高精地图头部图商已完成全国高速和城市快速路 38 万公里的完整覆盖，并向城市普通路快速扩展，支撑了一系列不同级别、不同场景、不断延展的高级辅助驾驶和自动驾驶应用。

第一，L2/L2+ 级别的高精地图应用。在高速及城市快速路上，高精地图提供的车道几何、车道类型、标线几何、标线类型、车道限速、上下匝道等要素，已能够支持实现脱手和自动辅助导航驾驶等功能的量产应用。虽然只是 L2+ 的应用，但是已经极大地提高了驾驶的安全性，减少了车祸的发生。当前，利用高精地图开发 L2+ 功能的车厂以国内新势力和传统车厂新推出的品牌为主，包括小鹏、蔚来、理想、广汽 AION、长安 UNI-T、上汽智己、吉利极客等。国际品牌，除通用汽车 2019 年推出少量具备上下匝道功能的自动驾驶车辆，如宝马、奔驰、奥迪、沃尔沃等品牌在国外早已推出具有高级别自动驾驶功能的车型，国内品牌则显得较为保守，具备 L2+ 的功能车型从 2022 年下半年才陆续上市。

第二，L3 级别的高精地图应用。在高速及城市快速路上，高精地图提供了 100 多个高品质高精度的道路要素与属性，包括车道变化、车道边界、道路标志、路侧设施和路面标线等，能够提供 L3 级自动驾驶所需的感知冗余、辅助高精定位及功能安全冗余等，驾驶者在功能开启期间可脱眼操作，自动驾驶系统自主完成巡航、变道、超车、上下匝道等驾驶行为。在功能成熟度不足、市场接受程度有待提高及当前法律法规尚不能支撑的情况下，L3及以上自动驾驶功能的汽车仍需要较长的时间才能落地乘用车市场。从应用趋势看，高精地图以其能够还原道路现场的天然属性，"降维"服务车载娱乐域增强型车道级导航渲染功能，带有车道级渲染功能的车机端大屏所展示的科技感已经促使带有高精地图数据的智能驾驶车辆的销量大增。从2020年到2021年，带有车道级渲染功能的乘用车销量从10万辆增长到30万辆，增长率达到了200%。同时，一部分车企已经将L3级自动驾驶功能所需的硬件设备预装到车辆上，以备在未来法律法规、保险等配套体系完善后，远程升级更新高级别自动驾驶功能，从而占领自动驾驶竞争的市场先机。

第三，L4级别的高精地图应用。针对L4级的无人驾驶公交、物流车、出租车、矿山运输车等不同场景的车辆应用需求，高精地图能够支持对于人车混杂交通流的信息探测；支持停车场等特定场景特定要素的表达；支持对道路和车道的属性及状态的严格要求，比如对坡度、曲率的要求。当前，服务于"低、慢、小"场景的L4级无人驾驶车在全国遍地开花，比如港口码头及工业园区的无人运输车、学校及社区周边的小型物流车、特定园区的无人驾驶低速出租车等。

随着自动驾驶产业的不断发展，根据不同场景和功能的应用需求，业界将实时性要求有差异的地图数据分为不同的图层。博世提出的LDM（Local Dynamic Map）四级分层模型，被业界广泛接受和认可。该模型将高精地图分为四个基本层级，由底层到上层分别为静态地图、准静态地图、准动态地图和动态地图。清华大学车辆与运载学院针对中国交通环境特点和智能网联汽车对地图的要求提出了三级七层架构模型。随着L3级以上无人驾驶时代的来临，静态的地图数据图层将不能满足实时动态运行的无人驾驶机器人的低时延需求，各大车厂和终端用户对高度实时性的高精地图更新的需求将变得非常迫切，以往被动式更新的静态地图服务模式将向支持准静态甚至准动态更新的主动式地图服务模式转变。

三　高精地图快速更新技术

随着头部图商先后完成"第一张图"的构建工作，高精地图的及时更新将成为今后的主要工作任务。地图快速更新主要分为两种形式：第一种是基于专业移动测量设备采集现场数据的快速更新；第二种是基于自动驾驶车辆高精度传感器回传现场众源数据的快速更新。本报告以业界领先的自动驾驶高精地图供应商——四维图新的专业更新和众源更新能力为蓝本，阐述快速更新的工艺技术发展情况。

（一）基于专业移动测量数据的快速更新技术

高精地图专业化更新有严格规范的生产流程。首先，根据情报系统获得的路段变化信息对更新区域进行规划，制订快速的专业车辆调度计划，调度专业车辆采集现场信息；其次，对采集的原始数据自动化解算和精度优化；再次，进入自动化差分更新预处理平台，平台无法处理或置信度不高的要素转入专业地图编辑平台，由人工确认后绘制地图或修改相关问题；最后，对数据进行规格转换转入数据编译发布平台，经过云端发布平台发送到车端更新。此外，高精地图数据更新需要经过层层的数据自动化检查及小部分的人工检查，全流程保证数据更新的质量。

基于以上流程，四维图新自研了高精地图全栈更新工艺流程，如图1所示。丰富的定制化开发模块，支持多源数据采集和接入，可实现海量数据的快速编辑，同时全面支持流式生产模式和天级全要素地图更新。

采集解算		内业制图		格式转换		更新发布
外业采集	精度优化	自动化成图	人工检查编辑	交换格式转换	物理格式编译	HDMS云发布
全流程产品质量控制						

图 1　高精地图全栈更新工艺流程

1. 高精度移动测量采集系统

四维图新自研的高精度移动测量采集系统（见图2），配备了360°全景相机、激光测量单元、时间脉冲同步控制系统、惯性测量单元、里程计等多传感器设备和自主研发的采集控制软件。该系统具备实时现场变化发现能力和加密传输能力，可利用移动基站、CORS站、高精度控制点等多种先进手段确保测绘级采集精度，支持高速、城市快速路、普通路、停车场等全场景自动化采集作业。

图2　高精度移动测量采集系统

2. 全栈自动化建图更新技术

通过移动测量设备获取更新数据后，即进入自动化建图阶段。自动化建图主要应用点云图像融合技术和点云自动化矢量提取技术。

（1）点云图像融合技术

该技术主要是基于图像目标检测交通标识几何、属性特征，基于OCR自动识别交通牌、路面符号的地图内容信息，构建多源信息融合模型和双向匹配机制，输出逐点语义标签、道路要素级特征标注、要素属性信息集等成果，具体融合流程如图3所示。

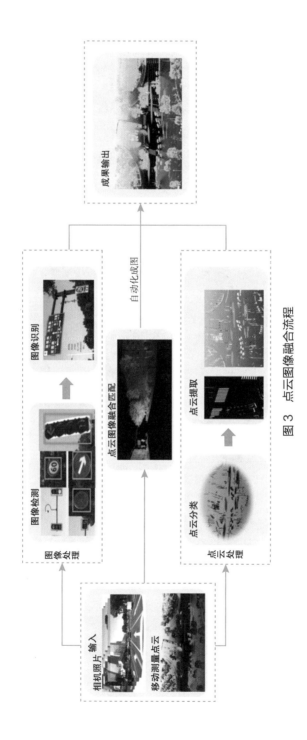

图 3　点云图像融合流程

（2）点云自动化矢量提取技术

该技术是成图的关键，通过点云分类结果和点云的强度值自动跟踪提取道路标线、护栏、路牙、杆状物、垂直墙、上方障碍物等路面、路侧、路上的交通设施和对自动驾驶有影响的附着物，如图4所示。最后对提取的矢量数据根据识别结果自动赋属性值，和相邻的其他要素建立逻辑关系。

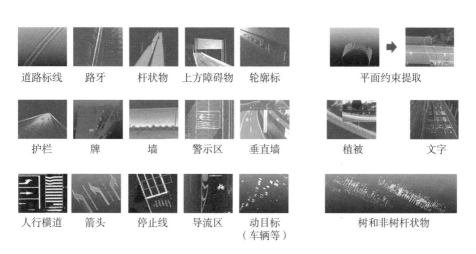

图4　点云自动化提取的要素展示

3. 全要素三维高精地图编辑更新平台

由于短期内仍需要投入制图人员目视检查自动化建图结果以及修正个别数据，四维图新自研了支持全要素人工编辑和半自动成图的三维高精地图编辑更新平台。该平台支持100多个要素及属性的快速编辑，支持半自动跟踪、自动关系维护、低于阈值的区域自动填补等功能。该平台同时还具备完整的理论检查体系，确保高精地图品质。

（二）基于众源数据的快速更新技术

自动驾驶汽车是高精地图数据成果的消费者，也是高精地图原始数据的天然生产者。车端的实时定位信息、车身姿态、视频图像、激光雷达点云、实时交通路况等数据都可以作为高精地图快速更新的数据源，通过路侧单元

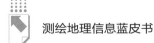

或蜂窝通信传送至图商的地图云，成为高精地图快速更新的数据基础。传感器接口规范 SensorIS 发布之初，就设想了运用云端实时大数据深度挖掘分析技术，远程升级（OTA）对高精地图有效更新的生产运营一体化闭环体系，如图 5 所示。

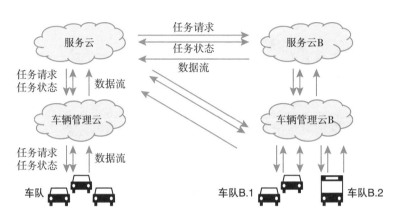

图 5　SensorIS 标准数据流设想

资料来源：SensorIS 标准文档 Interface Architecture Diagrams.v1.2.0。

以众源数据更新制作高精地图的方式是近几年业内普遍认可的高精度、高时效性的地图制作方法，如 Google、Mobileye、Here 等国际一流地图制作厂商，以及包括四维图新在内的国内几大图商都将此技术视为下一代地图制作更新的主流方法。

1. 众源智能更新工艺体系

由于回传自动驾驶车辆传感器数据涉及地理信息安全，在新的法律法规出台前，图商使用众源数据更新高精地图将一直处于验证测试阶段。考虑到产业发展的迫切需要，研发测试先行，四维图新已经开发了一整套基于众源数据更新高精地图的工艺流程与平台工具，如图 6 所示。众源数据更新高精地图的工艺流程主要包括变化发现、数据获取、融合更新和数据发布。

考虑到让所有车辆实时回传数据既不经济也不实用，为了有效获取传感器数据，实现以最少的众源数据满足更新需求，并依据不同数据的置信度变

变化发现	数据获取	融合更新	数据发布

数据获取	变化发现	批量回传	自动化提取	差分融合	检查确认	HDMS 云发布

全流程自动化调度控制平台

图 6　高精地图众源数据更新工艺流程

化智能地安排现场数据回传，按需获取，四维图新开发了一套基于云的全流程自动化智能调度控制平台。该平台可以根据某段路回传数据的频次和质量自动控制数据的接入，可以根据人工情报下发的采集任务安排途经某路段的车辆回传数据或安排专业采集车辆进行现场专业采集，还可以根据任务拥塞情况自动对内业编辑任务进行安排调整。

2. 众源数据自动化成图技术

四维图新研发的众源数据自动化成图技术针对不同数据源、不同传感器的不同语义表达进行适配，对现实世界进行 2D 建模和 3D 建模，通过建立多源异构的车辆传感器数据的现实库表达模型，兼容不同数据源的传感器数据，并为多传感器数据之间的融合准备统一的数据基础。基于空间语义特征的传感器数据采用智能化配准方法处理矢量化建模后的传感器数据，通过空间语义特征进行场景智能配准，提高了分类的准确度，得到了比较准确的认知结果。最后基于源能力知识的融合认知结果，通过智能化差分对比，发现变化的要素并进行及时更新融合，具体流程和实现效果如图 7 所示。

配准前传感器数据　　配准分类后的　　基于源能力知识的　　变化发现及更新
　　　　　　　　　　传感器数据　　　　融合认知结果

图 7　众源数据自动化成图与差分更新效果示例

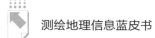
3. 多源融合快速更新平台

为了发挥三维高精地图编辑更新平台的强大功能，在外部接入多源数据进行快速更新时，四维图新结合公司已有的地图产品工艺流程，进行更新改造，使得平台的效益最大化。在自动化建图技术基础上开发了众源数据自动化成图技术，在此过程中逐步提升对众源数据的识别能力和自动化处理能力，构建汇聚数据源能力的知识体系，从而精准评价数据源质量、处理各项数据冲突，最终建成以众源数据为主、自研众源测试车辆数据源为辅、专业采集车辆作为临时高要求区域补充的多源融合生产平台和工艺体系，如图 8 所示。

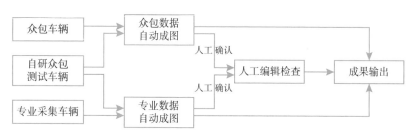

图 8　多源融合监督自动化生产模式

四　高精地图更新面临的挑战

（一）法规标准亟待完善

原国家测绘地理信息局 2012 年印发的《关于进一步加强导航电子地图数据保密管理工作的通知》规定，地理数据成果首先需要经过测绘地理信息行政主管部门的保密技术处理和地理信息审查方可对外提供。原国家测绘地理信息局 2016 年印发的《关于加强自动驾驶地图生产测试与应用管理的通知》规定，自动驾驶地图属于导航电子地图的新型种类和重要组成部分，其数据采集、编辑加工和生产制作必须由具有导航电子地图制作测绘资质的单位承担，导航电子地图制作单位在与汽车企业合作开展自动驾驶地图的研发测试时，必须由导航电子地图制作单位单独从事所涉及的测绘活动。

在遵守国家测绘法规的前提下，高精地图使用和更新上的不便是各车厂和系统商抱怨的主要问题。为了解决使用不便和安全难题，在未来众源数据应用层面，测绘主管部门正组织地图厂商、云厂商、密码厂商、车厂等进行量产车传感器数据回传的研究，当前技术环节已经打通，相关经验即将推广。在审图方面，为了应对自动驾驶高精地图快速更新的发展趋势，测绘主管部门正通过技术手段提升审图效率，以满足未来快速更新的地图的审图需求。

目前，中国测绘科学研究院正在牵头开展《智能汽车基础地图标准体系建设指南》编制，该指南覆盖基础通用、生产更新、应用服务、质量检测、安全管理等 5 大方面的系列标准。其中《智能汽车基础地图数据安全保护技术基本要求》《高级辅助驾驶电子地图审查要求》《智能运输系统 智能驾驶电子道路图数据模型与表达》等多项影响行业未来发展的标准正在紧锣密鼓地编制中，未来会逐步应用到量产车的传感器数据安全回传、智能驾驶基础地图专有云存储、高精地图审查、高精地图模型表达等方面。

（二）更新成本亟待降低

高速道路的高精地图已进入更新阶段，支持城市级别的自动驾驶的高精地图正在快速开发中。按照当前成熟的制作工艺，基于业界普遍认可的高速道路 1000 元每公里的成本及 38 万公里的高速道路双方向里程计算，高速公路完全制作一遍就需要 3.8 亿元。全国满足路面铺设等级要求的城市开放道路，双方向里程超过 1300 万公里，即便按照高速公路的成本计算，完全制作一遍也需要 130 亿元，再考虑到当前业界普遍采用的季度更新甚至是月度更新的做法，其花费之大即便是资金雄厚的互联网大厂也无力承担。2022年 8 月自然资源部出台的《关于做好智能网联汽车高精度地图应用试点有关工作的通知》中，仅允许在北京、上海、广州、深圳、杭州、重庆六个城市开展智能网联汽车高精地图应用试点，但是各个图商已经提出了 2022 年到

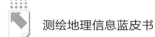

2025 年的城市高精地图开发规划，数量从 50 个城市到 150 个城市不等。如此激进的投入，如何收回成本一直是各个图商面临的难题。就目前来看，采用众源数据更新是一个既快速又省成本的方案，是未来的必选项，但是关于众源数据源的产权、获取或分享费用的高低等将是另外一系列需要解决的问题。

（三）更新技术仍需提升

当前，头部专业图商都已经具备了采用专业移动测量设备进行快速采集更新的工艺技术能力。相比而言，以接入海量车端感知数据来监控道路情况，快速发现道路变化区域并进行众源更新的方案还有许多技术问题需要解决。

首先是数据安全传输问题。当前测绘主管部门倾向的安全方案中，原始数据需要经过加密处理，方可经过公网传输，在线传输至云端环节，需要通过安全的传输通道或者采用加密方式进行上传；云端数据应存储在符合国家基础设施要求的云上，并采取数据访问身份认证和授权，防止越权访问；对车内地图部署环境进行加固，防止数据逆向；动态更新中需要确保链路安全，更新数据需要加密传输，车云之间需要双向认证，车端更新过程需要进行完整性验证。以上一系列措施中，涉及车端、传输端、云端以及车端的全链条安全技术改造，涉及高精地图众源回传及下发更新的所有环节。相关的标准要求明确后，车厂、硬件供应商、图商都将面临相应的技术升级改造问题。

其次是数据源不足的问题。如前所述的客观原因，回传自动驾驶车辆传感器数据涉及地理信息安全问题，在新的法律法规及相应的标准规范出台前，车厂或终端用户还不能批量地常态化回传车端数据，行业的大批量众源数据回传的梦想，将在未来 3~5 年随着相关安全措施的落地逐渐实现，当前获取众源数据仍然以图商自研的测试验证众源车辆为主。

最后是测试验证中发现的待解决的众源技术问题。一是感知设备精度不足问题。高精地图要求的绝对精度为 50 厘米，相对精度为 20 厘米，从当前测试情况看，加装了高精度卫星差分定位设备的车辆可以满足大部分精度要求，在GNSS信号受遮挡的区域仍然存在较大的定位误差，其他未加装高精度卫星差分定位设备的车辆普遍达不到精度要求。二是感知设备感知不稳定的问题。以摄像头为主进行图像识别建图的方案，存在一定程度的系统的误报、漏报和错报。比如多个标牌组合安装时，不能全部识别；道路接缝被误识别为横向减速标线；等等。三是感知设备输出标准不统一问题。有的设备只能输出几个要素，有的设备能输出大部分要素；同一要素，有的设备输出的结果是点，有的设备输出的是外轮廓。

五　高精地图发展趋势

（一）市场进入发展快车道

随着L2+自动驾驶的普及，2021~2030年高精地图产业将进入快速发展阶段。利用高精地图开发L2+功能的国内新势力车厂将推出更多的品牌和车型。国际品牌车厂将从2023年开始，密集上市基于高精地图的L2+功能的车型。除了专业的图商，自动驾驶系统软硬件供应商、初创自动驾驶企业、各大城市的自动驾驶示范区等都期望在自动驾驶相关的产业发展中分一杯羹。除了乘用车自动驾驶，商用车自动驾驶也发展得如火如荼，图森未来、赢彻、解放、东风商用车、中国重汽、北汽福田等一批商用车厂也将在新的车型上推出自动驾驶功能。高精地图因为其精细化、实时性等功能，已经成为智能交通管理规划的重要协同平台和智慧城市的基础信息平台，推动"双智"城市的发展。

目前国内高精地图行业商业模式仍未完全成型。传统的导航电子地图是以许可（license）计费，考虑到高精地图覆盖面还处于扩大阶段，高精地图的更新又面临很大的成本压力，未来的商业模式将倾向于初始license计费加每年收取服务费的模式。基于乘用车市场统计的2020年约10万辆、2021年约40万辆具备高精地图装车能力的车辆推算，2020~2030年的高精地图累计装车量预估如图9所示。

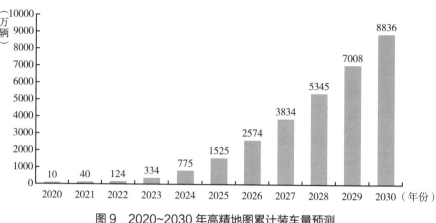

图 9   2020~2030 年高精地图累计装车量预测

高精地图的服务费尚未形成具体的收费模式和收费标准，本报告按照预估单车年费的方式进行统计。按照品牌溢价能力、功能使用要求和产品定制化需求的差异，市场上流传出来的服务年费从几百元到几千元不等，取初始服务年费为 1000 元并按照 10 年逐渐降低服务费的保守方式进行预测，2020~2030 年的高精地图年度销售额预估如图 10 所示。

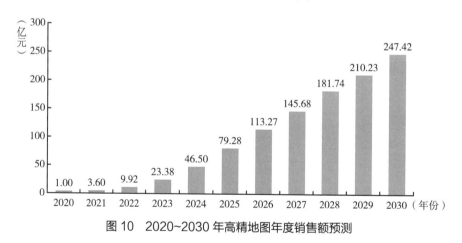

图 10   2020~2030 年高精地图年度销售额预测

（二）行业扩展与共享并行

高精地图行业是一个资金密集型和技术密集型的行业，一方面，由于高精地图数据要保持应用的时效性，建设完"第一张图"之后还需要持续投入资金和人力进行周期性更新；另一方面，随着市场对快速更新时限要求的不断缩短，图商需要持续地对高精地图采集、制作、发布等快速更新的各个工艺环节进行技术能力提升，各种新设备、新技术不断被应用到高精地图更新开发环节。

近年导航电子地图制作测绘资质不断放开，国内众多的车厂、车载软件供应商、硬件供应商、自动驾驶解决方案商、传统测绘事业单位等纷纷加入申请导航电子地图制作测绘资质的大军。截至 2021 年底，共有 31 家企事业单位获批导航电子地图制作甲级测绘资质。随着国家测绘资质的改革，2021 年新修订的《测绘资质管理办法》增加了导航电子地图制作乙级测绘资质，降低了导航电子地图制作的准入门槛。众多企业的加入，将促使高精地图行业产生更多新产品和新应用，促进产业发展。

当前，高精地图已经成为众多主机厂、零部件供应商、图商、自动驾驶解决方案提供商、出行服务商、交通运输与物流企业的创新汇聚平台，成为支撑我国智能网联汽车创新发展的重要基础。随着产业的扩大，车端、路侧端、监管端产生的众多的实时数据也需要找到应用和变现的出口，高精地图共享平台的概念应运而生，新的共享和交易方式也将不断涌现。

参考文献

徐红:《探寻最优解,推动智能汽车基础地图安全应用——访自然资源部地理信息管理司副司长吴剑锋》,《中国测绘》2022 年第 6 期。

智能化网联化融合关键技术编写组:《2021 年中国智能化网联化融合关键技术进展》,载中国汽车工程学会、国家智能网联汽车创新中心主编《中国智能网联汽车产业发展报告（2021）》,社会科学文献出版社,2022。

国家工业信息安全发展研究中心:《自动驾驶数据安全白皮书（2020）》,2020 年 1 月。

中国智能网联汽车产业创新联盟、自动驾驶地图与定位工作组:《智能网联汽车高精地图白皮书(2020)》，2021 年 5 月。

易观分析:《中国高精地图产业研究分析 2021》，2021 年 9 月。

佐思汽研:《2022 年高精度定位产业研究报告》，2022 年 4 月。

SensorIS，"Interface Architecture Diagrams.v1.2.0".

高精度导航电子地图一体化生产平台
关键技术研究及应用实践

徐云和　陈　磊　罗长林　何　海[*]

摘　要： 本报告针对高精地图采集成本高、更新速度慢、制作流程复杂、智能化程度低、制作及质检缺乏标准等问题，介绍了高精地图一体化生产涉及的高精地图要素自动化提取、智能编译、计算机辅助快速建模等关键技术研究以及一体化生产平台建设等内容，并结合生产实际，报告了平台在实际数据生产项目中的应用成效。实践表明该平台应用成效显著，具有很好的参考借鉴意义和市场应用潜力。

关键词： 高精地图　一体化生产平台　智能解译　辅助建模

一　引言

高精度导航电子地图又称高精地图、自动驾驶地图，是指具有高精度、地图元素更加详细、属性更加丰富、面向机器人（智能车）使用的导航电子地图，是实现高度自动化驾驶甚至无人驾驶的必要条件，也是未来车路协同

---

* 徐云和，速度科技股份有限公司高级副总裁，高级工程师；陈磊，速度科技股份有限公司大数据研究院副院长，高级工程师；罗长林，速度科技股份有限公司大数据研究院副院长，正高级工程师；何海，速度科技股份有限公司人工智能研究院副院长，工程师。

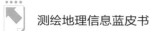

的重要载体。但其制作流程、分发方式以及呈现形态等，与传统导航电子地图有着较大差异。高精地图对数据更新实时性要求极高，使用传统的人工制图和编译方式，更新成本高、流程复杂、缺乏制作及质检标准、效率低。随着市场对高精地图的需求日趋旺盛，加快采集和更新速度、提高自动化生产能力已成为行业重要课题。速度科技股份有限公司（简称速度科技）积极探索，应用先进的人工智能技术攻克了海量点云加载及处理、矢量提取、数据编译等技术难点，研制了一套既满足高精度导航电子地图标准和自动驾驶使用精度要求，又集数据预处理、分类、矢量化和标准编译于一体的自动化生产平台，改变了传统人工制图方式，切实提高了数据生产和更新效率，大幅降低了人员工作强度，缩减了成本。

二　总体思路、关键技术研究与平台建设

（一）总体思路

总体思路如图1所示，主要针对高精地图数据生产过程中影响质量和效率等的技术问题，从国内外相关技术研究现状及问题入手，研究深度学习与点云处理算法集成的高精地图要素自动化提取技术、数据模型与辅助策略相结合的高精地图智能编译技术以及基于高精地图的计算机辅助建模技术等三大关键技术，并通过研制高精地图一体化生产平台来固化研究成果，形成一套高精地图一体化生产平台关键技术与应用支撑体系，实现高效准确的数据生产，并在自动驾驶、智慧交通、数字孪生等领域开展示范应用。

（二）关键技术研究

1. 深度学习与点云处理算法集成的高精地图要素自动化提取技术

（1）基于深度学习的高精地图要素自动化分类技术

首先，对海量点云数据进行降采样，在降采样过程中，建立每个保留的特征点和过滤掉的非特征点的对应关系，然后对降采样后的特征点进行属性判断，确定属性后再将特征点属性分配给非特征点，完成语义分割的

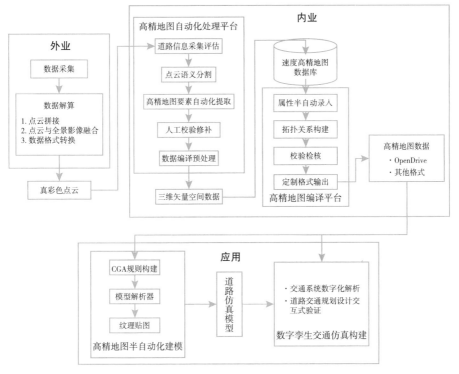

图 1　总体思路

过程；其次，对于一般三维点云坐标信息输入，融合 RGB 信息并且利用 VFE（Voxel Feature Encoding）模型结构，挖掘更高维的特征结构信息作为多层感知机信息输入；再次，对于小目标检测，在模型中加入特征金字塔结构（FPN），并在每个层级采用 MSG（Multi-scale Grouping）或 MRG（Multi-resolution Grouping）策略充分利用各阶段的特征信息；最后，对于数据类别差距过大的情况，采用 Focal Loss 的思想对损失函数加以改进，以减小主体类别对损失函数的影响，利用以上技术手段可达到提高模型精度和稳定性的目的。

经速度科技实践验证，形成如图 2 所示的自动化分类结果。从图 2 可以看出，路面、杆件、车道线、交通标志等主要的高精地图要素可以被有效分类。虽然有小部分提取不够完整，但通过后续的点云处理算法或人工校验修补可以减小该部分对高精地图要素提取的影响。以上结果证实了这一技术流程对 AI 算法的选型、训练、迭代优化可以有效实现高精地图要素的自动化分类，提高生产效率，为后续高精地图要素几何信息提取奠定基础。

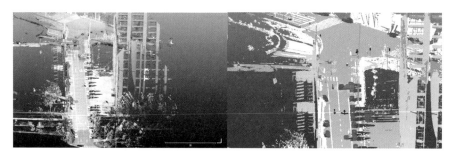

图 2　高精地图要素自动化分类结果

（2）基于点云处理算法的高精地图要素自动化提取技术

基于上述技术手段处理后的语义点云信息，利用点云聚类、点云去噪、模板匹配、点云 OBB 包围盒估计、RANSAC 直线检测等一系列点云处理算法，进行语义点云的三维矢量信息提取。在点云语义分割的基础上，得到语义点云数据，通过聚类方式将语义点云单体化，根据各个单体要素点云几何特征，选择不同算法提取几何信息。例如，对于大部分路面标志等特征鲜明的要素可采用模板匹配的方式提取，该方式可在一定程度上避免语义分割不完整而导致的提取失败问题；对于杆状物，可根据单体化点云计算其 OBB 包围盒，进而可以获取其位置坐标、杆径、高度等属性信息；对于车道线等线状要素，采用 RANSAC 算法提取可以减少噪声以及外点的影响。经速度科技实践验证，形成如图 3 所示的自动化提取结果。基于点云处理算法的高精地图要素自动化提取技术可实现 85% 以上的高精地图要素数据自动化提取。

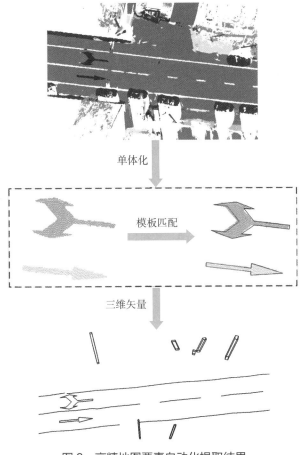

图 3　高精地图要素自动化提取结果

2. 数据模型与辅助策略相结合的高精地图智能编译技术

（1）建立一种通用的高精地图数据格式

目前高精地图数据模型和表达方式尚未形成统一标准，特别是在生产制作和数据交换阶段，缺乏具备通用性和大规模应用能力的数据模型。针对这一问题，参考国内外高精地图已有标准，并分析当前主流高精地图数据模型 OpenDrive、NDS 和 Lanelet 等数据标准格式的优缺点，构建了一种通用的高精地图数据格式，形成如图 4 所示的高精地图数据模型。

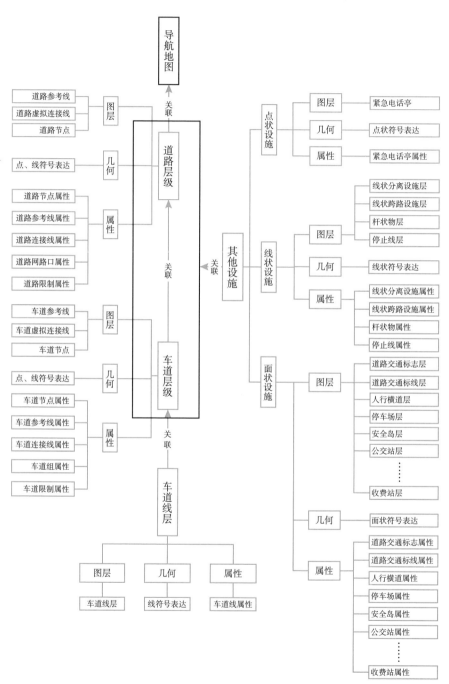

图 4　高精地图数据模型

针对高精地图数据格式，设计涵盖道路、车道、交通标志物和拓扑关系等的模型。其中，道路模型由道路参考线、左右边界线、道路属性等组成；车道模型采用车道组为数据管理单元，由同一路段上的车道左边界线、车道右边界线、车道中心线、车道属性等组成；交通标志物模型由地面标志物和交通标志牌组成，并包含形状、类型、语义以及与道路、车道的关联关系等；拓扑关系模型分道路拓扑、车道拓扑，主要包括一般连接、环岛路口几何连接、分合流路口几何连接、主辅路出入口几何连接、掉头路几何连接等。上述提及的高精地图数据模型可通过通用的高精地图数据格式，指导数据生产和制作，从而建立连接高精地图制作与应用的桥梁，同时也有利于推进高精地图数据表达的标准化。

（2）高精地图智能编译技术

高精地图智能编译技术优化了一系列高精地图编译方法，能够实现自动化道路连接拓扑构建、车道入组、路口构建、属性录入、格式生成、拓扑检查、车道左右边界线判定等一体化高效编译功能。通过数据的几何位置关系查询要素几何拓扑关系，设置几何容差，自动利用容差内部的几何要素进行几何拓扑构建，并根据方向信息自动构建出拓扑关系，形成拓扑信息表。在高精地图要素的拓扑关系构建中加入一定的先验知识，如道路方向、道路宽度等，辅助人工完成关系生成，避免错误构建。另外，在编译过程中加入辅助检核策略，在平台中加入拓扑自查功能，如图5所示。再通过全景图片辅助生产模块，根据轨迹信息查找当前位置对应的全景照片，辅助人工进行数据检查及修改。该技术同时实现了从三维矢量数据到高精地图众多格式的定制化输出，包含 OpenDrive 格式以及一些定制化的 Geojson 格式等。

3. 基于高精地图的计算机辅助建模技术

传统的三维建模技术采用纯手工建立精细的三维模型，但建设周期长、成本高，且建模结果是静态和固化的。规则化建模方法能够通过规则调用属性数据，进行批量化快速自动建模，极大提高大场景三维建模的效率。道路模型构建首先要根据道路要素的特点对道路进行分类，基于规则解析方法最终建立道路交叉路口、直线／弯曲道路、道路路面、道路路网等三维模型。

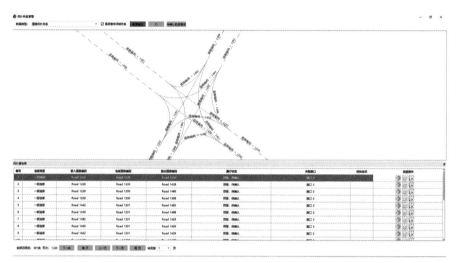

图 5　拓扑关系检查

　　由直线或样条曲线表示的道路对象建模如图 6 所示。路面构造时需考虑道路两端的路口节点、道路中间线宽度、车道数目、车道宽度、沥青段长度、斑马线长度、转向车道段长度，贴图时考虑沥青贴图、斑马线贴图、转向车道段贴图、道路中间线贴图、车道贴图、路沿贴图、人行道贴图等。

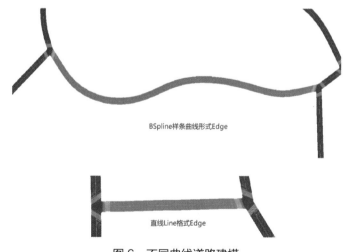

图 6　不同曲线道路建模

规则可定义三维模型的几何和纹理特征，决定三维模型如何生成。基于规则建模，其核心在于定义合理的规则，反复优化设计，批量生成模型。规则可以同时使多个对象实现批量建模，参数也可实时调整修改，即时看到三维道路建模效果。

（三）高精度导航电子地图一体化生产平台建设

高精度导航电子地图一体化生产平台是速度科技基于 C++ 语言自主研发的，可大力提升高精地图生产自动化水平和效率，完成从移动点云采集设备获取道路环境感知数据到高精地图产品的灵活可定制、半自动化、一体化的生产，包括点云分类、要素提取、人工检验修补、智能编译、计算机辅助建模等核心功能，实现从三维矢量数据到高精度导航电子地图的定制化输出（如数据预处理、拓扑关系构建、全景辅助量测、人工检验核检、定制化格式输出等）以及多种道路、路面、路网、建筑的批量化自动三维建模和贴图渲染等功能，总体架构如图 7 所示，主界面如图 8 所示。

平台功能具体如下：地图视图管理模块主要实现地图二三维数据的图层管理、加载浏览、查询打印、样式管理、材质管理、模板管理等功能；地图数据导入模块主要将采集到的高精度点云数据导入数据库，按照国家高精地图数据模型规范标准，以空间数据库存储方式存储高精地图几何要素信息及其属性数据；地图数据编辑模块主要为高精地图数据生产提供矢量数据相关的空间位置和属性信息的增删改编辑与同步更新等功能，如节点编辑、要素移动、旋转、打断、数据保存以及线转面、线转点等；要素自动分类模块主要针对已入库的点云数据，依据点云特征对道路标识牌、路灯、安全岛、绿化带、里程桩、杆状物路灯、摄像头、交通护栏等要素进行自动点云语义分割和自动标识，并借助地图数据编辑模块进行错误标识的局部修正；要素自动提取模块主要对已完成点云自动分类的数据开展矢量要素自动提取工作，通过矢量提取形成单体化的高精地图三维矢量要素；拓扑智能构建模块主要通过预设的拓扑连接规则和先验知识，实现高精地图道路连接、车道连接、路口关系和要素关联等拓扑关系的自动化构建，并自动生成拓扑信息表；拓

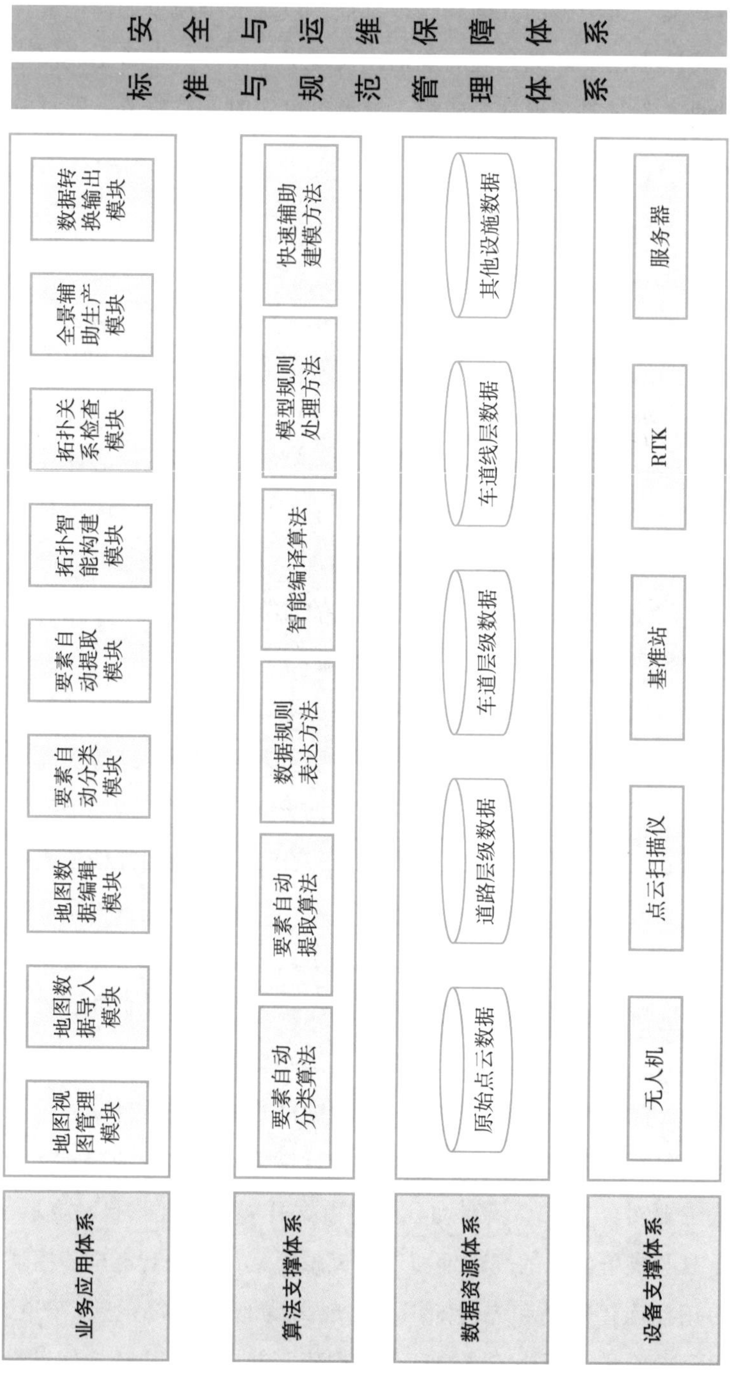

| 安 全 与 运 维 保 障 体 系 |
| 标 准 与 规 范 管 理 体 系 |

业务应用体系

地图视图管理模块 | 地图数据导入模块 | 地图数据编辑模块 | 要素自动分类模块 | 要素自动提取模块 | 拓扑智能构建模块 | 拓扑关系检查模块 | 全景辅助生产模块 | 数据转换输出模块

算法支撑体系

要素自动分类算法 | 要素自动提取算法 | 数据规则表达方法 | 智能编译算法 | 模型规则处理方法 | 快速辅助建模方法

数据资源体系

原始点云数据 | 道路层级数据 | 车道层级数据 | 车道线层数据 | 其他设施数据

设备支撑体系

无人机 | 点云扫描仪 | 基准站 | RTK | 服务器

图 7　一体化平台总体架构

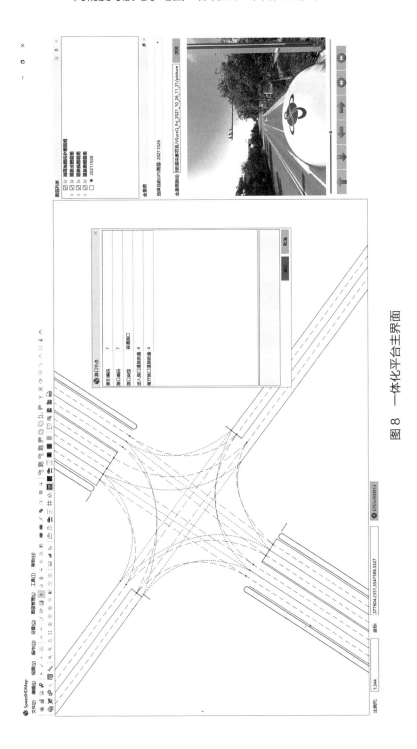

图 8　一体化平台主界面

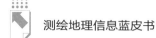

扑关系检查模块主要以图形化的界面逐条反馈待查找要素对应的所有拓扑关系，判断要素的拓扑关系是否录入正确，同时提供拓扑关系修正等功能；全景辅助生产模块主要实现全景人工辅助生产功能，通过轨迹信息查找当前位置的对应全景照片，通过人工判读和全景量测功能，实现高精地图要素属性信息正确提取和入库；数据转换输出模块主要利用自动化构建的拓扑关系表，将源数据编译为 OpenDriver 标准的高精地图格式数据，并且在编译的过程中对道路要素间的关系、道路的属性等进行自动核查解算与验证，以确保最终数据的精度与准确性。

三　应用成效

通过系统研究高精度导航电子地图一体化生产平台关键技术，提出了深度学习与点云处理算法集成的高精度导航电子地图要素自动提取方法，研发了高精度导航电子地图要素自动分类技术，提高了高精度导航电子地图生产的效率与质量；研发了数据模型与辅助策略相结合的高精度导航电子地图智能编译技术，设计并构建了适应国内外相关标准的高精度导航电子地图示范数据库，为高精度导航电子地图规模化生产和应用奠定了重要技术基础。

在高精地图数据编译方面，提出的通用性的高精地图数据模型，有助于实现高精度导航电子地图数据模型标准化，进而推进高精地图的规模化生产和应用。同时研建了高精度导航电子地图数据库，构建了 45 种高精度导航电子地图要素、400 多种要素属性模型以及 3 大类 5 小类拓扑关系模型，解决了标准规范不统一导致的高精地图数据生产困难的问题。依靠一系列的辅助策略实现了 80% 以上的几何编译和 70% 以上的属性编译的自动化，人工辅助核检的效率提高了 30%。

基于高精度导航电子地图定义建模规则和规则解析器，实现了多种道路和建筑要素的自动几何建模和贴图渲染，大场景三维建模效率提高了 50%。

目前，速度科技已将高精度导航电子地图一体化生产平台应用于包括工业园区、城市道路、城市快速路等多场景的高精度导航电子地图生产，并完成了覆盖全国 16 个省级行政区共计 50 余个自动驾驶测试道路的数据生产工作。按照原人工采集的方式预估需要 1500 人天，采用平台自动化提取等手段生产，实际生产共计花费 163 人天，效率是人工生产的 9.2 倍，数据生产效率提升显著。

四 展望

高精地图作为未来出行的关键环节，是交通资源全时空实时感知的载体和交通工具全过程运行管控的依据，对于自动驾驶具有非常重要的意义，与自动驾驶的诸多模块（定位模块、感知模块、规划模块、预测模块、决策模块）均有密切的关系。高精地图的使用范围理论上很广，能够应用到城市管理、应急管理和城市更新等多个领域，IDC 调查发现该市场目前主要聚焦于自动驾驶领域。传统的导航地图精度在 10 米左右，能够解决有人驾驶车辆时的路线导航问题。而进入自动驾驶的时代，车辆行驶需要有自感知能力，这时需要地图精度在亚米级甚至厘米级，而传统导航地图的精度已经远远不能满足自动驾驶的需求，这也是各大图商纷纷布局高精度导航电子地图市场的原因。2020 年 2 月 10 日，国家发展改革委等 11 部委联合发布《智能汽车创新发展战略》，围绕高精地图提出了多项重要任务，包括重点突破智能汽车基础地图技术、验证智能汽车基础地图服务能力、培育智能汽车基础地图新业态、建设覆盖全国路网的道路交通地理信息系统。同年，高精地图的市场总量就已经达到了 4.74 亿元人民币，增速达 70%，这也体现了高精度导航电子地图一体化生产平台具有广阔的市场价值。

参考文献

《LK 分享 | 高精度地图行业现状》，知乎，https://zhuanlan.zhihu.com/p/385054848。

杨振凯、华一新、訾璐等:《浅析高精度地图发展现状及关键技术》,《测绘通报》2021年第6期。

贾继鹏、石婷婷、张亮:《高精度导航一张图建设的一体化生产研究》,《地理空间信息》2018年第2期。

推动自动驾驶从研发测试到商业实践

张　宁　李林涛*

摘　要： 当前，中国自动驾驶行业正在经历商业化的关键阶段。本报告
分析了自动驾驶面临的商业化落地挑战，包括技术方面应对复
杂场景能力不足，以及合规方面面临权责认定、保险适配、数
据安全等问题。介绍了北京小马智行科技有限公司应对自动驾
驶商业化的技术准备，包括构建良好驾驶体验、攻克天气导
致的长尾场景难题、适应不同地域复杂道路场景以及推动自动
驾驶系统规模化量产和运营。分析了北京小马智行科技有限公
司在自动驾驶出行服务和运输服务方面的商业化探索经验和
成效。

关键词： 自动驾驶　数据安全　长尾场景　出行服务

当前，我国自动驾驶汽车正处于从渐变走向突变、从量变走向质变的关
键节点，多个城市配套法规政策不断出台，从产业链到道路保障、从商业模
式到标准规范，自动驾驶的商业化落地正在加速推进。作为全球领先的自动
驾驶解决方案提供商，北京小马智行科技有限公司（简称小马智行）的宗旨
是提供安全、先进、可靠的全栈式自动驾驶技术，实现未来交通方式的彻底
变革，在北京、上海、广州、美国硅谷设立研发中心，通过海量本地化和国

---

* 张宁，北京小马智行科技有限公司副总裁、北京研发中心负责人；李林涛，北京小马智行
科技有限公司北京研发中心副总经理。

际化的研发和测试，持续突破商业化落地的技术瓶颈，不断探索商业化服务新应用、新模式。

一 自动驾驶商业化面临的挑战

（一）技术挑战

尽管全球自动驾驶汽车的测试里程已经超过千万甚至上亿公里，自动驾驶系统已经针对各类复杂场景进行海量训练，但目前自动驾驶商业化面临的最大挑战仍然是需要不断提升应对复杂场景的能力。目前，自动驾驶汽车的测试环境主要是测试场及划定的公开道路。这些测试环境，出于安全考虑，主要设置在封闭区域或车流、人流较少的开放道路。而在真实的道路场景，自动驾驶车辆要面对的交通路况要比测试环境复杂得多，容易遇到各种长尾场景。

自动驾驶领域的长尾场景主要指样式繁多、低发生概率或者突发的场景，比如行人鬼探头、马路中的不明障碍物、车辆闯红灯、行人横穿马路、红绿灯损坏、路边违章停车等。这些场景不按常理出牌，样式繁多，处理难度大，但却是自动驾驶在我国城市商业化落地必须解决的关键难题之一。商业化落地前，自动驾驶系统为保证乘客及车辆的安全，必须解决绝大部分突发问题，并具备处理好长尾场景的能力。要达到上述能力和水平，必须使自动驾驶车辆行驶在更多的真实开放道路上，累计行驶的里程越长、路测范围越广、遇到的场景越多，技术迭代就越快，进而能够从容应对更多长尾场景。

（二）合规挑战

目前，我国自动驾驶汽车在基础理论、关键技术、应用模式等方面已取得长足发展，在国际竞争中实现了从跟跑到并跑，但关于自动驾驶相关法律法规的建设相对滞后，权责认定、保险适配、数据安全是业界普遍认为自动驾驶汽车立法的难点。

1. 权责认定

权责认定问题在于"当一辆驾驶者放弃驾驶控制权的车辆发生事故，该如何判定事故责任？"例如，红绿灯的遮挡、盲区、前车突然变道插入这些场景下发生的事故，应属于自动驾驶汽车缺陷而归责于自动驾驶汽车生产商、销售者，还是应归责于驾驶人疏忽？目前，地方立法上已开展了部分尝试，例如国内第一部关于自动驾驶汽车的地方法规《深圳经济特区智能网联汽车管理条例》规定：因智能网联汽车存在缺陷造成损害，车辆驾驶人或所有、管理人依法赔偿后，可以依法向生产者、销售者请求赔偿。但如何确定是质量缺陷还是人为因素，或质量缺陷是否难以认定导致驾驶人难以维护权利，这些问题均未能解决。此外，自动驾驶车辆控制权的移交还会引发伦理问题，陷入复杂的伦理争论。自动驾驶的权责认定相关立法仍有较长的路要走。

2. 保险适配

保险适配问题由权责认定问题引发。例如，不同自动驾驶等级下的责任主体不同，自动驾驶场景不同导致定责方法不同，场景不同导致投保范围不同，甚至不同的车速以及传感器数据也会在一定程度上影响保险费率。目前，我国保险业针对自动驾驶汽车尚未推出专属保险产品，保险公司仍然按照传统汽车的保险条款对自动驾驶汽车予以承保。传统车险结构中，既有强制交通保险，也有三者险、车损险属于自愿投保的商业保险。但自动驾驶汽车面临的风险种类、风险主体和传统驾驶汽车都有所不同，且自动驾驶汽车与传统汽车在保险投保、理赔等方面存在差异。

3. 数据安全

自动驾驶的数据安全包括两个方面。一方面是自动驾驶汽车采集道路环境数据行为给现行测绘地理信息保密和数据安全管理带来较大挑战；另一方面是在自动驾驶环境下，大量个人隐私信息将被收集，个人信息安全保护面临挑战。其中，测绘地理信息数据安全问题是自动驾驶商业化落地亟待解决的核心问题。

自动驾驶高精地图是当下自动驾驶不可或缺的基础设施。高精地图是

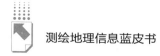

自动驾驶系统的重要组成部分，作为车载传感器的重要补充，为自动驾驶汽车感知、定位、规划等模块输入了高度统一、可靠、精细的重要环境信息，扩展车辆的静态环境感知能力，为车辆提供全局视野。自动驾驶车辆为了满足安全冗余需要，采用激光雷达、毫米波雷达、摄像头、卫星及惯性导航等多传感器数据深度融合的方案，为自动驾驶车辆提供精准的车辆、行人等交通参与者以及障碍物的物理位置信息，提供精确 3D 结构数据以及车道线、交通信号等大量语义信息，从而保障车辆的安全驾驶。但是由于高精地图数据是目前精度最高、细节最丰富、现势性最高的地理信息数据产品，其数据采集、应用势必会影响国家安全和公共安全。如何在自动驾驶商业化运营过程中维护国家地理信息安全，是自动驾驶商业化落地面临的重大挑战。

测绘地理信息数据合规安全包括以下几个方面：一是高精地图保密问题，目前可用、成熟的技术和解决方案较少，由于高精地图中存在大量涉密数据和敏感数据，迫切需要可靠的技术支撑体系匹配全链条数据安全需求；二是高精地图政策仍需明确，目前主要沿用传统导航电子地图的管理规定，但随着更高级别自动驾驶出现，更高精度地图应用需求迫切，高程、坡度信息的表达以及动态信息急需进一步明确和完善；三是地图审查面临挑战，高精地图对实时更新有较高要求，目前送审模式、审查方式无法满足自动驾驶对于地图鲜度的要求。

2022 年 8 月 30 日，自然资源部印发《关于促进智能网联汽车发展维护测绘地理信息安全的通知》，就测绘地理信息数据采集和管理等相关法律法规政策的适用与执行问题进行明确，规定了对智能网联汽车运行、服务和道路测试过程中产生的空间坐标、影像、点云及其属性信息等测绘地理信息数据进行收集、存储、传输和处理者，是测绘活动的行为主体，应遵守相关规定并依法承担相应责任。此外，通过测绘资质改革，新设立了导航电子地图制作乙级资质，新版导航电子地图制作甲级资质准入门槛明显降低，增加了测绘资质的市场供给，降低了自动驾驶企业的合规成本，在维护国家地理信息安全的同时，激发市场活力，促进自动驾驶商业实践规模化发展。

二　自动驾驶商业化的技术准备

在复杂的城区公开道路中，截至 2022 年 10 月，小马智行已累计超过 1600 万公里的自动驾驶道路测试里程，为自动驾驶商业服务奠定了技术基础。

（一）构建媲美"老司机"的自动驾驶体验

自动驾驶技术是否已经成熟到可以做商业化运营，用户体验是一个决定性因素。安全、舒适、效率是影响用户体验的三个关键维度。安全方面，有研究表明普通人类司机开 2 万 ~3 万公里会有一次事故，熟练的出租车司机是 10 万公里一次，事故包括小擦碰；舒适方面，在自动驾驶技术角度，影响用户舒适度的重要指标之一是急刹率；效率方面，利用自动驾驶从 A 点到 B 点的通行时间与人类驾驶所用时间的比例作为衡量指标。单独做好其中一个维度并不难，把三个维度都做好，确保"木桶"不存在短板，才是自动驾驶技术已经成为一个成熟的产品的根本标准。

针对上述三个维度，小马智行在感知、预测、路径规划与控制等方面对软件算法系统进行持续优化。在感知方面，通过深度学习和传统算法的融合，感知系统能确保无人车的安全性和系统冗余。利用基于激光雷达、摄像头、毫米波雷达等的多传感器深度融合技术（Sensor Fusion），无人车具备了超过人类肉眼的障碍物识别、分类、追踪和场景理解的能力，在不同的道路条件、天气情况和物理环境中都能准确地"看"清周围的环境。在预测方面，小马智行采用多种启发式算法及深度学习方案，能够根据传感器获取的数据和感知设备输出的结果，实时预测周围车辆、行人等交通参与者的运动方案和下一步可能发生的移动轨迹。模型系统利用来自全球各地大量且复杂的交通场景，不断训练算法模型，从而实现在预测领域的学习速度快速提升。在路径规划与控制方面，通过机器学习和深度学习的融合，基于预测信息，采用动态寻路算法，在复杂路况中做出安全、可靠、最优的路径规划和驾驶决策，并进一步实现厘米级精度的车辆控制。

根据小马智行 1600 万公里的真实公开道路自动驾驶测试运营里程、每天几百万公里的仿真测试以及累计上百万的试运营订单，小马智行自动驾驶出租车的安全性数倍于人类司机，车辆的急刹次数远远少于人类司机，用户乘坐体验反馈较好，评分达到 4.9 分（100 万试运营订单，满分为 5 分），同时，通行时间上"虚拟司机"至少可以做到和人类司机相同的时间。在中国和美国的各种路况中，无论是加州的高速公路，还是中国一线城市的八车道十字路口，都能如"老司机"般很好应对周围车辆和人流。

此外，为提升用户体验，小马智行还研发了面向乘客的用户交互系统 PonyHI。PonyHI 具备丰富视觉呈现效果，规范自动驾驶乘车流程，帮助后排乘客更好地理解自动驾驶汽车决策行为和路径规划，比如转向、变道、减速等；也可以将用户的实时体验反馈至研发流程中，促进技术提升。PonyHI 内设介绍页面，通过点击问题气泡，乘客能获得生动有趣的技术说明，缓解初次乘坐的紧张。

（二）攻克天气导致的长尾场景难题

面向商业化的自动驾驶系统，不能选择简单的路段来测试或者运营。是否能够轻松应对不同天气情况，如大雨、大雪以及沙尘暴天气等，是评价自动驾驶系统成熟度以及是否能够走向商业化落地的必要条件。

自动驾驶技术对于天气的处理能力的提升，依赖于测试里程的增加、测试范围的扩大以及测试地点的逐步丰富，必须通过长期的实地路测，收集不同天气下的路测数据，基于路测数据，从硬件和软件两方面入手，攻克天气导致的长尾场景难题。

经过大量测试，目前小马智行自研的自动驾驶系统已经能够娴熟应对各类天气情况。以雨天为例，雨水天气造成的水花对自动驾驶感知模块提出了非常高的要求，不仅会给激光雷达带来噪点，也会模糊摄像头的镜头。针对此问题，可通过大量路测不断加快系统中硬件模块的迭代速度，并不断优化感知模块的软件算法。硬件层面，通过自主研发传感器清洁系统，根据系统对雨天的识别，自动触发清洁功能，通过高压气流清除摄像头上附着的雨滴，保证摄像头数据的高质量。同时，通过提升车顶传感器装置的集成度，提高各个硬件模块的防水性能，保证其在恶劣天气下也能稳定运行。软件层面，感知模块利用多传感器融合技术中的深度学习模型，综合判断数据，对空中的雨水和溅起的水花做出精准识别，对周围世界给出准确感知结果，帮助下游的规划与控制模块做出正确的决策。

在属于亚热带气候、雨水频繁的广州地区，开启自动驾驶测试的 500 天里，小马智行便遇到了 209 天的雨天。即使在大雨中，小马智行的自动驾驶车辆也能获得远超人类司机的周围环境清晰感知，并做出合理的驾驶决策。

（三）适应不同地域复杂道路场景

我国幅员辽阔，地形和气候复杂多变，东中西部以及城市和农村交通基础设施差异大，加上中国庞大的物流和出行规模，以及电动自行车、老年代步车等各式特色交通工具，我国具有全球最典型的复杂交通场景，也是我国无人驾驶技术研发的重要优势之一。应对不同地域复杂道路场景，是自动驾驶系统在我国商业化落地的必要条件。

就一线城市而言，北上广深四个城市路况特点、天气环境状况各不相同。例如，作为全国科技创新中心，北京是中国最早推出自动驾驶测试政策的城市之一，拥有全国里程最长的自动驾驶开放测试道路，其开放路段拥有诸多典型的测试场景，包括北方寒冷的冬季和雪天、多车道并行的宽阔道路、典型的宽阔且无保护的左转路口等。广州南沙区的道路具有南方城市的典型性，一方面道路普遍较窄，长距离桥梁较多，而且人车混杂，尤其是摩托车和电动自行车数量非常多；另一方面雨水天气比较多，自动驾驶车辆上的摄像头很容易起雾模糊，在雨天激光雷达噪点也会增加不少，对传感器识别率挑战很大。上海具有道路狭窄、密度高、单行道较多、车流量大的场景特点。

小马智行通过在四大一线城市的布局，不断优化自动驾驶系统，攻克不同地域的天气状况、路况下的自动驾驶技术难点，坚持一套系统适配不同环境、不同路况、不同车型，打磨一套适应不同环境、不同路况的自动驾驶系

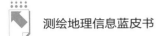

统。例如，专门针对广州大量的雨水天气，采用了提升算法、增加镜头清晰装置等方法，已经成功解决了雨天自动驾驶难题。

（四）推动自动驾驶系统规模化量产和运营

自动驾驶系统规模化量产和运营涉及一个庞大的产业链，其中包括供应商挑选、硬件安装测试、验证与测试生产、汽车改装、整体质检、传感器标定以及道路测试等各环节，是自动驾驶汽车商业化落地的关键一环。

小马智行自主设计并推出了自动驾驶系统规模化产线，采用全生命周期理念，打通规模化量产各环节，建立起一套自动驾驶软硬件系统的标准化、信息化生产流程。通过细化工艺路径，生产流程中囊括了几十道生产工序、上千件装配零件，最终还需要经历上百项质检项目方能下产线。具体而言，质检项目涉及功能测试、环境测试和压力测试，其中涉及的参数和条件包括振动、高低温、防水、噪声、实际道路测试等。通过一批成熟的供应链，通过设立进货检验和出货检验标准，生产器件能够按质、按量、按时投入生产线。

小马智行开发出一整套生命周期管理的配套系统。在 PonyAlpha X 上实现自动驾驶软硬件系统的全生命周期管理，为汽车生产、车队运营提供保障。全生命周期管理是规模化运营的核心，能够保证自动驾驶汽车生产在软件系统和硬件配置上的一致性，减少人为因素的干扰，以系统化的方式提升汽车生产、车队运营的效率。

三　自动驾驶服务的商业化探索

在自动驾驶众多应用场景中，出行服务和物流运输被认为是自动驾驶商业化落地的优先领域。物流领域对自动驾驶是高频刚需，大规模商业化指日可待；而在乘用领域，Robotaxi 因具有商业化空间大、商业模式清晰的特点，是目前 L4 级别自动驾驶在乘用领域商业化落地确定性较强的场景。为加快自动驾驶商业化落地，小马智行自成立以来的技术目标一直是打造适用于各类车型、场景的"虚拟司机",将落脚点放在出行和运输两大应用领域。

(一)自动驾驶出行服务的商业化探索

近年来,随着北京、重庆、武汉、深圳、广州、长沙等多个城市允许自动驾驶汽车在特定区域、特定时段进行商业化试运营,车企、科技公司和自动驾驶产业链相关企业开始密集合作,自动驾驶技术已经来到大规模商业化应用的前夕。2022 年 7 月 20 日,北京成为国内首个无人化出行服务商业化试点城市,加速推进自动驾驶技术方案的落地。

自 2018 年 12 月起,小马智行先后在广州、北京、上海、深圳等城市推出自动驾驶出行服务 PonyPilot+。截至 2022 年 9 月,在全球范围内,小马智行积累的自动驾驶测试里程已经超过了 1500 万公里,相当于几十个老司机一生的驾驶里程;Robotaxi 订单已经突破了 100 万单,位居所有独立自动驾驶公司的 Robotaxi 服务数量之首。用户对于小马智行的 Robotaxi 服务给出了 4.9 分的反馈(5 分制),证明了其基于自动驾驶技术的高品质出行服务质量。

以北京为例,小马智行获得 T3 级别自动驾驶路测牌照、自动驾驶载人测试牌照、首批北京智能网联汽车政策先行区路测牌照与高速公路测试许可、自动驾驶无人化测试许可、自动驾驶出行服务商业化试点许可、无人化示范应用道路测试许可、无人化出行服务商业化试点许可。特别是小马智行作为首批获得国内无人化出行服务商业化试点(北京)许可的企业之一,其主驾无人的自动驾驶车辆将获准在北京经开区核心区 60 平方公里内为公众提供商业化的自动驾驶出行服务(Robotaxi),目前已完成了 8 万多单的用户付费的自动驾驶服务。在示范运营区域,小马智行设立了近 200 个站点,可以实现任意点对点的运行,接送站点包括商业广场、酒店、住宅小区、办公大楼、体育中心、会展中心等众多出行需求集中点,典型场景涵盖了机非混行道路、无保护左转和直行大路口、单车道窄路、主辅路进出、潮汐车道等。

此外,小马智行 Robotaxi 应用软件 PonyPilot+ App 将上线"乘车锦囊"、

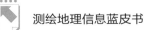
个性化设置等功能，提升无人化出行服务的用户体验。首创将派单的选择权交给用户，把"是否派单无人化车辆""派单可等待时长""接驾可等待时长"等纳入个性化配置中，真正提高订单匹配度和派单效率。

（二）自动驾驶运输服务的商业化探索

现阶段我国物流业市场价值巨大，但存在诸多问题，例如事故率偏高、成本高、规模小等。随着经济发展，货物运输需求仍在不断加大，与此同时，我国适龄劳动人口却在减少，这将导致物流行业出现巨大的司机缺口。在自动驾驶时代，采用自动驾驶系统，发挥卡车"虚拟司机"的作用，可以大幅提高货物运输安全，解决劳动力短缺、车队管理规模不经济的问题，使组建大型车队成为可能，进而提升物流行业运输效率。同时，卡车作为智能终端将收集并积累大量数据，如果这些数据能够形成闭环，进一步提升运输效率降低车队管理成本，将带来巨大的价值，并推动智慧物流发展。

运输服务的商业化实践方面，小马智行获得广东首张自动驾驶卡车测试牌照、广州首个自动驾驶出租车示范运营资格、北京首批自动驾驶卡车测试牌照与高速公路测试许可、广州货运道路运输经营许可证，先行开展商业化运营探索。小马智行与多家卡车制造商、零部件供应商开展深度合作，发挥各自优势，打造可量产的高度智能的自动驾驶解决方案（小马智卡），实现自动驾驶卡车的大规模生产，使整个物流生态的效率得以提升。基于重卡产品打造的全栈式自动驾驶软硬件系统，可实现 L4 级自动驾驶功能，凭借成熟稳定的自动驾驶卡车技术，迅速完成包括交通信号灯识别及响应、避让、跟车、并道、超车、应急停车、交叉及环形路口通行等在内的多项复杂的场景测试项目。

小马智卡拥有的自动驾驶及智慧物流平台技术是赋能未来物流生态的关键。自动驾驶技术提供商、卡车制造商、物流服务商三方紧密合作，"黄金三角"高效运转并形成商业闭环。基于自动驾驶重卡产品，"黄金三角"将推动物流业的智能化和数字化转型，实现降本增效，构建安全、高效且美好的物流新生态。

四 结语

随着技术的积累与运营能力的不断提升，小马智行将在政府政策创新的支持下，在更大范围更多场景内提供自动驾驶服务，把安全、可靠、先进的智能出行带进更多人的生活和工作。

B.35
我国 GIS 高等教育本科及研究生
专业设置现状分析

刘耀林　张书亮　杨昕　熊礼阳　朱雪虹 *

摘　要： 本报告以 2022 年全国高校 GIS 专业调查数据为依据，分析了我国
GIS 高等教育本科及研究生专业设置现状。截至 2022 年底，我国
每年培养地理信息科学本科生约 1 万人，地图学与地理信息系统
学科硕士、博士研究生约 2000 人；全国每年约有 3 万名本科生、
4000 名研究生毕业。我国各省区市开设地理信息科学本科专业的
院校的数量极不均衡，各院校开设地理信息科学专业的学科包含
地理、测绘、农林、交通以及其他类型。当前我国地理信息科学
专业教师规模较小，专任教师较为缺乏。全国各省区市均有招收
地理信息科学本科专业的高校，但招生规模存在显著的地域差异。
本报告还分析了具有 GIS 硕士 / 博士点院校的分布、学科背景、导
师规模、招生规模等情况。

关键词： GIS 高等教育　地理信息科学　地图学与地理信息系统　专业设置

---

* 刘耀林，博士，武汉大学教授，国际欧亚科学院院士，长江学者特聘教授，主要从事地
理信息科学教学与科研工作；张书亮，博士，南京师范大学教授，主要从事地理信息科
学教学与科研工作；杨昕，博士，南京师范大学教授，主要从事地理信息科学教学与科
研工作；熊礼阳，博士，南京师范大学副教授，主要从事地理信息科学教学与科研工作；
朱雪虹，南京师范大学博士研究生，主要研究方向为城市洪涝灾害时空模拟。

一 GIS 高等教育专业设置与培养规模

按照教育部发布的全国高校本科招生专业目录及研究生招生学科目录，我国与地理信息相关的本科专业及研究生学科设置情况如表 1 所示。

表 1 全国地理信息相关本科专业与研究生学科设置情况一览

相关学科	地理学	测绘科学与技术
本科专业	地理信息科学	测绘工程
一级学科	地理学	测绘科学与技术
二级学科	地图学与地理信息系统	地图制图学与地理信息工程

本报告所指的 GIS 高等教育包括表 1 中的地理信息科学本科专业、地图学与地理信息系统以及地图制图学与地理信息工程 2 个二级学科。受限于调查材料，测绘、遥感等相关专业或学科不在本报告分析范围内。本报告统计的院校不含港澳台地区，仅限于实行全日制本科层次学历教育的院校，包括大学、学院、民办院校、独立院校，不包括高职高专和成人院校。军校不是普通高校，不在统计之列。

根据教育部发布的《国务院学位委员会关于下达 2018 年现有学位授权自主审核单位撤销和增列的学位授权点名单的通知》等进行整理分析，截至 2022 年 6 月，全国（不含港澳台地区，下同）共有 202 所院校开设地理信息科学本科专业，95 所院校具有 GIS 硕士点，44 所院校具有 GIS 博士点。①

---

① 《国务院学位委员会关于下达 2018 年现有学位授权自主审核单位撤销和增列的学位授权点名单的通知》，教育部网站，http://www.moe.gov.cn/s78/A22/tongzhi/201905/t20190524_383153.html；《国务院学位委员会关于下达 2020 年审核增列的博士、硕士学位授权点名单的通知》，教育部网站，http://www.moe.gov.cn/srcsite/A22/yjss_xwgl/moe_818/202111/t20211112_579351.html；《最新发布！全国具有测绘科学与技术学科博士点、硕士点的高校及科研院所名单》，微信公众号"慧天地"，https://mp.weixin.qq.com/s/G2xjVAATXugDq5oUZO5VRQ；《全国具有地理学学科博士点、硕士点的高校名单（征求意见稿）》，微信公众号"慧天地"，https://mp.weixin.qq.com/s/5QhSbGU5X_C93DdsrB5LTA；《最新统计！全国具有地理信息科学本科专业点的普通高校名单》，微信公众号"慧天地"，https://mp.weixin.qq.com/s/fearFuJQk09rOethilo4Pw。

测绘地理信息蓝皮书

截至 2022 年底，我国每年培养地理信息科学本科生约 1 万人，地图学与地理信息系统学科硕士、博士研究生约 2000 人，加上全国超过 150 个高校开设的测绘工程及相关专业的毕业人数 1.1 万人，以及部分高校开设的地理信息相关专业毕业生，全国每年有 3 万名左右的本科生、4000 名左右的研究生毕业。

二 本科地理信息科学专业设置分析

（一）院校分布

我国各省区市开设地理信息科学本科专业院校的数量分布如图 1 所示，各省区市开设数量极不均衡。其中，江苏最多，有 16 所院校，西藏、青海、宁夏、海南则分别只有 1 所院校。从学校类型上看，师范院校占开设地理信息科学专业高校数量的近 30%，国家"双一流"高校占 23%。从地域分布上

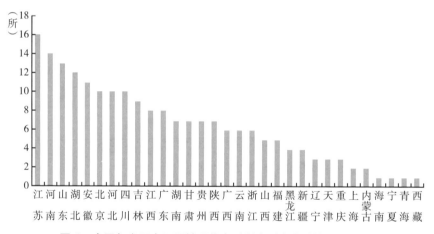

图 1　全国各省区市开设地理信息科学本科专业院校数量分布

资料来源：《国务院学位委员会关于下达 2018 年现有学位授权自主审核单位撤销和增列的学位授权点名单的通知》，教育部网站，http://www.moe.gov.cn/s78/A22/tongzhi/201905/t20190524_383153.html；《国务院学位委员会关于下达 2020 年审核增列的博士、硕士学位授权点名单的通知》，教育部网站，http://www.moe.gov.cn/srcsite/A22/yjss_xwgl/moe_818/202111/t20211112_579351.html；《最新发布！全国具有测绘科学与技术学科博士点、硕士点的高校及科研院所名单》，微信公众号"慧天地"，https://mp.weixin.qq.com/s/G2xjVAATXugDq5oUZO5VRQ》；《全国具有地理学学科博士点、硕士点的高校名单（征求意见稿）》，微信公众号"慧天地"，https://mp.weixin.qq.com/s/5QhSbGU5X_C93DdsrB5LTA；《最新统计！全国具有地理信息科学本科专业点的普通高校名单》，微信公众号"慧天地"，https://mp.weixin.qq.com/s/fearFuJQk09rOethilo4Pw。

看，西部、中部、东部开设地理信息科学专业高校数量分别占 28%、33% 和 39%，中部、东部地区经济发达，地理位置优越，师资力量充足，同时也是高等学校汇集的地区，这些优越的条件有利于地理信息科学人才培养质量的逐步提高，也促进了地理信息科学专业的快速发展。

（二）学科背景

全国各院校开设地理信息科学专业的学科背景不尽相同，包含地理、测绘、农林、交通等类型。其中，绝大多数为地理背景，占比超过一半；其次是测绘背景，约占 26%；然后是农林背景，约占 9%；交通背景约占 8%（见表 2）。由此可见，地理信息科学专业还是基于地理和测绘两大传统学科开设，其他学科也逐步出现了开设地理信息科学专业的态势。

表 2　地理信息科学专业的学科背景比例

单位：%

学科背景	地理	测绘	农林	交通	其他
比例	56.03	25.86	9.48	7.76	0.87

资料来源：2022 年全国高校 GIS 专业调查。

（三）专业教师规模

全国各院校地理信息科学专业教师人数分布如图 2(a) 所示。目前我国大部分高校的地理信息科学专业教师人数在 20 人及以下，教师人数超过 20 人的高校占 36%，而教师人数大于 30 人的院校仅占 15%，这反映出当前我国地理信息科学专业教师规模较小，专任教师较为缺乏。如图 2(b) 所示，目前我国大部分院校的地理信息科学专业教师博士占比超过 60%，博士占比超过 80% 的院校有 42%，博士占比超过 90% 的院校有 25%，这反映出当前我国地理信息科学专业教师素质较高。随着地理信息产业在国内受到广泛关注，社会对地理信息科学人才的需求日益增加，从事地理信息科学人才培养的教师也同步增多。目前各个学校也在不断引进高素质专业教师，地理信息学科教师规模在不断壮大，这将为学生提供更优质的教学资源。

地理信息科学专业教师集中在"双一流"高校和本科第一批次高校,"双一流"高校中地理信息科学专业教师人数占该专业教师总人数的47%,本科第一批次高校的地理信息科学专业教师人数占该专业教师总人数的43%。

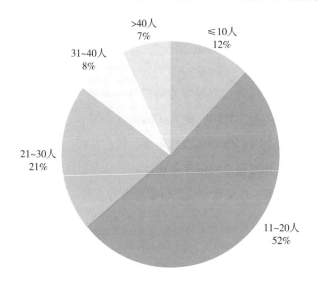

（a）专业教师人数

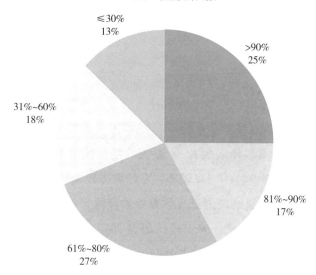

（b）专业教师博士占比

图2 全国各院校地理信息科学专业教师人数与博士占比

资料来源:2022年全国高校GIS专业调查。

（四）招生规模与分布

1. 各省区市本科院校招生规模

全国各省区市均有招收地理信息科学本科专业的高校，但招生规模存在显著的地域差异（见表3）。根据各校公布的招生计划，全国各省区市中，江苏、山东、河南、河北、安徽、湖北的招生规模排在前六，年均全省招收地理信息科学专业本科生规模均超过500人。其中，江苏招生规模最大，超过900人；而上海、西藏、宁夏、海南、青海、内蒙古招生人数不超过100人，其中海南、宁夏、西藏和青海不足50人。

表3　全国各省区市本科院校招生规模统计

单位：人

招生规模	省区市
>500	江苏、山东、河南、河北、安徽、湖北
301~500	广东、黑龙江、四川、江西、湖南、吉林、北京
101~300	广西、浙江、贵州、甘肃、云南、陕西、山西、重庆、天津、辽宁、福建、新疆
1~100	上海、西藏、宁夏、海南、青海、内蒙古

资料来源：2022年全国高校GIS专业调查。

2. 各院校本科招生规模

我国每年新招地理信息科学专业本科生约1万人，其中大多数集中在江苏、山东、河南、河北、广东、湖南、湖北、黑龙江、江西、四川、安徽等中东部人口大省和开设地理信息科学相关专业高校集中的省区市，不同地区的招生规模差异很大，不同高校的地理信息专业招生规模也大不相同。各院校的地理信息科学专业一般分为1~2个班级，每个班级20~50人。由图3可知，各高校地理信息科学专业本科生年均招生规模为40~59人的占比最大，占32%；20~39人及60~79人这两个区间段占比相同，均为24%；大于等于80人的占比为20%，比往年有所提高，说明部分学校招生规模有所增大。

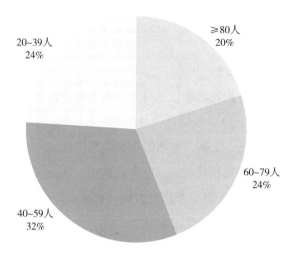

图3 全国各院校地理信息科学专业本科生年均招生规模

资料来源：2022年全国高校GIS专业调查。

三 研究生GIS专业设置分析

（一）院校分布

全国各省区市具有GIS硕士／博士点的院校数量分布如图4所示。同开设地理信息科学本科专业的院校数量分布相似，我国各省区市具有GIS硕士／博士点的院校数量分布也极不均衡。就具有GIS硕士点的院校而言，江苏有9所，而河北、贵州、黑龙江、福建、内蒙古、海南、宁夏、青海只有1所，浙江、西藏则没有相应院校。就具有GIS博士点的院校而言，江苏、北京、陕西有4所，而江西、山西、广西、内蒙古、海南、宁夏、浙江、西藏没有相应院校。与全国各省区市均开设GIS本科专业院校的情况相比，各省区市GIS研究生层次的高等教育仍存在较大发展空间，尤其是中西部地区。

（二）学科背景

地理学一级学科包括自然地理学、人文地理学、地图学与地理信息系统3个二级学科。具有地理学一级学科博士点的高校自动具有地图学与地理信息

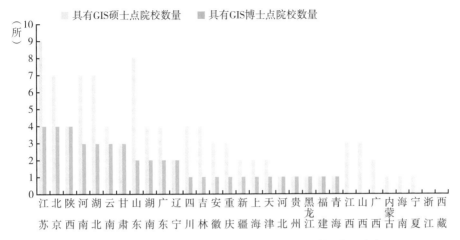

图 4　全国各省区市具有 GIS 硕士 / 博士点的院校数量分布

资料来源：《国务院学位委员会关于下达 2018 年现有学位授权自主审核单位撤销和增列的学位授权点名单的通知》，教育部网站，http://www.moe.gov.cn/s78/A22/tongzhi/201905/t20190524_383153.html；《国务院学位委员会关于下达 2020 年审核增列的博士、硕士学位授权点名单的通知》，教育部网站，http://www.moe.gov.cn/srcsite/A22/yjss_xwgl/moe_818/202111/t20211112_579351.html；《最新发布！全国具有测绘科学与技术学科博士点、硕士点的高校及科研院所名单》，微信公众号"慧天地"，https://mp.weixin.qq.com/s/G2xjVAATXugDq5oUZO5VRQ；《全国具有地理学学科博士点、硕士点的高校名单（征求意见稿）》，微信公众号"慧天地"，https://mp.weixin.qq.com/s/5QhSbGU5X_C93DdsrB5LTA；《最新统计！全国具有地理信息科学本科专业点的普通高校名单》，微信公众号"慧天地"，https://mp.weixin.qq.com/s/fearFuJQk09rOethilo4Pw。

系统博士点，具有地理学一级学科硕士点的高校自动具有地图学与地理信息系统硕士点。测绘科学与技术一级学科包括大地测量学与测量工程、摄影测量与遥感、地图制图学与地理信息工程 3 个二级学科。同样地，具有测绘科学与技术一级学科博士点的高校自动具有地图制图学与地理信息工程博士点，具有测绘科学与技术一级学科硕士点的高校自动具有地图制图学与地理信息工程硕士点。

全国具有 GIS 硕士点的 95 所院校中，54% 的院校只具有地理学的一级学科硕士学位点，20% 的院校只具有测绘科学与技术的一级学科硕士学位点，10% 的院校仅具有地图学与地理信息系统二级学科硕士学位点，2% 的院校仅具有地图制图学与地理信息工程二级学科硕士学位点，8% 的院校同时具有地理学、测绘科学与技术 2 个一级学科硕士学位点，3% 的院校同时具有地理学一级学科、地图制图学与地理信息工程二级学科硕士学位点，1%的院校同时具有测绘科学与技术一级学科、地图学与地理信息系统二级学科硕士学位点，2%的院校同时具有地图学与地理信息系统、地图制图学与地理信息工程2个二级学科硕士学位点（见图5）。

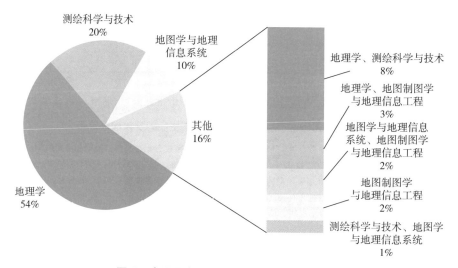

图5　全国具有GIS硕士点院校的学科分布

资料来源：《国务院学位委员会关于下达2018年现有学位授权自主审核单位撤销和增列的学位授权点名单的通知》，教育部网站，http://www.moe.gov.cn/s78/A22/tongzhi/201905/t20190524_383153.html；《国务院学位委员会关于下达2020年审核增列的博士、硕士学位授权点名单的通知》，教育部网站，http://www.moe.gov.cn/srcsite/A22/yjss_xwgl/moe_818/202111/t20211112_579351.html；《最新发布！全国具有测绘科学与技术学科博士点、硕士点的高校及科研院所名单》，微信公众号"慧天地"，https://mp.weixin.qq.com/s/G2xjVAATXugDq5oUZO5VRQ；《全国具有地理学学科博士点、硕士点的高校名单（征求意见稿）》，微信公众号"慧天地"，https://mp.weixin.qq.com/s/5QhSbGU5X_C93DdsrB5LTA；《最新统计！全国具有地理信息科学本科专业点的普通高校名单》，微信公众号"慧天地"，https://mp.weixin.qq.com/s/fearFuJQk09rOethilo4Pw。

全国具有GIS硕士点的95所院校中，51所院校仅具有硕士点，44所院校同时具有硕士点和博士点。如图6所示，在所有具有GIS博士点的院校中，59%的院校具有地理学一级学科博士学位点，32%的院校具有测绘科学与技术一级学科博士学位点，2%的院校同时具有地理学、测绘科学与技术2个一级学科博士学位点，7%的院校只具有地图学与地理信息系统二级学科博士学位点。

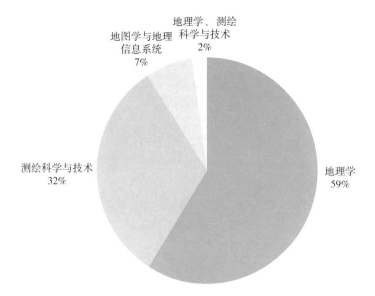

图 6　全国具有 GIS 博士点院校的学科分布

资料来源：《国务院学位委员会关于下达 2018 年现有学位授权自主审核单位撤销和增列的学位授权点名单的通知》，教育部网站，http://www.moe.gov.cn/s78/A22/tongzhi/201905/t20190524_383153.html；《国务院学位委员会关于下达 2020 年审核增列的博士、硕士学位授权点名单的通知》，教育部网站，http://www.moe.gov.cn/srcsite/A22/yjss_xwgl/moe_818/202111/t20211112_579351.html；《最新发布！全国具有测绘科学与技术学科博士点、硕士点的高校及科研院所名单》，微信公众号"慧天地"，https://mp.weixin.qq.com/s/G2xjVAATXugDq5oUZO5VRQ；《全国具有地理学学科博士点、硕士点的高校名单（征求意见稿）》，微信公众号"慧天地"，https://mp.weixin.qq.com/s/5QhSbGU5X_C93DdsrB5LTA；《最新统计！全国具有地理信息科学本科专业点的普通高校名单》，微信公众号"慧天地"，https://mp.weixin.qq.com/s/fearFuJQk09rOethilo4Pw。

　　按照学科属性，将仅具有地理学一级学科硕士 / 博士点或仅具有地图学与地理信息系统二级学科硕士 / 博士点的院校归为理科院校，仅具有测绘科学与技术一级学科硕士 / 博士点或仅具有地图制图学与地理信息工程二级学科硕士 / 博士点的院校归为工科院校，同时具有地理学 / 地图学与地理信息系统、测绘科学与技术 / 地图制图学与地理信息工程的硕士 / 博士点的院校归为理工科院校。如图 7 所示，具有 GIS 硕士 / 博士点的院校以理科院校为主，占比超过 60%，其次为工科院校，理工科院校最少。

　　全国各省区市具有 GIS 硕士 / 博士点院校的理工科专业背景分布如图 8所示。就 GIS 硕士点而言，大部分省区市以理科为主，江苏、江西等省份则

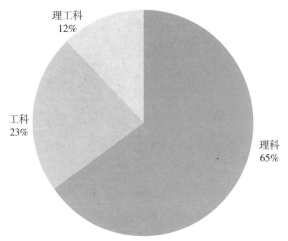

（a）全国具有GIS硕士点院校

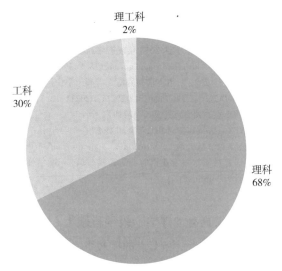

（b）全国具有GIS博士点院校

图7　全国具有 GIS 硕士／博士点院校理工科专业背景

资料来源:《国务院学位委员会关于下达 2018 年现有学位授权自主审核单位撤销和增列的学位授权点名单的通知》，教育部网站，http://www.moe.gov.cn/s78/A22/tongzhi/201905/t20190524_383153.html;《国务院学位委员会关于下达 2020 年审核增列的博士、硕士学位授权点名单的通知》，教育部网站，http://www.moe.gov.cn/srcsite/A22/yjss_xwgl/moe_818/202111/t20211112_579351.html;《最新发布！全国具有测绘科学与技术学科博士点、硕士点的高校及科研院所名单》，微信公众号"慧天地"，https://mp.weixin.qq.com/s/G2xjVAATXugDq5oUZO5VRQ;《全国具有地理学学科博士点、硕士点的高校名单（征求意见稿）》，微信公众号"慧天地"，https://mp.weixin.qq.com/s/5QhSbGU5X_C93DdsrB5LTA;《最新统计！全国具有地理信息科学本科专业点的普通高校名单》，微信公众号"慧天地"，https://mp.weixin.qq.com/s/fearFuJQk09rOethilo4Pw。

以理工科为主。就 GIS 博士点而言，大部分省区市仍以理科为主，湖南、辽宁、山东、江苏、陕西等省份则理、工各半，而四川以工科为主。

（三）研究生导师规模

全国具有 GIS 硕士点院校的硕士生导师人数如图 9 所示。可以看出，目前我国大部分具有 GIS 硕士点院校的硕士生导师人数在 10 人以上，超过 10 人的院校有 64%，大于 50 人的院校比例达 5%。如表 4 所示，江苏、湖北、北京等省市硕士生导师人数超过 100 人，而河北、黑龙江、宁夏、贵州、海南、浙江、西藏等省区硕士生导师人数不超过 10 人。

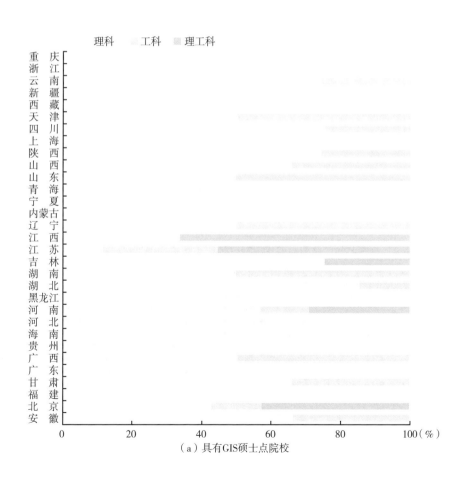

（a）具有 GIS 硕士点院校

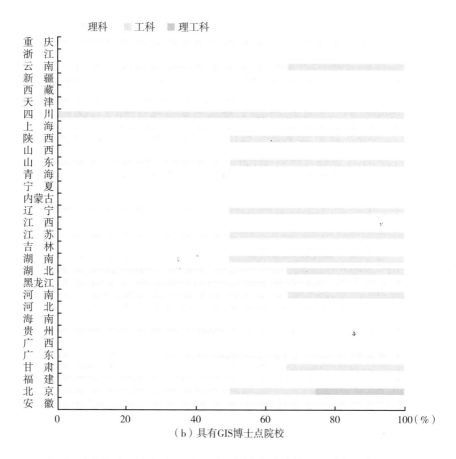

图8　全国各省区市具有GIS硕士/博士点院校的理工科专业背景分布

资料来源:《国务院学位委员会关于下达2018年现有学位授权自主审核单位撤销和增列的学位授权点名单的通知》,教育部网站,http://www.moe.gov.cn/s78/A22/tongzhi/201905/t20190524_383153.html;《国务院学位委员会关于下达2020年审核增列的博士、硕士学位授权点名单的通知》,教育部网站,http://www.moe.gov.cn/srcsite/A22/yjss_xwgl/moe_818/202111/t20211112_579351.html;《最新发布!全国具有测绘科学与技术学科博士点、硕士点的高校及科研院所名单》,微信公众号"慧天地",https://mp.weixin.qq.com/s/G2xjVAATXugDq5oUZO5VRQ;《全国具有地理学学科博士点、硕士点的高校名单(征求意见稿)》,微信公众号"慧天地",https://mp.weixin.qq.com/s/5QhSbGU5X_C93DdsrB5LTA;《最新统计!全国具有地理信息科学本科专业点的普通高校名单》,微信公众号"慧天地",https://mp.weixin.qq.com/s/fearFuJQk09rOethilo4Pw。

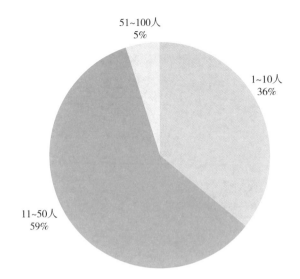

图 9 全国具有 GIS 硕士点院校硕士生导师数量统计

资料来源：2022 年全国高校 GIS 专业调查。

表 4 全国各省区市具有 GIS 硕士点院校硕士生导师数量统计

单位：人

硕士生导师数	省区市
101~200	江苏、湖北、北京
51~100	河南、山东、四川、陕西、湖南、广东
11~50	云南、江西、辽宁、安徽、上海、甘肃、吉林、重庆、青海、新疆、天津、广西、内蒙古、山西、福建
1~10	河北、黑龙江、宁夏、贵州、海南
0	浙江、西藏

资料来源：2022 年全国高校 GIS 专业调查。

全国具有 GIS 博士点院校的博士生导师人数如图 10 所示。可以看出，目前我国大部分具有 GIS 博士点院校的博士生导师人数在 10 人及以下，超过 10 人的院校仅占 25%，大于 20 人的院校比例只有 11%。如表 5 所示，北京、江苏、湖北、陕西、湖南、四川博士生导师人数超过 20 人，而广西、海南、江西、内蒙古、宁夏、山西、西藏、浙江博士生导师人数为 0。

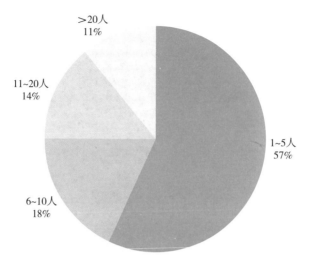

图 10　全国具有 GIS 博士点院校博士生导师数量统计

资料来源：2022 年全国高校 GIS 专业调查。

表 5　全国各省区市具有 GIS 博士点院校博士生导师数量统计

单位：人

博士生导师数	省区市
>50	北京、江苏
21~50	湖北、陕西、湖南、四川
11~20	河南、甘肃、辽宁、云南
6~10	河南、甘肃、辽宁、云南
1~5	安徽、福建、黑龙江、重庆、吉林、河北、贵州、青海、天津
0	广西、海南、江西、内蒙古、宁夏、山西、西藏、浙江

资料来源：2022 年全国高校 GIS 专业调查。

（四）招生规模

如图 11 所示，招生规模在 11~50 人的院校所占比重约为 59%，为硕士生招生规模的主体层次，而招生规模超过 50 人的院校仅占 5%。从表 6 可以看出，湖北、北京、江苏、四川等省市硕士生招生规模均超过 100 人，相对处于最高层级。江西、河南、湖南、吉林、广东、广西、甘肃等省区招生规模也在 50 人以上，可以看出这些教育大省都非常注重地理信息科学专业学生的培养。招生规模为 11~50 人的省区市所占比重约为 52%，为硕士生招生规模的主体层次。全国开设地理信息科学专业的高校中有 49% 开设相应的硕士专业，近 50% 的高校具有一级学科硕士点。从总量来说，全国各区域对地理信息科学专业更高层次人才的需求都在不断加强，尤其是教育、经济、文化高速发展的区域。

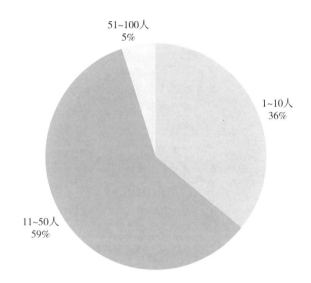

图 11　全国具有 GIS 硕士点院校硕士研究生招生规模

资料来源：2022 年全国高校 GIS 专业调查。

表 6　全国各省区市具有 GIS 硕士点院校硕士研究生招生规模统计

单位：人

硕士研究生招生规模	省区市
101~200	湖北、北京、江苏、四川
51~100	江西、河南、湖南、吉林、广东、广西、甘肃
11~50	陕西、云南、山东、新疆、辽宁、安徽、青海、重庆、上海、山西、福建、贵州、黑龙江、内蒙古、河北、天津
1~10	海南、宁夏
0	浙江、西藏

资料来源：2022 年全国高校 GIS 专业调查。

如图 12 所示，招生规模在 1~10 人的院校所占比重约为 79%，为博士生招生规模的主体层次，招生规模在 11~20 人的院校占 14%，而招生规模超过

20人的院校仅占7%。从表7可以看出,北京、江苏、湖北、湖南博士生招生规模超过20人,处于最高层级,绝大部分省区市每年招收博士生人数在20人及以下,约占开设博士专业高校的93%。全国开设地理信息科学专业的高校中有23%开设相应的博士专业。从总量来说,我国对地理信息科学专业更高层次人才的需求在不断加强,也比较重视中西部地区的专业建设。

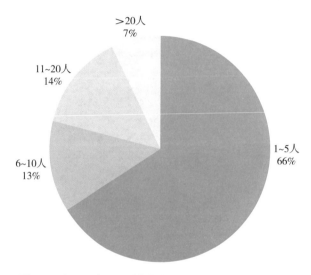

图 12   全国具有 GIS 博士点院校博士研究生招生规模

资料来源:2022 年全国高校 GIS 专业调查。

表 7 全国各省区市具有 GIS 博士点院校博士研究生招生规模统计	
	单位:人
博士研究生招生规模	省区市
>50	北京
21~50	江苏、湖北、湖南
11~20	四川、青海、陕西、云南
6~10	广东、河南、甘肃、新疆、上海
1~5	福建、贵州、辽宁、山东、安徽、吉林、重庆、河北、黑龙江、天津
0	广西、海南、江西、内蒙古、宁夏、山西、西藏、浙江

资料来源:2022 年全国高校 GIS 专业调查。

致谢:特别感谢提供专业调查数据的全国高校各 GIS 专业。

B.36
测绘地理信息高等职业教育未来发展

陈　琳[*]

摘　要： 测绘地理信息高等职业院校随高校扩招，生源质量下降。地理信息产业发展对高技能人才的需求不断扩大，测绘地理信息高等职业教育办学点增加。为提升测绘地理信息高等职业教育教学质量，高职院校加大专业建设力度，注重"双师型"教师队伍建设和实训基地建设。但是，由于职业教育认可度与普通教育不一样，测绘地理信息高等职业教育发展较为艰难。随着新修订《职业教育法》的实施，未来测绘地理信息高等职业教育将建立职业教育的完整体系，满足测绘地理信息行业发展的需要；政府、学校、企业三方的参与，将推动测绘地理信息高等职业教育深化产教融合和校企合作；测绘地理信息职业教育完整体系建设将带动师资结构进一步优化；"一带一路"倡议的不断推进，将推动测绘地理信息高等职业教育国际化。

关键词： 测绘地理信息　职业教育　产教融合　校企合作　国际化

一　引言

高等职业教育是高等教育的重要组成部分，越来越受到国家的重视。

---

* 陈琳，黄河水利职业技术学院测绘工程学院院长、教授。

1996 年国家颁布《职业教育法》，2002 年印发《国务院关于大力推进职业教育改革与发展的决定》，2005 年发布《国务院关于大力发展职业教育的决定》①，2014 年发布《国务院关于加快发展现代职业教育的决定》，指明了职业教育的发展方向。今后的职业教育将包括高中、专科、本科和研究生几个阶段，还要有与职业教育特点相符合的学位制度。②2022 年新修订的《职业教育法》明确指出，职业教育是与普通教育具有同等重要地位的教育类型，明确国家鼓励发展多种层次和形式的职业教育，提升职业教育认可度，建立健全职业教育体系，深化产教融合、校企合作，完善职业教育保障制度和措施等内容。③当前，测绘地理信息事业进入一个以"支撑经济社会发展、服务各行业需求，支撑自然资源管理、服务生态文明建设，不断提升测绘地理信息工作能力和水平"（即"两支撑 一提升"）为职能定位的新历史阶段。测绘地理信息高等职业教育要紧跟测绘地理信息产业转型升级的发展步伐，对高等职业教育人才培养目标进行重新定位；同时，借助当前国家对高等职业教育的高度重视，抓住实施重大战略举措的时机，为国家培养出更多具有劳模精神、劳动精神、工匠精神的测绘地理信息方面的高技能人才。

二 测绘地理信息高等职业教育现状

（一）测绘地理信息高等职业院校生源质量下降

我国从 1999 年开始的高校扩招，改变了中国高等教育的格局，使中国高

---

① 郭忠玲：《我国中职教育现状分析及其发展策略探索》，《河南社会科学》2011 年第 4 期；徐丹阳、陈正江：《我国职业教育教师队伍建设：经验、问题与展望》，《南方职业教育学刊》2021 年第 6 期；刘德强、舒国宋：《高职院校教师任职标准研究》，《教育与职业》2012 年第 14 期。

② 《国务院关于加快发展现代职业教育的决定》，中央人民政府网站，http://www.gov.cn/zhengce/content/2014-06/22/content_8901.htm；《划时代的改革动员令——教育部职业教育与成人教育司司长葛道凯解读〈国务院关于加快发展现代职业教育的决定〉》，《福建教育》2014 年第 25 期；王坤：《响应国家号召加快发展现代职业教育》，《山东纺织经济》2014 年第 8 期。

③ 张玉芳：《铺就技能成才的"金"路径》，《四川劳动保障》2022 年第 4 期；《我国立法明确：职业教育与普通教育具有同等地位》，《中国人才》2022 年第 5 期；徐壮：《新职业教育法5 月 1 日起施行》，《西藏教育》2022 年第 5 期。

等教育从精英教育走向大众化。[①] 我国高校招生采取各省区市统一考试，分批择优录取的方式，高校录取时，重点本科院校、一般本科院校等优先录取，高职院校最后录取。高职院校录取时，已没有多大的挑选余地。同时，近三年，高职院校响应国家号召，每年扩招 100 万考生，在原本生源就不充足的条件下，只会造成录取分数线急剧下降，入学门槛降低，直接导致学生生源质量下降。由于高职院校最后批次录取，测绘地理信息高职院校录取的学生整体来说，综合素质下滑、自学能力不强、学习态度不端正、求知欲不强、存在厌学情绪、缺少学习的主动性。针对生源质量下降，根据学生的不同层次情况，采取不同的教学模式，让学生能够有效地掌握测绘地理信息高等职业教育要求的知识与技能，是测绘地理信息高职院校一直追求的教学目标。

（二）测绘地理信息高等职业教育办学点增加

随着我国的国民经济建设和社会发展，测绘地理信息产业不断壮大，并进入转型升级期。[②] 测绘地理信息产业发展对高技能人才的需求，促使测绘地理信息高等职业教育办学点增加。根据全国高等职业教育专业设置平台数据[③]，2015 年专业目录调整后，测绘地理信息类各专业办学点数量如图 1 所示。

工程测量技术、测绘工程技术、测绘地理信息技术、摄影测量与遥感技术办学点规模呈现快速增长趋势。近几年，我国基础设施建设、数字中国建设、实景三维城市建设、地理信息国情监测、房地一体不动产确权登记等重大项目的开展对这些专业技术技能人才的需求越来越旺盛。由于新兴岗位的需要，新增国土空间规划与测绘、无人机测绘技术、空间数字建模与应用技术专业。近年来，矿山不景气，矿山测量专业办学点逐年减少。由于导航与位置服务的技术服务面窄，就业领域有一定局限性，相关的办学点在全国不多。

---

① 曾范永：《高职院校生源质量下降的原因及应对策略》，《江苏建筑职业技术学院学报》2016 年第 1 期。

② 吕翠华、杨永平、马娟等：《测绘地理信息类高职专业办学与产业发展匹配度分析》，《地理信息世界》2020 年第 5 期。

③ 《高等职业教育专科专业》，教育部网站，https://zyyxzy.moe.edu.cn/home/gz。

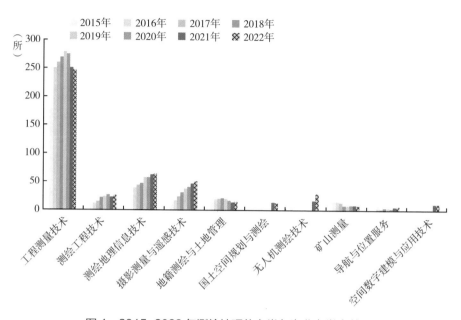

图1　2015~2022年测绘地理信息类各专业办学点数量

（三）测绘地理信息高等职业教育专业建设力度加大

随着对地观测技术、卫星导航定位技术与云计算、大数据、互联网、物联网和人工智能等其他高新技术的深度融合[①]，传统高职测绘地理信息类专业单一的知识结构已经不能满足测绘地理信息产业的发展。为了培养能胜任测绘地理信息工作的高职测绘地理信息类高技能复合人才，高职院校在测绘地理信息相关企业、行业开展专业调研；根据专业调研结果，调整测绘地理信息专业设置。根据行业、企业对高技能测绘地理信息类专业人才规格的要求，结合当前高职院校不同类型生源的学情，编制多层次高职测绘地理信息类人才培养方案与考核方案，开展多层次人才培养。在新的专业人才培养方案中，对"理论知识"和"实践能力"课程体系进行重组

---

① 张广运、张荣庭、戴琼海等：《测绘地理信息与人工智能2.0融合发展的方向》，《测绘学报》2021年第8期。

与优化，增加新的课程体系或内容，制定符合测绘地理信息产业发展的课程标准与课程内容。

（四）测绘地理信息高等职业院校注重"双师型"师资队伍建设

百年大计，教育为本；教育大计，教师为本。[1] 学校能否为国家培养更多人才，与这个学校有没有一批德技双馨的大师密切相关。[2] 一个完整的职业教育师资队伍，既要有理论基础扎实的教师，又要有高级技能型教师，还要有对职业教育、教学改革和产学研等进行研究的研究人员。[3] 为加强"双师型"师资队伍建设，培养满足高等职业教育要求的师资队伍，近年来，高职院校从以下几个方面进行努力：高薪引进博士研究生、企业的高级工程师来校任教；支持专任教师进行学历进修和参加学术交流会，提升专任教师的学术水平；定期派专业教师下企业锻炼，学习企业的生产经验；定期派专业教师去国外培训，学习国外先进教学理念和教学方法；支持专任教师参加高职教育的培训和进修，深入开展专业教学研究、信息化课程建设和教学方法改革；鼓励专业教师参加测绘地理信息新技术的培训。但是，近些年，随着高职教育规模的扩大，生师比大幅提升；目前高职院校的教学工作压力很大，导致专业教师对新技术的掌握和运用不够及时。同时，学校对专业教师下企业锻炼待遇落实不到位，并且流于形式，教师下企业没有达到实际效果。

（五）测绘地理信息高等职业院校注重实训基地建设

高等职业教育肩负着培养面向生产、建设、服务和管理第一线需要的高技能人才的使命。[4] 高等职业院校地理信息专业要紧跟新技术发展的脚步，

① 周建松、陈正江：《高职院校"三教"改革：背景、内涵与路径》，《中国大学教学》2019年第9期。

② 王冬梅、陈琳：《"三教改革"背景下高职测绘人才培养质量提升实践研究》，《黄河水利职业技术学院学报》2021年第4期。

③ 董静、裴晓林、袁薇：《高职示范校本科人才培养现状分析》，《石家庄铁路职业技术学院学报》2013年第3期。

④ 《教育部关于全面提高高等职业教育教学质量的若干意见》，教育部网站，http://www.moe.gov.cn/srcsite/A07/s7055/200611/t20061116_79649.html。

为测绘地理信息行业培育高技能人才。测绘地理信息类专业是一个理实结合、实践性较强的专业，该专业高职毕业生适应工作的能力在很大程度上取决于实训教学质量的高低，实训教学与实训基地的条件密不可分。[①]因此，各测绘地理信息类高职院校按照教育规律和市场规则，多渠道、多形式筹措资金，注重实训基地建设，并将其作为学校建设和发展中的一项重要工作。近些年，部分高职院校建立测绘地理信息"大师"工作室、测绘地理信息创新创业中心等校内实训基地；或者，在测绘地理信息系统或测绘地理信息行业的生产单位建立校外实训基地。通过校内、校外的实训基地，对测绘地理信息企业开展技术服务，或者让学生顶岗实习，提高学生的技能水平，实现学校的培养与企业"零对接"，帮助学校学生快速实现向测绘职业人的转变。

三　测绘地理信息高等职业教育未来发展

（一）建立测绘地理信息职业教育的完整体系

随着测绘地理信息高新技术的快速发展，以全球定位系统（GNSS）、遥感（RS）和地理信息系统（GIS）为代表的 3S 技术已经广泛应用到测绘地理信息生产和服务中。[②]为了更好地满足行业、企业发展的需要，测绘地理信息企业所招聘的技术人员学历提升。测绘地理信息高等职业教育更好地培养与行业相匹配的职业技能人才，应改变现行测绘地理信息类职业教育只有专科层次的"断头教育"，建立起测绘地理信息"中职—高职专科—高职本科—专业学位硕士研究生—专业学位博士研究生"的完整体系，使受教育者有更多的选择与追求。招生时，测绘地理信息类专业高职院校将通过开辟"职教高考"通道选拔优秀学生，与普通高等院校分开，两者各成体系、互相兼容，服务学生个性发展。对于测绘地理信息生产单位的优秀技术人员，极力推荐

[①]　栾玉平、李金生：《高职院校测绘类专业实训基地建设方法与探索》，《价值工程》2014 年第 16 期。

[②]　李维森、张贵钢：《测绘地理信息创新发展与转型升级》，《地理空间信息》2017 年第 10 期。

攻读专业学位硕士研究生和专业学位博士研究生，为测绘地理信息生产单位培养应用型、复合型高层次技能人才。

（二）测绘地理信息高等职业教育深化产教融合和校企合作

近年来，高职院校为支持测绘地理信息产业发展培养了大量高技术技能人才，为服务经济发展、促进就业创业奠定了重要基础。政府、学校、企业三方的参与，将推动测绘地理信息高等职业教育深化产教融合和校企合作。当前测绘地理信息行业市场前景广阔，对测绘地理信息行业技能人员的需求较大，未来将有更多的测绘地理信息企业愿意参与测绘地理信息高等职业教育，开展产教融合和校企合作。在合作时，政府能做到监督管理和指导，企业充分发挥重要主体作用。合作可以通过共建产业学院、"1+X"证书制度、现代学徒制等符合实情的产教融合方案，确定合作的实施细则、合作的路径、合作的标准和实施体系等，明确双方的任务目标和职责分工。深化产教融合和校企合作，通过活页式教材、立体化教材等，将测绘地理信息产业发展的新技术、新工艺、新理念纳入高等职业院校教材，以课程诊改等方式，进行课程内容的更新。支持运用信息技术和现代化教学方式，开发职业教育网络课程等学习资源，创新教学方式和学校管理方式，推动测绘地理信息类高等职业教育信息化建设与融合应用。[①] 强化实验、实训、顶岗实习等实践性教学环节的全过程管理与考核评价，强调实践技能的重要性。

（三）测绘地理信息高等职业教育师资结构进一步优化

随着测绘地理信息职业教育完整体系的构建，进一步提高学生的技能水平，需要基于测绘地理信息产业的产学研项目或者校企合作的方式。测绘地理信息高职院校的师资包括专任教师和企业兼职教师，要让他们形成优势互补，共同建设课程、编写教材、探索教学模式，做好教师和企业专业技术人员之间的"传、帮、带"工作，双向培养学生和企业员工。[②] 在进一步优化测绘地理

① 《中华人民共和国职业教育法》，《人民日报》2022年4月21日，第13版。
② 李剑：《地方高校校企合作产教融合的机制探索》，《齐鲁师范学院学报》2022年第3期。

信息高等职业教育师资结构的过程中，高职院校需要了解当前市场经济条件下测绘地理信息产业的升级战略，注重校企合作项目与课程内容开发，并将企业最新的经营理念与测绘职业道德引入人才培养中，实现校企合作项目课堂教学与企业运营生产"零对接"。建立"校中厂"或"厂中校"实训基地，开展技术服务或引入校企合作项目，由专任教师和企业兼职教师共同指导学生完成，使学生在真实的生产项目中，按照行业规范标准完成学习，真正得到锻炼。学校的发展离不开当地政府政策的支持，因此，当地政府要支持与扶持测绘地理信息类高职院校，校企双方根据协同模式建立合作长效机制；同时，为了鼓励教师参与的积极性，要配套完善的教师考核与奖励机制，使各类教师都有对应的激励措施。

（四）开展测绘地理信息高等职业教育国际化

随着"一带一路"倡议的不断推进，中国的企业"走出去"，沿线国家的企业"引进来"，这两方面都需要大量技术技能型人才作为支撑。[①] 同时，国家鼓励职业教育领域开展对外交流与合作，支持引进境外优质资源发展职业教育，鼓励有条件的职业教育机构赴境外办学。[②] 在这种背景下，我国与共建"一带一路"国家有很多在基建方面的合作，对测绘地理信息技术人才的需求不断增加，在很大程度上拓展了境外人才就业市场，也为测绘地理信息高等职业教育国际化办学提供了更多机会。可以采取"引进来"的措施，大力发展留学生测绘地理信息高等职业教育，尤其是针对共建"一带一路"国家。通过共建或者合作等方式，在共建"一带一路"国家的高职院校设立测绘地理信息类专业，充分利用这些国家的资源提升他们的高等职业教育水平，同时，提升我国测绘地理信息高等职业教育在国际上的知名度和影响力。另外，依托国外的援建项目，建立国外培训基地，

① 张正萍：《"一带一路"背景下高等职业教育国际化发展的挑战与对策研究》，《工业和信息化教育》2020年第7期。

② 《中华人民共和国职业教育法》，中央人民政府网站，http://www.gov.cn/xinwen/2022-04/21/content_5686375.htm；金星霖、石伟平：《职业教育社会地位之重塑——对新修订版〈中华人民共和国职业教育法〉总则部分的解读》，《高等职业教育探索》2022年第3期。

培养本土企业需要的国外技术技能人才，从技术技能影响到文化交流影响，增进文化互融[①]，推动测绘地理信息高等职业教育国际化。

四 结语

根据新修订的《职业教育法》，测绘地理信息高等职业教育将利用国家实施重大战略举措的有利时机，建立测绘地理信息职业教育完整体系，满足测绘地理信息行业发展的需要。就深度参与产教融合、校企合作，在提升技术技能人才培养质量、促进就业中发挥重要主体作用的企业，按照规定给予奖励。[②]测绘地理信息高等职业教育深化产教融合和校企合作，将带动测绘地理信息高等职业教育师资结构进一步优化。"一带一路"倡议的不断推进，将推动测绘地理信息高等职业教育国际化。当前，测绘地理信息事业进入"两支撑 一提升"为职能定位的新的历史阶段，测绘地理信息高等职业教育一定是非常有发展前景的。

---

① 伍俊晖:《双循环背景下职业教育国际化发展研究》,《教育与职业》2021 年第 19 期。
② 刘峣:《新职业教育法让职教热起来》,《人民日报》2022 年 4 月 28 日。

Abstract

After the establishment of the Ministry of Natural Resources, the surveying & mapping and geoinformation work has become an important part of the natural resources work. In the new era, the new positioning of the surveying & mapping and geoinformation work is "Two Supports and One Promotion", that is, "supporting economic and social development, serving the needs of various industries; supporting natural resource management, serving the construction of ecological civilization; and constantly improving the ability and level of surveying & mapping and geoinformation work". In order to discuss how to adhere to the new orientation of surveying & mapping and geoinformation work and achieve high-quality development, the Surveying and Mapping Development Research Center of the Ministry of Natural Resources organized the compilation of the 13th Blue Book of Surveying & Mapping and Geoinformation — *Research Report on "Two Supports and One Promotion" of Surveying & Mapping and Geoinformation (2022)*. The Book invites relevant leaders, experts and entrepreneurs in the surveying & mapping and geoinformation industry to write articles, sort out and summarize the development status of surveying & mapping and geoinformation work, analyze the profound connotation of the new positioning of surveying & mapping and geoinformation work, and discuss measures to promote the high-quality development of surveying & mapping and geoinformation work.

The Book includes two parts: the general report and the special report. The general report analyzes the connotation of "Two Supports and One Promotion", studies and judges the necessity of "Two Supports and One Promotion", and puts forward specific policy suggestions for realizing "Two Supports and One Promotion". The special report consists of the chart of supporting economic and social development, the chart of supporting natural resource management and the chart of capacity promotion. It analyzes how to adhere to the positioning of "Two Supports and One Improvement" from different fields and angles to achieve high-quality development of surveying & mapping and geoinformation. This Book reflects the key points and hotspots of the surveying & mapping and geoinformation industry in 2022. It has broad vision, novel views, rich content, and detailed data, and has certain guidance and readability.

The publication of this Book has been strongly supported by South Digital Technology Co., Ltd..

Keywords: Surveying & Mapping and Geoinformation; "Two Supports and One Promotion"; Natural Resources Management

Contents

I General Report

Abstract: After the establishment of the Ministry of Natural Resources of China, the surveying & mapping and geoinformation work has been integrated into the overall situation of natural resources work. In the new era, the new orientation of surveying & mapping and geoinformation work is "Two Supports, One Promotion", namely: supporting economic and social development, serving the needs of various industries, supporting natural resources management, serving the construction of ecological civilization, and continuously improving the ability and level of surveying & mapping and geoinformation work. This paper analyzes the specific connotation of "Two Support, One Promotion", summarizes the necessity of "Two Supports, One Promotion". In-depth analysis and research are carried out on how to strengthen the positioning of "Two support, One Promotion" of surveying & mapping and geoinformation in the new era.

Keywords: Surveying & Mapping and Geoinformation; "Two Supports and One Promotion"; Natural Resources Management

II Supporting Economic and Social Development

Abstract: Comprehensively promoting the construction of 3D real-scene China is an important measure to implement the spirit of the 20th National Congress of the Communist Party of China, optimize the supply-side structural security of surveying, mapping and geographic information, and promote the high-quality development of surveying, mapping and geographic information work. This report clarifies the basic connotation, construction goals and organizational implementation mode of 3D Real-Scene China, sorts out the main progress from the aspects of top-level design, engineering production, and application of achievements, and put forward the outlook of follow-up work.

Keywords: Surveying & Mapping and Geoinformation; 3D Real-Scene China; High Quality Development

B.3   The Development Process and Countermeasures of China's
Geoinformation Industry in the New Stage

Li Weisen / 036

Abstract: This report briefly presents the historical development of China's geoinformation industry from the perspectives of demand pull, institutional reform, policy guidance and innovation driver. Then, the paper further introduces the geoinformation industry conditions in terms of industry capacity, industry structure, industry foundation and innovative achievements,describes the opportunities for the geoinformation industry that arises in the "14th Five-Year Plan of China", digital economy, scientific and technological innovation, global market, etc. Finally, the paper analyzes the key challenges that restrict the high-quality development of the geoinformation industry, and provides strategies and suggestions that promotes high-quality development in terms of digital economy, market environment, data openness, independent innovation, global market, enterprise merger and restructuring, and the role of relative industry association.

Keywords: Geoinformation Industry; High-Quality Development; Industry Environment; Digital Economy

B.4   Construction of China Geodetic Observation System
and Geodetic Datum

Dang Yamin / 048

Abstract: With the development of space technology and computer technology, geodesy technology has undergone tremendous changes in the past 50 years. Led by space geodetic technologies such as GNSS, SLR, and VLBI, and new geodetic technologies such as superconducting gravity, quantum gravity, remote sensing, and optical atomic clocks, the scope and accuracy of geodetic observations have been significantly improved. At the beginning of this century, the International Geodetic Association (IAG) established the Global Geodetic Observing System (GGOS) organization, which greatly expanded the application of geodetic technology. The geodetic techniques and facilities will not only be used for reference frames, but to serve economic, social and global changes in a wider field. Some countries and regions in the world are also actively building regional or national geodetic observation systems in the past few years. This report systematically introduces the development of GGOS and the geodetic activities in China, and some suggestions are proposed for the construction of China Geodetic Observation System and national geodetic datum.

Keywords: China Geodetic Observation System; Geodetic Datum; Global Geodetic Observation System; Terrestrial Reference Frame

B.5   Construction of National Spatial-Temporal Information Database in the New Era

Liu Jianjun, Wang Donghua / 060

Abstract: The fundamental spatial-temporal information database is a key component of national spatial-temporal infrastructure and is an important strategic resource and essential factor of production for digital government and digital economy. This report briefly summarized the construction achievements of National Fundamental Spatial-Temporal Information Database in the past decades and general requirements for its development in the new era, analyzed the demand of different application fields, proposed the development directions for spatial-temporal information database and discussed suggestions for its construction in the future. It

433

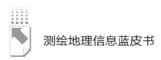

is expected to provide reference for the construction of National Spatial-Temporal Information Database in the new era.

Keywords: Spatial-Temporal Information Database; Fundamental Geoinformation; New Fundamental Surveying and Mapping

B.6   Construction of a New Generation of Geoinformation
Public Service Platform Map World

Huang Wei, Zhao Yong and Zhang Hongping / 070

Abstract: The platform for geoinformation public service has played an important role in deepening the application of geoinformation, promoting the opening and sharing of government geoinformation data resources, and promoting the development of geoinformation industry. It has become an important information infrastructure in China. The construction of digital government and the development of digital economy have put forward new demands for geoinformation public service. This report systematically analyzes these requirements in the new development stage, and expounds the ideas and tasks of the construction of Map World, which is the new generation geoinformation public service platform.

Keywords: Map World; Public Service; Geoinformation Public Service Platform

B.7   Using the Spatiotemporal Big Data Platform to Support the
Construction of Digital Twin

Wang Hua, He Lihua and Zhang Yanyi / 080

Abstract: The leading role of social informatization on informatization of surveying & mapping and geoinformation, and the crucial supporting role of

434

informatization of surveying & mapping and geoinformation on social informatization are both thoroughly examined in this report. From the angle of service, the development process of surveying & mapping and geoinformation informatization are summarized. Taking the construction and application of digital twin cities as an example, this paper comprehensively analyzes the present development situation of digital twins. It is proposed to construct and improve a new fundamental surveying and mapping system with the spatiotemporal big data platform as the core,comprehensively promotes the informatization of surveying & mapping and geoinformation, and provides high-quality services for digital twin construction.

Keywords: Digital Twin; Digital Twin Cities; Spatiotemporal Big Data Platform; New Fundamental Surveying and Mapping

B.8 Analysis on the Strategic Needs of Geoinformation for the Construction of "Powerful Country"

Ruan Yuzhou / 093

Abstract: This report facing the goal of building a powerful country with geoinformation, this paper analyzes the era value of geoinformation. Taking economic construction, social development, national defense and military construction, ecological civilization construction, diplomacy and participation in global governance as the starting point, this paper analyzes and summarizes the needs of economic and social development for geoinformation in the new era, and analyzes the development trend of international geoinformation, summarizes its main characteristics. The gaps between China's geoinformation "big country" and "strong country" are sorted out. Finally, this paper puts forward the strategic needs of geoinformation for the construction of a "powerful country".

Keywords: Geoinformation Powerful Country; Geoinformation Technology; Geoinformation Industry

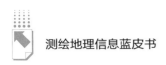

B.9   Formation and Development of China's Geoinformation Security
Concept from the Perspective of National Security

Jia Zongren, Wang Chenyang / 102

Abstract: Geoinformation is related to national sovereignty, security and interests. The transformation of national security concept has a profound impact on the cognition and practice of geoinformation security. Based on the perspective of national security, this report reviewed the early cognition of geoinformation security, and systematically researched the evolution process of the formation and development of the concept of geoinformation security. Combining with the latest theoretical achievements of national security, the conceptual connotation and internal requirements of the concept of geoinformation security in a new era were analyzed. This study provides ideas for how to maintain geoinformation security in the new era.

Keywords: National Security; Geoinformation Security; New Era

III   Supporting Natural Resources Management

B.10   Design and Implementation of Natural Resources Three-Dimensional
Spatiotemporal Database

*Miao Qianjun, Zhang Bingzhi, He Chaoying, Liu Jianjun, Liu Jianwei,
Zhao Wei, Wang Peng and Wang Shuo* / 112

Abstract: The construction of natural resources three-dimensional spatiotemporal database is an important content to strengthen the unified investigation, monitoring and evaluation of natural resources and improve the supervision system of natural resources. This report analyzes the background and significance, and puts forward the database design principles, technical routes and implementation effects, which provides reference for the formation of a set of data for natural resources investigation and monitoring and the guarantee of the basic land spatial information platform.

Keywords: Natural Resources; Three-Dimensional; Spatiotemporal Database

Abstract: Natural resources management is an important component of high-quality economic and social development. Natural resources management cannot do without the support of a series of projects, products, and services of natural resources investigation, monitoring, evaluation, surveying, and restoration and so on. Surveying and mapping work has become an important link in the entire chain of natural resources management. Among them, quality is fundamental, and quality control is an important means to ensure that all achievements are comprehensive, true, and accurate. On the basis of analyzing the current development status, problems, and challenges of surveying and mapping quality management, this report proposes the overall idea, main content, and practical path of a surveying and mapping quality management system that supports the full chain management of natural resources. It provides guidance for the comprehensive construction of surveying and mapping quality management system and supports the high-quality development of natural resources business.

Keywords: Surveying and Mapping; Quality Management; Natural Resources; Full Chain Management

B.12   Building a New Fundamental Surveying and Mapping

Production Service System

Xu Kaiming / 138

Abstract: The leading Party Group of the Ministry of Natural Resources has put forward the overall requirement of "Two Supports and one Promotion" for surveying, mapping and geoinformation work. Considering with changes in the reform and development environment, this report analyzes the new situation faced by surveying, mapping and geoinformation work, and systematically sorts out the development of the geospatial industry and the changes in the functions of surveying and mapping institutions. It introduces the irreplaceable function of governmental surveying, mapping and geoinformation work under the new situation. The thinking on the strategic layout of surveying, mapping and geoinformation work under the new situation, and the contents of the construction of a new basic surveying and mapping production service system under the demand orientation are put forward.

Keywords: Surveying & Mapping and Geoinformation; Ecological Civilization; Geospatial Big Data; New Fundamental Surveying and Mapping

B.13   Natural Resources Management Business Needs and Transformation &

Upgrading of Fundamental Surveying and Mapping Teams

Yang Hongshan / 151

Abstract: To comprehensively promote the modernization of the harmonious coexistence of man and nature, the Ministry of Natural Resources is required to improve the modernization governance capacity of natural resources. This report aiming at the new demand and new orientation of natural resources management for surveying & mapping and geoinformation work, the concept of "Two-wheel Drive" for surveying & mapping and geoinformation is proposed, and a path for the transformation and upgrading of surveying & mapping and geoinformation for natural resources management is designed. Comprehensively reviews the current situation of the integration of surveying & mapping and geoinformation work into natural resources management, objectively analyzes the deficiencies of surveying & mapping and geoinformation work in supporting natural resources management. The path for transformation and upgrading of surveying & mapping and geoinformation are discussed in detail in four aspects, i.e., promoting the transformation of development kinetic energy, strengthening the construction of a first-class team in the Ministry of Natural Resources, upgrading the supply of surveying & mapping and geoinformation, and promoting the level of informatization. Finally, the practice and future key work of the transformation and upgrading of surveying & mapping and geoinformation work are introduced.

Keywords: Natural Resources Management; Two-Wheel Drive; Surveying & Mapping and Geoinformation; 3D Real Scene

Abstract: This report focusing on the responsibility and mission of "Two Supports and One Promotion" given to surveying & mapping and geoinformation in the new development stage, on the basis of in-depth investigation and research, this paper analyzes the new demands for surveying & mapping and geoinformation in the new stage, as well as the existing problems and deficiencies in "two supports and one enhancement", and puts forward policy suggestions to continuously strengthen the

capabilities of "two supports" for surveying & mapping and geoinformation.

Keywords: Surveying & Mapping and Geoinformation; "Two Supports and One Promotion"; Natural Resources Management

B.15   The Standardization of Surveying & Mapping and Geoinformation
Supporting the Unified Administration of Natural Resources

Liu Haiyan / 177

Abstract: This report focuses on the mission of "two supports and one improvement" assigned to surveying & mapping and geoinformation in the new development stage, guided by Xi Jinping's new era of socialism with Chinese characteristics, starting from the characteristics and functions of standardization, and realizes the transformation and development of standardization in the field of surveying & mapping and geoinformation. The inevitability of the surveying & mapping geoinformation standardization at this stage is analyzed, and the new management propositions and main contradictions of the standardization of surveying & mapping and geoinformation are analyzed, and then it is proposed to build a new standard system of surveying & mapping and geoinformation, deepen the classification reform of surveying & mapping and geoinformation standards, strengthen the collaborative interaction between standardization and technological innovation, and promote surveying and mapping. Considerations and suggestions on the internationalization of geospatial information standards.

Keywords: Surveying & Mapping and Geoinformation; Natural Resources; Standardization

Abstract: The natural resources management puts forward new demands for the service ability of geospatial enterprises, and the digital economy development strategy provides new ideas for the development of geospatial services. As a part of digital technology application industry, geospatial services should promote the deep integration of digital technology and geospatial industry, give full play to the advantages of geospatial big data and rich natural resource application scenarios, enable the transformation and upgrading of traditional data service capabilities, and establish a new model of geospatial big data service natural resource management. This report summarizes the current capabilities of geospatial enterprise services, discusses the service mode of geospatial big data from the perspective of investigation, monitoring and statistical analysis capabilities, analyzes several possible shortcomings of the current service mode under the natural resource oriented application scenario, and puts forward ideas for improving the service mode according to the development trend of relevant industries and disciplines.

Keywords: Natural Resources Management; Geospatial Big Data; Geoinformation Industry; Enterprise Model

Abstract: Under the background of ecological civilization construction, natural

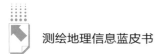

resources management in the new era has put forward new and higher requirements for natural resources survey and monitoring, which is mainly manifested in the working organization transferred from independent deployment to unified coordination, the working methods upgraded from classification and grading to comprehensive coordination, the content indicators expanded from quantitative quality to efficiency and ecology, basic requirements upgraded from simple self-consistency to precise real-time, and the technical methods varied from a single system to an integrated three-dimensional. Collaborative data acquisition technology and system construction, depended on facilitated ground investigation and monitoring as a link, is one of the key and core links to realize the overall goal of natural resources survey and monitoring system construction. Based on the construction of ground survey and monitoring system for natural resource management, this paper preliminarily discussed the objective and task, basic principle, system structure and construction management, and emphasized the application of this method in the comprehensive survey and monitoring of natural resources.

Keywords: Natural Resources; Ground Survey and Monitoring System; Natural Resources Management

Abstract: After the institutional reform, surveying & mapping and geoinformation has become an important part of the whole work of natural resources management, and it will play a positive role in supporting economic and social development and supporting the "Two Unified" duty of natural resources work. Taking Qinghai Province as an example, this report comprehensively sorts out the reform results of institutional function setting, and coordination with principal and responsible businesses. Then it analyzes the specific requirements of centering on core functions, grasping key points of work, and integrating and planning resources management. Finally, this paper puts forward specific suggestions from four aspects: reconstructing standard system, accelerating transformation and upgrading, promoting the implementation of three-dimensional of real scene, and promoting team construction, so as to provide guarantee for improving the level of natural resources management.

Keywords: Natural Resources; Surveying & Mapping and Geoinformation; Institutional Reform; Qinghai Province

Abstract: On the Fourth Plenary Session of the 19th CPC Central Committee, *data* is regarded asa factor of production. The modernization of data governance become as an effective means to improve production efficiency. In 2018, Ministry of Natural Resources of China was founded, which has been designed with new responsibilities. This paper proposes the idea of "data governance of natural resources". By building a double drive mechanism of "data + business", guided by problems, goals and needs, to help the natural resources management department to improve the level of governance and capacity of governance.

Keywords: Data Governance; Natural Resources; Data Elements; Data Capitalization

Abstract: Natural resources are the basis of survival, development and ecology, and are the important material basis and space carrier of economic and social development. Since the 18th National Congress of the Communist Party of China, the Central Committee of the Communist Party of China has attached great importance to the management of natural resources, and entrusted the Ministry of Natural Resources with a new historical mission of "uniformly exercising the responsibility of the owner of natural resources assets owned by the whole people, and uniformly exercising the responsibility of controlling the use of land space and ecological protection and restoration". This report briefly analyzes the opportunities and challenges faced by the geoinformation industry in the context of the upgrading of natural resources works from digitalization to intelligence. Taking Beijing Digsur Science and Technology Co., Ltd as an example, this paper deeply discusses the direction and measures of enterprise business upgrading, providing ideas for the future development of geoinformation enterprises.

Keywords: Natural Resources Management; Geoinformation Industry; Intelligent

IV　Ability Improvement

Abstract: This report reviews the development history of optical remote sensing satellites, introduces the implementation methods and application characteristics of three main systems for high-resolution optical satellite mapping data acquisition, expounds the technological change from relying on ground control to no-ground control for high-resolution optical satellite remote sensing mapping data processing, and points out a new mode of real-time intelligent service for high-resolution optical satellites. High-resolution optical satellite intelligent service is a multi-network fusion and integration service of satellite remote sensing, satellite communication, satellite navigation and earth-based Internet. With the support of cloud computing, spatiotemporal big data and intelligent terminals, it provides real-time intelligent remote sensing information services for military and civilian users.

Keywords: High-Resolution Optical Satellite; Mapping Processing without Ground Control Point; Real-Time Intelligent Service; Integration of Communication, Navigation and Remote Sensing; Space-Earth Internet

Abstract: In the past decades, after continuous construction, China's land remote sensing satellite system has basically been formed, and a land satellite observation network with multi-load element observation, such as visible light, hyperspectral, laser, radar, thermal infrared, etc., has been established, and the operation is stable. This system has played a great supporting role in dynamic monitoring and supervision of natural resources all elements and effectively promoted the high-quality development of natural resources work. This paper sorts out the background, current situation, needs and problems of the construction of the land remote sensing satellite system, and puts forward some thoughts and prospects for the development path of land remote sensing satellites in the new era.

Keywords: Land Remote Sensing Satellite; Observation System; Monitoring System

B.23 Development and Practice of Surveying and Mapping Technology with the Goal of "Two Supports and One Promotion"

Yan Qin, Wang Jizhou / 263

Abstract: "Two Supports and One Improvement" is the position of surveying and mapping geographic information work in the new era, and scientific and technological innovation is the soul and first power. Facing the new era, demands and positioning, this report studies and judges the development trend of surveying and mapping geographic information technology, summarizes the needs of natural resource management and ecological civilization construction for surveying and mapping technology, and introduces the research and application of Chinese Academy of Surveying and Mapping in several aspects such as intelligent extraction of natural resource elements, surveying and mapping technology, monitoring and early warning of geological disasters, natural resource knowledge services and so on.

Keywords: Surveying and Mapping Technology; Intelligent Extraction; Geological Disaster Monitoring

B.24 On the Reform Measures in Map Management

Sun Weixian / 274

Abstract: Starting from the characteristics of maps, the current development trend and the overall situation of map management in recent years, this report analyzes the challenges and needs of the domestic and international environment for map management, and puts forward the ideas and measures for future work from four aspects, namely, implementing administrative licensing according to law, deepening cross sectoral comprehensive supervision, improving public map services, and promoting national map awareness publicity and education to a new level.

Keywords: Map Service; Map Management; Country Map

Abstract: With the development of information technology and the needs of national economic construction, the surveying & mapping and geoinformation industry has also undergone much technological changes. The operating mode of surveying and mapping has evolved from analog, digital to information and intelligent. The form of surveying and mapping results has developed from 4D data to geo-spatial information cloud and services. The surveying and mapping equipment has developed from level, theodolite, total station, GNSS high-precision terminal to UAV, Lidar, multi-beam bathymetry, indoor positioning and navigation, high-precision measurement robot, etc. The scientific and technological level of China's independent surveying and mapping equipment is constantly improving. From conventional to high-precision, major breakthroughs and innovations have been made in key technologies and industrialization.

Keywords: Fully Localization; High-end Surveying and Mapping Equipment; Key Technological

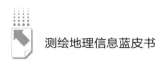
B.26 Accelerate the Construction of a New Credit Supervision System for
      Surveying & Mapping Industry, and Continue to Improve the Support
      and Guarantee for Natural Resource Management

Xiong Wei, Xu Kun, Sun Wei and Ma Mengmeng / 293

Abstract: This report sorts out and analyzes the process of construction of China's social credit system, summarizes the history of credit construction and management in the surveying and mapping industry, analyzes the existing problems and shortcomings, analyzes the new situation faced by strengthening the credit management in the surveying and mapping industry.Based on above, this report puts forward the general idea of establishing a new credit supervision system in the surveying and mapping industry, as well as some countermeasures and suggestions such as adjusting credit information classification in the surveying and mapping industry, strengthening the application of credit information in the surveying and mapping industry.

Keywords: Surveying and Mapping Industry; Credit Supervision; Dishonest Acts; Natural Resources Management

B.27 Countermeasures to Promoting the Self-reliance of Surveying &
      Mapping and Geoinformation Technology and the High Quality
      Development of the Geoinformation Industry

Ma Mengmeng, Xiong Wei, Xu Kun and Sun Wei / 303

Abstract: This report analyzes the basic connotation of self-reliance and industry high quality development of surveying & mapping and geoinformation technology, analyzes the new situation faced by scientific and technological innovation of surveying

& mapping and geoinformation and geoinformation industry development. Based on above, this paper puts forward countermeasures and suggestions to promote self-reliance and high quality development of surveying & mapping and geoinformation technology and geoinformation industry in China, such as promoting self-reliance and high quality development of surveying & mapping and geoinformation technology more from demand, orderly promoting high quality development of geoinformation industry, actively creating the good conditions conducive to promote the innovation of surveying & mapping and geoinformation technology, and continuously optimizing and creating a good policy environment conducive to promote the development of surveying & mapping and geoinformation enterprises.

Keywords: Surveying & Mapping and Geoinformation; Science and Technology Innovation; High Quality Development

B.28 Transformation and Upgrading of Geoinformation Enterprises in the Context of Natural Resources Management

Yang Zhenpeng / 314

Abstract: Since the foundation of Ministry of Natural Resources of China in 2018, the demand for surveying & mapping and geoinformation has changed significantly. Ministry of Natural Resources has put forward the positioning requirements of "Two Supports and One Improvement" for surveying & mapping and geoinformation work. This means that those enterprises who serve for natural resources management need to transform and upgrade. At present, the economic environment is not good, government funds are lacking, the geoinformation market has shrunk sharply, and geoinformation enterprises are facing severe challenges. This report puts forward some solutions for the transformation and upgrading of geoinformation enterprises to adapt to changes.

Keywords: Ecological Civilization Construction; Natural Resources Management; Geoinformation Enterprises

B.29　Development and Challenge of China's Geoinformation Platform Software Industry

Liu Hongkai, Li Shaohua and Liu Kailu / 322

Abstract: Led by the country's strategic needs and motivated by growing social needs, China's geoinformation platform software has made great progress in both technology and the market. However, affected by the global epidemic and complex international political forms, the geoinformation platform software industry is also facing multiple challenges. This paper starts with an overview of the current situation of the geoinformation platform software market at home and abroad. Then, an in-depth analysis of the innovative technology and application development of geoinformation platform software is conducted. On this basis, this report analyzes the opportunities and challenges faced in the development of the geoinformation platform software industry.

Keywords: Geographic Information System; Geoinformation Platform Software; Independent Innovation

B.30　Developmentand Applicationof Urban Underground Space Surveying and Mapping Technology

Zhang Zhihua / 336

Abstract: Underground space surveying and mapping is the main technology to obtain and describe the semantics, spatial location, geometric form, texture characteristics and attribute information of underground space objects. It is an important support for urban economic and social development and security operation, and plays a positive role in the three-dimensional development of urban ground and underground. About the urban underground space surveying and mapping, this report mainly expounds the development trend and demand analysis, the main characteristics, contents and technical methods, and the application services of surveying and mapping results, and analyzes the current main problems and challenges, which provides a reference for promoting the development and application of urban underground space surveying and mapping technology.

Keywords: Underground Space Surveying and Mapping; Digitization; 3D Modeling; 3D Laser Scanning

Abstract: In recent years, with the development of the multi-source remote sensing sensors, the artificial intelligence technology, and the various industrial applications, the remote sensing image processing developing software have become more and more intelligent. This report analyzes the development of remote sensing satellites and remote sensing image processing algorithms, introduces the current situation of intelligent development of remote sensing image processing software, analyzes specific analysis based on domestic application cases, and elaborates the future development direction, and proposes that remote sensing image processing software will continue to develop in three directions: software cloudification, algorithm intelligence and service accuracy.

Keywords: Remote Sensing Imagery; Intelligent; Software; Cloud Service

B.32   Autonomous Driving High Definition Map Application and

      Rapid Updating Development Analysis

Zhang Jianping, Liu Yang, Zhu Dawei, Yang Tao and Hao Lyuyuan / 361

Abstract: The report mainly introduces China's autonomous driving high definition (HD) map applications and rapid maintenance status from four aspects, application status and update needs, rapid update technology, challenges and development trends. On market application, the HD map market application development and rapid updating requirements are introduced. On technological development, the workflow of professional map providers using mobile measuring equipment to quickly update HD map and the technical progress of rapid updating based on crowdsourcing data are introduced. On problems and challenges, the policies and commercialization difficulties of Chinese HD map rapid updating are introduced. On development trend, the HD map market and industry development trends are introduced.

Keywords: Intelligent Connected Vehicle; Autonomous Driving; High Definition Map; Crowdsourcing Update

B.33   The Key Technology Research and Application Practice on Integrated

      Production Platform for High-Precision Navigation Electrical Map

Xu Yunhe, Chen Lei, Luo Changlin and He Hai / 377

Abstract: Aiming at the problems of high cost, slow update speed, complex process, low intelligence and lack of standard in production and quality inspection of traditional navigation electronic map, the researches on key technologies of massive point cloud loading and processing, vector extraction, data compiling and integrated production platform construction for High-Precision navigation electronic map are discussed in this report. Then, combined with the actual productions, the application effect of the platform in the actual data production projects is shown. The actual application practice shows that the platform has achieved remarkable results, and has a good reference significance and market application potential.

Keywords: High-Precision Map; Integrated Production Platform; Intelligent Interpretation; Computer-Aided Modeling

B.34   Promoting Autonomous Vehicle from R&D Testing to Commercial Use

Zhang Ning, Li Lintao / 391

Abstract: At present, autonomous vehicles in China are at a key point of commercialization. Firstly, this report discusses the challenges faced by autonomous vehicles before commercial landing,including the lack of technical ability to deal with complex scenarios, and the identification of rights and responsibilities, insurance adaptation, data security and other problems in compliance. Secondly, the technical preparation of Pony.ai in dealing with the commercialization of autonomous vehicles were introduced, including building fine driving experience, overcoming the long tail scenario caused by weather, enhancing the adaptability of different regions, and promoting the large-scale production and operation of autonomous driving system. Finally, the experience and results of the commercial exploration in travel service and transportation service of Pony.ai were reported.

Keywords: Autonomous Vehicle; Data Security; Long Tail Scenario; Travel Services

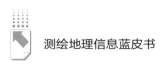
B.35   Status Analysis of Undergraduate and Postgraduate Major Setting in
        Chinese GIS Higher Education

Liu Yaolin, Zhang Shuliang, Yang Xin, Xiong Liyang and Zhu Xuehong / 402

Abstract: This report using the 2022 national survey data of GIS majors in universities as the data source, this report analyzes the current situation of undergraduate and graduate programs in GIS higher education in China. By the end of 2022, China has cultivated about 10000 undergraduate students in geographic information science every year, and about 2000 master and doctoral students in cartography and geographic information system discipline. There are approximately 30000 undergraduate students and 4000 graduate students graduate annually across the country. The number of universities offering undergraduate programs in Geographic Information Science in various provinces of China is extremely uneven. The disciplines offered by these universities include geography, surveying and mapping, agriculture and forestry, transportation, and other types. Currently, the scale of geographic information science teachers in China is relatively small, and there is a shortage of full-time teachers. Universities in various provinces across the country are recruiting undergraduate majors in Geographic Information Science, but there are significant regional differences in enrollment scale. The distribution of master/doctoral point schools in geographic information science, their disciplinary backgrounds, the size of mentors, and the enrollment scale are analyzed.

Keywords: GIS Higher Education; Geoinformation Science; Cartography and Geoinformation System; Major Setting

Abstract: It is pointed out that the quality of higher vocational college student decreases in surveying & mapping and geoinformation with the expansion of college enrollment. Due to the increasing demand for high-skilled talents of the development of the geoinformation industry, the number of surveying & mapping and geoinformation higher vocational education has increased. In order to improve the teaching quality of higher vocational education in surveying & mapping and geoinformation, the higher vocational colleges have strengthened their professional construction, and have paid more attention on the construction of "Double-quality" teacher steam and the construction of training bases. However, since the recognition degree of common people on vocational education is different from that on general education, the development of surveying & mapping and geoinformation higher vocational education faces more difficulties. With the implementation of the newly revised "Vocational Education Law of the People's Republic of China", in the future, the surveying & mapping and geoinformation higher vocational education will establish a complete system of vocational education to meet the needs of the geoinformation industry. The participation of the government, schools and enterprises will promote the integration of production and education and the cooperation between schools and enterprises in surveying & mapping and geoinformation higher vocational education. Meanwhile, the structure of teachers will be optimized, and the international schools will emerge.

Keywords: Surveying & Mapping and Geoinformation; Vocational Education; Integration of Production and Education; School-Enterprise Cooperation; Internationalization

社会科学文献出版社

皮 书

智库成果出版与传播平台

❖ 皮书定义 ❖

皮书是对中国与世界发展状况和热点问题进行年度监测，以专业的角度、专家的视野和实证研究方法，针对某一领域或区域现状与发展态势展开分析和预测，具备前沿性、原创性、实证性、连续性、时效性等特点的公开出版物，由一系列权威研究报告组成。

❖ 皮书作者 ❖

皮书系列报告作者以国内外一流研究机构、知名高校等重点智库的研究人员为主，多为相关领域一流专家学者，他们的观点代表了当下学界对中国与世界的现实和未来最高水平的解读与分析。截至2022年底，皮书研创机构逾千家，报告作者累计超过10万人。

❖ 皮书荣誉 ❖

皮书作为中国社会科学院基础理论研究与应用对策研究融合发展的代表性成果，不仅是哲学社会科学工作者服务中国特色社会主义现代化建设的重要成果，更是助力中国特色新型智库建设、构建中国特色哲学社会科学"三大体系"的重要平台。皮书系列先后被列入"十二五""十三五""十四五"时期国家重点出版物出版专项规划项目；2013~2023年，重点皮书列入中国社会科学院国家哲学社会科学创新工程项目。

皮书网

（网址：www.pishu.cn）

发布皮书研创资讯，传播皮书精彩内容
引领皮书出版潮流，打造皮书服务平台

栏目设置

◆ **关于皮书**

何谓皮书、皮书分类、皮书大事记、
皮书荣誉、皮书出版第一人、皮书编辑部

◆ **最新资讯**

通知公告、新闻动态、媒体聚焦、
网站专题、视频直播、下载专区

◆ **皮书研创**

皮书规范、皮书选题、皮书出版、
皮书研究、研创团队

◆ **皮书评奖评价**

指标体系、皮书评价、皮书评奖

◆ **皮书研究院理事会**

理事会章程、理事单位、个人理事、高级
研究员、理事会秘书处、入会指南

所获荣誉

◆ 2008 年、2011 年、2014 年，皮书网均
在全国新闻出版业网站荣誉评选中获得
"最具商业价值网站" 称号；

◆ 2012 年，获得 "出版业网站百强" 称号。

网库合一

2014 年，皮书网与皮书数据库端口合
一，实现资源共享，搭建智库成果融合创
新平台。

皮书网

"皮书说"
微信公众号

皮书微博

权威报告·连续出版·独家资源

皮书数据库
ANNUAL REPORT(YEARBOOK)
DATABASE

分析解读当下中国发展变迁的高端智库平台

所获荣誉

- 2020年，入选全国新闻出版深度融合发展创新案例
- 2019年，入选国家新闻出版署数字出版精品遴选推荐计划
- 2016年，入选"十三五"国家重点电子出版物出版规划骨干工程
- 2013年，荣获"中国出版政府奖·网络出版物奖"提名奖
- 连续多年荣获中国数字出版博览会"数字出版·优秀品牌"奖

皮书数据库　　　　"社科数托邦"
　　　　　　　　　　微信公众号

成为用户

　　登录网址www.pishu.com.cn访问皮书数据库网站或下载皮书数据库APP，通过手机号码验证或邮箱验证即可成为皮书数据库用户。

用户福利

- 已注册用户购书后可免费获赠100元皮书数据库充值卡。刮开充值卡涂层获取充值密码，登录并进入"会员中心"—"在线充值"—"充值卡充值"，充值成功即可购买和查看数据库内容。
- 用户福利最终解释权归社会科学文献出版社所有。

社会科学文献出版社 皮书系列
SOCIAL SCIENCES ACADEMIC PRESS (CHINA)

卡号：19382132241 3

密码：

数据库服务热线：400-008-6695
数据库服务QQ：2475522410
数据库服务邮箱：database@ssap.cn
图书销售热线：010-59367070/7028
图书服务QQ：1265056568
图书服务邮箱：duzhe@ssap.cn

法律声明

"皮书系列"（含蓝皮书、绿皮书、黄皮书）之品牌由社会科学文献出版社最早使用并持续至今，现已被中国图书行业所熟知。"皮书系列"的相关商标已在国家商标管理部门商标局注册，包括但不限于 LOGO（▨）、皮书、Pishu、经济蓝皮书、社会蓝皮书等。"皮书系列"图书的注册商标专用权及封面设计、版式设计的著作权均为社会科学文献出版社所有。未经社会科学文献出版社书面授权许可，任何使用与"皮书系列"图书注册商标、封面设计、版式设计相同或者近似的文字、图形或其组合的行为均系侵权行为。

经作者授权，本书的专有出版权及信息网络传播权等为社会科学文献出版社享有。未经社会科学文献出版社书面授权许可，任何就本书内容的复制、发行或以数字形式进行网络传播的行为均系侵权行为。

社会科学文献出版社将通过法律途径追究上述侵权行为的法律责任，维护自身合法权益。

欢迎社会各界人士对侵犯社会科学文献出版社上述权利的侵权行为进行举报。电话：010-59367121，电子邮箱：fawubu@ssap.cn。

社会科学文献出版社